MANUEL

D'ORNITHOLOGIE.

COSSON, IMPRIMEUR DE L'ACADÉMIE ROYALE DE MÉDECINE,
rue Saint-Germain-des-Prés, 9.

MANUEL

D'ORNITHOLOGIE,

OU

TABLEAU SYSTÉMATIQUE

DES OISEAUX QUI SE TROUVENT EN EUROPE;

PRÉCÉDÉ

D'UNE ANALYSE DU SYSTÈME GÉNÉRAL D'ORNITHOLOGIE,

ET SUIVI

D'UNE TABLE ALPHABÉTIQUE DES ESPÈCES;

PAR C.-J. TEMMINCK,

MEMBRE DE PLUSIEURS ACADÉMIES ET SOCIÉTÉS SAVANTES.

SECONDE ÉDITION,

CONSIDÉRABLEMENT AUGMENTÉE ET MISE AU NIVEAU
DES DÉCOUVERTES NOUVELLES.

SECONDE PARTIE.

A PARIS,

CHEZ H. COUSIN, LIBRAIRE-ÉDITEUR,

RUE JACOB, N°. 25.

1820-1840.

MANUEL
D'ORNITHOLOGIE.

ORDRE NEUVIÈME.

PIGEONS. — COLUMBÆ.

Bᴇᴄ médiocre, comprimé, base de la mandibule supérieure couverte d'une peau molle
dans laquelle les narines sont percées, pointe
plus ou moins courbée. Pɪᴇᴅs, trois doigts
devant, entièrement divisées, un doigt derrière.

Ce sont des oiseaux qui, par leurs mœurs douces et fami-
lières, ont beaucoup de rapport avec les *Gallinacés ;* leur
nourriture, qui consiste en graines et semences, rarement
en fruits, obtient préalablement une espèce de macération
dans le jabot ou gésier, avant de passer dans l'estomac ;
ce sont ces alimens macérés qu'ils dégorgent dans le bec
de leurs petits. Les jeunes ne quittent le nid que lorsqu'ils
sont en état de voler, et reçoivent jusqu'à cette époque
les alimens plus ou moins macérés que les vieux dégorgent
dans leur œsophage. Tous les pigeons ont l'habitude de
boire d'un trait, en plongeant leur bec dans le fluide.
L'acte de la reproduction est précédé de caresses et de rou-
coulemens, uniquement propres aux oiseaux de cet ordre

qu'on peut diviser en deux genres. Dans quelques pays
de l'Europe ce sont des oiseaux de passage ; dans d'autres
ils sont sédentaires.

GENRE QUARANTE ET UNIÈME.

PIGEON. — *COLUMBA*. (Linn.)

Bec médiocre, droit, comprimé, voûté, pointe
courbée ; base de la mandibule supérieure couverte
d'une peau molle plus ou moins renflée. Narines
au milieu du bec, percées en fente longitudinale
dans la peau molle qui les recouvre. Pieds le plus
souvent rouges, à trois doigts devant, entièrement
divisés, un doigt postérieur s'articulant à niveau
de ceux de devant. Ailes médiocres ou courtes ;
chez toutes les espèces européennes, la 1re. rémige
un peu plus courte que la 2°., qui est la plus longue.

Les *Pigeons* vivent par couples, les deux époux une
fois unis, il est rare qu'ils se séparent ; les bois et les buissons sont leurs demeures habituelles ; ils font le plus souvent deux pontes par an, composées de deux œufs ; le
mâle et la femelle couvent alternativement. La mue est
simple ; les sexes, dans les trois espèces d'Europe, ne diffèrent point à l'extérieur, et c'est aussi le cas chez le plus
grand nombre des espèces étrangères, parmi lesquelles on
en trouve un petit nombre dont les femelles ont des couleurs différentes : les jeunes de l'année se distinguent des
adultes, seulement jusqu'à leur première mue. Quelques
espèces de ce genre, réduites à une sorte de domesticité,
sont devenues tributaires, et vivent autour de nos demeures en captifs volontaires ; d'autres sont asservies sans

retour et vivent par les soins de l'homme , qui perpétue leurs races et en crée de nouvelles, suivant ses caprices. Le genre du pigeon se divise en deux sections, dont on trouve en Europe seulement les espèces qui appartiennent à la 1re division , sous le nom de *Colombes*.

Remarque. Dans la monographie que j'ai publiée des pigeons, cette grande tribu se trouve divisée en trois sections. M. Cuvier a désigné mes colombars par le nom générique de *OEnas ;* ce genre est fondé sur des caractères assez faciles à saisir et propres à toutes les espèces dont il se compose, parmi lesquelles il s'en trouve une qui marque le passage de ce genre à celui de *Columba*. Ce dernier genre continuera d'être composé des sections *Colombes* et *Columbi-gallines*, divisions dont les limites ne sont point précises , et qui passent par gradations presque imperceptibles de l'une à l'autre ; la seule différence extérieure qui peut servir à séparer les *Colombes* des *Columbi-gallines*, se trouve dans la forme des ailes ; une division géographique faite dans cette grande famille , serait peut-être encore ce qu'il y aurait de mieux vu pour servir à sectionner ce genre, ainsi que tous ceux très-nombreux en espèces. Plusieurs espèces, très-récemment découvertes , m'ont encore déterminé à suivre de préférence ce mode de classification. On ne trouve en Europe que des *Colombes* de ma 1re. section, car il n'existe dans le fait aucune différence dans les formes ou dans les mœurs entre nos soi--disant *Ramiers* et nos *Tourterelles ;* on a depuis long-temps supprimé ce mode de division, qui n'est fondé que sur la taille des espèces. Ceux qui veulent former des *Columbi-gallines* de M. Vaillant et des miennes un genre distinct, devraient, en suivant leur manière de voir, multiplier ces genres presque pour toutes les espèces connues ; car les nuances et les petites différences qu'on observe dans les formes et dans les mœurs du plus grand nombre, sont d'une valeur égale aux différences qui existent entre certaines *Colombes* et entre quelques *Columbi-gallines ;* on pourrait multiplier aussi les genres nouveaux chez les *Colombes;* et je doute qu'en suivant la méthode du jour. trente noms grecs ou latins introduits dans le vocabulaire des langues modernes, surtout de la langue française, puissent suffre pour classer rigoureusement et dans le principe adopté toutes les espèces de pigeons connus.

COLOMBE RAMIER.

COLUMBA PALUMBUS. (Linn.)

Sur les côtés du cou et sur les bords des ailes un grand espace blanc; tète, tempes, gorge, croupion et partie supérieure de la queue d'un cendré bleuâtre; poitrine et haut du ventre d'une belle couleur vineuse, mais à reflets chatoyans sur les parties latérales du cou; dos et ailes d'un cendré brun; rémiges noires bordées de blanc; pennes de la queue terminées par un grand espace noir; ventre et abdomen d'un cendré blanchâtre; pieds rouges; peau molle du bec comme saupoudrée de blanc; iris d'un jaune blanchâtre. Longueur, 17 pouces 6 lignes.

La femelle, diffère en ce que l'espace blanc des côtés du cou est moins grand; les bords blancs des rémiges sont moins larges, et toutes les couleurs sont plus pâles.

Les jeunes, avant leur mue, n'ont point encore l'espace blanc sur les côtés du cou, ni les couleurs chatoyantes; les teintes de leur plumage sont en général moins pures.

Columba palumbus. Gmel. *Syst.* 1. *p.* 776. *sp.* 19. —

Lath. *Ind. v.* 2. *p.* 601. *sp.* 32. — Le Pigeon ramier. Buff. *Ois. v.* 2. *p.* 531. *t.* 24. — Id. *pl. enl.* 316. — Gérard. *Tab. élém. v.* 2. *p.* 34. — Temm. *Pig. et Gall. v.* 1. *p.* 78. — Id. *édit. fol. pl.* 2. — Ring pigeon. Lath. *Syn. v.* 4. *p.* 635. — Id. *supp. v.* 1. *p.* 198. — Ringeltaube. Bechst. *Naturg. Deut. v.* 3. *p.* 949. — Meyer, *Tasschenb. v.* 1. *p.* 286. — Frisch. *Vög. t.* 138. — Naum. *t.* 14. *f.* 33. —Colombaccio. *Stor. degli ucc. v.* 3. *pl.* 272.—Ringduif. Sepp. *Nederl. Vog. v.* 1. *t. p.* 9.

Habite : jusque vers le nord ; l'espèce est cependant plus abondante dans les contrées méridionales ; vit dans les bois et dans les forêts, de passage dans les pays froids et tempérés ; sédentaire dans les pays chauds.

Nourriture : toutes sortes de graines et de semences, mais particulièrement les noix de hêtre et de faine ; aussi des pousses de diverses plantes.

Propagation : niche sur les arbres ; pond deux œufs blancs.

COLOMBE COLOMBIN.

COLUMBA OENAS. (Linn.)

Tête, gorge, ailes et parties inférieures d'un bleu cendré ; côtés du cou d'un vert chatoyant ; poitrine de couleur lie de vin ; haut du dos d'un cendré brun ; sur les deux dernières pennes secondaires des ailes, et sur quelques couvertures, une tache noire, croupion d'un cendré bleuâtre ; pennes des ailes et de la queue de cette couleur et terminées de noir ; du blanc sur la barbe extérieure de la penne latérale de la queue ; pieds rouges ; iris d'un rouge brun. Longueur, 13 pouces, ceux du nord de l'Afrique en ont souvent 14.

Les jeunes de l'année, n'ont point, avant leur première mue, ni les couleurs chatoyantes sur les côtés du cou, ni les deux taches noires sur les ailes; ils se distinguent dans cet âge des jeunes de l'espèce suivante, par le seul caractère d'avoir le croupion d'un bleu cendré, tandis que cette partie, chez les jeunes *Bisets*, est d'un blanc pur.

Columba oenas. Gmel. *Syst.* 1. *p.* 769. *sp.* 1. — Lath. *Ind. v.* 2. *p.* 589. *sp.* 1. — Briss. *Orn. v.* 1. *p.* 86. *sp.* 5. — Colombe colombin. Temm. *Pig. et Gall. v.* 1. *p.* 118. —Id. *édit. fol. pl.* 11. — Stock pigeon. Lath. *Syn. v.* 4. *p.* 604. — Id. *supp. v.* 1. *p.* 197. — Colombella. *Stor. deg. ucc. v.* 3. *pl.* 271. — Holtz taube. Bechst. *Naturg. Deut. v.* 3. *p.* 957. — Meyer, *Tasschenb. v.* 1. *p.* 287. — Frisch. *Vög. t.* 139.—Naum. *t.* 15. *f.* 34. — Derboschduif. Sepp. *Nederl. Vog. v.* 5. *t. p.* 407.

Habite : comme l'espèce précédente dans les bois, mais se trouve en bien plus grand nombre dans les contrées méridionales ; de passage régulier en Allemagne et dans quelques parties de la France. Ne vit point en Afrique, au delà du tropique.

Nourriture : toutes sortes de graines et de semences ; quelquefois des baies.

Propagation : niche toujours dans les trous des arbres; pond deux œufs blancs.

COLOMBE BISET.

COLUMBA LIVIA. (Briss.)

Parties supérieures et inférieures d'un bleu cendré; côtés du cou d'un vert chatoyant; croupion d'un blanc pur; deux bandes transversales noires sur les ailes; pennes de celle-ci et de la queue terminées de noir ; du blanc sur la barbe extérieure de la penne latérale de la queue ; pieds rouges ; iris d'un rouge jaunâtre. Longueur, 12 pouces ; ceux des colombiers ont souvent une plus forte taille.

Les jeunes, se distinguent de ceux de l'espèce précédente, par leur croupion blanc.

Columba livia. Briss. *Orn. v. 1. p.* 82. *sp.* 3.—Id. *in-8₀. p.* 18. — Lath. *Ind. v.* 2. *p.* 590. *sp.* 2. *var. B.* — Colombe biset. Buff. *Ois. v.* 2. *p.* 498. — Id. *pl. enl.* 510. — Gérard. *Tab. élém. v.* 2. *p.* 31. — Temm. *Pig. et Gall. v.* 1. *p.* 125. — Id. *édit. fol. pl.* 12. — Biset and white rumped pigeon. Lath. *Syn. v.* 4. *p.* 605. — Haustaube. Bechst. *Naturg. Deut. v.* 3. *p.* 971. — Meyer, *Tasschenb. v.* 1. *p.* 288.

Remarque. A la suite de cette espèce viennent se ranger, comme ses descendans, les pigeons de colombier et quelques races de pigeons de volière.

Habite : rarement en état de sauvage dans les contrées les plus peuplées de l'Europe; elle vit parmi nous en une sorte de captivité volontaire, et s'accommode des gîtes que l'homme lui prépare et qu'on nomme colombiers. On trouve encore l'espèce vivant dans une entière indépendance, dans quelques contrées rocailleuses et montueuses, telles que dans quelques îles de la Méditerranée; elle est très-abondante dans le nord de l'Afrique, surtout à Ténériffe. N'émigre point au delà du tropique.

Nourriture : toutes sortes de graines et des semences.

Propagation : niche en état de sauvage dans les fentes et dans les trous des rochers; souvent en Europe dans les trous des masures ou des tours isolées; pond deux œufs blancs.

COLOMBE TOURTERELLE.

COLUMBA TURTUR. (Linn.)

Tête et nuque d'un cendré vineux; sur les côtés du cou un espace composé de plumes noires, terminées de blanc; devant du cou, poitrine et haut du ventre d'un vineux clair; dos d'un brun cendré; bord des ailes d'un cendré bleuâtre, les autres couvertures d'un roux de rouille avec une tache noire au centre des plumes; abdomen, couvertures inférieures de la queue d'un blanc pur; pennes de la queue d'un cendré noirâtre, toutes, à l'exception des deux intermédiaires terminées de blanc, la latérale blanche en dehors; tour des yeux et pieds rouges; iris d'un rouge jaunâtre. Longueur, 11 pouces.

La femelle, n'a point le front blanc, ni le roux des couvertures aussi vifs; ses remiges sont brunâtres, tandis qu'elles sont noirâtres chez les *mâles*.

COLUMBA TURTUR. Gmel. *Syst.* 1. *p.* 786. *sp.* 32. — Lath. *Ind. v.* 1. *p.* 605. *sp.* 47. — LA TOURTERELLE. Buff. *Ois. v.* 2. *p.* 545. *t.* 25. — Id. *pl. enl.* 394. — Gérard. *Tab. élém. v.* 2. *p.* 37. — Temm. *Pig. et Gall. v.* 1. *p.* 305. — Id. *édit. fol. pl.* 42. — COMMON TURTLE. Lath. *Syn. v.* 4. *p.* 644. — Id. *supp. v.* 1. *p.* 199. — Penn. *Brit. Zool. t.* 38. — TURTELTAUBE. Bechst. *Naturg. Deut. v.* 3. *p.* 1076. — Meyer, *Tasschenb. v.* 1. *p.* 289. — Frisch. *t.* 140.| *la femelle.* — Naum. *Vög. t.* 16. *f.* 35. *le mâle.* — TORTELDUIF. Sepp. *Nederl. Vog. v.* 1. *t. p.* 11. — TORTORA COMMUNE. *Stor. deg. ucc. v.* 3. *pl.* 289.

Habite : jusques assez avant dans le nord, mais point

dans les régions du cercle arctique; en plus grand nombre vers le midi; vit dans les bois, les taillis et les jardins; sédentaire dans quelques pays; émigre périodiquement dans la plupart.

Nourriture : toutes sortes de graines et de semences.

Propagation : niche sur les arbres ou dans les buissons; pond deux œufs blancs.

ORDRE DIXIEME.

GALLINACÉS. — *GALLINÆ.*

Bec court, convexe; dans le plus petit nombre des genres couvert d'une cire; mandibule supérieure voûtée, courbée depuis sa base, ou seulement à la pointe. Narines latérales, recouvertes d'une membrane voûtée, nue, ou bien garnie de plumes. Pieds, à tarse long; trois doigts devant, réunis par une membrane; le doigt de derrière s'articulant plus haut sur les tarses, au-dessus des articulations des doigts de devant; rarement trois doigts divisés ou réunis; sans doigt postérieur, ou celui-ci très-petit.

Les oiseaux de différens genres qui composent cet ordre, sont lourds et ont le corps très-charnu; le plus grand nombre a les ailes courtes; tous grattent la terre et se vautrent dans la poussière; ils se nourrissent principalement de graines et de semences; un petit nombre d'espèces ajoutent à cet aliment celle des baies et des bourgeons; la plupart mangent aussi des insectes; les alimens subissent dans le gésier une première macération. Ils construisent à terre, sans aucun apprêt, un nid caché dans les buissons;

font plusieurs pontes par an, et toutes très-nombreuses; les petits courent et mangent au sortir de l'œuf; la mère les conduit, et ils continuent à vivre en famille, jusqu'au renouvellement de la saison des amours; les mâles ne couvent point.

Remarque. J'ai cru ne devoir indiquer, dans ce Manuel, que les espèces de pigeons et de gallinacés qui se reproduisent en Europe dans l'état de sauvages, sans faire mention de celles que les soins des hommes nous ont rendus tributaires. Pour ceux qui désirent connaître l'histoire de ces oiseaux, la Monographie des pigeons et des gallinacés que je viens de publier en trois volumes et sous deux différens formats, pourra leur fournir les détails qu'ils désirent; l'édition en in-folio est accompagnée de planches coloriées *. Les gallinacés paraissent former, en les examinant superficiellement, une coupe entièrement séparée des autres oiseaux; mais vus avec plus d'exactitude, on trouve aussi parmi eux des genres qui établissent le chaînon ou la série de ces êtres : d'une part, les gallinacés tiennent aux *Pigeons* par les genres *Ganga*, *Penelope* et *Crax;* et de l'autre elles viennent se grouper tout près des *Outardes,* des *Casoars* et des *Autruches* par les genres *Tinamus* et *Hemipodius.*

---

* Les frais que demandent des ouvrages de luxe tel que celui dont il est fait mention, sont causes que seulement le premier volume contenant la monographie des pigeons a paru. Les gallinacés nouveaux paraîtront dans les planches additionnelles de Buffon.

GENRE QUARANTE-DEUXIÈME.

FAISAN. — *PHASIANUS.* (Linn.)

Bec médiocre, fort ; base nue ; mandibule supérieure voûtée, convexe, courbée vers la pointe. Narines basales, latérales, recouvertes par une membrane voûtée. Joues nues, verruqueuses. Pieds, trois doigts devant réunis jusqu'à la première articulation, un doigt derrière ; chez les mâles, un éperon en forme de cône. Queue très-étagée, conique, composée de 18 pennes. Ailes courtes, les 3 rémiges extérieures également étagées, plus courtes que les 4e. et 5e, qui sont les plus longues.

La seule espèce dans ce genre, qui vit en état de sauvage, habite jusque fort avant dans le nord de l'Europe ; elle s'y est répandue et naturalisée. Les Grecs en firent hommage à leur patrie au retour de la conquête de la Toison d'or : depuis ce temps, l'espèce s'est répandue de proche en proche ; aujourd'hui on peut considérer ces oiseaux comme sédentaires en Europe. Ils sont polygames et construisent sans art des nids, cachés dans les herbes et dans les broussailles. La mue chez toutes les espèces connues est simple et ordinaire ; les sexes diffèrent considérablement ; les mâles, parés des couleurs les plus riches et les plus brillantes, portent encore le plus souvent des huppes et d'autres accessoires d'ornemens ; le plumage des femelles est sombre et plus modeste, quoique assez varié ; elles n'ont point de huppes, et leur queue est plus courte que celle des mâles.

FAISAN VULGAIRE.

PHASIANUS COLCHICUS. (Linn.)

Tête et cou d'un vert doré, changeant en bleu et en violet ; des côtés de l'occiput partent deux bouquets de plumes d'un vert doré ; joues garnies de papilles rouges ; bas du cou, poitrine, ventre et flancs d'un marron pourpré très-brillant, toutes les plumes de ces parties bordées et terminées de violet noirâtre ; plumes scapulaires et celles du dos brunes dans leur milieu, bordées de marron pourpre avec une bande blanchâtre ; pennes de la queue d'un gris olivâtre varié de bandes transversales noires ; ces pennes sont frangées de marron pourpré ; iris jaune, bec couleur de corne, pieds et éperons d'un gris brun. Longueur, 2 pieds 11 pouces. *Le mâle.*

La femelle, est plus petite ; la couleur générale de son plumage n'est qu'un mélange de brun, de gris, de roussâtre et de noirâtre.

Varie accidentellement, d'un blanc parfait ; quelquefois ce blanc parsemé de plumes colorées ; plus souvent à plumage coloré et varié irrégulièrement de plumes blanches.

Remarque. Les variétés hybrides ou les races, fruits du mélange du *Faisan vulgaire* avec les différentes espèces exotiques at avec nos coqs de basse-cour, portent des caractères propres aux espèces qui ont concouru à ces productions. La race bâtarde la plus répandue est celle du *Faisan à collier*, qui est le produit mixte de l'espèce

Vulgaire avec celle du *Faisan à collier* de la Chine (*Phasianus torquatus*, Temm.). Cette race, qu'on rencontre fréquemment dans les parcs de quelques grands seigneurs en Allemagne, a les couleurs du plumage semblables à celles de l'espèce *Vulgaire*, mais la partie inférieure du cou est entourée d'un collier blanc. *On doit observer* de ne pas confondre (comme l'ont fait tant de naturalistes), cette race bâtarde avec la véritable espèce du *Faisan à collier* de la Chine, dont les couleurs du plumages sont très-disparates.

PHASIANUS COLCHICUS. Gmel. *Syst.* 1. *p.* 741. *sp.* 3. — Lath. *Ind. v.* 2. *p.* 629. *sp.* 4. — LE FAISAN VULGAIRE. Buff. *Ois. v.* 2. *p.* 328. — Id. *pl. enl.* 121 *et* 122. — Gérard. *Tab. élém. v.* 2. *p.* 91. — Temm. *Pig. et Gall. v.* 2. *p.* 289. DER GEMEINE FASAN. Bechst. *Naturg. Deut. v.* 3. *p.* 1160. — Meyer, *Tasschenb. v.* 1. *p.* 291. — Frich. *t.* 123. — Naum. *t.* 21. *f.* 40 *et* 41. — COMMON PHEASANT. Lath. *Syn. v.* 4. *p.* 712. — FAGIANO COMMUNE. *Stor. deg. ucc. v.* 3. *pl.* 258. *le mâle*, *et pl.* 259. *variété blanche.* FASANT. Sepp. *Nederl. Vog. t. p.* 159.

Habite : en grand nombre dans les provinces méridionales situées aux confins de l'Asie ; très-abondant sur toute l'étendue de cette vaste partie du globe ; se trouve également dans plusieurs contrées boisées de l'Allemagne, de la France, de l'Angleterre et jusqu'en Hollande.

Nourriture : toutes sortes de graines, de semences, des baies et des bourgeons ; habituellement des limaçons et de gros insectes.

Propagation : niche à terre dans les buissons fourrés, pond depuis douze jusqu'à vingt-quatre œufs, d'un olivâtre clair.

GENRE QUARANTE-TROISIÈME.

TÉTRAS. — *TETRAO*. (Linn.)

Bec court, fort, base nue; mandibule supérieure voûtée, convexe, courbée depuis son origine. Narines basales, à moitié fermées par une membrane voûtée, cachées par les plumes avancées du front. Sourcils nus, garnis de papilles rouges. Pieds, trois doigts devant, réunis jusqu'à la première articulation; un doigt derrière, tous garnis sur les bords d'aspérités; tarse emplumée jusqu'aux doigts, et souvent jusqu'aux ongles. Queue composée de 18 ou de 16 pennes. Ailes courtes, la 1re. rémige courte, la 2e. moins longue que les 3e. et 4e., qui sont les plus longues.

Ces oiseaux vivent en polygamie, habitent les grandes forêts, particulièrement dans celles en montagnes, quoique les *Gélinottes* fréquentent également les forêts en plaines, et que les *Lagopèdes*, plus spécialement confinés dans les régions glaciales ou sur les hautes montagnes du centre de l'Europe, se tiennent habituellement dans les broussailles, dans les halliers ou dans les amas de bouleaux et de saules. Leur nourriture consiste presque uniquement en feuilles ou en baies; les graines sont pour eux des accessoires, dont ils ne font usage que dans la plus grande disette. Dès que les femelles sont fécondées, le mâle s'en éloigne pour vivre solitairement; les jeunes restent avec la mère jusqu'au renouvellement de la saison des amours. Les seuls *Lagopèdes* vivent en bandes très-nombreuses. Ce sont de gros oiseaux, pesans et lourds, dont le corps est très-charnu; ils annoncent l'acte de la reproduction par des mouvemens et des cris particuliers; leur voix est très-sonore. La mue paraît n'avoir lieu qu'une fois l'année, quoique certaines espèces muent deux fois, et que celles-ci changent périodiquement de couleurs; peut-être que toutes les espèces sont sujettes à une double mue? Les mâles chez les très-grandes espèces ont un plumage différent des femelles; des couleurs foncées et lustrées distinguent les premiers; les femelles ont le plumage varié de roux et de noir; chez les petites espèces à plumage bigarré, les sexes diffèrent peu, quoiqu'il soit facile de les distinguer; les jeunes mâles de l'année jusqu'à l'époque de leur première mue, ressemblent aux femelles; ils se distinguent encore des adultes pendant leur première année.

Remarque. Il me paraît qu'on a tort de former des *Lagopèdes* un genre distinct du *Tetrao* de Linnée; ces oiseaux ont, il est vrai, sous quelques rapports des mœurs un peu différentes, mais les caractères extérieurs, à l'exception des doigts emplumés, sont absolument les mêmes que celles propres aux autres tétras de petite taille; dans les mœurs il n'y a de différences que celles qui dépendent de la localité et qui sont en rapport, dans chaque espèce, avec les lieux plus ou moins élevés où elle habite. Pour les caractères extérieurs, on trouve un passage gradué, car le vrai *Tetrao scoticus* semble placé sur la limite des vrais *Lagopèdes* et des *Tétras proprement dits;* ses doigts sont emplumés plus ou moins suivant la saison; et la mue ne change point les couleurs du plumage; son bec est absolument semblable à celui du *Tetrao saliceti,* et ses mœurs tiennent le milieu entre les *Lagopèdes* et les *Tétras proprement dits;* la température où cette espèce habite est aussi mitoyenne. *Voyez* encore ce que j'ai dit à ce sujet dans mes observations sur la classification méthodique des oiseaux, dont j'ai fait mention ailleurs.

TÉTRAS AUERHAN.

TETRAO UROGALLUS. (Linn.)

Plumes de la gorge allongées ; poitrine d'un vert à reflets ; queue arrondie ; bec blanc.

Les plumes allongées de la gorge noires ; le reste de la tête et du cou d'un noir cendré ; sourcils rouges ; ailes et scapulaires d'un brun parsemé de petits points noirs ; poitrine d'un vert à reflets ; ventre et abdomen noirs avec des taches blanches ; croupion et flancs parsemés de zigzags cendrés, sur un fond noir ; pennes de la queue noires, avec quelques petites taches blanches, disposées à deux pouces de leur extrémité ; bec de couleur de corne blanchâtre ; iris d'un brun clair. Longueur, 2 pieds 10 pouces. *Le mâle.*

La femelle, d'un tiers plus petite, est rayée et tachetée de roux, de noir et de blanc ; les plumes de la barbe sont d'un roux clair, et celles de la poitrine d'un roux foncé ; la queue est rousse, rayée de noir ; bec d'un brun noirâtre.

Les jeunes mâles, après leur première mue, ont la poitrine d'un vert moins lustré, et le cendré domine sur le noir ; on voit souvent encore quelques plumes rousses tachées de noir, semées irrégulièrement sur ce plumage. *Avant la première mue,* les sexes n'offrent que peu de différences ; les *jeunes mâles* ressemblent alors aux *femelles.*

Tetrao urogallus. Gmel. *Syst.* 1. *p.* 746. *sp.* 1. — Lath. *Ind. v.* 2. *p.* 634. *sp.* 1. — Retz. *Faun. Suec.*

p. 207. *n°.* 183. — Coq de bruyère ou tétras. Buff. *Ois.*
v. 2. *p.* 191. *t.* 5. — Gérard. *Tab. élém. v.* 2. *p.* 52. —
Tétras auerhan. Temm. *Pig. et Gall. v.* 3. *p.* 114. —
Auerwaldhuhn. Bechst. *Naturg. Deut. v.* 3. *p.* 1298. —
Frisch. *t.* 107. *le mâle, et supp. n°.* 107. *femelle.* —
Meyer. *Tasschenb. Deut. v.* 1. *p.* 293—Naum. *t.* 17. *f.* 36.
le mâle. — Woodgrous. Lath. *Syn. v.* 4. *p.* 729. — Penn.
Brit. Zool. t. M. *le mâle et t.* M. *femelle.* — Gallo di
monte d'urogallo. *Stor. deg. ucc. v.* 2. *pl.* 236 *et* 237.
mâle et femelle.

Habite : en grand nombre dans le nord de l'Asie ; en
Russie jusque vers la Sibérie ; commun en Livonie ; assez
abondant en Allemague, en Hongrie et dans certaines
parties de l'Archipel ; plus rare en France, et jamais en
Hollande. Vit dans les plus grandes forèts en montagnes ;
jamais dans les plaines ni dans les bruyères ; n'émigre point.

Nourriture : plusieurs sortes de baies ; les bourgeons
et les jeunes pousses des feuilles d'arbres et d'arbustes
alpestres, aussi des insectes, mais rarement des graines.

Propagation : niche à terre dans les hautes herbes, et
sous les broussailles ; pond de six jusqu'à seize œufs obtus,
d'un blanc sale marqué de taches jaunâtres.

Anatomie. La trachée-artère *du mâle* forme une circonvolution à peu près vers les trois quarts de sa longueur,
entre les os de la fourchette ; la courbure du tube remonte
environ un pouce et demi ; puis, se courbant de nouveau,
elle descend à gauche du gosier jusque sur les muscles du
cou d'où elle se dirige dans les poumons. Deux muscles
larges d'une ligne sont attachés de chaque côté du larynx
supérieur ; ces deux muscles suivent latéralement la direction du tube auquel ils adhèrent par des fibres très-déliées,
passent sur le gésier, et réunissent leurs fibres sur la crête
du sternum. La trachée *de la femelle* se rend en ligne
droite aux poumons, et les deux muscles en ruban n'existent point.

TÉTRAS RAKKELHAN.

TETRAO MEDIUS. (Meyer.)

Plumes de la gorge un peu allongées ; poitrine et cou à reflets pourprés ; queue légèrement fourchue ; bec noir ; aspérités des doigts très-longues.

Tête, cou et poitrine d'un noir à reflets bronzés et pourprés; sourcils rouges ; ventre d'un noir mat; dos et croupion d'un noir lustré, parsemé de très-petits points cendrés ; ailes noirâtres , parsemées de petits points et de zigzags cendrés et bruns ; base des pennes secondaires d'un blanc pur; abdomen et flancs variés de grandes taches blanches ; queue d'un noir profond ; bec noir. Longueur, 2 pieds 3 ou 4 pouces. *Le vieux mâle.*

Remarque. La femelle n'est point encore décrite ; il est *probable* que les couleurs de son plumage ressemblent et sont distribuées à peu près comme chez les femelles des espèces de tétras dont les mâles sont noirs. Quelques naturalistes, et encore récemment M. Nilsson, sont d'opinion, que cette espèce est un bâtard, fruit de l'accouplement de *Tetrao urogallus* et *Tetrao tetrix;* mais ils sont dans l'erreur.

Tetrao hybridus. Sparm. *Mus. Carls. fasc.* 1. *t.* 15. *figure très-exacte du vieux mâle.* — Retz. *Faun. Suec.* p. 208. *n°.* 184. *var.* Y. — Urogallus minor punctatus. Briss. *Orn. v.* 1. *p.* 191. *sp.* 2. *A.*—Tetrao tetrix. *var.* Y. Gmel. *Syst.* 1. *p.* 748. — Lath. *Ind. v.* 2. *p.* 636. — Tétras bakkelhan. Temm. *Pig. et Gall. v.* 3. *p.* 129. — Rakkelhanar. Beseke. *Vög. Kurlands. p.* 69. — Bastard waldhuhn. Bechst. *Naturg. Deut. v.* 3. *p.* 1335.

Les jeunes mâles, après leur première mue, res-

semblent aux vieux, hormis que les reflets du cou
et de la poitrine sont moins vifs, que la queue est
alors moins fourchue et terminée de blanc, enfin
que toutes les parties inférieures portent un plus
grand nombre de taches blanches, et que le blanc
qui termine les pennes secondaires des ailes est plus
étendu : Das mittlere waldhun. Leisler , *Nacht.
zu.* Bechst. *Naturg. Deut.* 2ᵉ. *livraison, avec une
bonne figure du jeune mâle après sa première
mue.*

Habite : le nord de la Russie, de la Suède, la Laponie ;
rarement en Livonie, en Fionie et dans le nord de l'Alle—
magne ; très-accidentellemént dans les provinces du centre
de l'Europe ; nulle part aussi commun qu'en Russie. Vit
toujours dans les grands déserts couverts de hautes bruyères ;
se montre très-rarement dans les bois.

Nourriture : inconnue.

Propagation : pond des œufs plus petits et plus oblongs
que ceux de l'espèce précédente, d'un jaunâtre clair, avec
des taches ferrugineuses plus foncées et plus distinctes.

Anatomie. La trachée, dans *le mâle ,* se rend en droi-
ture aux poumons , et les deux grands muscles dont il a été
fait mention dans l'espèce précédente ne se trouvent point
dans celle-ci.

TÉTRAS BIRKHAN.

TETRAO TETRIX. (Linn.)

*Point de plumes longues sous la gorge, tout le
plumage d'un noir à reflets violets ; queue très-
fourchue , les deux pennes extérieures contournées ; couvertures inférieures de la queue blanches.*

Tête, cou, poitrine, dos et croupion d'un noir

à reflets violets ; sourcils rouges ; ventre, couvertures des ailes et pennes de la queue d'un noir profond ; une large bande blanche sur les ailes; les pennes secondaires terminées de cette couleur; couvertures inférieures de la queue d'un blanc pur ; bec noir ; iris bleuâtre. Longueur, 1 pied 10 pouces. *Le vieux mâle.*

Les jeunes mâles, ressemblent, *avant leur première mue, aux femelles;* âgés d'un an, ils ont le plus souvent quelques plumes tachées de roux, mêlées avec les plumes noires.

La femelle, est moins grande; sa queue est trèspeu fourchue; tête et cou roux avec des raies noires; dos, croupion et pennes de la queue noirs, avec des bandes rousses; poitrine et croupion rayés de roux et de noir; ventre d'un brun noirâtre avec quelques raies rousses et blanchâtres.

Varie accidentellement, à plumage entièrement blanchâtre; l'une ou l'autre partie du corps d'un blanc pur, souvent tapiré de roux et de blanc. Une femelle blanchâtre est figurée par Sparm. *Mus. Carls. fasc.* 3. *t.* 66 ; l'oiseau tapiré de blanc et de noir figuré dans le même ouvrage *t.* 65 , est un *mâle:* on doit cependant remarquer *qu'il porte des plumes sur les doigts*, ce qui me fait soupçonner quelque méprise de la part du dessinateur, ou bien que l'individu qui a servi de modèle, ayant été mutilé, on lui a substitué des pieds du *Lagopède ptarmigan*, dont ces parties portent tous les caractères; cette supercherie est d'au-

tant plus probable, que d'autres espèces d'oiscaux
qui composent cette collection , portent de semblables marques ostensibles d'un manque de bonne
foi si contraire aux progrès de l'étude de la nature.

TETRAO TETRIX. Gmel. *Syst.* 1. *p.* 748. *sp.* 2. — Lath.
Ind. v. 2. *p.* 635. *sp.* 3. — Retz. *Faun. Suec. p.* 208.
n°. 184. — PETIT TÉTRAS OU COQ DE BRUYÈRE A QUEUE FOUR-
CHUE*. Buff. *Ois. v.* 2. *p.* 210. *t.* 6. — Id. *pl. enl.* 172
et 173.—Gérard. *Tab. élém. v.* 2. *p.* 57.—TETRAS BIRKHAN.
Temm. *Pig. et Gall. v.* 3. *p.* 140. — BLACKGROUS. Lath.
Syn. v. 4. *p.* 733. — Id. *supp. p.* 213. — Penn. *Brit.
Zool. p.* 85. *t. M. f.* 1 *et* 2.—GABEL SCHWANZIGES WALDHUHN.
Bechst. *Naturg. Deut. v.* 3. *p.* 1319. — Meyer, *Tas-
schenb. Deut. v.* 1. *p.* 295. — Frisch. *t.* 109. *le mâle,
supp. n°.* 109. *la femelle.*—Naum. *Vög. t.* 18. *f.* 37 *et* 38.
GALLO DI MONTE. *Stor. deg. ucc. v.* 2. *pl.* 235. — KOR OF
BERKHOEN. Sepp. *Nederl. Vog. v.* 2. *t. p.* 165. *mâle et
femelle.*

Habite : plus répandu dans les provinces du centre de
l'Europe que les espèces précédentes ; se trouve en assez
grand nombre en Allemagne , en France , et jusqu'en
Hollande : vit dans les bois situés dans le voisinage des
bruyères et des champs.

Nourriture : boutons et bourgeons du hêtre, du bouleau, du pin, du sapin ; du noisetier et d'autres arbustes
alpestres : du sarrasin, de la vesce et autres graines, ainsi
que plusieurs espèces d'insectes.

Propagation : niche dans les bruyères ou dans les buissons ; pond depuis huit jusqu'à douze œufs, d'un jaunâtre
terne, parsemé de grandes et petites taches rousses.

---

* Je me suis vu dans la nécessité de substituer à cette phrase
un nom plus court ; l'espèce précédente portant également une
queue fourchue, il s'ensuit que ce caractère ne peut plus servir
à distinguer exclusivement celle de cet article.

TÉTRAS GÉLINOTTE.

TETRAO BONASIA. (Linn.)

Plumes de la tête un peu allongées ; une bande noire vers l'extrémité des pennes latérales de la queue ; partie inférieure du tarse et doigts nus.

Sous la gorge un grand espace noir entouré d'une bande blanche, cette bande prend son origine entre le bec et l'œil; un petit espace rouge au-dessus des yeux; toutes les plumes des parties inférieures noires, mais rousses dans leur milieu et bordées de blanc; parties supérieures variées de taches rousses, noires et blanches; une bande blanche sur les scapulaires; croupion et pennes de la queue cendrés avec des zigzags noirs; vers le bout des pennes de la queue est une large bande noire; toutes, excepté les deux du milieu, terminées de cendré; iris et pieds d'un brun clair; bec d'un brun noirâtre. Longueur, 13 pouces. *Le mâle.*

La femelle, est moins grande; elle n'a point de noir sous la gorge; l'espace entre l'œil et le bec roux; la poitrine rousse avec des taches noires; un plus grand nombre de taches noires sur les parties supérieures, particulièrement sur les plumes du croupion; la bande longitudinale des scapulaires d'un jaune couleur d'ocre.

TETRAO BONASIA. Gmel. *Syst.* 1. *p.* 753. *sp.* 9. — Lath. *Syn. v.* 2. *p.* 540. *sp.* 14. — Retz. Linn. *Faun. Suec. p.* 213. *n°.* 187.—LA GÉLINOTTE. Buff. *Ois. v.* 2. *p.* 233.

t. 7. — Id. *pl. enl.* 474 *et* 475. — Gérard. *Tab. élém.*
v. 2. *p.* 60. — Temm. *Pig. et Gall. v. p.* 174. — Hasel
grous. Lath. *Syn. v.* 4. *p.* 744. — Das schwarzkehlige
waldhuhn. Bechst. *Naturg. Deut. v.* 3. *p.* 1338. — Meyer,
Tasschenb. v. 1. *p.* 297. — Frisch. *t.* 112. *la femelle.*
— Naum. *Vög. t.* 20. *f.* 39. *le mâle.* — Francolino di
monte. *Sor. deg. ucc. v.* 2. *pl.* 238. *le mâle.*

Varie accidentellement, d'un blanc pur avec
quelques plumes de couleur ordinaire ; souvent
l'une ou l'autre partie du corps blanc , souvent
d'un cendré clair avec les couleurs ordinaires faiblement ébauchées ; c'est alors

Tetrao canus. Sparm. *Mus. Carls. fasc.* 1. *t.* 16. —
Gmel. *Syst.* 1. *p.* 753. — Lath. *Ind. v.* 2. *p.* 640. *sp.* 13.
— Helsingian grous. Id. *Syn. supp. v.* 1. *p.* 217.

Remarque. Les indications suivantes doivent être rayées
de la liste nominale ; la première est prise d'après un *té-*
tras gélinotte extraordinairement allongé par le peu de
soins mis à monter cet oiseau, et la seconde appartient à
un jeune tétras gélinotte ; c'est alors

Tetrao nemesianus et betulinus. Scopoli. *Ann. p.* 118
et 119. — Gmel. *Syst.* 1. *sp.* 21 *et* 22. — Lath. *Ind. v.* 2.
p. 637. *sp.* 4 *et* 5.

Habite : les bois en montagnes où croissent des pins,
des sapins, des bouleaux et des coudriers ; assez abondant en France et en Allemagne ; jamais en Hollande.

Nourriture : comme l'espèce précédente, mais plus de
baies que de bourgeons.

Propagation : niche dans les broussailles, ou dans les
touffes de fougère ; pond jusqu'à seize œufs, d'un roux
clair parsemé d'un grand nombre de taches plus foncées.

TÉTRAS ROUGE.

TETRAO SCOTICUS. (Lath.)

Plumage constamment d'un rouge marron ; sourcils dentelés très-élevés ; tarses et doigts couverts de poils gris ; 16 pennes à la queue, les latérales noirâtres terminées de marron.

Tout le plumage d'une belle couleur marron plus ou moins foncée, pure et sans taches à la tête et au cou, mais variée sur les parties inférieures par de nombreux zigzags noirs, et sur les parties supérieures par de grandes et de petites taches d'un noir profond ; un cercle de petites plumes blanches entoure l'orbite des yeux, et une petite tache également blanche se dessine à la mandibule inférieure ; quelques plumes de l'abdomen terminées de blanc ; rémiges et pennes secondaires brunes ; les quatre pennes du milieu de la queue de couleur marron avec des raies noires ; les latérales noirâtres, toutes terminées de marron ; espace au-dessus des yeux nu, la peau de cette partie forme une crête dentelée, apparente et très-élevée en été, d'un rouge vermillon ; le petit bec caché plus de moitié par les plumes qui recouvrent les narines ; iris d'un brun clair ; tarses et doigts entièrement couverts de poils gris ; ongles cendrés. Longueur, 16 pouces. *Le vieux mâle.*

La femelle, se distingue par des nuances moins pures et moins foncées ; la couleur marron est souvent variée de roussâtre, elle porte un plus grand

nombre de zigzags et de taches noires ; les sourcils
rouges sont très-peu visibles, et les plumes de la
tête et du cou ont un grand nombre de zigzags
noirâtres.

Les jeunes, se distinguent facilement par leur
plumage roussâtre clair, varié de taches et de raies
irrégulières noirâtres.

POULE DE MARAIS. GROUS. Cuv. *Règ. anim v.* 1. *p.* 45o.
— TETRAO SCOTICUS. Lath. *Ind. Orn. v.* 2. *p.* 641. *sp.* 15.
— TETRAO SALICETI. *Æstate.* Temm. *Manuel*, 1re. *édition
seulement. p.* 296. *le plumage complet d'été.* — RED
GAME MOORCOCK. Alb. *Ois. v.* 1. *t.* 23 *et* 24. RED GROUS.
Penn. *Brit. Zool. n°.* 94. *t.* 43. — Id. *Fol.* 85. *t. M.* 3.
figure exacte. — Lath. *Syn. v.* 4. *p.* 746. — Id. *Supp.
p.* 216. — TÉTRAS DES SAULES. Temm. *Pig. et Gall. v.* 3.
pl. 9. *f.* 5. *la tête, seulement à la page* 217, *et la livrée
d'été ; et le reste du texte se rapporte au tétras des
saules.*

Remarque. J'ai commis une méprise grave dans la première édition ainsi que dans mon Histoire des pigeons et
des gallinacés, où l'espèce très-distincte du *Tetrao scoticus* de Lath. se trouve indiquée comme livrée d'été de mon
Tetrao saliceti, qui est le véritable *Tetrao albus* des auteurs, espèce qui est sujette à une double mue, et dont le
plumage est blanc en hiver ; tandis que le *Tétras rouge*
de cet article ne mue qu'une fois, et que son plumage
est toujours et presque totalement d'un roux marron.
La livrée d'été du *Tetrao saliceti* a approchant les mêmes
couleurs ; mais on distingue facilement les individus de
cette dernière espèce, à leurs ailes et à toutes les parties
inférieures de leur corps, qui sont constamment blanches ;
leur queue est composée de 18 pennes, et les latérales sont
toujours terminées de blanc. Cette erreur doit en partie son
origine au peu de moyens de comparaison ; depuis, j'ai vu

plusieurs centaines d'individus du *Tetrao scoticus*, et
M. Boié m'en a envoyé quelques-uns du *Tetrao saliceti*
en plumage parfait d'été. Curieux de voir ce que mon critique, M. Vieillot, en dit dans le Dictionnaire, article lagopède, j'ai trouvé que toutes ses raisons sont très-justes.
On doit aussi m'attribuer l'erreur commise *sur les étiquettes* de deux individus du *Tétras des saules* qui sont
sous de fausses indications au Muséum de Paris. Petite mi-
nutie que M. Vieillot se serait bien gardé de passer sous
silence. On conçoit de quel intérêt est un tel article dans
les annales des sciences naturelles ; M. Vieillot n'y consacre
pas moins de 17 lignes : M. Cuvier y trouve aussi sa part[*].

Habite : on la trouve en Écosse, où l'espèce est excessivement abondante ; elle se voit en moins grand nombre
en Angleterre et en Irlande ; vit sur sur les hautes montagues
dans les amas de bouleaux nains, toujours en des lieux déserts ; l'hiver elle descend dans les plus hautes vallées,
mais ne se montre point en plaine.

Nourriture : bourgeons, haies et feuilles des arbustes
qui croissent dans les plus hautes régions des Alpes du
nord.

Propagation : niche dans les broussailles les plus four-
rées et les plus inaccessibles, toujours dans les régions
les plus élevées ; pond à terre, de six jusqu'à dix œufs d'un
cendré rougeâtre, presque entièrement couverts de grandes
taches d'un rouge foncé.

**Ils muent deux fois dans l'année : la couleur prin-
cipale de leur plumage d'hiver est d'un blanc pur.**

---

[*] Les étiquettes étant heureusement amovibles, j'ai l'honneur
de prévenir les naturalistes qu'elles ont été changées. Les deux
oiseaux mentionnés portent aujourd'hui des noms exacts dans
les galeries du Muséum de Paris.

TÉTRAS PTARMIGAN.

TETRAO LAGOPUS. (Linn.)

*Bec faible, comprimé vers la pointe; ongles su-
bulés, arqués et noirs; le mâle porte toujours une
balafre noire sur les yeux ; 18 pennes à la queue.*

Plumage d'hiver.

D'un blanc pur ; une bande noire va de l'angle
du bec et traverse les yeux; pennes latérales de
la queue noires, terminées par un liséré blanc;
pieds et doigts très-garnis de plumes laineuses;
au-dessus des yeux un espace nu qui se termine
par une petite membrane dentelée , ces parties
nues sont rouges; les ongles crochus, subulés et
noirs; bec noir, iris cendré. Longueur, 14 pouces.
Le mâle.

La femelle en plumage d'hiver, se distingue
du mâle, en ce que l'espace nu au-dessus des
yeux est moins grand, et qu'elle n'a jamais la bande
noire qui passe sur les yeux ; dans cet état de
plumage, on distingue *la femelle* de cette espèce des individus *des deux sexes* de l'espèce suivante ; 1°. à la taille; 2°. à la forme du bec; 3°. à
la plus grande longueur du tarse chez le tétras des
saules; 4°. à la forme très-différente des ongles.

Plumage parfait d'été.

Sommet de la tête, cou, dos , scapulaires et les
deux pennes du milieu de la queue, ainsi que ses

couvertures supérieures, d'un cendré roux coupé par de nombreux zigzags d'un noir profond; poitrine et flancs variés de plumes de la même couleur, parmi lesquelles se trouvent toujours un grand nombre de plumes d'un noir profond varié de quelques zigzags épars, d'un roux clair; la bande noire sur les yeux toujours distinctement marquée; la gorge le plus souvent blanche, mais souvent tapirée de noirâtre; tout le ventre, l'abdomen, les couvertures inférieures de la queue, les ailes, ainsi que leurs couvertures et les pieds d'un blanc parfait; les sourcils larges, d'un rouge très-vif. *Le vieux male.*

La femelle, se distingue toujours par le manque total de la bande noire sur les yeux; elle se reconnaît aussi à son plumage, qui a moins de blanc; la tête, toutes les parties supérieures du corps, le cou, la poitrine, les flancs et l'abdomen sont rayés assez régulièrement de bandes transversales, d'un roux clair et de noir; seulement le milieu du ventre, les pieds et les ailes sont d'un blanc parfait. *Les jeunes* ont des raies très-fines, cendrées, noires et roussâtres.

Remarque. Des observations faites en Suisse, sur plus de deux cents individus du ptarmigan, m'ont donné la certitude que cet oiseau, ainsi que le *Tétras des saules*, ont toujours, *en été*, les ailes, le ventre et les tarses couverts de plumes d'un blanc parfait. Au printemps et en automne on trouve des individus plus ou moins bigarrés de plumes blanches, distribuées irrégulièrement sur les différentes parties du corps; ces individus, beaucoup plus répandus dans les cabinets que ceux revêtus du plumage complet d'été, sont ordinairement dans le passage d'une livrée à l'autre. En été les tarses et les doigts sont toujours moins abondamment couverts de plumes laineuses qu'en hiver. Le *Ptarmigan* est très-commun en Suisse, le *Tétras des saules* ne s'y trouve jamais.

TETRAO LAGOPUS. Gmel. *Syst.* 1. *p.* 749. *sp.* 4. — Lath. *Ind. v.* 2. *p.* 639. *sp.* 9. — TETRAO RUPESTRIS. Gmel. *Syst.* 1. *p.* 751. *sp.* 24. — Lath. *Ind. v.* 2. *p.* 640. *sp.* 1. — TETRAO ALPINUS. Nils. *Orn. Succ. v.* 1. *p.* 311. *sp.* 140. — Le LAGOPÈDE. Buff. *Ois. v.* 2. *p.* 264. *t.* 9. — Id. *pl. enl.* 129. *la femelle, plumage d'hiver; et pl.* 494. *la femelle, prenant le plumage d'été.* — Gérard. *Tab. élém. v.* 2. *p.* 66. — L'ATTAGAS BLANC. Buff. *Ois. v.* 2. *p.* 262. — PERDRIX DE ROCHES. Hearne. *Voy. à l'Océan du nord. p.* 393. *édit. in-4°.* — TÉTRAS PTARMIGAN. Temm. *Pig. et Gall. v.* 3. *p.* 185. *t. Anat.* 10. *f.* 1, 2 *et* 3. — PTARMIGAN and ROCKGROUS. Lath. *Syn. v.* 4. *p.* 741, *et supp. v.* 1. *p.* 217. — Penn. *Brit. Zool. p.* 86. *t. M.* 3. *plumage d'été, et M.* 4. *le mâle, plumage d'hiver.* — HAASENFÜSSIGE WALDHUN. Bechts. *Naturg. Deut. v.* 3. *p.* 1347. — Meyer, *Tasschenb. v.* 1. *p.* 298. — Id. *Vög. Deut. v.* 2. *t. Heft.* 19. *en plumage incomplet d'été, et en hiver.* — Naum. *Vög. Nachtr. t.* 61. *f.* 115. *le mâle en hiver, et f.* 116. *le mâle en plumage parfait d'été.* — PERNICE ALPESTRE. Stor. *degl. ucc. v. pl.* 239. *plumage presque complet en été.* — LAGOPO BIANCO. Id. *pl.* 240. *la femelle en hiver.*

Habite : l'été dans les régions les plus élevées des Alpes, de la Suisse, et des plus hautes montagnes du centre de l'Europe; en hiver, très-abondant dans les régions moyennes de ces mêmes montagnes; très-commun sur les Alpes couvertes de neiges; en Suède, en Laponie, en Écosse et dans le nord de la Russie. Vit également en Amérique, où l'espèce ne diffère en rien de celle propre aux Alpes Suisses et aux Alpes du nord.

Nourriture : toutes sortes de baies et de feuilles des plantes alpestres; les boutons de la rose des Alpes, et du mirtille, très-rarement des insectes.

Propagation : niche dans les lieux ouverts où croît beaucoup de mousse, ou sous des buissons rampans; pond depuis sept jusqu'à quinze œufs, oblongs, d'un jaune rougeâtre, qui paraît entre le grand nombre de grandes et de petites taches noires ou d'un noir rougeâtre dont ces œufs sont couverts.

TÉTRAS DES SAULES.

TETRAO SALICETI. (Mihi.)

Bec fort, court, déprimé vers la pointe, obtus; ongles longs, blancs, très-peu courbés ; en hiver aucune différence entre les sexes ; 18 pennes à la queue.

Plumage d'hiver.

Tout le plumage d'un blanc pur; sourcils petits, rouges et point surmontés de crêtes; les pennes latérales de la queue noires, terminées de blanc; les tarses et les doigts plus forts, plus longs et plus amplement garnis de duvet, que dans l'espèce précédente; ongles longs, larges, taillés en pioche et d'un blanc pur; le gros bec obtus, noir, sortant de très-peu des plumes du front; iris d'un cendré blanchâtre. Longueur, 16 pouces. *Le mâle et la femelle.*

---

* Je me suis vu obligé de substituer un autre nom latin à cette espèce, vu que la dénomination de *Tetrao albus*, employée par Gmelin et par Latham, est également applicable aux deux différentes espèces de tétras qui ont le plumage blanc en hiver.

Tᴇᴛʀᴀᴏ ᴀʟʙᴜs. Gmel. *Syst.* 1. *p.* 750. *sp.* 23. — Lath. *Ind. v.* 2. *p.* 639. *sp.* 10. — Tᴇᴛʀᴀᴏ ʟᴀɢᴏᴘᴜs. Retz. *Faun. Suec. p.* 211. *n°.* 186. — Tᴇ́ᴛʀᴀᴏ ᴍᴜᴛᴜs. Montin. *Act. soc. Lund. v.* 3. *p.* 55. — Montin. *Phys. Handl.* 1. *p.* 155. — Tᴇᴛʀᴀᴏ sᴜʙᴀʟᴘɪɴᴜs. Nils. *Orn. Suec. v.* 1. *p.* 307. *sp.* 139. — Lᴀɢᴏᴘᴇ̀ᴅᴇ ᴅᴇ ʟᴀ ʙᴀɪᴇ ᴅᴇ Hᴜᴅsᴏɴ. Buff. *Ois. v.* 2. *p.* 276. — Pᴇʀᴅʀɪx ᴅᴇs sᴀᴜʟᴇs. Hearne. *Voy. à l'Océan du nord. p.* 338. *édit. in-*4°. — Tᴇ́ᴛʀᴀs ᴅᴇs sᴀᴜʟᴇs ᴏᴜ ᴍᴜᴇᴛ. Temm. *Pig. et Gall. v.* 3. *p.* 208. *t. Anat.* 11. *f.* 1, 2 *et* 3. — Wʜɪᴛᴇ ɢʀᴏᴜs. Lath. *Syn. v.* 4. *p.* 743. — Wᴇɪssᴇ ᴡᴀʟᴅʜᴜʜɴ. Bechst. *Naturg. Deut. v.* 3. *p.* 1353. — Frisch. *t.* 110 *et* 111. *en plumage d'hiver et au commencement de la mue.*

Plumage complet d'été.

Tête, cou, dos, scapulaires, pennes du milieu de la queue et leurs couvertures, d'un rouge marron plus ou moins foncé, pur et sans taches sur le devant du cou, mais avec des zigzags noirs sur les autres parties et des taches noires sur le haut du dos; partie inférieure de la poitrine, ventre, abdomen et la plus grande partie des couvertures alaires, ainsi que toutes les pennes, d'un blanc pur; pennes latérales de la queue noires, terminées de blanchâtre; tarses et doigts garnis à claire-voie de poils laineux; espace nu au-dessus des yeux, et une petite membrane dentelée qui s'élève perpendiculairement, d'un rouge vif.

Les femelles et les jeunes, sont d'un roux orange avec des taches noires plus grandes; les sourcils ne sont point élevés en crête.

Varie périodiquement, plus ou moins de blanc

répandu sur les différentes parties du corps, ceci variant suivant les époques plus ou moins rapprochées des deux mues périodiques. C'est alors,

WHITE PARTRIDGE. Edw. *Glan. t. 72. un individu mâle, en mue.*

Il arrive souvent, •qu'au milieu de l'été, on trouve des individus qui ont tout le ventre, jusqu'aux cuisses, varié de plumes coloriées comme celles du dos et de quelques plumes blanches ; les sourcils rouges très-élevés ; seulement les tarses garnis à claire-voie de plumes laineuses, mais les doigts ou totalement ou en partie nus ; les ongles cendrés et plus courts qu'en hiver. Le mâle a du noir à l'entour de la base du bec et sur la poitrine. C'est alors,

TETRAO LAPONICUS. Gmel. *Syst.* 1. *p.* 751. *sp.* 25. — Lath. *Ind. v.* 2. *p.* 640. *sp.* 12. — BONASA SCOTTICA. Briss. *Orn. v.* 1. *p.* 199. *t.* 22. *f.* 1. — TETRAO LAGOPUS. Montin. *Phys. Sallsk. Hanal.* 1. *p.* 155. — TETRAO CACHINNANS. Retz. *Faun. Suec. p.* 210. *n°.* 185. — TETRAS REHUSAK. Temm. *Pig. et Gall. v.* 3. *p.* 225. —REHUSAK. GROUS. Lath. *Syn. supp. v.* 1. *p.* 216. — Penn. *Arct. Zool. v.* 2. *p.* 316.

Remarque. Dans la première édition, je me suis étrangement abusé par rapport à la livrée d'été de cette espèce, pour laquelle j'ai donné le véritable *Tetrao scoticus* des auteurs anglais, espèce qui paraît se trouver uniquement en Écosse ; elle diffère du *Tétras des saules* par un bec plus petit, par un plumage constamment colorié de rougeâtre marron, sans aucun indice de blanc ; par les rémiges d'un brun uniforme, par la couleur cendrée des plumes laineuses aux tarses et aux doigts, et par la couleur marron qui termine les pennes caudales ; j'ai décrit cette espèce sous le nom de *Tétras rouge. Le Tetrao laponicus* de Linnée a aussi été indiqué dans cette première édition comme espèce distincte ; mais des observations multipliées faites sur la nature, prouvent que cette espèce nominale a été établie d'après un individu *mâle* du *Tétras des saules* en plumage parfait d'été. M. Nilsson est aussi de cet avis.

Habite : le nord de l'Europe et de l'Amérique ; vit jusque sous les glaces du pôle ; se montre très-rarement sur les hautes montagnes du centre de l'Europe : vit en Laponie, en Suède, au Groënland, au Kamchatka et en Islande; toujours dans les forêts des vallées hautes ou sur le penchant des Alpes ; ne se montre guère plus vers le midi, que dans la Livonie et l'Estionie ; très-rare en Prusse, jamais en Allemagne ni en Suisse.

Nourriture : toutes sortes de baies, de bourgeons et de feuilles ; de la bruyère ; des semences du bouleau et du saule nain.

Propagation : niche à terre, dans les hautes touffes de bruyère et dans les amas de bouleaux et de saules nains, pond jusqu'à dix ou douze œufs, plus grands que ceux de l'espèce précédente, d'un blanc terne, ou de couleur rougeâtre claire, couverte par un grand nombre de taches et de marbrures couleur de sang figé.

〰〰〰〰〰〰〰〰

GENRE QUARANTE-QUATRIÈME.

GANGA. — PTEROCLES*· (Mihi.)

Bec médiocre, comprimé, grêle dans quelques espèces, mandibule supérieure droite, courbée vers la pointe. Narines basales, à moitié fermées

---

* En 1809. j'ai publié l'histoire de ces oiseaux sous le nom générique *Pterocles*, et en 1817 M. Vieillot forme de ce même groupe son genre *OEnas*.

par une membrane couverte par les plumes du front, ouvertes en-dessous. Pieds à doigts courts, celui de derrière presque nul, s'articulant très-haut sur le tarse ; les trois doigts de devant réunis jusqu'à la première articulation, et bordés de membranes ; le devant du tarse couvert de petites plumes très-courtes, le reste nu. Ongles très-courts, celui de derrière acéré, ceux de devant obtus. Queue conique ; dans quelques espèces les deux plumes du milieu allongées en fils. Ailes longues, acuminées, la 1re. rémige la plus longue.

Ces oiseaux, confondus avec les *Tétras*, l'ont été également avec les *Perdrix* ; Latham range quelques espèces dans son genre *Tetrao*, tandis que d'autres figurent dans le genre *Perdrix* ; ils ne sont à leur place dans aucun des deux genres. Les *Gangas* vivent dans les plaines et dans les déserts sablonneux des contrées chaudes ; on ne les rencontre point en grand nombre en Europe, ils ne fréquentent que le pays les plus méridionaux. Oiseaux voyageurs et aimant à se déplacer, ils parcourent d'un vol soutenu les vastes solitudes ; quelques espèces se réunissent en bandes de plusieurs centaines, d'autres vivent en famille ; ils nichent à terre dans les herbes et dans les bruyères. Nous ne pouvons rien dire de positif eu égard à la mue de ces oiseaux dont plusieurs espèces habitent en Afrique ; les mâles diffèrent toujours des femelles, principalement par des colliers ou des ceinturons noirs et blancs, dont les femelles sont le plus souvent privées. On trouve en Afrique, comme en Europe et en Asie, des espèces qui ont deux longs filets à la queue et d'autres qui en sont privées.

Remarque. On ne peut guère déterminer une mesure exacte pour les espèces d'oiseaux qui vivent dans les lieux arides ; leur taille est plus forte ou moindre, suivant l'abondance ou la disette en substances alimentaires que produit la contrée ; et ces différences, qui tiennent à des causes purement locales, influent même jusque sur les couleurs du plumage, qui sont alors ternes, ou plus vives. J'ai également vérifié ce que j'avance ici, non-seulement sur plusieurs espèces d'Europe, mais aussi sur un grand nombre d'oiseaux étrangers, particulièrement sur des individus tués dans les terres incultes du midi de l'Afrique, comparés avec des individus nourris dans les contrées fertiles de cette même partie du globe, mais arrosées par les eaux de la Gambie et du Niger.

Le hasard fait que j'ouvre dans le Nouveau Dictionnaire d'histoire naturelle, l'article *Ganga* par M. Vieillot ; on y trouve ces élégantes phrases : *Cet Hollandais se trompe fort*, puis, *j'écarte comme apocryphe tout ce que M. Temminck a publié sur les Gangas ;* et ailleurs, *ce Temminck donne aux animaux des mœurs de sa façon.* Je me trompe fort, ou chacun saura apprécier à sa juste valeur des formes pareilles. Me vouant par goût à l'étude de l'histoire naturelle, et employant mes loisirs ainsi que les moyens dont la fortune me permet de jouir, à étendre le domaine de cette science, on se persuadera facilement que ce n'est point dans le but de débiter des fables que je visite les différentes contrées de l'Europe et que j'étudie les richesses rassemblées dans les principaux cabinets. Le peu de faits réunis sur l'histoire des *Gangas* dans mon histoire naturelle des gallinacées et dans le présent ouvrage étant exacts, M. Vieillot aurait pu s'épargner toutes ces sorties, comme tant d'autres, qui ne prouvent rien.

GANGA UNIBANDE.

PTEROCLES ARENARIUS. (Mihi.)

Sur la gorge une tache triangulaire noire ; base de la mandibule inférieure et région des oreilles d'un roux marron ; tête, cou et poitrine d'un cendré couleur de chair ; un ceinturon noir s'étend sur le bas de la poitrine et va d'une aile à l'autre ; plumes des parties supérieures d'un cendré jaunâtre, irrégulièrement tachetées de cendré bleuâtre et terminées de jaune ; rémiges d'un cendré noirâtre ; ventre, flancs, cuisses et abdomen d'un noir profond ; couvertures inférieures et le dessous des pennes caudales également d'un noir profond, mais terminées par une grande tache blanche ; les pennes de la queue en-dessus rayées de cendré foncé, de roux et de jaunâtre. Longueur de 12 à 14 pouces. *Le mâle.*

La femelle diffère beaucoup du *mâle.* Elle n'a point la tache noire à la gorge, ni la belle couleur cendrée sur la tête et sur la poitrine ; ces parties sont jaunâtres avec de nombreuses taches noires : sur la partie supérieure du devant du cou se trouve une étroite bande cendrée, surmontée par une fine raie noire ; le sommet de la tête et toutes les parties supérieures sont ainsi que la poitrine d'une seule nuance jaune d'ocre clair, varié de nombreuses taches et raies en zigzag d'un noir profond ; le ceinturon noir de la poitrine est plus étroit que chez le mâle, mais toutes les autres parties inférieures sont absolument les mêmes *.

Tetrao arenarius. Pall. *Nov. Com. Petrop. t.* 19. *p.* 418. *t.* 8. — Id. *Voy. App. p.* 53. *n°.* 51. — Gmel. *Syst.* 1.

---

* La description de la femelle, dans la première édition, manque d'exactitude.

p. 755. *sp.* 29. — Lath. *Ind. v.* 2. *p.* 642. *sp.* 18. — Tᴇᴛʀᴀᴏ ꜱᴜʙᴛʀɪᴅᴀᴄᴛʏʟᴀ. Hasselq. *It. p.* 250. — Pᴇʀᴅʀɪx ᴀʀᴀɢᴏ-
ɴɪᴄᴀ. Lath. *Ind. v.* 2. *p.* 645. *sp.* 7. — Gᴀɴɢᴀ ᴜɴɪʙᴀɴᴅᴇ.
Temm. *Pig. et Gall. v.* 3. *p.* 240. — Sᴀɴᴅ ɢʀᴏᴜꜱ. Lath.
Syn. v. 4. *p.* 751. — Aʀᴀɢᴏɴɪᴀɴ ᴘᴀʀᴛʀɪᴅɢᴇ Id. *Syn. supp.*
v. 1. *p.* 223. — Rɪɴɢᴇʟ ᴡᴀʟᴅʜᴜʜɴ. Meyer, *Tasschenb.*
Deut. v. 1. *p.* 301. — Naum. *Vög. Deut. Nachtr. t.* 6.
f. 15.

Habite : les lieux arides des contrées méridionales; en
Espagne, dans la Grenade, l'Andalousie et autres provinces; en Sicile et en Turquie; très-abondant dans l'Asie
méridionale et dans les déserts de l'Afrique; jamais observé
en France ni en Italie.

Nourriture : graine d'astragale et autres.

Propagation : niche à terre; pond, suivant l'auteur de
la *Faune aragonienne*, quatre ou cinq œufs, marqués de
taches brunes, et suivant Pallas, des œufs blancs.

Remarque. Les individus que j'ai reçus d'Espagne, ainsi
qu'un mâle tué dans les déserts de Barbarie, ne diffèrent
point de ceux d'Asie.

GANGA CATA.

PTEROCLES SETARIUS. (ᴍɪʜɪ.)

Gorge noire; côtés de la tête et devant du cou
d'un cendré jaunâtre : sur la poitrine un ceinturon
large d'environ deux pouces, d'un roux orange;
cette couleur est bordée en dessus comme en dessous d'une étroite bande noire : tête, nuque, croupion et couverture de la queue rayés de noir et de
jaunâtre, dos et scapulaires rayés de même, mais
vers le bout de chaque plume est une large bande
d'un cendré bleuâtre, suivie d'une autre de couleur

jaunâtre ; petites et moyennes couvertures des ailes
marquées obliquement d'un rouge marron, et terminées par un croissant blanc ; grandes couvertures
d'un cendré olivâtre terminé par des croissans noirs ;
ventre, flancs, abdomen, cuisses et extrémité des
couvertures inférieurs de la queue d'un blanc pur ;
pennes de la queue terminées de blanc, l'extérieure
bordée de cette couleur. Les deux pennes du milieu
très-longues et effilées, dépassent les autres de trois
pouces. Longueur totale, sans compter l'excédant
des filets, 10 pouces 6 lignes. *Le vieux mâle.*

La femelle diffère beaucoup du *mâle;* la gorge
blanche ; au-dessous de cette partie un large demi-
collier noir, qui ne s'étend que jusqu'aux côtés du
cou ; elle a le ceinturon large et de couleur orange,
comme dans le mâle ; les parties supérieures à peu
près les mêmes : petites, moyennes et grandes couvertures des ailes d'un cendré bleuâtre, ensuite une
bande oblique roussâtre et toutes les plumes terminées par des croissans noirs ; les filets dépassent la
queue d'un pouce dix lignes.

Les jeunes avant la première mue, ont un plumage moins bigarré ; les parties supérieures sont
d'un olivâtre nuancé de cendré ; le blanc des flancs,
des cuisses et de l'abdomen est coupé de zigzags
jaunâtres et bruns.

Tetrao alchata. Gmel. *Syst.* 1. *p.* 754. *sp.* 11. — Lath.
Ind. v. 2. *p.* 641. *sp.* 16. — Hasselq. *It. p.* 281. — Tetrao
caudacutus. Gmel. *Reise. v.* 3. *p.* 93. *t.* 18. — Le Ganga.
Buff. *Ois. v.* 2. *p.* 244. *t.* 8. — Id. *pl. enl.* 105 *et* 106.

très-mauvaises représentations. — Gérard. *Tab. élém.
v. 2. p.* 62. — Ganga cata. Temm. *Pig. et Gall. v.* 3.
p. 256. — Pintailed grous. Lath. *Syn. v.* 4. *p.* 748. —
Edw. *Glan. t.* 249. *la femelle.*

Habite : les pays incultes et pierreux ; pas très-nombreux en France, dans les landes stériles du côté des Py-
rénées et le long des bords de la Méditerranée ; moins habituellement en Provence et en Dauphiné, où on les voit
arriver de temps à autres, point régulièrement ; on les dit
très-communs en Espagne, Sicile, Naples et dans tout le
Levant : très-nombreux en Perse.

Nourriture : semences et insectes.

Propagation : vit et niche à terre parmi les pierres et
les touffes de buissons ; pond quatre ou cinq œufs dont je
n'ai pu vérifier la couleur par mes propres observations.

<hr>

GENRE QUARANTE-CINQUIÈME.

PERDRIX. — *PERDIX.* (Lath.)

Bec court, comprimé, fort, base nue ; mandibule
supérieure voutée, convexe, fortement courbée vers
la pointe. Narines basales, latérales, à moitié fermées par une membrane voûtée et nue. Pieds, trois
doigts devant et un derrière, ceux de devant réunis
par des membranes jusqu'à la première articulation.
Queue, composée de 18 ou de 14 pennes, courte,
arrondie, penchée vers la terre. Ailes courtes, les
3 premières rémiges les plus courtes, également
étagées, la 4e. et la 5e. les plus longues ; ou bien
la 5e. rémige la plus longue.

Ces oiseaux sédentaires dans quelques contrées, émigrent dans d'autres ; ils sont très-multipliés dans les climats
tempérés et chauds ; ils vivent par couple ; une fois unis ,
il est rare qu'un autre accident que la mort les sépare : le
mâle ne quitte point sa femelle ; lorsque les jeunes sont
éclos le mâle les conduit , les avertit par ses cris des dan-
gers qui les menacent , il les rappelle quand ils se sont séparés ; ils restent ainsi réunis en famille jusqu'au printemps. Les *Cailles* , qui composent la quatrième section ou
petite famille de ce genre , sont polygames et changent
plus souvent le lieu de demeure , les voyages qu'elles
opèrent comme les autres espèces diffèrent seulement en
ce qu'ils sont plus longs et plus réguliers. Le plus grand
nombre des espèces réunies dans ce genre vit dans les
champs et dans les lieux à découvert , les *Francolins*
seuls exceptés , qui donnent la préférence aux lisières des
bois dans le voisinage des eaux ; toutes se nourrissent de
semences , de graines , de plantes bulbeuses , d'insectes et
de vers. La mue , chez toutes les espèces connues , est
simple et ordinaire ; les sexes sont toujours faciles à distinguer par les couleurs du plumage : les vieux mâles des
Francolins se reconnaissent encore à leurs tarses éperon-
nés , et ceux des *Perdrix proprement dites* à leurs tarses
tuberculés ; les jeunes de l'année diffèrent jusqu'à leur première mue , sans qu'on puisse alors distinguer les sexes.

Remarque : Les compilateurs qui se plaisent à former
des genres de chaque section qu'ils trouvent dans les ouvrages , ne se sont point aperçus qu'en formant des francolins un genre distinct dont le principal caractère se fonde
sur l'existence d'un ou de deux éperons , ils ne peuvent
à la rigueur y introduire les femelles , qui pour eux seront
de vraies perdrix : la 3e. section du genre *Perdix* qui comprend les *Colins* , est basée sur une division géographique :
ce genre me paraît bien divisé en quatre sections ; quelques
espèces de la 2e. section habitent l'Europe. On n'y voit
qu'une seule espèce de la 1re. et un représentant de la 4e. ;

toutes celles qui composent la 3e. section vivent dans le
nouveau monde, où les espèces des trois autres sections
n'ont point encore été trouvées.

Ire. *SECTION*. — FRANCOLIN.

Les tarses des mâles, armés d'un éperon (souvent de deux éperons chez plusieurs espèces étrangères) ; les femelles à tarses lisses.

Ils vivent dans les lieux humides et se perchent sur les
arbres. L'espèce qui habite l'Europe se nourrit des mêmes
substances auxquelles nos perdrix donnent la préférence ;
mais celles qui habitent l'Afrique sont destinées, sous les
climats brûlans, à se nourrir de plantes bulbeuses et d'o-
gnons qu'elles déterrent au moyen de leur bec plus allongé ,
dont la mandibule supérieure très-longue dépasse l'inférieure et forme par ce prolongement un instrument en pioche , par le moyen duquel elles labourent le terrain qui recouvre les plantes bulbeuses ; notre *Francolin* et un petit
nombre d'autres , ne se nourrissant point de semblables
substances , leur bec n'est point aussi long et ne diffère point
de celui des *Perdrix proprement dites.*

FRANCOLIN A COLLIER ROUX.

PERDIX FRANCOLINUS. (Lath.)

Plumes du haut de la tête et de la nuque noires,
bordées de brun jaunâtre ; au-dessous des yeux une
bande blanche qui va couvrir l'orifice des oreilles ;
un large collier marron entoure le cou ; côtés de la
tête, front, une bande au-dessus des yeux, gorge et
toutes les parties inférieures d'un noir profond ;
sur les flancs de grandes taches blanches : couver-

tures inférieures de la queue d'un marron foncé ; ailes brunes avec des raies et des taches rousses : dos et croupion rayés de noir et de blanc ; base des pennes de la queue rayée de même, le reste d'un noir profond : bec noir ; pieds rougeâtres ; éperons bruns. Longueur, 12 ou 13 pouces. *Le mâle.*

La femélle, a le fond du plumage de couleur café au lait; sur le cou et sur la poitrine de petites taches brunes ; les taches brunes se présentent en larges bandes sur les autres parties inférieures : pennes secondaires rayées de roux et de brun ; dos et croupion d'un gris brun, coupé par des raies d'une couleur plus claire.

PERDIX FRANCOLINUS. Lath. *Ind. v.* 2. *p.* 644. *sp.* 6. — TETRAO FRANCOLINUS. Gmel. *Syst.* 1. *p.* 756. *sp.* 10. — LE FRANCOLIN. Buff. *Ois. v.* 2. *p.* 438. — Id. *pl. enl.* 147 *et* 148. — FRANCOLIN A COLLIER ROUX. Temm. *Pig. et Gall. v.* 3. *p.* 340. — FRANCOLINO PARTRIDGE. Lath. *Syn. v.* 4. *p.* 759. — Edw. *Glan. t.* 246. — FRANCOLINO. *Stor. degl. ucc. v.* 3. *pl.* 241 *et* 242.

Habite : les parties les plus méridionales, en Sicile, Malte, Sardaigne, le royaume de Naples, les îles de l'Archipel et la Turquie. L'espèce est la même dans toute l'Asie et dans le nord de l'Afrique : on la trouve dans les marais et dans les prairies.

Nourriture : insectes et semences.

Propagation : niche dans le midi.

IIe. *SECTION.* — PERDRIX PROPREMENT DITES.

Les tarses munis d'une callosité, ou entièrement lisses.

Ils vivent dans les champs et ne se perchent point sur les arbres.

PERDRIX BARTAVELLE.

PERDRIX SAXATILIS. (Meyer.)

Gorge, joues et devant du cou d'un blanc pur, entouré par une bande noire qui ne se dilate point en taches sur la poitrine : front et espace entre l'œil et le bec noirs : parties supérieures et poitrine d'un cendré bleuâtre : sur les plumes cendrées des flancs une large bande transversale blanche, bordée parallèlement sur les deux côtés d'une étroite bande noire, quelques-unes terminées d'une étroite bande marron : bec, tour des yeux et pieds rouges : 16 pennes à la queue. Longueur, de 13 à 14, et rarement 15 pouces.

Les femelles, mesurent un pouce de moins ; le cendré du plumage est moins pur ; la bande qui entoure le blanc du cou est moins large.

Varie accidentellement, d'un blanc pur ; souvent tapiré de plumes blanches ; quelquefois toutes les couleurs faiblement ébauchées, sur un fond blanchâtre.

Perdrix saxatilis. Meyer, *Tasschenb. Deut.* v. 1. *p.* 3o5.
Perdix græca. Briss. *Orn.* v. 1. *p.* 24i. *sp.* 12. *t.* 23. *f.* 1.
La Perdrix bartavelle. Buff. *Ois.* v. 2. *p.* 420. — Id. *pl.*
enl. 231. — Gérard. *Tab. élém.* v. 2. *p.* 79. — Temm.

Pig. et Gall. v. 3. *p.* 348. — GREEK or RED PARTRIDGE.
Lath. *Syn. v.* 4. *p.* 767. — DAS STEINFELD HUHN Bechst.
Naturg. Deut. v. 3. *p.* 1393. *t.* 43. *f.* 2. — Frisch. *t.* 116.
Meyer, *Vög. Deut. v.* 1. *t. Heft.* 8. *le mâle.* — PERNICE
MAGGIORE. *Stor. degl. ucc. v.* 3. *pl.* 256.

Remarque. Pour éviter que l'on ne confonde les trois
espèces distinctes de perdrix à bec et pieds rouges, qui
vivent en Europe, on devra se résoudre de rayer de la
liste des oiseaux, l'espèce nominale de la *Perdrix rufa*
de Latham, et du *Tetrao rufus* de Linné. Ces phrases
latines où les trois espèces sont confusément réparties,
peuvent être remplacées par celles plus exactes, indiquées
par les trois auteurs que je signale ici. Je crois n'avoir rien
laissé à désirer relativement à l'histoire de ces oiseaux dans
le troisième volume des *Pig. et Gall.*

Habite : les Alpes des parties méridionales de l'Allemagne, le Tirol, la Suisse, l'Italie, l'Archipel, la Turquie; rare sur les hautes montagnes du Jura et des Pyré-
nées; descend en hiver dans les régions moyennes des
montagnes.

Nourriture : herbes, semences, insectes et particulièrement des œufs de fourmis; en hiver, des bourgeons
et des baies.

Propagation : niche entre les racines des grands arbres,
sous des amas de rocs roulés, ou dans la mousse qui recouvre les rocs : pond jusqu'à quinze ou vingt œufs, d'un
blanc jaunâtre, avec des taches très-peu distinctes d'un
jaune roussâtre.

PERDRIX ROUGE.

PERDRIX RUBRA. (BRISS.)

Gorge et joue d'un blanc pur, ce blanc entouré
d'une bande noire, qui se dilate sur la poitrine et
sur les côtés du cou en un grand nombre de tache s

et de raies de la même couleur : une large bande blanche au-dessus des yeux ; toutes les parties supérieures, ainsi que le haut de la poitrine, d'un cendré roussâtre : sur la partie inférieure de la poitrine se dessine un large espace cendré : ventre et abdomen d'un roux clair ; sur les plumes cendrées des flancs sont des bandes blanches bordées seulement à leur partie extérieure par une étroite bande noire, toutes terminées par un large croissant roux ; bec, tour des yeux et pieds rouges ; 18 pennes à la queue. Longueur, 12 pouces 6 ou 9 lignes.

La femelle, a les teintes moins vives.

Varie accidentellement, comme l'espèce précédente.

PERDIX RUBRA. Briss. *Orn. v. 1. p.* 236. *sp.* 10. — LA PERDRIX ROUGE. Buff. *Ois. v.* 2. *p.* 431. *t.* 15. — Id. *pl. enl.* 150. — Gérard. *Tab. élém. v.* 2. *p.* 77. — Temm. *Pig. et Gall. v.* 3. *p.* 361. — GUERNSEY PARTRIDGE. Lath. *Syn. v.* 4. *p.* 768. — Id. *supp. v.* 1. *p.* 220. — Alb. *Birds. v.* 1. *t.* 29. — DAS ROTHE FELDHUHN. Bechst. *Naturg. Deut. v.* 3. *p.* 1399. — PERNICE COMMUNE. Stor. *degl. ucc. v.* 3. *pl.* 253. *tapiré de blanc, et pl.* 255. *d'un blanc pur.*

Remarque. Les *Perdix kakelik et caspia* des méthodistes, sont des indications très-défectueuses, elles ont cependant rapport à l'espèce de cet article, mais doivent être rayées de la liste nominale comme espèces distinctes.

Habite : les plaines de la France méridionale et de l'Italie ; très-rare en Suisse ; jamais en Allemagne ; ne fréquente point le nord de la France, ni la Hollande.

Nourriture : semences, graines et insectes.

Propagation : niche dans les champs et dans les buissons ; pond jusqu'à quinze ou dix-huit œufs, d'un jaune sale parsemé d'un grand nombre de taches rousses et de petits points cendrés.

PERDRIX GAMBRA.

PERDIX PETROSA. (Lath.)

Front, haut de la tête et nuque d'un marron foncé ; le marron se dilate sur les côtés du cou en un large collier, qui devient plus étroit par devant ; sur ce collier sont des taches blanches ; plumes des oreilles rousses ; gorge, tempes et une large bande au-dessus des yeux d'un cendré bleuâtre ; parties supérieures d'un cendré roux ; sur l'aile huit ou dix taches d'un bleu de turquoise bordé d'orange ; poitrine cendrée ; ventre roux ; sur les plumes cendrées des flancs est une large bande transversale, mi-partie blanche et rousse, bordée parallèlement sur les deux côtés par une étroite bande noire ; toutes sont terminées de roux ; 18 pennes à la queue ; bec, tour des yeux et pieds rouges. Longueur, de 12 à 13 pouces.

La femelle, moins grande, a le collier plus étroit et les couleurs moins vives.

Varie accidentellement, comme l'espèce précédente.

PERDRIX PETROSA. Lath. *Ind. v.* 2. *p.* 648. *sp.* 14. — TETRAO PETROSUS. Gmel. *Syst.* 1. *p.* 758. *sp.* 35. — PERDRIX RUBRA BARBARICA. Briss. *Orn. v.* 1. *p.* 239. — LA PERDRIX ROUGE DE BARBARIE. Buff. *Ois. v.* 2. *p.* 445. — PERDRIX DE ROCHE OU GAMBRA. Id. *p.* 446. — Temm. *Pig. et Gall.*

v. 3. p. 368. — Rufous breasted and barbary partridge.
Lath. *Ind. v.* 4. *p.* 770. *et* 771. — Edw. *Glan. t.* 70. —
Feldhuhn aus barbarey. Bechst. *Naturg. Deut. v.* 3.
p. 1401. — Cetti. *Naturg. Sard. Ubers. v.* 2. *p.* 111. —
Stor. degl. ucc. v. 3. *pl.* 257.

Habite : les montagnes rocailleuses de l'Espagne ; dans
les îles de Mayorque et de Minorque ; en Sardaigne , la
Corse, Malte, la Sicile et la Calabre ; très-rare et accidentellement en France le long de la Méditerranée.

Nourriture : semences et insectes.

Propagation : Niche dans les champs, mais plus souvent dans de petits buissons en des lieux déserts et mon-
tueux ; pond quinze œufs d'un jaune sale , tout couverts de
petits points d'un jaune verdâtre.

PERDRIX GRISE.

PERDIX CINEREA. (Lath.)

Face, sourcils et gorge d'un roux clair ; cou,
poitrine et flancs cendrés avec des zigzags noirs ;
sur les plumes des flancs de grandes taches d'un
roux rougeâtre ; une large plaque marron et en
forme de fer à cheval sur le haut du ventre ; dos,
croupion et ailes d'un cendré brun avec des zigzags
et des taches noires ; sur les scapulaires et les couvertures alaires une étroite raie blanche, qui suit
la direction de la baguette ; rémiges brunes avec
des bandes en zigzags d'un roux jaunâtre : 18 pennes à la queue, dont les latérales sont rousses ; un
espace nu derrière les yeux ; bec d'un brun olivâtre,
pieds gris. Longueur, 12 pouces. *Le mâle.*

La femelle, n'a point le roux de la face aussi

étendu ; toutes les couleurs du plumage sont plus foncées ; sur le haut de la tète des petites taches blanches ; beaucoup plus de grandes taches noires sur les parties supérieures ; tout le ventre blanc ou seulement quelques taches de couleur marron sur cette partie ;les grandes taches sur les plumes des flancs d'un roux noirâtre.

Les jeunes, avant leur première mue, ont tout le plumage d'un brun jaunâtre, coupé de bandes et de raies d'un brun noirâtre ; les pieds jaunâtres, point de rouge derrière les yeux.

Varie accidentellement, d'un blanc pur; l'une ou l'autre partie du corps de cette couleur : souvent tapiré de plumes blanches : quelquefois toutes les couleurs faiblement ébauchées sur un fond jaunâtre. *Varie aussi :* d'un roux marron, plus ou moins foncé, avec des taches irrégulières jaunâtres, de petites raies de cette couleur le long des baguettes. accompagnées de quelques petits zigzags noirs; tète, cou et haut de la poitrine d'un jaune roussâtre ; quelques taches d'un roux marron sur la poitrine ou sur la tête. On reconnaît dans cette dernière variété la prétendue espèce de PERDIX MONTANA. Lath. *Ind. v.* 2. *p.* 646 *sp.* 11. — TETRAO MONTANUS. — Gmel. *p.* 788. *sp.* 55.—Frisch. *t.* 114. *B.* —LA PERDRIX DE MONTAGNE. Buff. *Ois. v.* 2. *p.* 419. — Id. *pl.* 136.—Dont les auteurs ont fait une espèce distincte. *Voyez mon Hist. natur. Pig. et Gall. v.* 3. *p.* 396.

MASCENA. Lath. *Ind. v.* 2. *p.* 646. *sp.* 10.—TETRAODAMASCENA. Gmel. *p.* 758. — LA PETITE PERDRIX. Buff. *Ois. v.* 2. *p.* 417. — Est le même oiseau que la *Perdrix grise ordinaire. Voyez à l'article Perdrix l'hist. des Gall. v.* 3. *p.* 392. — Les espèces nominales ci-dessus désignées doivent être rayées de la liste des perdrix.

PERDIX CINEREA. Lath. *Ind v.* 2. *p.* 645. *sp.* 9. — TETRAO PERDIX. Gmel. *Syst.* 1. *p.* 757. *sp.* 13. — LA PERDRIX GRISE. Buff. *Ois. v.* 2. *p.* 401. — Id. *pl. enl.* 27. *la femelle.* — Gérard. *Tab. élém. v.* 2. *p.* 69. — Temm. *Pig. et Gall. v.* 3. *p.* 378. — COMMON PARTRIDGE. Lath. *Syn. v.* 4. *p.* 762. — Penn. *Brit. Zool. p.* 86. *t. M. mâle et femelle.* — GEMEINES ODER GRAUES FELDHUHN. Bechst. *Naturg. Deut. v.* 3. *p.* 1361. — Meyer, *Tasschenb. v.* 1. *p.* 303. — Frisch. *t.* 114. *le mâle. t.* 114. *B. la variété marron, et t.* 115. *variété blanchâtre.* — Naum. *t.* 3. *f.* 3. *le mâle.* — STARNA. *Stor. degl. ucc. v.* 3. *pl.* 249 *et* 250 ; *pl.* 251. *variété jaunâtre ; et pl.* 252. *un jeune individu blanchâtre.*

Habite : jusque fort avant dans le nord ; visite l'Égypte et les côtes de Barbarie ; de passage dans quelques pays , sédentaire dans d'autres : vit dans les champs et les lieux découverts, souvent à la lisière des bois et dans les buissons.

Nourriture : semences, graines, insectes, particulièrement des larves de fourmis ; baies et herbes.

Propagation : niche dans les champs, dans les blés, dans les maïs, sous les buissons , sous la mousse, dans les bruyères : pond depuis douze jusqu'à dix-huit et vingt œufs, d'un cendré verdâtre, terne.

IIe. SECTION. — CAILLE.

Queue très-courte, penchée vers la terre et cachée par les plumes du croupion ; la 1ʳᵉ. rémige des ailes la plus longue.

Les *Cailles* diffèrent plus des *Perdrix* et des *Francolins* par leurs habitudes que par les caractères extérieurs ; le bec et les pieds des grandes espèces étrangères ressemblent parfaitement à ces mêmes parties chez les perdrix ; une d'elles a la mandibule supérieure longue comme dans quelques francolins ; on ne saurait par tant de rappports se permettre d'en faire un genre distinct. Notre *Caille* (car les mœurs des espèces étrangères nous sont trop peu connues) est polygame et nomade, elle se réunit en grandes bandes pour opérer son long voyage ; dans tout autre temps de l'année elle est solitaire dans les champs.

Remarque. Une anomalie dont aucun auteur n'a fait mention, se trouve dans deux espèces de cailles étrangères. Chez celles-ci il existe un tuberculeux caleux aux tarses des mâles absolument comme dans les perdrix.

LA CAILLE.

PERDIX COTURNIX. (Lath.)

Sommet de la tête varié de noir et de roussâtre, portant trois bandes longitudinales, dont deux au-dessus des yeux et une au milieu de la tête : parties supérieures d'un cendré brun avec des taches noires et des bandes jaunâtres ; sur les scapulaires et sur les plumes du dos se dessine une large bande d'un blanc jaunâtre, qui suit la direction de la baguette : du roux sur la gorge, entouré de deux bandes d'un brun noirâtre : partie inférieure du cou, poitrine et flancs d'un roux clair avec des raies longitudinales blanches, qui suivent la direction de la baguette; ventre blanchâtre; rémiges d'un cendré brun avec de petites raies jaunâtres sur leurs barbes extérieures : 14 pennes à la queue : bec et pieds couleur de chair. Longueur, 7 pouces 3 ou 4 lignes. *Le vieux mâle.*

La femelle, a la gorge blanche, sans tache brune au milieu, et sans les deux bandes qui l'entourent; les teintes du dos sont plus foncées; la poitrine d'un blanc jaunâtre avec de petites taches noires; les plumes des flancs d'un roux plus clair, et leurs bandes longitudinales du centre moins prononcées.

Varie constamment suivant les âges, avec une tache brune sur la gorge qui n'est point entourée de deux bandes : le plumage fortement coloré et la tête, les joues et la gorge d'un brun noirâtre. Ce sont de très-vieux mâles. Souvent et suivant la localité, d'une taille plus forte, Coturnix major. Brisson.

Varie accidentellement, d'un blanc pur ; d'un blanc jaunâtre ou cendré à couleurs faiblement prononcées; tapiré de blanc, ou avec les ailes blanches ; quelquefois tout le plumage d'un brun foncé ou noirâtre. Cette dernière variété se produit en captivité, par la graine de chanvre prodiguée comme nourriture.

Coturnix. Briss. *Orn. v.* 1. *p.* 247. — Perdix coturnix. Lath. *Ind. v.* 2. *p.* 651. *sp.* 28. — Tetrao coturnix. Gmel. *Syst.* 1. *p.* 765. *sp.* 20. — Coturnix major. Briss. *Orn.*

v. 1. *p.* 251. — La Caille. Buff. *Ois. v.* 2. *p.* 449. *t.* 16
— Id. *pl. enl.* 170. — Gérard. *Tab. élém. v.* 2. *p.* 82. —
Temm. *Pig. et Gall. v.* 3. *p.* 478. — Le Crokiel. Buff.
Ois. v. 2. *p.* 251. — Rzacyn. *Hist. Polon. p.* 277. —
Common quail. Lath. *Ind. v.* 4. *p.* 779. — Id. *supp. v.* 1.
p. 222. — Penn. *Brit. Zool. t. M.* 6. — Wachtel feldhuhn.
Bechst. *Naturg. Deut. v.* 3. *p.* 1402. — Meyer, *Tas-*
schenb. Deut. v. 1. *p.* 306. — Frisch. *t.* 117. *mâle et fe-*
melle. — Naum. *t.* 4. *f.* 4. *le mâle.* — Coturnice. *Stor.*
degl. ucc. v. 3. *pl.* 243, 244 *et* 245. — De wachtel. Sepp.
Nederl. Vog. t. p. 143.

Habite : les champs et les campagnes, jamais les bois;
émigre à des époques fixes; voyage le plus souvent au
crépuscule ou pendant le clair de lune.

Nourriture : semences, graines et toutes sortes d'insectes.

Propagation : niche dans un petit creux à terre, le plus
souvent dans les blés : pond depuis huit jusqu'à quatorze
œufs, obtus, d'un verdâtre clair marqué de très-petits
points, ou de grandes taches brunes et noirâtres.

GENRE QUARANTE-SIXIÈME.

TURNIX. — *HEMIPODIUS.* (Mihi.)

Bec médiocre, grêle, droit, très-comprimé; arête
élevée, courbée vers la pointe. Narines latérales,
linéaires, longitudinalement fendues jusque vers le
milieu du bec, en partie fermées par une membrane
nue. Pieds, à tarse long; seulement trois doigts devant, entièrement divisés, point de doigt postérieur. Queue à pennes faibles, celles-ci rassemblées

en faisceau, cachées par les couvertures supérieures.
AILES médiocres, la 1ʳᵉ. rémige la plus longue.

᙮ Ces oiseaux, les pygmées de l'*Ordre des Gallinacées*,
sont polygames; ils vivent dans les landes stériles, dans
les sables et sur les confins des grands déserts; ils courent
plus qu'ils ne volent et avec une vitesse surprénante : les
jeunes et les vieux vivent solitaires et ne se réunissent
point en bandes. On ignore s'ils entreprennent un long
voyage. Leur nourriture consiste principalement en insectes ; les menues semences sont des accessoires. Leur
mue *paraît* n'avoir lieu qu'une fois l'année; les sexes diffèrent si peu qu'il est difficile de les reconnaître par le
plumage; nous savons trop peu de l'histoire de ces oiseaux
du midi de l'Europe pour indiquer les différences ou les
rapports des vieux et des jeunes. Ils ont été placés par
Linnée dans le genre *Tetrao*; Latham les place dans son
nouveau genre *Perdix*; mais les *Turnix* doivent former
un genre distinct.

TURNIX TACHYDROME.

HEMIPODIUS TACHYDROMUS. (MIHI.)

Sommet de la tête d'un brun noirâtre, marqué
de trois bandes longitudinales d'un jaune roussâtre :
gorge blanche; devant du cou et poitrine d'un
roux pur, bordé parallèlement de plumes jaunâtres,
qui ont une tache noire à quelque distance de leur
extrémité; elles sont terminées de blanc jaunâtre :
flancs roux avec quelques taches rares; ventre et
abdomen d'un blanc pur; dos noir avec des zigzags
roux; scapulaires rayés de zigzags noirs et roux,
chaque plume étant encadrée par une étroite bande
blanche; couvertures des ailes jaunâtres avec une

tache rousse sur les barbes intérieures, et une noire sur les barbes extérieures; rémiges cendrées, l'extérieure bordée de blanc. Longueur, 6 pouces.

Turnix africanus. Desfont. *Mém. de l'Acad. des Scienc.* ann. 1787. *p.* 500. — Tetrao andalusicus. Gmel. *Syst..* 1. *p.* 766. *sp.* 59. — Perdix andalusicus. Lath. *Ind. v.* 2. *p.* 656. *sp.* 46. — Turnix tachydrome. Temm. *Pig. et Gall. v.* 3. *p.* 626. — Andalusian quail. Lath. *Syn. v.* 4. *p.* 791.; *et t. frontisp. du vol.* 4ᵉ.

Habite : le midi de l'Espagne, la Grenade, l'Andalousie et l'Aragon ; vit dans les herbes et dans les taillis.

Remarque. J'ai reçu un individu, tué dans les parties septentrionales de l'Afrique: il ne diffère point de celui tué en Espagne, ce qui me fait soupçonner que ces oiseaux émigrent comme les *Cailles.* Des espèces étrangères semblent encore venir à l'appui de cette supposition, puisque j'en ai reçu les individus des îles de la mer du Sud et des Moluques.

Nourriture : petits insectes et menues semences.

Propagation : inconnue.

TURNIX A CROISSANS.

HEMIPODIUS LUNATUS. (Mihi.)

Dos brun, rayé transversalement de noir; couvertures alaires d'un roux clair, bordé de blanc; au milieu de chaque plume, une tache noire entourée d'un cercle blanc; gorge noire, rayée de blanc; les plumes de la poitrine blanches vers leurs bords, ferrugineuses au milieu et entourées de noir; rémiges noires; pennes de la queue bordées de blanc et rayées de noir et de blanchâtre; pieds et bec jaunâtres. Longueur, 6 pouces 2 ou 3 lignes.

Tetrao gibraltaricus. Gmel. *Syst.* 1. *p.* 766. *sp.* 58. — Perdix gibraltarica. Lath. *Ind. v.* 2. *p.* 656. *sp.* 45. — La Caille de Gibraltar. Sonn. *nouv. édit. de* Buff. *Ois. n.* 7. *p.* 152. — Turnix a croissans. Temm. *Pig. et Gall. v.* 3. *p.* 629. — Gibraltar quail. Lath. *Syn. v.* 4. 790.

Habite : les mêmes provinces que l'espèce précédente, où elle est de passage ; vit dans les herbes et dans les taillis.

Nourriture et *Propagation :* inconnues.

ORDRE ONZIÈME.

ALECTORIDES. — *ALECTO-RIDES.*

Bec plus court que la tête ou de la même longueur, robuste, fort, dur ; mandibule supérieure courbée, convexe, voûtée, souvent crochue à la pointe. Pieds à tarse long, grêle ; trois doigts devant et un derrière, le doigt postérieur articulé plus haut sur le tarse que ceux de devant.

On peut diviser ce nouvel ordre (composé, à l'exception d'une espèce, tous d'oiseaux étrangers à l'Europe), en *Campestres* et *Riverains*. Les alectorides campestres habitent les déserts , où ils sont continuellement occupés à la poursuite des reptiles, des lézards et des autres animaux amphibies ; les alectorides riverains se nourrissent d'insectes ou de vers, et rarement de poissons ; quelques-uns ont les ailes armées de tubercules osseux par le moyen desquels ils terrassent leur proie ; dans le vol ils étendent les jambes en arrière.

Les genres dont cet ordre est composé doivent y prendre place comme il suit : les *Campestres*, comprennent les genres *Psophia* , de Linnée ; *Dicholopus* et *Gypoge-*

ranus, d'Illiger ; les *Riverains* ont pour genres, *Gla-reola*, de Brisson ; *Palamedea*, de Linnée, et *Chauna* ; d'Illiger ; ce dernier genre est douteux. Une seule espèce du genre *Glareola* se trouve en Europe ; l'Asie et l'Afrique en nourrissent d'autres du même groupe.

Remarque. Ce nouvel ordre que je forme de quelques genres de la famille des *Alectorides*, d'Illiger, et de deux autres familles de Vieillot, me paraît d'absolue nécessité dans le système ; il se lie à l'ordre des *Coureurs* par le genre *Court-vite*, tandis qu'il conduit aux groupes nombreux qui forment l'ordre des vrais *Gralles*, par les genres *Kamichi* et *Chavaria* ; le plus grand nombre se lie par la forme du bec, à la nombreuse peuplade d'oiseaux compris dans les ordres des *Rapaces* et des *Gallinacés* ; enfin toutes les espèces dont cet ordre est composé ont des traits de famille très-caractérisés qui semblent légitimer une telle réunion. Dans son *Prodromus*, M. Illiger réunit encore aux *Alectorides* les genres *Chionis* et *Cereopsis* ; mais ces oiseaux ne doivent point être séparés des palmipèdes, vu leur analogie dans les mœurs et dans les formes extérieures ; ces espèces ont autant et plus de rapports avec les vrais palmipèdes que le genre *Rhynchops*, qui de tout temps en a fait partie.

GENRE QUARANTE-SEPTIÈME.

GLARÉOLE. — *GLAREOLA*. (Briss.)

Bec court, convexe, comprimé vers la pointe ; mandibule supérieure courbée depuis la moitié de sa longueur, sans échancrure. Narines basales, latérales, obliquement fendues. Pieds emplumés jusqu'au genou ; tarses longs, grêles ; quatre doigts, trois devant et un derrière, celui du milieu réuni à l'extérieur par une courte membrane, l'intérieur divisé; doigt postérieur articulé sur le tarse. ONGLES longs et subulés. AILES très-longues; la 1re. rémige dépassant de beaucoup toutes les autres.

Les *Glaréoles** vivent dans les climats tempérés et chauds; ils fréquentent les bords des eaux douces et limpides; leur apparition sur les bords de la mer est très-rare; ils se nourrissent de très-petits insectes et de vers aquatiques; ils courent avec une grande agilité; leur vol est soutenu et très-rapide, la mue est double, mais le plumage d'hiver diffère si peu de celui d'été que celui-ci se distingue à peine; cette différence ne consiste qu'en des teintes un peu rembrunies et en ce que le collier est moins régulièrement dessiné en hiver qu'en été; dans cette saison tout le plumage des ailes et du dos se couvre d'une légère nuance lustrée ou à reflets verdâtres; les pieds sont plus sombres en hiver qu'en été, et la tache noire entre le bec et l'œil est remplacée en hiver par du brun roussâtre.

Remarque. Il paraît que la même espèce habite sur toute la vaste étendue de l'ancien continent, ce qui paraît d'autant plus vraisemblable, vu la célérité et la force des moyens de vol dont cet oiseau est doué; il passe et disparaît aux yeux comme un trait lancé dans l'air. Toutes les espèces et les variétés énumérées par Gmelin, Buffon, Sonnerat et Latham, se rapportent à cette seule espèce; en observant cependant qu'à l'article de *Glareola senegalensis* qui ne diffère point de la nôtre, le misérable compilateur Gmelin, 13e. édit. de Linnée, a joint le *Tringa fusca*

---

* Le genre *Glaréole*, dont nous connoissons seulement une espèce en Europe, a été improprement désigné sous le nom de *Perdrix-de-mer*.

de Falck. *Voy. t.* 26 , qui est le même oiseau que notre *Chevalier arlequin.* Il existe cependant dans les climats étrangers deux espèces distinctes qui sont nouvelles.

GLARÉOLE A COLLIER.

GLAREOLA TORQUATA. (Meyer.)

Sommet de la tête, nuque, dos, scapulaires et couvertures des ailes d'un gris brun; gorge et devant du cou d'un blanc légèrement teint de roussâtre: cette couleur est comme encadrée par une très-étroite bande noire, qui remonte vers les coins du bec; espace entre l'œil et le bec noir; poitrine d'un brun blanchâtre; couvertures du dessous des ailes d'un roux marron; parties inférieures d'un blanc nuancé de roussâtre; couvertures de la queue et origine des pennes caudales d'un blanc pur, le reste vers leur bout noirâtre; bec noir, rouge à sa base, iris d'un brun rougeâtre; cercle nu des yeux d'un rouge vif; pieds d'un rougeâtre cendré; queue très-fourchue. Longueur, 9 pouces 3 ou 6 lignes. *Les vieux, mâle et femelle.*

Glareola torquata , Meyer, *Tasschenb. Deut. v.* 2. *p.* 4o4. — Hirundo patrincola. Linn. *Syst. nat. edit. in-*12. *p.* 345. *sp.* 12. — Bulloch. *in the Transact. of the Linn. society. v.* 11. *p.* 177. *description exacte.* — La Perdrix de mer. Briss. *Orn. v.* 5. *p.* 141. *t.* 12. *f.* 1. *figure très-exacte.* — Buff. *Ois. v.* 7. *p.* 544. mais surtout sa *pl. enl.* 882. *figure très-exacte.* — Id. *édit. de* Sonn. *v.* 22. *p.* 146. *pl.* 199. *f.* 2. Perdrix de mer ordinaire et a collier. Gérard. *Tab. élém. v.* 2. *p.* 242. *n°.* 1, 2 *et* 3. — Austrian patrincole. Lath. *Syn. v.* 5. *p.* 222. *t.* 85. *figure assez exacte.* — Das rothfussige sandhuhn. Bechst. *Na-*

turg. Deut. v. 4. p. 457. *t.* 13. — Naum. *Vög. Nachtr.
t.* 29. *f.* 58. *figure très-exacte du vieux mâle.* — Glareola. *Stor. degl. ucc. v.* 5. *pl.* 547. *figure très-exacte.*

Varie habituellement, d'un gris brun, plus clair,
ou plus foncé ; le blanc de la gorge plus ou moins
nuancé de rougeàtre ou de roussâtre clair ; la fine
bande noire qui en trace le contour d'un noir plus
ou moins profond, et souvent accompagnée d'une
très-petite ligne blanche ; souvent aussi la bande
seulement indiquée par de petites taches noires.
Les jeunes, ont les parties supérieures d'un cendré
brun, nuancé par des ondes plus foncées , et des
bordures blanchâtres ; la gorge d'un blanc terne,
entouré de taches brunes, disposées de manière à
remplacer la bande qui entoure cette partie chez
les vieux , poitrine et ventre d'un gris foncé avec
des taches brunes, quelquefois sans taches; la queue
est moins fourchue et la penne latérale beaucoup
plus courte que chez les vieux. Les indications suivantes s'y rapportent alors.

GLAREOLA AUSTRIACA , SENEGALENSIS ET NÆVIA. Gmel. *Syst.*
1. *p.* 695. *sp.* 1 , 2 *et* 3. — Lath. *Ind. v.* 2. *p.* 753. *sp.* 1 ,
2 *et* 3. — GLAREOLA TORQUATA. Briss. *Orn. v.* 5. *p.* 145. —
LA PERDRIX DE MER A COLLIER , LA GRISE, LA BRUNE ET LA
GIAROLE. Sonn. *nouv. édit. de* Buff. *Ois. v.* 22. *p.* 150 *et
suiv.* — LA PERDRIX DE MER DES MALDIVES , DE COROMANDEL
ET DE MADRAS. Sonnerat. *Voy. aux Indes. v.* 2. *p.* 216.
— DAS BRAUNRINGIGE SANDHUHN und CEFLECKTE SANDHUHN.
Bechst. *Naturg. Deut. v.* 4. *p.* 461. *var. A. et B.* —
Naum. *Vög. Nacht. t.* 29 *f.* 59. *le jeune de l'année.* —
COLLARED and further varietes of PATRINCOLES. Lath. *Syn.
v.* 5. *p.* 223.

Remarque. Il est facile de concevoir comment des méthodistes et des compilateurs ont pu créer une multitude
d'espèces différentes, des seules variétés et des jeunes individus des oiseaux qui appartiennent à une même espèce ;
mais il est inconcevable que des naturalistes, qui disent
avoir pris la nature pour guide, soient tombés dans les
mêmes erreurs, et qu'ils aient pu s'abuser au point de
multiplier les espèces nominales, des seules différences qui
sont dues à l'âge, à l'époque de l'année où les individus
ont été tués, ou simplement à des causes accidentelles.
Le continuateur de la *Zoologie de Shaw*, dit, vol. 10,
pag. 135, que les patrincoles ou glaréoles n'ont pas la plus
légère affinité avec les oiseaux d'eau ou riverains, mais
qu'elles ont plus de rapports avec les hirondelles ; parce
que, dit-il, elles en ont les ailes et la queue ; argument digne
d'un compilateur. Il est inutile de réfuter au long cette
erreur ; je me suis trouvé en Hongrie dans les immenses
marais des lacs Neusidel et Balaton, environné de plusieurs
centaines de ces oiseaux, et je puis assurer qu'ils n'ont des
hirondelles que la célérité du vol, dont le *Bec en ciseaux*,
les *Hirondelles de mer*, les *Stercoraires*, et les *Pétrels*
sont aussi doués au plus haut degré.

Habite : les bords des fleuves, des mers de l'intérieur
et des lacs, dont les eaux forment de grands marais en
jonchaies ; vit dans les provinces qui touchent aux confins
de l'Asie et dans les pays méridionaux de ce vaste continent; commun sur les lacs salés et dans les vastes marais
de Hongrie ; de passage régulier ou accidentel dans quelques provinces de l'Allemagne et de la France, en Suisse
et en Italie ; très-rare en Hollande et en Angleterre.

Nourriture : particulièrement des mouches et autres
insectes ailés qui vivent parmi les joncs et les roseaux ; il
se lance sur ces insectes avec une rapidité étonnante et les
saisit au vol ou à la course.

Propagation : niche parmi les roseaux les plus touffus
et dans les hautes herbes ; pond trois ou quatre œufs.

Pour compléter l'histoire de ce genre nous indiquerons
à la suite de l'espèce connue deux autres espèces étrangères.

GLARÉOLE ÉCHASSE.

GLAREOLA GRALLARIA. (Temm.)

Queue presque carrée , dépassée par les ailes
d'environ 5 pouces ; tibia en grande partie nu ;
tarse très-long ; plumage supérieur et poitrine d'un
roux clair ; gorge, abdomen et couvertures du dessus de la queue d'un blanc pur ; ventre et abdomen
d'un marron vif ; rémiges et couvertures du dessous des ailes d'un noir profond; base du bec rouge,
pointe noire; pieds d'un jaune roussâtre. Se trouve
dans les contrées de l'Austral-Asie.

GLARÉOLE LACTÉ.

GLAREOLA LACTEA. (Temm.)

Queue très-peu fourchue. Toutes les parties supérieures du corps et des ailes d'un cendré blanchâtre très-pur ; rémiges et partie intérieure des
ailes d'un noir profond ; toutes les parties du dessous du corps d'un blanc pur; les pennes de la
queue, l'extérieure exceptée , ont une tache noire
dont la réunion forme un grand espace angulaire
sur cette partie; bec rougeâtre à ses bords, noir
sur le reste; pieds bruns. Longueur, 5 pouces 9
lignes. Les deux individus du Musée de Paris ont
été envoyés du Bengale.

ORDRE DOUZIÈME.

COUREURS. — CURSORES.

Bᴇᴄ médiocre ou court, Pɪᴇᴅs longs, nus au-dessus du genou, seulement deux ou trois doigts dirigés en avant.

Les oiseaux qui composent cet ordre vivent toujours dans les champs, le plus souvent en des lieux déserts, éloignés des bois et des buissons; ils sont polygames; se nourrissent d'herbes, de graines et d'insectes; quelques espèces ont les ailes impropres au vol, les autres volent peu et près de terre. Ils courent avec une grande célérité, non-seulement lorsqu'ils sont poursuivis, mais aussi habituellement, et diffèrent en cela du plus grand nombre des oiseaux de l'ordre des *Gralles*, qui marchent habituellement à pas comptés : ils ont aussi un régime différent et habitent d'autres lieux. Tous les coureurs doués de la faculté de s'élever de terre, étendent leurs jambes en arrière lorsqu'ils volent; ils sont très-farouches, rusés pour se soustraire aux poursuites des hommes, et par-là difficiles à observer.

Remarque. Les genres *Struthio*, *Rhea* et *Casuarius* doivent être placés à la tête de cet ordre; tandis que les genres *Gypogeranus*, *Dicholopus psophia*, *Glareola Palamedea* et *Chauna*, paraissent former un ordre distinct, que nous avons nommé *Alectorides*. Les genres *Hœmatopus*, *Himantopus*, *Œdicnemus*, *Charadrius* et *Calidris*, qui ont fait partie de l'ordre *Coureurs* dans la première édition, paraissent mieux à leur place dans l'ordre *Gralles*. Je les réunis dans la première section de cet ordre, toute composée de tridactyles; les formes du bec serviront pour les rapprocher des genres de la seconde section des *Gralles* avec lesquels ils ont le plus de rapports. J'évite par ce moyen de confondre indistinctement toutes les formes de pieds en un même groupe d'ordre.

GENRE QUARANTE-HUITIÈME.

OUTARDE. — *OTIS*. (Linn.)

Bec de la longueur de la tête ou plus court, droit, conique, comprimé, ou légèrement déprimé à la base; pointe de la mandibule supérieure un peu voûtée. Narines ovales, ouvertes, rapprochées, éloignées de la base. Pieds longs, nus au-dessus du genou, trois doigts devant, courts, réunis à leur base, bordés par des membranes. Ailes médiocres, la 1re. rémige de moyenne longueur, la 2e. de très-peu moins longue que la 3e., qui est la plus longue.

Les *Outardes* et les autres genres d'oiseaux qu'il convient de classer avant celles-ci ont, avec le port massif des gallinacés, plusieurs caractères en commun avec les *Gralles proprement dits;* ils forment le passage gradué des gallinacés tridactyles aux petites espèces de courcurs qui vivent le long des plages maritimes. Toutes les espèces qui composent ce genre sont des oiseaux pesans, qui volent très-peu; ils sont très-farouches; lorsque par la course ils ne trouvent plus moyen de se soustraire aux poursuites, on les voit raser la terre d'un vol rapide et soutenu. Ils vivent dans les blés ou dans les campagnes couvertes de broussailles; se nourrissent d'herbes, d'insectes, de graines et de semences ; un mâle suffit à plusieurs femelles, qui vivent solitaires après avoir été fécondées. La mue paraît avoir lieu deux fois dans l'année ; les mâles, chez le plus grand nombre des espèces, diffèrent des femelles par des ornemens extraordinaires et par un plumage plus bigarré ; les jeunes mâles âgés d'un ou de deux ans ont le plumage des femelles ; je soupçonne aussi, mais je n'ai pu m'en assurer, que les mâles ont en hiver le même plumage que les femelles.

PREMIÈRE SECTION.

Les mandibules comprimées à la base.

OUTARDE BARBUE.

OTIS TARDA. (Linn.)

A la mandibule inférieure du bec une touffe de plumes longues, à barbes déliées et effilées ; tête, cou, poitrine et bord de l'aile cendrés ; sur le milieu du crâne une bande longitudinale ; parties supérieures d'un roux jaunâtre rayé de noir ; parties inférieures blanches ; queue blanche, ayant du roussâtre vers les trois quarts de sa longueur, et coupée par deux bandes noires ; pieds noirs ; bec bleuâtre. Longueur, 3 pieds 3 pouces, ou d'une taille plus petite suivant la localité. *Le mâle.*

La femelle, n'a point à la mandibule inférieure ces plumes longues et effilées ; la bande sur le haut du crâne est moins apparente, et le cendré du cou est plus foncé ; elle est aussi plus petite.

OTIS TARDA. Gmel. *Syst.* 1. *p.* 722. *sp.* 1. — Lath. *Ind.* v. 2. *p.* 658. *sp.* 1. — L'OUTARDE. Buff. *Ois.* v. 2. *p.* 1. *t.* 1. — Id. *pl. enl.* 245. *le mâle.* — Gérard. *Tab. élém.* p. 2. *p.* 109. — GREAT BUSTARD. Lath. *Sy. v.* 4. *p.* 796.

— Penn. *Brit. Zool. p.* 87. *t. N.* — Edw. *Glan. t.* 79 et 8o. — Der grosse trappe. Bechst. *Naturg. Deut. v.* 3. *p.* 1432. — Meyer, *Tasschenb. v.* 1. *p.* 3o8. — Frisch. *Vög. t.* 1o6. *la femelle ; et n°.* 1o6. *supp. le mâle.* — Naum. *t.* 1. *f.* 1. *le mâle.* — Starda commune. *Stor. deg. ucc. v.* 3. *pl.* 255. *le mâle.*

Habite : dans quelques départemens de la France, de l'Italie et de l'Allemagne ; moins abondant vers le nord que dans le midi ; très-rarement et accidentellement en Hollande. Vit dans les seigles, les maïs et les blés, aussi dans les champs découverts.

Nourriture : graines, semences, herbes, choux, insectes et vers.

Propagation : niche dans les seigles ou dans d'autres blés, qui approchent de leur maturité ; pond deux ou trois œufs, d'un brun clair olivâtre, parsemé de taches irrégulières d'un roux sale et d'un brun foncé.

OUTARDE CANEPETIÈRE.

OTIS TETRAX. (Linn.)

Sommet de la tête et occiput d'un jaunâtre clair avec des taches brunes ; côtés de la tête et devant du cou d'un cendré foncé ; cette couleur est entourée par un collier en sautoir d'un blanc pur ; tout le bas du cou couvert de plumes d'un noir profond, qui sont un peu plus longues sur la nuque, la poitrine entourée par un large collier blanc, suivi d'un autre plus étroit qui est noir ; le reste des parties inférieures, le bord de l'aile et les couvertures supérieures de la queue d'un blanc pur ; toutes les parties supérieures d'un jaunâtre clair avec un grand nombre de zigzags noirâtres, qui suivent le contour de la plume, et quelques grandes taches noires clair-semées : pieds et bec gris ; iris orange. Longueur, 18 pouces. *Le vieux mâle.*

La femelle et *le jeune mâle de l'année*, ont la gorge blanche ; les côtés de la tête, le cou et la partie supérieure de la poitrine d'un jaunâtre clair, coupé de raies brunes ; une large bande longitudinale occupe le centre de ces plumes ; sur le blanc de la poitrine, des flancs, des bords de l'aile, comme des couvertures supérieures et inférieures de la queue, sont quelques raies noires transversales, les parties supérieures plus variées de noir.

Remarque. Il est difficile de concevoir les motifs qui ont pu déterminer les continuateurs de la Zoologie de Shaw à former un genre *Tetrax*. Voyez *vol.* 11. *p.* 454, où la seule petite outarde ou cannepetière se trouve comprise. Cet oiseau ne diffère des autres outardes par aucun caractère marqué ; ses mœurs et ses habitudes sont absolument les mêmes que celles de la grande outarde. Le *Houbara* et d'autres outardes étrangères diffèrent un peu par leur bec plus long et plus déprimé à la base ; mais ce n'est point encore un motif pour en faire des genres distincts ; le plus grand nombre des espèces d'oiseaux connus diffèrent ainsi les uns des autres ; il faudrait par conséquent changer l'idée qu'on se forme du genre et adopter des divisions sans nombre, ce qui conduirait à des différences spécifiques, auxquelles il faudrait joindre une description détaillée des formes générales et souvent des couleurs du plumage afin de se faire comprendre.

Otis tetrax. Gmel. *Syst.* 1. *p.* 723. *sp.* 3.—Lath. *Ind.* v. 2. *p.* 659. *sp.* 3.—La petite Outarde ou cannepetière. Buff. *Ois.* v. 2. *p.* 40. — Id. *pl. enl.* 25. *le vieux mâle ;* et *pl.* 10. *la femelle.* — Gérard. *Tab. élém.* v. 2. *p.* 113.

— Little bustard. Lath. *Syn. v.* 4. *p.* 759. — Id. *supp. v.* 1. *p.* 226. — Edw. *Glan. t.* 251. *femelle.*—Der kleine trappe. Bechst. *Naturg. Deut. v.* 3. *p.* 1446. *t.* 45. *la femelle.* — Meyer, *Tasschenb. Deut. v.* 1. *p.* 309. — Gallina pratarola. *Stor. deg. ucc. pl. v.* 3. *pl.* 264. *le jeune de l'année.*

Habite : les lieux arides et découverts ; en Espagne, en Italie et en Turquie ; moins abondant dans le midi de la France ; rare en Suisse et en Allemagne : jamais vers le nord.

Nourriture : beaucoup d'insectes et de vers ; des graines et des semences.

Propagation : niche dans les herbes et dans les champs ; pond trois ou cinq œufs, d'un vert uniforme et lustré.

DEUXIÈME SECTION.

Les mandibules déprimées à la base.

OUTARDE HOUBARA.

OTIS HOUBARA. (Linn.)

Bec long, déprimé à la base; une grande huppe de plumes effilées sur la tête; de semblables plumes (dont les plus longues ont 4 pouces que l'oiseau peut étaler), sur les côtés du cou; queue longue de 8 pouces. Les vieux.

Front et côté de la tête d'un cendré roux avec de petits points bruns ; occiput, joues et haut du cou d'un blanchâtre parsemé de lignes brunes et cendrées ; sur la tête de longues plumes effilées d'un blanc pur ; sur la partie latérale du cou une rangée de longues plumes noires, qui sont suivies de quelques plumes blanches, toutes à barbes décomposées :

poitrine et parties inférieures d'un blanc pur : cou postérieur, dos et ailes d'un jaune d'ocre parsemé de fines raies noires, très-rapprochées, mais laissant sur le centre de chaque plume un grand espace sans taches ou raies : rémiges blanches, noires vers la pointe et terminées de blanc : sur les pennes de la queue, d'un roux couleur d'ocre, sont trois larges bandes transversales d'un cendré noirâtre; toutes ces pennes excepté les deux du milieu, terminées de blanc : bec d'un brun noirâtre; pieds verdâtres. Longueur, 24 ou 25 pouces. *Le très-vieux mâle,*

Les jeunes mâles, ont plus de raies en zigzags sur les côtés de la tête; les plumes blanches de la huppe sont plus courtes et coupées vers la pointe par de fines raies cendrées et rousses; devant du cou roussâtre, varié de zigzags bruns; plumes du dos et des ailes de couleur isabelle variée de zigzags bruns et marquée de taches noires qui occupent le centre des plumes; les longues plumes noires et blanches de la partie latérale du cou moins longues que chez les vieux, souvent variées de brun foncé et de blanchâtre; parties inférieures d'un blanc cendré.

La femelle de cet oiseau, qui se montre très-accidentellement en Espagne et en Turquie, n'est point encore connue; on ignore si elle a les mêmes parures que le *mâle;* à en juger par analogie, elle ne doit point avoir d'ornemens extraordinaires, puisque les *femelles* de toutes les espèces étrangères connues diffèrent beaucoup des *mâles,* et n'ont point de plumes de parade.

OTIS HOUBARA. Gmel. *Syst.* 1. *p.* 725. *sp.* 6. — Lath. *Ind. v.* 2. *p.* 660. *sp.* 8. — OTIS RAHAAD. Gmel. *sp.* 7. — Lath. *p.* 660. *sp.* 9. — PSOPHIA UNDULATA. Jacq. *Beytr.* *p.* 24. *t.* 9. *figure très-exacte du mâle.* — Lath. *Ind. v.* 2. *p.* 657. *sp.* 2. — LE HOUBARA OU OUTARDE HUPPÉE D'AFRIQUE. Buff. *Ois. v.* 2. *p.* 59. — LE RHAAD. Id. *p.* 61. — Shaw. *Voy. p.* 255. *f.* 2. — L'AGAMI D'AFRIQUE. Sonn. *édit. de* Buff. *Ois. v.* 14. *p.* 26. — RUFFED and RHAAD BUSTARD. Lath. *Syn. v.* 4. *p.* 805. *sp.* 7 et 8. — UNDULATED TRUMPE-TER. Lath. *Syn. supp. v.* 1. *p.* 225. — KRAGENTRAPPE. Bechst. *Naturg. Deut. v.* 3. *p.* 1451. — Id. *Tasschenb.* *p.* 247. — Naum. *Vög. Nachtr. t.* 21. *le jeune mâle ,* *une figure très-exacte.*

Remarque. Bechstein décrit et donne très-exactement les mesures des parties de cet oiseau, prises sur un individu tué en Silésie ; deux autres que j'ai reçus ont été tués en Espagne ; un mâle prenant ses parures est dans le cabinet de M. Minkewits ; un jeune mâle se trouve dans le cabinet du grand-duc de Bade ; tous ont été tués en Europe.

Habite : en Barbarie et en Arabie ; seulement de pas-sage accidentel dans le midi de l'Espagne ; se montre plus souvent en Turquie ; vit dans les lieux arides.

Nourriture et *Propagation :* inconnues.

GENRE QUARANTE-NEUVIÈME.

COURT-VITE. — *CURSORIUS.*
(LATH.)

BEC plus court que la tête, deprimé à la base, un peu voûté à la pointe, faiblement courbé, pointu. NARINES ovales ; surmontées par une petite protubé-rance. PIEDS longs, grêles, trois doigts très-courts , presque entièrement divisés, doigt intérieur de moitié plus court que celui du milieu. ONGLES très-petits. AILES médiocres ; la 1re. rémige presque aussi longue que la 2e., qui est la plus longue ; grandes couvertures aussi longues que les rémiges.

Les espèces qui composent le genre du *Court-vite*, semblent propres aux contrées chaudes de l'Afrique et de l'Asie ; ce n'est qu'accidentellement que des individus égarés de l'une de ces espèces se montrent dans les pays les plus méridionaux de l'Europe ; leur apparition dans nos contrées est extraordinairement rare ; on n'en peut citer que quatre exemples positifs. Elles vivent, suivant les rapports qui m'en ont été faits, dans les lieux sablon-neux et stériles, le plus souvent éloignés des eaux. J'ignore si la mue est double ou simple. La différence qui peut exister chez les sexes m'est aussi inconnue ; il est certain que les jeunes diffèrent peu des adultes.

Remarque. Nous ne connaissons presque rien des mœurs et de la manière de vivre des trois espèces différentes qui composent ce genre ; la forme du bec et celle des pieds ont infiniment de rapports avec ces parties dans les petites es-pèces d'outardes étrangères et dans le *Houbara* (*Otis houbara*) d'Europe. Lorsque de nouvelles découvertes au-ront encore ajouté quelques espèces au catalogue des oiseaux, il serait possible que parmi celles-ci on trouvât le passage du genre *Otis* au genre *Cursorius*. En un pareil cas, il sera probablement assez embarrassant dans lequel des deux genres placer une très-petite *Outarde* ou un grand *Court-vite*.

COURT-VITE ISABELLE.

CURSORIUS ISABELLINUS. (Meyer.[*])

Front, parties inférieures, cou, dos, queue et couvertures alaires d'un roux isabelle; ces dernières bordées de cendré; gorge blanchâtre; derrière les yeux une double raie noire; toutes les pennes latérales de la queue noires vers le bout, mais avec une petite tache blanche au centre de ce noir; abdomen blanchâtre. Longueur, à peu près 9 pouces.

Cursorius isabellinus. Meyer, *Tasschenb. Deut. v.* 2. *p.* 328. — Cursorius europæus. Lath. *Ind. v.* 2. *p.* 751. *sp.* 1. — Charadrius gallicus. Gmel. *Syst.* 1. *p.* 692. *sp.* 27. — Le Court-vite. Buff. *Ois. v.* 8. *p.* 128. — Id. *pl. enl.* 795. — Sonn. *nouv. édit. de* Buff. *Ois. v.* 23. *p.* 66. *pl.* 209. *f.* 1; *et la variété. p.* 69. — Cream-coloured plover. Lath. *Syn. v.* 5. *p.* 217; *et* Lath. *Syn. supp. v.* 1. *p.* 254. *t.* 116. — Corrione biondo. *Stor. degl. ucc. v.* 5. *pl.* 474.

Les jeunes de l'année, ont les parties supérieures d'un isabelle beaucoup plus clair que *les vieux;* cette couleur est variée sur les scapulaires et sur les couvertures des ailes par de nombreux zigzags d'une teinte plus foncée; la double raie noire der-

* Je conserve ici pour l'espèce, le nom qui lui a été donné récemment par Meyer; Latham l'a désigné par celui de *Cursorius europæus*, mais on ne peut adopter cette dénomination pour un oiseau dont l'apparition en Europe est si rare. C'est bien gratuitement que M. Illiger, dans son Prodromus, donne un nouveau nom à ce genre, qu'il nomme *Tachydromus.*

rière les yeux n'est que faiblement indiquée par du brun clair. Un individu dans cet état se trouve à Darmstadt, dans le cabinet d'histoire naturelle.

De passage accidentel, dans les provinces les plus méridionales de l'Europe.

Habite : en Afrique, particulièrement en Abissinie, où l'espèce est très-nombreuse ; on la dit aussi propre à l'Afrique méridionale, où il existe également une nouvelle espèce de ce genre, découverte par mon ami Le Vaillant qui a déposé l'individu dans mon cabinet ; sa description suit.

Nourriture et *Propagation :* inconnues.

Pour compléter la monographie de ce petit genre, je vais indiquer succinctement les deux autres espèces qui sont connues.

COURT-VITE DE COROMANDEL.

CURSORIUS ASIATICUS. (Lath.)

Sommet de la tête roux ; cou et poitrine d'un roux marron ; nuque des ailes et queue brunes ; haut du ventre noir, le bas du ventre, le croupion, les couvertures et l'extrémité des pennes de la queue blancs ; bec noir, pieds jaunâtres. Longueur, 8 pouces. Connu par une bonne figure de Buff., pl. enl. 892.

Habite : l'Afrique et l'Inde ; envoyé du Sénégal et de Pondichéry.

COURT-VITE A DOUBLE COLLIER.

CURSORIUS BICINCTUS. (Temm.)

Sommet de la tête brun, varié de roussâtre ; joues, cou et nuque de couleur isabelle, marquée de raies longitudinales brunes; au bas du cou se dessine un collier noir peu large, et au-dessous un second de même couleur, mais du double plus large ; ces colliers remontent sur le dos ; parties inférieures de couleur isabelle ; dos, ailes et pennes de la queue brunes ; toutes les plumes entourées par un large bord d'un roux clair ; pennes secondaires des ailes d'un roux vif ; rémiges noirâtres ; bec court noir ; pieds très-longs à doigt intérieur excessivement court, d'un jaune orange. Longueur, 10 pouces. Tué par Le Vaillant dans l'intérieur de l'Afrique ; vit en des lieux stériles loin des eaux ; court avec une vitesse étonnante.

ORDRE TREIZIÈME.

GRALLES. — GRALLATORES.

Bec de forme variée ; le plus souvent droit, en cône très-allongé, comprimé ; rarement déprimé ou plat. Pieds grêles, longs, plus ou moins nus au-dessus du genou ; trois doigts devant et un derrière, le doigt postérieur articulé à niveau de ceux de devant ou plus élevé.

Ces oiseaux sont presque tous demi-nocturnes ; ils arpentent les bords de la mer, des lacs ou des rivières ; se nourrissent indistinctement de poissons, de frai, de reptiles ou d'insectes aquatiques et de terre * ; ceux qui ont un bec fort et dur vivent de poissons ou de reptiles ; ceux qui l'ont mou et plus ou moins flexible, de vers et d'insectes ; tous ont les ailes longues et propres à fournir au voyage lointain qu'ils exécutent périodiquement, et pour lequel ils se réunissent en bandes ; les jeunes et les vieux voyagent toujours séparément ; en automne ils se rendent dans les contrées méridionales de l'Europe ou au delà de la Méditerranée ; ils étendent leurs jambes en arrière quand ils volent ; leur démarche est ou lente et à pas comptés, ou bien ils courent avec une grande célérité, et ces facultés sont en rapport avec la forme plus ou moins compliquée

---

* Les oiseaux qui composent le genre Grue (*Grus*), se nourrissent aussi de graines.

des doigts et avec la longueur du tarse. Dans quelques genres, et souvent seulement dans quelques espèces, la mue est double, dans ce cas elle change périodiquement les couleurs du plumage ; dans certains genres la mue n'a lieu qu'une fois l'année, alors le jeune oiseau met plusieurs années à se revêtir de la livrée permanente propre aux adultes ; on n'observe dans l'un ni dans l'autre cas des différences marquées entre les mâles et les femelles. Ce sont des oiseaux rusés , très-farouches.

Remarque. Les genres tous composés de fissipèdes tridactyles ont fait partie , dans la première édition du Manuel, de l'ordre des *Coureurs* , où ils formaient une section ; ils me paraissent mieux à leur place dans l'ordre des *Gralles* , tous réunis dans la 1re. section , qui comprend les gralles tridactyles : cette réunion me paraît plus naturelle que celle faite par le moyen des caractères que présentent les formes du bec , variées presque sans caractère rigoureux , propres à servir d'indices pour toutes les espèces d'un même groupe ; ceux qui ont fait usage seulement des anomalies dans la forme des becs des oiseaux ne se sont point aperçu qu'ils réunissent souvent des êtres dont les mœurs n'ont aucun rapport ; tandis qu'ils séparent par ce moyen des espèces qui ont le le même genre de vie, les mêmes mœurs et les mêmes habitudes. Les espèces comprises dans le plus grand nombre des genres de cet ordre, entrent dans l'eau, sans se mettre à la nage ; plusieurs parcourent les terrains fangeux et vaseux ; d'autres quoique munis de doigts entièrement divisés, souvent très-longs, et de tarses longs et grêles *, nagent et plongent avec plus de facilité que ne le font plusieurs espèces comprises dans l'ordre des *Palmipèdes ;* un petit nombre qui fait également partie des *Gralles* a les

---

* Tels que les genres *Parra*, *Rallus* et *Gallinula* , en exceptant toutefois l'espèce désignée sous le nom de *Gallinula-crex* , qui porte tous les caractères des *Poules-d'eau* , ses congénères, mais dont les mœurs sont si disparates.

doigts palmés, d'autres les ont semi-palmés * ; cependant ils ne nagent point habituellement ; mais étant destinés à chercher leur nourriture très-avant sur les plages vaseuses, baignées par les eaux de la mer ou des fleuves, ils sont pourvus de tarses très-longs, et les doigts palmés servent de soutien pour les empêcher d'enfoncer dans le limon vaseux ; quelques espèces, qui ne nagent point habituellement, sont cependant douées de cette faculté **, mais ils ne s'en servent le plus souvent que pour se soustraire à la poursuite de leurs ennemis. Dans le fait, et à la rigueur, on pourrait isoler des gralles, et les *Phœnicoptères* et les *Avocettes*; mais je demande alors ce qu'on prétendra faire des *vrais Tantales*, des *Spatules*, des *Chevaliers sémi-palmés*, de la *Barge semi-palmée*, du *Bécasseau semi-palmé*, et des *Chevaliers* qui ont un doigt *semi-palmé* et l'autre *divisé*, espèces mitoyennes qui lient étroitement les vrais gralles aux gralles à pieds palmés. Il est absolument impossible de fixer par des mots la démarcation facile à saisir pour classer rigoureusement en de nombreux genres toutes ces anomalies dans les formes. J'ai déjà prouvé, dans plus d'un endroit, que les divisions rigoureuses et strictement mé-thodiques, ne peuvent être employées avec avantage dans la classification des oiseaux, où une série naturelle doit remplacer les groupes plus rigoureusement divisés dans les autres classes du règne animal.

On doit observer que, dans cet ordre d'oiseaux, les mâles sont toujours un peu moins grands que les femelles ; cette différence est surtout remarquable dans les genres *Calidris*, *Tringa*, *Limosa* et *Scolopax;* on ne doit point s'en rapporter trop strictement à la longueur du bec

---

* Tels que les genres *Phœnicopterus*, *Recurvirostra*, *Tantalus* et *Plantalea*, ainsi que les espèces des genres *Totanus*, *Tringa* et *Limosa*.

** Tels sont quelques espèces des genres *Tringa*, *Totanus*, *Limo-sa*, *T. Charadrius* et surtout *Hœmatopus*.

et des pieds chez ces oiseaux, * vu que ses membres varient souvent beaucoup d'individu à individu, et que l'âge y opère des changemens assez marqués. Chez les *Palmipèdes*, au contraire, les caractères pris du bec, sont les meilleurs moyens pour distinguer des espèces.

PREMIÈRE DIVISION.

Ils manquent toujours de doigt postérieur.

GRALLES A TROIS DOIGTS.

Remarque. On dit qu'il existe dans l'Inde un petit gralle de la taille du sanderling, qui a seulement deux doigts dirigés en avant comme ceux de l'autruche.

~~~~~~~~~~~~~~~~

GENRE CINQUANTIÈME.

OEDICNÈME. — *OEDICNEMUS.*
(Mihi.)

Bec plus long que la tête, droit, fort, un peu déprimé à la base, comprimé vers le bout ; arête de la mandibule supérieure élevée; mandibule inférieure formant l'angle. Narines placées au milieu du bec, longitudinalement fendues jusqu'à la

---

* Les oiseaux qui ont un bec mou et flexible ne peuvent être bien classés sur des sujets déposés dans les cabinets; il faut nécessairement les avoir vus dans leur état naturel, et examiné les formes différentes sous lesquelles ces becs se présentent depuis le jeune âge jusqu'à l'adulte ; le bec change un peu de forme et semble s'allonger encore, même lorsque l'oiseau a acquis tout son développement; ces différences sont toujours en rapport avec celles du sol sur lequel ces oiseaux cherchent leur nourriture, et dépendent des causes locales.
~~~~~~~~~~~~~~~~

partie cornée du bec, ouvertes par devant, percées de part en part. Pieds longs, grêles; trois doigts dirigés en avant, réunis jusqu'à la seconde articulation par une membrane qui se prolonge le long des doigts. Queue fortement étagée. Ailes médiocres; la 1re. rémige un peu plus courte que la 2e. qui est la plus longue.

La seule espèce de ce genre, que l'on trouve en Europe, vit par couple dans les terres incultes et sablonneuses; dépose ses œufs dans les dunes de sables, dans quelque petit enfoncement ou cavité, qu'elle gratte avec les pieds; sa nourriture consiste en petits quadrupèdes, tels que musareignes, souris et campagnols, en vers de terre, en limaçons et en petits reptiles. La voix de cet oiseau est très-forte et retentit au loin. La mue n'a lieu qu'une fois dans l'année; les sexes ne diffèrent presque point, mais les jeunes sont plusieurs années avant de se couvrir des couleurs permanentes; le bec et les pieds croissent très-lentement.

Remarque. Ce genre, qui forme le passage des *Outardes* aux *Pluviers*, a toujours été confondu avec ces derniers, excepté par Latham qui en fait une *Outarde.* La Nouvelle-Hollande et l'Asie méridionale nourrissent des espèces différentes, qui portent les mêmes caractères; ces espèces, qui n'ont point encore été décrites, portent des dimensions du double plus fortes que l'espèce européenne. L'OEdicnème du Sénégal varie un peu de celui d'Europe; même pour la longueur des pieds; c'est peut-être une race ou variété constante, propre à l'Afrique.

OEDICNÈME CRIARD.

OEDICNEMUS CREPITANS. (Mihi.)

Toutes les parties supérieures, d'un roussâtre cendré, avec une tache longitudinale sur le milieu de chaque plume; espace entre l'œil et le bec, gorge, ventre et cuisses d'un blanc pur; cou et poitrine légèrement colorés de roussâtre, et parsemés de raies longitudinales, brunes; sur l'aile une bande longitudinale blanche; la 1re. rémige porte vers le milieu une grande tache blanche, et la 2e. en porte une très-petite sur la barbe intérieure; couvertures du dessous de la queue rousses; les pennes, excepté celles du milieu, terminées de noir; base du bec d'un jaunâtre clair, le reste noir; tour des yeux, iris, et pieds d'un jaune pur. Longueur du bec aux pieds, 16 pouces deux lignes. *Mâle et femelle.*

Les jeunes, ont les couleurs moins bien prononcées; il se distinguent, au premier coup d'œil, par la forme très-dilatée du haut du tarse, et par la grosseur de l'articulation qui répond au genou dans les mammifères. Cette forme du tarse est propre aux *jeunes de l'année*, de toutes les espèces d'oiseaux à longues jambes grêles; mais elle est particulièrement remarquable chez les jeunes œdicnèmes.

Otis œdicnemus. Lath. *Ind. v.* 2. *p.* 661. *sp.* 11. — Charadrius œdicnemus. Gmel. *Syst.* 1. *p.* 689. *sp.* 10. — Grand pluvier ou courlis de terre. Buff. *Ois. v.* 8. *p.* 105. *t.* 7. — Id. *pl. enl.* 919. — Gérard. *Tab. élém. v.* 2. *p.* 173. — Thick need bustard. Lath. *Syn. v.* 4. *p.* 806. —

Stone curlew. Alb. *Birds. v. 1. t.* 69. — Lerchengraue regenpfeifer. Bechst. *Naturg. Deut. v.* 4. *p.* 387. — Meyer, *Tasschenb. Deut. v.* 2. *p.* 317. — Grosser brachvögel. Naum. *Vög. Deut. t.* 9. *f.* 13. — Frisch. *Vög. t.* 215. — Il gran piviere. *Stor. deg. ucc. v.* 5. *pl.* 472.

Habite : les terres et les landes incultes, élevées et sablonneuses, et les bruyères éloignées des eaux ; abondant dans le midi de la France, en Italie, en Sardaigne, dans l'Archipel et en Turquie ; peu commun dans les parties orientales ; de passage en Allemagne, très-accidentellement en Hollande.

Nourriture : particulièrement des scarabés, petits mammifères et reptiles, limaçons et autres insectes.

Propagation : niche dans un petit enfoncement sur la terre ou sur le sable ; pond deux œufs, d'un brun jaunâtre nuancé de verdâtre, et marqué de taches noirâtres et olivâtres, souvent aussi jaunâtres, avec de grandes marbrures olivâtres et brunes.

∾∾∾∾∾∾∾∾∾∾

GENRE CINQUANTE ET UNIÈME.

SANDERLING. — *CALIDRIS.*
(Illig.) *

Bec médiocre, grêle, droit, moux, flexible dans toute sa longueur, comprimé depuis sa base ; à la

---

* Dans la première édition j'ai indiqué ce genre sous le nom *Arenaria*, Bechstein, comme étant plus ancien que le nouveau nom de *Calidris* ; Illiger, mais le genre *Arenaria* se trouvant employé en botanique, on peut en faire usage.

pointe déprimé, aplati, plus large que dans le milieu; sillon nasal très-prolongé vers la pointe. NARINES latérales, longitudinalement fendues. PIEDS grêles; trois doigts dirigés en avant, presque entièrement divisés. AILES médiocres; la 1re. rémige la plus longue.

Le genre *Sanderling*, qui ne compte qu'une seule espèce, a toujours été confondu avec le genre *Bécasseau*, celui du *Tringa* de Linné; des caractères extérieurs très-marqués le distinguent; les mœurs offrent également des disparités. Le *Sanderling*, que je désigne par le nom de *Variable*, semble répandu sur une grande portion du globe, qu'il parcourt dans ses migrations périodiques. Cet oiseau qui fait sa ponte dans le nord, émigre en petites compagnies le long des bords de la mer; il couvre souvent le rivage de ses volées nombreuses; il vit de très-petits vermisseaux et de petits scarabées marins; on ne le voit qu'accidentellement le long des fleuves, ce qui fait présumer que sa nourriture se compose uniquement d'insectes marins. La mue est double et les couleurs du plumage diffèrent beaucoup dans les deux saisons; les sexes ne se distinguent point, mais les jeunes de l'année ont le plumage différent des adultes en livrée d'été, comme de ceux en livrée d'hiver.

Remarque. Tant que la forme des pieds servira de premier moyen pour une classification méthodique des oiseaux, on ne pourra ranger convenablement le *Sander-ling* dans le genre *Tringa* dont cet oiseau a le bec. Les mêmes motifs qui m'ont déterminé à former du genre *Charadrius* un groupe distinct de celui du genre *Va-nellus*, me servent aussi de base ici. C'est à juste titre que cette espèce porte le nom de *Variable*, puisqu'à l'exception de deux espèces de *Phalaropes* (phalaropus plathyrhinchus et hyperboreus), du *Bécasseau cocorli*

(tringa subarquata)*, du *Bécasseau brunette*, (tringa variabilis) **, et du *Bécasseau maubéche*, (tringa canutus)***, aucune espèce, ni de la classe des *Riverains*, ni de celle des *Nageurs*, n'offre autant de variétés dans le plumage ; la livrée de ces oiseaux varie singulièrement dans le jeune âge, comme aussi dans les deux mues périodiques.

SANDERLING VARIABLE.

CALIDRIS ARENARIA. (ILLIG.)

Toutes les parties supérieures, et les côtés du cou d'un cendré blanchâtre, mais avec un petit trait plus foncé sur le centre de chaque plume ; face, gorge, devant du cou, et toutes les parties inférieures, d'un blanc pur.; poignet et bord des ailes ainsi que les rémiges noirs ; couvertures bordées de blanc : origine des rémiges et baguettes d'un blanc pur ; pennes de la queue cendrées, bordées de blanc ; bec, iris et pieds noirs. Longueur, 7 pouces 3 lignes. *Le mâle et la femelle après la mue d'automne et en hiver.*

TRINGA ARENARIA. Gmel. *Syst.* 1. *p.* 680. *sp.* 16. — CHARADRIUS CALIDRIS. Wils. *Améric. Ornit. v.* 7. *p.* 68. *pl.* 59. *fig.* 4, *figure exacte du plumage d'hiver.* — ARENARIA CALIDRIS. Meyer, *Orn. Tasschenb. Deut. v.* 2. *p.* 326. — LES SANDERLINGS. Cuv. *Règ. anim. v.* 1. *p.* 491. — CALIDRIS GRISEA. Meyer, *Vög. Liv. und. Esthl. p.* 177. — LE SANDERLING. Buff. *v.* 7. *p.* 532. — GRIJZE ZANDPLEVIER. Sepp. *Nederl. Vog. v.* 3. *t. f.* 1. *p.* 283. — LA PETITE MAUBÊCHE

GRISE. Briss. *Orn. v. 5. p.* 276. *sp.* 17. *pl.* 20. *f.* 2.—THE
SANDERLING. Penn. *Arct. Zool. fol. p.* 129.·*t. F.* 1.—DER
GEMEINE SANDLAÜFER. Leisler. *Nacht. zu* Bechst. *Naturg.
Deut. Heft.* 1. *p.* 30 *et* 39. *n*₀. 2. — SANDERLING PLOVER.
Penn. *Arct. Zool. v.* 2. *p.* 486. *n*₀. 403.—Willigb. *Orn.
p.* 225. *description très-exacte.*—DER GRAUER SONDERLING.
Meyer, *Vög. Deut. v.* 2. *Heft.* 22. *f.* 2.

Plumage d'été ou des noces.

Face et sommet de la tête marqués de grandes
taches noires, bordées de roux et lisérées de blanc;
cou, poitrine et le haut des flancs d'un roux cendré
avec des taches noires, disposées sur le cendre de
chaque plume, dont l'extrémité est blanchâtre, dos
et scapulaires d'un roux foncé avec de grandes taches
noires; toutes ces plumes bordées et terminées de
blanchâtre; couvertures des ailes d'un brun noirâtre avec des zigzags roux; les deux pennes du
milieu de la queue noires, bordées de roux cendré;
le ventre et les autres parties inférieures d'un blanc
pur. *Le mâle et la femelle en plumage des noces.*

CHARADRIUS RUBIDUS. Gmel. *Syst.* 1. *p.* 688. *sp.* 21.—
Lath. *Ind. v.* 2. *p.* 740. *sp.* 2 — Wills. *Americ. Ornit.
v.* 7. *p.* 129. *pl.* 63. *f.* 3. — DER GEMEINE SANDLAÜFER, *im
hochzeitlichen kleide.* Leisler. *Nacht. zu* Bechst. *Naturg. Deut. Heft.* 1. *p.* 4•. n°. 3. *un individu prenant
sa livrée de printemps.* — VARIÉTÉS DU SANDERLING. Soun.
nouv. édit. de Buff. *Ois. v.* 22. *p.* 126. *individus en
mue.* — SANDERLING. *var. A.* Lath. *Syn. v.* 5. *p.* 197. —
THE SANDERLING. or CURWILET. Alb. *Birds. v.* 2. *p.* 68. *t.* 74.
prenant sa livrée. — RUDDY PLOVER. Penn. *Arct. Zool.
v.* 2. *p.* 486. *n°.* 404. — Lath. *Syn. v.* 5. *p.* 195. —
GRAAUWE PLEVIER. Sepp. *Nederl. Vog. v.* 3. *t. f.* 2. *p.* 383.
individu en mue.

Les jeunes avant la mue.

Sommet de la tête, dos, scapulaires et couvertures des ailes noirs, bordés de jaunâtre, et variés de petites taches de cette couleur; raie entre le bec et l'oeil d'un brun cendré; nuque, côtés du cou, et côtés de la poitrine, d'un gris clair avec de fines raies ondées; front, gorge, devant du cou, et toutes les parties inférieures, d'un blanc pur; le bord des ailes, les rémiges et les pennes de la queue sont comme *chez les adultes.* C'est alors,

CHARADRIUS CALIDRIS. Gmel. *Syst.* 1. *p.* 689. *sp.* 9. — Lath. *Ind. v.* 2. *p.* 741. *sp.* 4. — ARENARIA VULGARIS. Bechst. *Tasschenb. Deut. v.* 2. *p.* 462. *A.* — ARENARIA GRISEA. Bechst. *Naturg. Deut. v.* 4. *p.* 368. — LA MAUBÈCHE GRISE. Gérard. *Tab. élém. v.* 2. *p.* 214. *un individu en mue.* — JUNGE GRAUE SANDLAÜFER. Leisler. *Nacht. zu* Bechst. *Naturg. Deut. Heft.* 1. *p.* 38. *n°.* 1. — GRAUER SONDERLING. Meyer, *Tasschenb. Deut. v.* 2. *p.* 326. *figure très-exacte de la tête.*—Id. *Vög. Deut. v.* 2. *Heft.* 22. *f.* 1. *figure très-exacte.* — SANDERLING. Lath. *Syn. v.* 5. *p.* 197. *sp.* 4. — Naum. *Vög. Deut. Nachtr. t.* 11. *f.* 23, *représentation très-exacte du jeune.*

Remarque. On comprent que, dans une espèce où la mue périodique et la différence d'âge varient tant les couleurs du plumage, il se trouve des individus en pleine mue, qui portent en partie l'une et l'autre livrées. Au commencement de la mue de printemps, on voit des individus à plumage cendré, ceux-ci portent de grandes taches noires sur le dos avec un peu de roux; d'autres, en automne, ont encore quelques plumes du jeune âge.

Cette espèce est également propre aux contrées de l'Amérique septentrionale et de l'Asie; il n'existe aucune différence dans les individus de ces trois parties du globe.

Habite : le long des bords de la mer, sur toute l'étendue de l'Europe ; très-abondant au printemps et en automne sur les côtes de Hollande et d'Angleterre ; accidentellement , ou très-peu nombreux , dans les contrées éloignées de la mer ; on voit les jeunes, à leur passage , sur quelques grandes rivières.

Nourriture : petits scarabées et autres insectes marins.

Propagation : niche et pond dans les régions du cercle arctique.

GENRE CINQUANTE-DEUXIÈME.

ÉCHASSE.—*HIMANTOPUS*. (Briss.)

Bec long, mince , cylindrique , effilé , aplati à sa base, comprimé à la pointe; mandibules cannelés latéralement, jusqu'à la moitié de leur longueur. Narines latérales, linéaires, longues. Pieds très-longs, grêles ; trois doigts dirigés en avant; le doigt du milieu réuni au doigt extérieur par une large membrane, et au doigt intérieur par un très-petit rudiment. Ongles très-petits, plats. Ailes très longues, la 1re. rémige dépassant de beaucoup toutes les autres.

L'Échasse fréquente plus les bords de la mer et les bords des lacs salins , que les rivières et les lacs d'eau douce ; l'espèce est répandue en Asie et en Amérique , mais elle est peu nombreuse partout où elle vit ; je ne l'ai jamais vu , pas même de passage accidentel, sur les côtes de Hollande. Sa nourriture consiste , *dit-on*, en petits vermisseaux et en petites mouches ; elle vole avec une étonnante rapidité, mais dans la course elle paraît chanceler sur ses longues jambes : j'ignore si la mue est double ou simple, mais je présume qu'elle doit être double.

ÉCHASSE A MANTEAU NOIR.

HIMANTOPUS MELANOPTERUS. (Meyer.)

Face, cou, poitrine et toutes les parties inférieures d'un blanc pur ; ce blanc pur prend une légère teinte rose sur la poitrine et sur le ventre ; occiput et nuque noirs, ou noirâtres, avec des taches blanches ; dos et ailes d'un noir à reflets verdâtres ; queue cendrée ; bec noir ; iris cramoisi ; pieds d'un rouge vermillon. Longueur, depuis la pointe du bec, jusqu'à l'extrémité de la queue, 14 pouces, et jusqu'aux ongles à peu près 19 pouces.

Le très-vieux mâle, a toute la nuque, et même quelquefois l'occiput, d'un blanc parfait.

La femelle, est moins grande ; le noir du manteau et des ailes n'a point ces reflets verdâtres ; la teinte en est plus brune.

Les jeunes, ont les pieds de couleur orange ; manteau et ailes bruns, avec des bords blanchâtres ; plumes du haut de la tête, de l'occiput et de la nuque d'un cendré noirâtre, avec des bordures blanchâtres. Himantopus mexicanus. Briss. *Orn.* v. 5. *p.* 36. *sp.* 2.

Himantopus rufipes. Bechst. *Naturg. Deut.* v. 4. *p.* 446. *t.* 25. *f.* 1. — Himantopus atropterus. Meyer, *Tasschenb. Deut.* v. 2. *p.* 315. — Charadrius himantopus. Gmel. *Syst.* 1. *p.* 960. *sp.* 11. — Lath. *Ind.* v. 1. *p.* 741. *sp.* 3. —

Gmel. *Reis. v.* 1. *p.* 152. *t.* 32. — L'ÉCHASSE. Buff. *Ois.*
v. 8. *p.* 114. *t.* 8. — Id. *pl. enl.* 878. *le mâle.* — Gérard.
Tab. élém. v. 2. *p.* 178. — THE LONG-LEGGED PLOVER. Lath.
Syn. v. 5. *p.* 195. — Id. *supp. v.* 1. *p.* 252. — Penn.
Arct. Zool. v. 2. *p.* 487. *n°.* 405. *le jeune.* — *Brit. Zool.*
p. 128. *t.* Adenda. *Un jeune de l'année.* — Naum. *Vög.*
t. 12. *f.* 12. *le jeune de l'année.* Borkhausen. *Deut. Orn.*
Heft. 4. *t.* 5. *jeune mâle. et Heft.* 13. *t.* 5. *vieux mâle.*
CAVALIERE GRANDE ITALIANA. *Stor. deg. ucc. v.* 5. *pl.* 470.
SCHWARZFLÜGELIGE STRANDREUTER. Meyer, *Vög. Deutschl.*
v. 2. *Heft.* 21. *figures exactes du vieux et du jeune de*
l'année.

Habite : le long des bords des fleuves et des lacs salins ;
assez abondant dans les contrées orientales de l'Europe ,
émigre en troupes et visite les lacs de la Hongrie ; commun en Asie sur les mers et les lacs ; de passage en Allemagne, en France et dans le midi ; jamais en Hollande.
Les individus tués en Égypte ne diffèrent point , ce que
j'ai vérifié ; ceux rapportés du Brésil par S. A. le prince
Max de Wied , ne diffèrent également point de ceux
d'Europe ; ces derniers et ceux d'Égypte sont seulement
un peu plus grands.

Nourriture : fraises et têtards de grenouilles , cousins ,
mouches et autres insectes aquatiques.

Propagation : niche dans les vastes marais salins de la
Hongrie et de la Russie. M. de la Motte d'Abbeville , naturaliste très-zélé , m'a communiqué que des Échasses ont
niché, en 1818 , près de cette ville. J'ai reçu des individus d'Amérique , qui ne diffèrent point de ceux d'Europe.
On assure que l'espèce est la même dans toute l'Inde ,
mais je n'ai point eu occasion de le vérifier. L'Échasse
figurée dans l'excellent ouvrage de Wilson , *pl.* 58. *f.* 2.,
est une espèce distincte qui est nouvelle.

GENRE CINQUANTE-TROISIÈME.

HUITERIER. — *HÆMATOPUS.*
(Linn.)

Bec long, fort, droit, comprimé; pointe très-comprimée, taillée en ciseau. Narines latérales, longitudinalement fendues dans la rainure du bec. Pieds forts, musculeux; trois doigts dirigés en avant, le doigt du milieu réuni à l'extérieur, jusqu'à la première articulation par une membrane, et à l'intérieur par un petit rudiment; doigts bordés d'un rudiment de membrane. Ailes médiocres; la 1re. rémige la plus longue.

Ils vivent toujours le long des bords de la mer, sur le falaises ou sur la grève; suivent la lame pour saisir les insectes marins, qu'elle entraîne avec elle sur le rivage; se rassemblent en grandes troupes pour leurs voyages, mais vivent solitairement pendant le temps de la reproduction; ils nichent dans les herbes et dans les prairies marécageuses situés proche de la mer; ils courent et volent très-vite; leur cri est aigu et retentissant. Ils muent deux fois, en automne et au printemps, mais les couleurs du plumage ne changent presque point à ces deux époques; la seule différence marquée qu'on observe dans ce changement de livrée, existe dans l'absence ou dans la présence du hausse-col blanc*. Il n'existe point de dissemblances chez les sexes.

---

* M. Kuhl, de Hanau, a fait observer le premier ce changement opéré par la double mue; je l'ai trouvé constant.

HUITERIER PIE.

HÆMATOPUS OSTRALEGUS. (Linn.)

Tête, nuque, haut de la poitrine, dos, ailes et extrémité de la queue, d'un noir profond; un hausse-col très-marqué sous la gorge; le croupion, origine des pennes caudales et des rémiges, bande transversale sur les ailes, ainsi que toutes les parties inférieures, d'un blanc pur: bec et cercle nu des yeux, d'un orange très-vif; iris cramoisi; pieds d'un rouge blafard. Longueur, 15 pouces 6 lignes. *Le mâle et la femelle en hiver.*

Haematopus ostralegus. Gmel. *Syst.* 1. *p.* 694. *sp.* 1. — Lath. *Ind. v.* 2. *p.* 752. — L'Huiterier. Buff. *Ois. v.* 8. *p.* 119. *t.* 9. — Id. *pl. enl.* 929. Sonn. *nouv. édit. de* Buff. *Ois. v.* 23. *pl.* 208. *f.* 2. — Gérard. *Tab. élém. v* 2. *p.* 180. Pied oister catcher or sea-pie. Lath. *Syn. v.* 5. *p.* 219. *t.* 84. — Penn. *Brit. Zool. p.* 127. *t. D.* 2. — — Catesb. *Car. v.* 1. *t.* 85. — Geschackte austernfischer. Bechst. *Naturg. Deut. v.* 4. *p.* 439.

Les jeunes de l'année.

Ont le noir du plumage nuancé de brun et bordé de cette couleur; le blanc est terne; bec et cercle nus; des yeux d'un brun noirâtre; iris brun; pieds d'un gris livide.

Plumage d'été ou des noces.

Toutes les parties supérieures du devant du cou du même noir que les ailes, et ce noir plus lustré et avec des reflets. C'est alors,

Beccaccia dimare. *Stor. degl. ucc. v.* 5. *pl.* 471. — Scholackster. Sepp, *Nederl. Voy. v.* 1. *t. p.* 51.

Remarque. Lors de la première édition, je n'avais point encore observé cette double race chez notre Hui-terier, vu qu'on ne le rencontre point en hiver sur les bords de l'Océan qui baignent les côtes de Hollande. Cette espèce vit également dans toute l'Amérique septentrionale; mais celle du Brésil et de toute l'Amérique méridionale forme une race distincte; l'Huiterier tout noir est une espèce particulière, propre aux contrées australes et à l'Afrique.

Habite : les côtes maritimes, sur toute l'étendue de l'Europe; très-abondant, en été et en automne, sur les côtes de Hollande et d'Angleterre; en hiver, dans l'intérieur des terres et dans le midi.

Nourriture : petits insectes marins, qu'il saisit entre les fentes des rochers et des falaises, ou sur la grève parmi les coquillages, aussi de petits coquillages bivalves et des mollusques.

Propagation : niche dans les prairies marécageuses parmi les herbes, rarement sur la grève; pond deux œufs et rarement trois, d'un olivâtre clair, parsemé de nombreuses taches noires.

Voici les indications des deux espèces étrangères qui me sont connues.

HUITERIER A MANTEAU.

HÆMATOPUS PALLIATUS. (Temm.)

Diffère de l'espèce d'Europe et de l'Amérique septentrionale, par la couleur brune cendrée du dos, des scapulaires et des ailes; son bec est constamment plus long et plus fort, et ses pieds plus robustes que ces parties dans l'espèce commune. C'est plutôt une race constante, propre à l'Amérique méridionale.

HUITERIER NOIR.

HÆMATOPUS NIGER. (Cuv.)

Tout le plumage, sans exception, d'un noir profond, et d'un noir brunâtre partout chez les jeunes ; bec et pieds d'un rouge de corail ; tour des yeux rouge ; taille un peu plus forte que notre Huiterier. On le trouve dans l'Afrique méridionale, et dans l'Austral-Asie. L'Huiterier du Sénégal ne diffère point de notre espèce d'Europe.

~~~~~~~~~~~~~~~~~~

GENRE CINQUANTE-QUATRIÈME.

PLUVIER. — *CHARADRIUS.*
(Linn.)

Bec plus court que la tète, grêle, droit, comprimé ; sillon nazal prolongé sur les deux tiers ; mandibules renflées vers le bout. Narines basales, entaillées, longitudinalement fendues au milieu d'une grande membrane, qui recouvre la fosse nazale. Pieds longs, ou de moyenne longueur, grêles, trois doigts dirigés en avant ; le doigt extérieur réuni à celui du milieu par une courte membrane ; le doigt intérieur divisé. Queue faiblement arrondie, ou carrée. Ailes médiocres ; la 1re. ré-
~~~~~~~~~~~~~~~~~~

mige un peu plus courte que la 2ᵉ. qui est la plus longue.

Ils se nourrissent de petits vers et d'autres insectes d'eau. Les deux premières espèces fréquentent les marais et les bords fangeux des fleuves et des rivières, ils se rendent rarement à la mer; les autres vivent le plus habituellement sur les côtes maritimes et aux bords de l'embouchure des fleuves. Le plus grand nombre vit en petites troupes; toutes émigrent en compagnies plus ou moins nombreuses; les jeunes voyagent. habituellement réunis, toujours en troupes séparées des vieux, dont l'émigration précède toujours celle des jeunes. La mue est double chez le plus grand nombre; les sexes se distinguent très-peu à l'extérieur; on doit cependant excepter le *Pluvier à collier interrompu*, chez lequel la mue n'a lieu qu'une fois dans l'année, et la différence de sexe marquée. Quelques espèces de pluviers étrangers portent des épines aux ailes, plusieurs ont des lambeaux charnus à la tête ou aux mandibules.

Remarque : On pourrait, presque sans inconvénient, réunir les *Vanneaux* au genre *Pluvier*, dont ils ont le bec; mais j'ai préféré d'isoler ces derniers, et de réunir en un groupe tous les échassiers tridactyles; *le tout est de s'entendre sur ce point*. Le caractère de la nullité du pouce chez les oiseaux échassiers est de plus de valeur que la même nullité, par exemple, dans les genres *Picus*, *Galbula* et *Alcedo*, puisque dans ces genres on trouve des espèces à doigt presque nul, dépourvu d'ongle, et d'autres qui n'ont que l'ongle au lieu de doigt; dans le genre *Charadrius* et dans celui de *Calidris*, que l'on pourrait réunir au genre *Tringa* par la forme du bec, on n'a point encore trouvé d'individus intermédiaires; bien une espèce à doigt plus court, mais chez laquelle ce doigt est entier et non mutilé, comme chez certains *Pics* et *Martin-pêcheurs*. Les échassiers tridactyles peuvent, sans inconvénient, être rangés avec les oiseaux de l'ordre des *Gralles*, mais les coureurs seront toujours déplacés dans l'ordre des *Gralles*, comme dans celui des *Gallinacés*. Ajoutez encore que la nullité du pouce paraît contribuer à la vitesse de la course, qui semble être plus accélérée en raison des formes moins compliquées des pieds ; plus les doigts et les ongles sont courts, plus la course est rapide ; l'*Autruche*, qui n'a que deux doigts, et les espèces du genre *Cursorius*, dont les doigts et les ongles sont excessivement courts, sont les plus agiles à la course. Je juge, à tant d'égards, la classification adoptée ici préférable aux autres.

PLUVIER DORÉ.

CHARADRIUS PLUVIALIS. (Linn.)

Sommet de la tête, ainsi que toutes les parties supérieures du corps, des ailes et de la queue d'un noir de suie, marqué de grandes taches d'un jaune doré, disposées sur les bords des barbes ; côtés de la tête, cou et poitrine variés de taches cendrées, brunes et jaunâtres ; gorge et parties inférieures blanches ; rémiges noires, baguettes de celles-ci blanches vers le bout : bec noirâtre ; pieds d'un cendré foncé ; iris brun. Longueur, 10 pouces 3 lig. *Le vieux mâle en plumage d'hiver.*

La femelle, ne diffère presque en rien du *mâle.*

Les jeunes de l'année, ont les parties supérieures d'un noir cendré avec des taches d'un cendré jaunâtre.

Charadrius pluvialis. Gmel. *Syst.* 1. *p.* 688. *sp.* 7. — Lath. *Ind. v.* 2. *p.* 740. *sp.* 1. Wilson. *Améric. Orn. v.* 7. *p.* 71. *pl.* 59. *f.* 5. — *Charadrius auratus.* Suckow.

Naturg. der. Thieren. v. 2. *p.* 1592. — Le pluvier doré.
Buff. *Ois. v.* 8. *p.* 81. — Id. *pl. enl.* 904. — Gérard. *Tab.*
élém. v. 2. *p.* 169. — Golden or green plover. Lath. *Syn.*
v. 5. *p.* 193. — Alb. *Birds. v.* 1. *t.* 75. — Goldregenfei-
fer. Bechst. *Naturg. Deut. v.* 4. *p.* 395. — Meyer. *Tas-*
schenb. Deut. v. 2. *p.* 318. — Frisch. *Vög. t.* 216. Naum.
Vög. t. 10. *f.* 14. — Piviere dorato. *Stor. deg. ucc. v.* 5.
pl. 473. — Goud plevier. Sepp. *Nederl. Vög.* 3. 3. *t.*
p. 249.

Plumage d'été ou des noces.

Parties supérieures d'un noir profond ; sur toutes
ces plumes sont de petites taches disposées sur les
bords des barbes, et d'un jaune doré très-vif ; front
et espace au-dessus des yeux d'un blanc pur ; parties
latérales du cou également blanches, mais variées
de grandes taches noires et jaunes ; la gorge, le
devant du cou, et toutes les autres parties inférieures, d'un noir profond. *Les vieux, mâle et*
femelle.

Varie périodiquement, suivant l'époque de la
mue. On voit souvent sur les parties inférieures des
plumes noires et blanches mêlées. Cette livrée se
voit toujours sur les *jeunes oiseaux*, même après
leur première mue périodique du printemps.

Charadrius apricarius. Gmel. *Syst.* 1. *p.* 687. *sp.* 6. —
Lath. *Ind. v.* 2. *p.* 742. *sp.* 5. — Wilson. *Améric. Orn.*
v. 7. *p.* 41. *pl.* 57. *f.* 4. — Le pluvier doré a gorge noire.
Buff. *Ois. v.* 8. *p.* 85. — Alwargrim plover. Lath. *Syn.*
v. 5. *p.* 198. Id. *Supp. v.* 1. *p.* 252. — Edw. *Ois. t.* 140,
un individu de l'Amérique sept. — Naum. *Vög. t.* 11.
f. 15. *un vieux.*

Remarque. On distingue facilement la livrée d'hiver et

les jeunes de cette espèce de ceux du *Vanneau-pluvier*,
1°. par le manque total de doigt postérieur, et 2°. par le
blanc pur des longues plumes à l'intérieur des ailes proche
du corps ; le reste du plumage diffère si peu à ces époques, qu'il serait facile de se tromper. Le continuateur de
la zoologie de Shaw veut que le pluvier à parties inférieures noires, ou le *Charadrius-apricarius* des auteurs,
soit une espèce distincte ; mais je ne me suis point trompé ,
ainsi qu'il le croit , et je peux assurer, d'après des observations nombreuses , que *Charadrius - apricarius* est le
plumage parfait d'été de *Charadrius-pluvialis*. Le noir
sans mélange de plumes blanches n'est propre qu'aux
vieux , seulement pendant l'époque des pontes. L'espèce
est la même en Amérique et en Asie.

Habite : les terrains humides et fangeux , très-abondant aux deux époques de son passage en Hollande ; assez
commun en Allemagne , dans les bruyères où se trouvent
des marres et des fanges ; passe l'hiver dans le midi ; très-
commun alors en Sardaigne.

Nourriture : vers, insectes et leurs larves.

Propagation : niche dans le nord ; pond trois ou cinq
œufs , très-pointus , d'un vert olivâtre parsemé de taches
noires.

PLUVIER GUIGNARD.

CHARADRIUS MORINELLUS. (LINN.)

Sommet de la tête et occiput d'un cendré noirâtre ; de larges sourcils d'un blanc roussâtre se réunissent sur l'occiput ; face blanche , pointillée de
noir ; parties supérieures d'un cendré noirâtre
teint de verdâtre, toutes les plumes de ces parties
comme encadrées de roux ; poitrine et flancs d'un
cendré roussâtre ; le large ceinturon sur la poitrine,

PARTIE IIe. 35

ainsi que le milieu du ventre d'un blanc pur ; la baguette de la première rémige d'un blanc pur, excepté vers le bout, queue terminée de blanc ; bec noir ; iris brun ; pieds d'un cendré verdâtre. Longueur, 8 pouces 8 ou 10 lignes. *Plumage parfait d'hiver.*

Les jeunes, ont des teintes plus cendrées ; le sommet de la tête est roussâtre, varié de taches longitudinales ; le roux qui encadre les plumes des parties supérieures est moins vif, et la queue est terminée de roux clair.

Plumage d'été ou des noces.

Face et sourcils d'un blanc pur ; le sommet de la tête et l'occiput noirâtres ; nuque et côtés du cou cendrés ; plumes du manteau et des ailes encadrées de roux très-foncé ; sur la poitrine une étroite bande brune, suivi d'un large ceinturon blanc ; la partie au-dessous de la poitrine et les flancs d'un roux très-vif ; milieu du ventre d'un noir profond ; abdomen d'un blanc roussâtre. *Le très-vieux mâle, en plumage complet.*

Chez *la femelle*, le roux des flancs est souvent nuancé de cendré, et la tache noire du milieu est peu apparente ou variée de plumes blanches. L'époque où en est la mue, varie considérablement le plumage des différens individus.

CHARADRIUS MORINELLUS. Gmel. *Syst.* 1. *p.* 686. *sp.* 5.— Lath. *Ind. v.* 2. *p.* 746. *sp.* 17. — CHARADRIUS SIBIRICUS. Gmel. *Syst.* 1. *p.* 690. *sp.* 22. — Lepech. *Reis. v.* 2. *p.* 185. *t.* 6. — Lath. *Ind. v.* 2. *p.* 747. *sp.* 19. — CHARA-

DRIUS TATARICUS et ASIATICUS. Pallas. *Reis. v.* 2. *p.* 714 *et* 715. *n.* 32. — Lath. *Ind. v.* 2. *p.* 746. *sp.* 14 *et* 15. Le PLU-VIER GUIGNARD. Buff. *Ois. v.* 8. *p.* 87. —Id. *pl. enl.* 832. *le mâle au printemps.* — Gérard. *Tab. élém. v.* 2. *p.* 176. —PLUVIER SOLITAIRE. Sonn. *nouv. édit. de* Buff. *Ois. v.* 23. *p.* 24. — DOTTRELL. Lath. *Syn. v.* 5. *p.* 208. — Penn. *Brit. Zool. p.* 129. *t. d. le vieux mâle.* — PIVIERE DE COR-RIONE *Stor. deg. ucc. v.* 5. *pl.* 475. *le jeune de l'année.* — DER DÜMME REGENPFEIFER. Bechst. *Naturg. Deut. v.* 4. *p.* 406.—Naum. *Vög. t.* 12. *f.* 16. *le vieux mâle au prin-temps, et f.* 17. *le jeune en hiver.* — MORRNEL REGENP-FEIFER. Meyer, *Tasschenb. Deut. v.* 2. *p.* 320.

Habite : les lieux déserts et fangeux ; plus' abondant en Asie qu'en Europe ; se montre à son passage, en Alle-magne et en France ; en hiver assez commun dans le midi, en Italie, dans l'Archipel et le Levant ; très-accidentelle-ment de passage en Hollande.

Nourriture : insectes et vers.

Propagation : niche dans le nord de la Russie.

GRAND PLUVIER A COLLIER.

CHARADRIUS HIATICULA. (LINN.)

Bec coloré d'orange et de noir ; pieds oranges ; un large ceinturon sur la poitrine.

Front, espace entre l'œil et le bec, une large bande coronale, passant sur les yeux, et venant aboutir à l'occiput ; sur la poitrine un large plas-tron, dont les extrémités se joignent sur la nuque, le tout d'un noir profond : un blanc pur couvre la bande frontale, la gorge, un collier ainsi que toutes les parties inférieures ; occiput et toutes les parties supérieures d'un brun cendré ; la penne extérieure de la queue blanche, avec une petite tache brune sur la barbe intérieure ; les autres blanches en partie et terminées de blanc, excepté les deux du milieu ; toutes les baguettes des rémiges, proche du bout, d'un blanc pur ; une tache blanche sur les rémiges intérieures ; *les trois quarts du bec de couleur orange et la pointe noire ;* cercle nu des yeux et pieds oranges. Longueur, 7 pouces. *Le mâle en plumage d'été et d'hiver.*

La femelle diffère seulement par la bande coronale moins large, et le plastron de la poitrine noirâtre.

Les jeunes de l'année avant la mue, ont alors toutes les parties qui sont destinées à devenir noires dans l'*oiseau adulte,* d'un cendré noirâtre ; le plastron qui doit se dilater sur la poitrine est indiqué par du brun cendré ; le brun cendré des parties supérieures est plus clair, et les plumes en sont bordées de jaunâtre ; la bande coronale manque totalement ; le blanc du front est moins large, la penne extérieure de la queue entièrement blanche ; le bec noirâtre et les pieds jaunâtres.

Remarque. J'invite les naturalistes à faire attention aux caractères que je signale des trois différentes espèces de petits pluviers, surtout de cette espèce et de la suivante, qu'il est très-facile de confondre. *Le grand pluvier à collier* mue deux fois ; le plumage complet d'été porte seulement des nuances plus pures, et le noir est plus profond qu'en hiver. Les individus tués dans l'Amérique septentrionale ne diffèrent en rien de ceux d'Europe

CHARADRIUS HIATICULA. Gmel. *Syst.* 1. *p.* 683. *sp.* 1. —

Lath. *Ind.* *v.* 2. *p.* 743. *sp.* 8. — Wils. *Americ. Orn.*
v. 5. *p.* 3o. *pl.* 37. *f.* 2. *une description très-exacte ,*
mais les synonymes sont de l'espèce suivante et la fi-
gure est mauvaise; mais celle du v. 7. *p.* 65. *pl.* 59.
f. 3. *est très-exacte.* — Le Pluvier a collier. Buff. *Ois*
v. 8. *p.* 9o. *de la soit - disant première race.* — Id. *pl*
enl. 92o. *figure très-exacte.* — Gérard. *Tab. élém. v.* 2.
p. 172. — Ringed prover. Lath. *Syn. v.* 5. *p.* 2o1. —
Penn. *Brit. Zool. fol. t. p.* 129. *figure très-exacte.* —
Buntschnabliger regenpfeifer. Bechst. *Naturg. Deut.* . 4.
p. 414. Halsband reigenpfeifer. Meyer, *Tasschenb. Deut.*
v. 2. *p.* 322. — Frisch. *t.* 214. — Meyer. *Vög. Deut.*
v. 1. *Heft.* 15. *le mâle, la femelle et le jeune avant la*
mue. — De piepert. Sepp, *Nederl. Vog. v.* 3. *t. p.* 265.
—Piviere col colare. *Stor. deg. ucc. v.* 5. *pl.* 476.

Habite : les fleuves et la mer, partout où leurs bords
sont graveleux et unis; très-abondant en Hollande sur
les bords de la mer; également commun le long de la
Baltique, en France et en Italie; vit en Allemagne sur les
bords des rivières.

Nourriture : très-petits insectes marins; souvent, et
suivant la localité, des insectes et de petits vers de terre.

Propagation : niche sur la grève, dans le sable nu ,
ou parmi les coquillages et le gravier, souvent aussi dans
les prairies proche de la mer; pond trois trois et rarement
cinq œufs , assez gros, de couleur d'olive jaunâtre, que parcourent dans tous les sens un grand nombre de petits traits
noirs, qui se confondent vers le gros bout.

PETIT PLUVIER A COLLIER.

CHARADRIUS MINOR. (Meyer.)

Bec entièrement noir, pieds jaunes ; un cein-turon noir sur la poitrine.

Front, espace entre l'œil et le bec, une large bande coronale passant sur les yeux, et venant aboutir en ligne droite au-dessous ; sur la poitrine, un plastron étroit, dont les extrémités se joignent sur la nuque, le tout d'un noir profond : un blanc pur couvre la bande frontale, la gorge, un collier ainsi que toutes les parties inférieures ; occiput et toutes les parties supérieures d'un brun cendré ; les deux pennes extérieures de la queue blanches, mais portant une bande noire sur la barbe inté-rieure ; la suivante blanche en partie, et les autres, celles du milieu exceptées, terminées de blanc ; la seule rémige extérieure porte une baguette blanche ; *le bec entièrement noir ;* cercle nu des yeux d'un jaune vif ; pieds couleur de chair. Longueur, 3 pouces 8 ou 10 lignes. *Le mâle en plumage d'été et d'hiver.*

La femelle, a la bande frontale moins large ; la bande noire perpendiculaire qui passe sur les yeux, est plus étroite et moins prononcée.

Les jeunes avant la mue, ont du noirâtre sur les parties qui sont noires chez *les adultes ;* le brun cendré des parties supérieures plus foncé et les plumes bordées de roux ; la base du bec d'un jau-nâtre clair.

Remarque. Je ne suis pas bien sûr si l'espèce mue

deux fois, mais il est certain que les couleurs du plumage n'éprouvent point d'autre changement , dans l'oiseau adulte, que ceux indiqués à l'article précédent.

CHARADRIUS MINOR. Meyer , *Tasschenb. Deut. v.* 2. *p.* 324. — CHARADRIUS FLUVIATILIS. Bechst. *Naturg. Deut. v.* 4. *p.* 422. — CHARADRIUS CURONICUS. Beseke , *Vög. Curt. p.* 66. *n°.* 134. — Lath. *Ind. v.* 2 *p.* 750. *sp.* 31. — Gmel. *Syst.* 1. *p.* 692. *sp.* 29. — LE PETIT PLUVIER A COLLIER. Buff. *Ois. v.* 8. *p. et t.* 921. — Id. *pl. enl.* 921. *figure très-exacte du mâle.* — CURONIAN PLOVER. Lath. *Syn. supp. v.* 2. *p.* 318. *sp.* 6. — KLEINER REGENPFEIFER. Meyer. *Vög. Deut. v.* 1. *Heft.* 15. *t. f.* 1 *et* 2. *mâle et femelle.* — Naum. *Vög. t.* 15. *f.* 19. *figure exacte du mâle et de l'œuf.*

Remarques. Brisson, qui confond l'espèce précédente avec celle-ci, donne les caractères de l'une à l'autre; les méthodistes Linné et Latham confondent par contre dans leur CHARADRIUS ALEXANDRINUS , *sp.* 2 , cette espèce avec la suivante, ce dont il a résulté des citations embrouillées. Je propose conséquemment de rayer la prétendue espèce de CHARADRIUS ALEXANDRINUS de Linné de la liste nominale des oiseaux. Il est incertain laquelle des deux espèces se trouve indiquée par M. Cuvier , sous le nom de *Pluvier à collier. Reg. anim. v.* 1. *p.* 466. L'article du *Ringed plover* de Montagu *Transact. of the Linn. society. v.* 7. *p.* 281 , ne fait aucune mention de formes , de taille ou de couleurs ; on ne peut conséquemment dire au juste à quelle espèce on doit la rapporter ; je présume cependant que c'est au *grand pluvier à collier*, puisqu'il est fait mention d'un bec coloré à sa base et de pieds plus ou moins jaunâtres. Les espèces d'Afrique et d'Amérique, rangées par Buffon comme *identiques*, sont *différentes.*

Habite: plus volontiers les bords des fleuves que ceux de la mer ; accidentellement ou de passage en Hollande.

plus abondant en Allemagne et dans le midi, jusques en Italie.

Nourriture : insectes d'eau, leurs larves et de petits vers.

Propagation : niche comme l'espèce précédente ; pond de trois jusqu'à cinq œufs, oblongs, blanchâtres , marqués de grands points noirs et de taches indistinctes d'un cendré brun.

¦PLUVIER A COLLIER INTERROMPU.

¦*CHARADRIUS* ¦*CANTIANUS*. (Lath.)

Bec et pieds noirs, deux grands espaces noirs ou bruns sur les côtés de la poitrine.

Front, de larges sourcils, une bande sur la nuque et toutes les parties inférieures d'un blanc pur; espace entre l'œil et le bec, un grand espace angulaire sur la tête, et une large tache de chaque côté de la poitrine d'un noir profond ; une grande tache, d'un noir cendré derrière l'œil; tête et nuque d'un roux très-clair ; parties supérieures d'un cendré brun ; toutes les rémiges à baguettes blanches; les deux pennes latérales de la queue blanches, la troisième blanchâtre et les autres brunes ; bec, iris et pieds noirs. Longueur, 6 pouces 4 ou 6 lignes. *Le mâle.*

La femelle, n'a point cette tache angulaire, noire sur le sommet de la tête; elle est remplacée par une petite raie transversale; le blanc du front forme une bande plus étroite; les deux grandes taches sur les côtés de la poitrine, l'espace entre l'œil et le bec, et la tache derrière l'œil, sont d'un brun cendré ; le roux de la tête et de la nuque est teint de gris.

Les jeunes avant la mue, n'ont point de noir ; le front, les sourcils et la bande de la nuque sont faiblement indiqués par un peu de blanc : la grande tache de la partie latérale de la poitrine est indiquée par du brun clair, et toutes les plumes des parties supérieures sont d'un brun cendré clair.

Remarque. Chez cette espèce la mue n'a lieu qu'en automne ; elle n'est point double, ce que j'ai souvent été dans l'occasion de vérifier.

CHARADRIUS CANTIANUS. Lath. *Ind. supp. v. 2. p.* 66. *f.* 1. — CHARADRIUS ALBIFRONS. Meyer, *Tasschenb. Deut. v. 2. p. 323. sp.* 5. — CHARADRIUS LITTORALIS. Bechst. *Naturg. Deut. v. 4. p. 430. t. 23. f.* 1 *et* 2. — Id. *Tasschenb. v. 3. p. 578. sp.* 5. — KENTICH PLOVER. Lewin. *Brit. Birds. t.* 185. — Lath. *Syn. supp. v. 2. p.* 316. — WEISSTIRNIGER REGENPFEIFER. Meyer, *Vög. Deut. v.* 1. *Heft.* 15. *le mâle et le jeune de l'année donné pour une femelle.*

Habite : très-abondant en Hollande, en Angleterre et dans le nord de l'Allemagne ; plus accidentellement dans le midi ; vit sur la grève des bords de la mer, très-rarement le long des fleuves.

Nourriture : de très-petits scarabées marins, des insectes et des vers marins, souvent des coquillages bivalves.

Propagation : niche sur la grève, entre les coquillages, ou dans un enfoncement sur le sable nu ; pond trois ou cinq œufs, d'un jaune olivâtre marqué de grands et de petits points irréguliers ; d'un brun noirâtre.

GRALLES A QUATRE DOIGTS.

Ils ont toujours un pouce distinct, soit qu'il apuie à terre dans toute sa longueur, ou qu'il s'articule sur le tarse, et ne porte à terre que sur l'ongle.

GENRE CINQUANTE-CINQUIÈME.

VANNEAU. — *VANELLUS.* (Briss.)

Bec court, grêle, droit, comprimé, pointe des deux mandibules renflées; base de la mandibule supérieure très-évasée par le prolongement du sillon nazal. Narines latérales, longitudinalement fendues dans la membrane qui recouvre l'évasement. Pieds grêles; trois doigts devant et un derrière; des doigts antérieurs, celui du milieu réuni à l'exterieur par une courte membrane; le doigt de derrière presque nul ou très-court, articulé sur le tarse, ne touchant point la terre. Ailes accuminées, ou amples; la 1re. rémige la plus longue, ou les 3 rémiges extérieures également étagées, plus courtes que la 4e. et 5e., qui sont les plus longues. Quelques espèces étrangères ont le poignet de l'aile armé d'un éperon long et acéré.

Les Vanneaux sont, comme tous les oiseaux vermivores de nos climats, de passage régulier à deux époques de l'année; ils voyagent en famille, ou se réunissent plusieurs couvées ensemble ; et voyagent en grandes bandes ; ils habitent les bords des eaux saumâtres ou des eaux douces et des prairies humides ; c'est là qu'ils se nourrissent de vers de terre et de larves ; la mue a lieu deux fois l'année dans les deux espèces indigènes ; nous ignorons s'il en est de même chez les vanneaux étrangers , mais il est certain que la différence de sexe n'en produit point dans le plumage.

Remarque. Voyez celle à l'article du genre *Charadrius*, page 534.

Iʳᵉ. *SECTION.*

La première rémige de l'aile la plus longue.

VANNEAU PLUVIER*.

VANELLUS MELANOGASTER. (Bechst.)

Front, gorge, milieu du ventre, cuisse, abdomen, et couvertures supérieures de la queue, d'un blanc pur ; sourcils, devant du cou , côtés de la poitrine et flancs d'un blanc varié de taches cendrées et brunes; parties supérieures d'un brun noirâtre, varié de taches d'un jaune verdâtre , mais toutes les plumes terminées de cendré et de blanchâtre; longues plumes internes des ailes d'un noir profond ; couvertures inférieures de la queue marquées sur les barbes extérieures de petites bandes diagonales brunes ; queue blanche , mais roussâtre vers le bout, rayée de bandes brunes , qui sont pâles et en petit nombre sur les pennes latérales ; bec noir; iris noirâtre : pieds d'un noir cendré.

---

* Ce sont les Squatarola de Cuv. *Règn. anim. v. 1. p.* 467.

Longueur, 10 pouces, 6 ou 7 lignes. *Le mâle et la femelle en plumage d'hiver.*

TRINGA SQUATUROLA. Gmel. *Syst.* 1. *p.* 682. *sp.* 23. — Lath. *Ind. v.* 2. *p.* 729. *sp.* 11. — LE VANNEAU VARIÉ. Buff. *Ois. pl. enl.* 923. *figure assez exacte.* — GREYSANDPIPER. Lath. *Syn. v.* 5. *p.* 169. *seulement la variété* A. — Naum. *Vög. Nacht. t.* 8. *f.* 17.

Les jeunes avant la mue.

Ressemblent plus ou moins aux *vieux* et aux *jeunes en hiver ;* le front, les sourcils, les côtés de la poitrine et les flancs sont variés de taches plus grandes, mais plus pâles; la couleur des parties supérieures est d'une seule nuance de gris clair varié de blanchâtre; il y a aussi un peu de blanchâtre à l'extrémité des rémiges; les bandes transversales de la queue sont grises.

TRINGA SQUATUROLA, *varia.* Gmel. *Syst.* 1. *p.* 682. *sp.* 23. *var.* — LE VANNEAU PLUVIER. Buff. *Ois. v.* 8. *p.* 68. — Gérard. *Tab. élém. v.* 2. *p.* 191. — VANNEAU GRIS. Buff. *pl. enl.* 854. *figure très-exacte.* — GREY SANDPIPER. Lath. *Syn. v.* 5. *p.* 168. *n°.* 11. — Id. *supp. v.* 1. *p.* 248. — SCHWARZBAUCHIGER KIEBIZ, *im herbstkleide.* Meyer, *Vög. Deut. v.* 2. *Heft.* 22.

Plumage de printemps ou des noces.

Espace entre l'œil et le bec, gorge, côtés et devant du cou, milieu de la poitrine, ventre et flancs d'un noir profond ; le front, une large bande audessus des yeux, parties latérales du cou, côté de la poitrine, cuisses et abdomen d'un blanc pur : nuque variée de brun, de noir et de blanc ; occiput, dos, scapulaire et couvertures des ailes d'un noir profond, toutes les plumes de ces parties terminées par un grand espace d'un blanc pur ; sur les plus grandes des couvertures et sur les scapulaires sont de grandes taches blanches ; sur les couvertures inférieures de la queue sont des bandes noires obliques ; pennes du milieu de la queue rayées de blanc et de noir. *Les vieux en plumage parfait ; mâle et femelle.*

Vanellus melanogaster. Bechst. *Naturg. Deut. v.* 4. *p.* 356. — Tringa helvetica. Gmel. *Syst.* 1. *p.* 676. *sp.* 12. — Lath. *Ind. v.* 2. *p.* 728. *sp.* 10. — Charadrius apricarius. Wils. *Amer. Orn. v.* 7. *pl.* 57. *f.* 4., qui, sous ce nom propre, a la livrée d'été du pluvier doré, indique très-exactement notre oiseau de cet article. — Le Vanneau suisse. Buff. *Ois. v.* 8. *p.* 60., mais surtout sa *pl. enl.* 853. *figure très-exacte.* — Swiss sandpiper Lath. *Syn. v.* 5. *p.* 167. — Id. *supp. v.* 1. *p.* 248. — Schwarz baüchiger kiebitz. Meyer, *Tasschenb. Deut. v.* 2. *p.* 401. — Id. *Vög. Deut. v.* 2. *Heft.* 22. *figures très-exactes.* — Naum. *Vög. Nacht. t.* 62. *f.* 117. *figure très-exacte du vieux mâle en plumage parfait d'été.*

Remarque. Aux deux époques de la mue, on trouve des individus dont le noir profond des parties inférieures est parsemé de quelques plumes blanches, ou lorsque le blanc domine, il se trouve varié de quelques plumes noires ; ce ne sont aussi que les vieux dont le ventre est d'un noir profond. On distingue facilement la livrée d'hiver et les jeunes de cette espèce de ceux du *Pluvier doré,* 1o. par la présence du doigt postérieur ; et 2o. par les longues plumes noires qui se trouvent à l'intérieur des ailes proche du corps ; le reste du plumage diffère si peu à ces époques, qu'il serait facile de se tromper. L'espèce se trouve également dans l'Amérique septentrionale ; elle n'y a éprouvé aucune altération dans les couleurs du plumage.

Habite : les bords de la mer à l'embouchure des rivières, et les bords fangeux des lacs salins ; de passage plus ou moins accidentel dans tous les pays tempérés de l'Europe ; plus abondant en France qu'en Allemagne, rare en Suisse, assez commun dans les îles et sur les côtes de Hollande.

Nourriture : vers de terre et d'eau, insectes ailés et scarabées.

Propagation : niche, quoique en petit nombre, dans les îles au nord de la Hollande, plus commun dans les régions du cercle arctique et sur les confins de l'Asie ; pond quatre œufs d'un olive très-clair à taches noires.

IIe SECTION.

Les trois rémiges extérieures également étagées, la 4°. et la 5°. les plus longues.

VANNEAU HUPPÉ.

VANELLUS CRISTATUS. Meyer.)

Plumes occipitales très-longues, effilées et re-courbées en haut. Sommet de la tête, huppe, devant du cou et poitrine d'un noir à reflets ; parties supérieures d'un vert foncé à reflets éclatans ; côtés du cou, ventre, abdomen et base de la queue d'un blanc pur ; les pennes de la queue terminées par un grand espace noir, excepté la penne extérieure ; couvertures inférieures rousses, bec noirâtre ; pieds d'un rouge brun. Longueur, 12 pouces 6 lignes. *Plumage d'hiver.*

La femelle, a le noir de la gorge et de la poitrine moins foncé.

Varie accidentellement, d'un blanc pur ; d'un blanc jaunâtre avec toutes les couleurs faiblement indiquées ; souvent l'une ou l'autre partie du corps variée de plumes blanches.

Les jeunes, avant la mue, ont une huppe occipitale plus courte ; du noirâtre au-dessous des yeux ; la gorge variée de blanc et de brun cendré ; toutes les plumes des parties supérieures et inférieures terminées de jaune d'ocre ; pieds d'un olivâtre cendré.

Le plumage de printemps ou des noces, se distingue à peine par des réflets plus brillans sur le dos et sur les ailes, et par le noir de la gorge et de la poitrine qui est alors plus profond ; la huppe est plus longue ; la couleur des pieds est d'un rougeâtre clair ; c'est dans l'une ou l'autre livrée.

Vanellus cristatus. Meyer, *Vög. Deut. v.* 1. *Heft.* 10. — Tringa vanellus. Gmel. *Syst.* 1. *p.* 760. *sp.* 2. — Lath. *Ind. v.* 2. *p.* 726. — Le Vanneau. Buff. *Ois. v.* 8. *p.* 48. *t.* 4. — Id. *pl. enl.* 242. — Gérard. *Tab. élém. v.* 2. *p.* 183. — Lapwing. Lath. *Syn. v.* 5. *p.* 161. — Penn. *Brit. Zool. p.* 122. *t. C.* — Gehaübte kiebitz. Bechst. *Naturg. Deut. v.* 4. *p.* 346. — Meyer, *Tassch. v.* 2. *p.* 400. — Frisch. *Vög. t.* 213. — Naum. *Vög. t.* 14. *f.* 18. — De kievit. Sepp. *Nederl. Vog. v.* 1. *t. p.* 65. *et v.* 4. *t. p.* 371. *variété blanche.* — Paoncella commune. Stor. *degl. ucc. v.* 5. *pl.* 479. *un jeune de l'année.*

Habite : les lacs et les rivières dont les bords sont environnés de marais ; les prairies marécageuses et les prairies humides ; nulle part aussi abondant qu'en Hollande.

Nourriture: insectes, araignées, vers et petits limaçons.

Propagation : niche sur une petite élévation dans les
prairies, dans les herbes ou dans les joncs peu élevés; pond
trois ou quatre œufs olivâtres, marqués de grandes et de
petites tachés noires, qui souvent se confondent, vers le
gros bout, en une seule masse.

GENRE CINQUANTE-SIXIÈME.

TOURNE-PIERRE. — *STREPSILAS.*
(Illig.)

Bec médiocre, dur à la pointe, fort, droit, en
cône allongé, légèrement courbé en haut; arête
aplatie; pointe droite, tronquée. Narines basales,
latérales, longues, à moitié fermées par une membrane, percées de part en part. Pieds médiocres,
nudité au-dessus du genou petite; trois doigts devant et un derrière; les trois doigts antérieurs
unis à la base par une très-courte membrane; le
postérieur articulé sur le tarse. Ailes acuminées;
la 1re. rémige la plus longue.

Le genre du *Tourne-pierre*, comprend une seule espèce propre aux deux mondes; dans le court espace de
temps qu'elle séjourne dans les pays tempérés de l'Europe,
il est rare de la rencontrer en troupe ou par paire ; c'est
toujours isolément que les adultes et les vieux individus
opèrent leur émigration ; on le voit courir sur la grève
de la mer à la manière des *Pluviers* et du *Sanderling*,
dont il paraît avoir toutes les habitudes ; sa nourriture

consiste en scarabées marins et en très-petits coquillages bivalves, souvent aussi en insectes mous. Je crois que la mue n'a lieu qu'une fois dans l'année, et que le jeune oiseau doit avoir accompli sa seconde, et peut-être même sa troisième mue, avant que le plumage ait acquis sa couleur permanente; il n'existe point de différence marquée dans les sexes.

L'habitude propre à cet oiseau de chercher sa nourriture sous chaque pierre, qu'il tourne avec beaucoup de dextérité par le moyen de son bec, dur, court et comprimé vers le bout, lui a valu le nom qu'il porte; plus sédentaire et moins remuant que les oiseaux du genre *Tringa*, on le voit souvent examiner soigneusement un petit emplacement et retourner chaque pierre. Il est inconcevable que cet oiseau ait été si long-temps confondu avec les *Bécasseaux*, le genre *Tringa* de Linné, dont il n'a ni les mœurs ni les formes du bec.

TOURNE-PIERRE A COLLIER.

STREPSILAS COLLARIS. (Mihi.)

Front, espace entre le bec et l'œil, un large collier sur la nuque, une partie du dos, une bande longitudinale et une autre transversale sur l'aile, couvertures supérieures de la queue, milieu de la poitrine, ainsi que les autres parties inférieures, le tout d'un blanc pur; du noir profond se dessine en une étroite bande frontale qui, passant devant les yeux, se dilate au-dessous, où d'une part elle se dirige sur la mandibule inférieure, et de l'autre se dilatant de nouveau sur les côtés du cou, entoure la gorge, et forme un large plastron sur le devant du cou et sur les côtés de la poitrine; sommet de la tête d'un blanc roussâtre rayé longitudinalement de noir; haut du dos, scapulaires et couvertures des ailes d'un roux marron vif, parsemé irrégulièrement de grandes taches noires; une large bande brune sur le croupion ; la penne latérale de la queue d'un blanc pur; bec et iris noirs ; pieds d'un jaune orange. Longueur, 8 pouces 2 ou 3 lignes. *Le très-vieux mâle.*

La femelle, diffère seulement par les nuances moins pures, et par le noir qui est moins profond.

Tringa interpres. Gmel. *Syst.* 1. *p.* 671. *sp.* 4. — Lath. *Ind. v.* 2. *p.* 738. *sp.* 45. — Wils. *Americ. Orn. v.* 7. *p.* 32. *pl.* 57. *f.* 2. — Morinella collaris. Meyer, *Vög. Liv-und Ecthl. p.* 210. — Le Tourne-pierre. Buff. *Ois. v.* 8. *p.* 130. *t.* 10. — Gérard. *Tab. élém. v.* 2. *p.* 193. — Le Coulond-chaud. Buff. *pl. enl.* 856. *figure assez exacte.*—Turnstone or sea-dotterel. Edw. *Glean. t.* 141. *figure très-exacte.* — Lath. *Syn. v.* 5. *p.* 188. — Id. *supp. v.* 1. *p.* 249.—Steindrehende strandlaufer. Bechst. *Naturg. Deut. v.* 4. *p.* 335. — Meyer, *Tasschenb. v.* 2. *p.* 382. — Naum. *Nacht. t.* 62. *f.* 118. *le mâle en plumaye parfait d'été.*

Les jeunes de l'année.

N'ont aucune trace de noir ni de roux marron. Tête et nuque d'un brun cendré rayé de brun foncé; des taches blanches sur les côtés de la tête et du cou; gorge et devant du cou blanchâtres; plumes des côtés de la poitrine d'un brun foncé, terminées de blanchâtre ; les autres parties inférieures et le dos d'un blanc pur; haut du dos, scapulaires et couvertures des ailes d'un brun foncé, toutes les plumes entourées par une large bordure jaunâtre ; bande transversale du croupion d'un brun foncé, bordé de roux ; les pieds d'un rouge jaunâtre. Le noir et le blanc se dessinent plus régulièrement, à mesure que l'oiseau avance en âge.

TRINGA MORINELLA. Linn. *Syst. Natur. édit.* 12. *p.* 249. *sp.* 5. — TRINGA INTERPRES, MORINELLA. Gmel. *Syst.* 1. *p.* 671. *var.* — ARENARIA CINEREA. Briss. *Orn. v.* 5. *p.* 137. *n°.* 2. *t.* 11. *f.* 2. — TURNSTONE. Penn. *Brit. Zool. p.* 125. *t. E.* 2. *f.* 2. — COULOND-CHAUD DE CAYENNE, et COULOND-CHAUD GRIS. Buff. *Ois. pl. enl.* 340 *et* 857. *deux jeunes de l'année,* mais dessinés d'après des individus différemment montés ; le dernier, d'après un individu allongé outre mesure. — DIE MORINELLE. Bechst. *Naturg. Deut. v.* 4. *p.* 341. — VLAKKIGE STRANDLOOPER. Sepp. *Nederl. Vog. v.* 3. *t. p.* 291. *jeune de l'année.*

Les jeunes à l'âge d'un an.

Le large plastron, ou collier sur le devant du cou et sur les côtés de la poitrine, se dessine par des plumes noires, terminées par une étroite bordure blanchâtre ; joues et front pointillés de noir sur un fond blanchâtre ; sommet de la tête et nuque brunes, tachés de brun noirâtre ; dos, scapulaires et couvertures des ailes noirs, toutes les plumes entourées par une bordure rousse ; une grande tache noire sur la penne latérale de la queue ; le reste comme chez les adultes. C'est alors,

Naum. *Vög. Nacht. t.* 8. *f.* 18. *une figure exacte.*

Habite : le long des bords de la mer, des lacs et des rivières qui sont couverts de gravier ; très-commun sur les îles de la mer Baltique et en Norvège ; de passage accidentel le long de toutes nos côtes maritimes ; plus rare sur les rivières du centre de l'Europe; quelquefois sur les lacs de la Suisse et de l'Italie. Vit également dans l'Amérique septentrionale et méridionale; l'espèce y est la même. * Les individus envoyés du Sénégal et du cap de Bonne-Espérance, ressemblent, presque en tout point, à ceux d'Europe et d'Amérique.

Nourriture : insectes à élitres, petits scarabées marins, vers et petits coquillages bivalves.

Propagation : niche dans le nord; pond en un petit enfoncement dans le sable des rives; dépose trois ou quatre œufs, d'un olivâtre cendré ou verdâtre, marqué de taches brunes.

GENRE CINQUANTE-SEPTIÈME.

GRUE. — *GRUS.* (Pallas.)

Bec de la longueur ou plus long que la tête, fort, droit, comprimé, pointe en cône allongé, obtus vers le bout; base latérale de la mandibule profondément cannelée; arête élevée. Narines au milieu du bec, percées de part en part dans la rainure, fermées par derrière par une membrane. *Région des yeux* et base du bec souvent nues, ou couvertes de mamelons. Pieds longs, forts, un grand espace nu au-dessus du genou; des trois doigts de devant, celui du milieu réuni à l'extérieur par un rudiment de membrane, l'intérieur

---

divisé; le doigt postérieur s'articulant plus haut sur le tarse. AILES médiocres; la 1re. rémige plus courte que la 2e., et celle-ci presque aussi longue que la 3e. qui est la plus longue; *pennes secondaires* les plus proches du corps arquées, ou très-longues et subulées chez quelques espèces étrangères.

Ces oiseaux voyageurs, dont on ne connaît qu'une seule espèce en Europe, recherchent en hiver les climats doux et tempérés ; ils sont de passage périodique. Notre *Grue* niche dans le nord, en automne elle se répand plus vers le midi ; alors on la voit dans les champs nouvellement ensemencés, et plus rarement sur le rivage de la mer; mais le plus souvent les volées ne font que passer rapidement en se rappelant par un cri très-sonore, qu'on entend lors même que la bande est élevée à perte de vue. Ils se nourrissent d'herbes, de grains, de vermisseaux, de rainettes et de coquillages. Dans la plupart des espèces, *la trachée du mâle* forme des circonvolutions sur elle-même; dans d'autres on voit de semblables sinuosités dans les deux sexes. La mue a lieu une fois l'année; les sexes ne diffèrent point à l'extérieur.

GRUE CENDRÉE.

GRUS CINEREA. (BECHST.)

Sur toutes les parties du corps d'un gris cendré ; gorge, devant du cou et occiput d'un gris noirâtre très-foncé; front et espace entre l'œil et le bec garnis de poils noirs; sommet de la tête nu et rouge; quelques-unes des pennes secondaires arquées, longues et à barbes décomposées, bec d'un noir verdâtre, mais de couleur de corne vers la pointe et rougeâtre à sa base ; iris d'un rouge brun, pieds noirs. Longueur, depuis le bec jusqu'au bout de la queue, 3 pieds 8ou 10 pouces.

Les jeunes avant leur seconde mue d'automne, n'ont point de nudité sur le sommet de la tête, ou bien cet espace est à peine visible ; la couleur cendrée noirâtre du devant du cou et de l'occiput n'existe point, ou bien elle est seulement indiquée par des taches longitudinales.

Les vieux, ont derrière les yeux et le long de la partie latérale du haut du cou, un grand espace blanchâtre.

GRUS CINEREA. Bechst. *Naturg. Deut. v.* 4. *p.* 103. — ARDEA GRUS. Gmel. *Syst.* 1. *p.* 620. *sp.* 4.— Lath. *Ind. v.* 2. *p.* 674. *sp.* 5. — LA GRUE. Buff. *Ois. v.* 7. *p.* 287. *t.* 14. — Id. *pl. enl.* 769. *le vieux mâle.*—Gérard. *Tab. élém. v.* 2. *p.* 153. — COMMON CRANE. Lath. *Syn. v.* 5. *p.* 50. — GRUE COMUNE. *Stor. degl. ucc. v.* 4. *pl.* 415. — ASCHGRAUER KRANICH. Meyer, *Tasschenb. Deut. v.* 2. *p.* 350. — Frisch. *Vög. t.* 194. — Naum. *Vög. t.* 2. *f.* 2. *vieille femelle.*

Anatomie. Le tube de la trachée artère, après avoir suivi l'œsophage jusqu'au sternum, s'introduit dans la capacité de cet os, parcourt intérieurement et à sa partie supérieure toute la longueur du sternum, revient à sa partie inférieure vers la poitrine, y fait une nouvelle courbure, qui s'étend au centre et jusqu'à la moitié de la longueur de l'os ; revient alors vers la poitrine par une courbure qui se dirige en haut ; le tube passant ensuite au dessous de l'os de la fourchette, se dirige sur la clavicule gauche et entre dans le thorax, pour se diviser dans les lobes des poumons.

Habite : les plaines marécageuses des contrées orientales ; commun dans le nord ; émigre régulièrement au printemps et en automne ; rare à son passage en Hollande, et seulement dans les hivers très-froids.

Nourriture : graines et herbes qui croissent dans les marais et dans les champs , vers , grenouilles et coquillages.

Propagation : niche dans les joncs et dans les buissons d'aunes , quelquefois sur les toits des maisons isolées ; pond deux œufs , d'un cendré verdâtre avec des taches brunes.

GENRE CINQUANTE-HUITIÈME.

CIGOGNE. — *CICONIA*. (Briss.)

Bec long , droit, fort , uni , cylindrique, en cône allongé, aigu, tranchant, arête arrondie, d'égale hauteur avec la tête ; mandibule inférieure , se recourbant un peu en haut. Narines longitudinalement fendues dans la substance cornée, placées près de la base à l'arête supérieure. Yeux entourés d'une nudité qui ne communique point avec le bec; (souvent la face, le tour des yeux, ou une partie du cou nus.) Pieds longs ; trois doigts devant , réunis par une membrane jusqu'à la première articulation, le doigt postérieur s'articulant à niveau des autres. Ongles courts , déprimés , sans dentelures. Ailes médiocres ; la 1re. rémige plus courte que la 2e., et celle-ci un peu moins longue que les 3e., 4e. et 5e., qui sont les plus longues.

Ils vivent dans les marais, se nourrissent principalement de reptiles, de rainettes et de leur frai, aussi de poissons, de petits mammifères et de jeunes oiseaux. Ils sont dans tous les pays du monde des espèces privilégiées qu'on s'abstient de poursuivre, par la raison de leur utilité et du dégat qu'ils font dans les classes nuisibles des animaux. Ils émigrent en grandes bandes. On les apprivoise facilement. La mue a lieu en automne; les jeunes de l'année, de l'espèce vulgaire, diffèrent très-peu des vieux; on peut les distinguer encore, à leur retour au printemps, au blanc et au noir mat de leur plumage; les sexes ne diffèrent point.

Remarque. Toutes ces très-grandes espèces de *Cigognes* étrangères, rangées par les méthodistes dans le genre *Mycteria*, portent les mêmes caractères extérieurs que nos *Cigognes;* ils ont aussi les mêmes mœurs et les mêmes habitudes. M. Illiger, dans son prodromus, a également remarqué que les espèces des genres *Mycteria*, et *Ciconia* des méthodistes, doivent être réunies en un même genre. Plusieurs espèces de *Cigognes* ont été réunies avec les *Hérons*.

CIGOGNE BLANCHE.

CICONIA ALBA. (BELLON.)

*Bec parfaitement droit; nudité lisse des joues très-petite, ne communiquant point avec le bec; plumage blanc *.*

La tête, le cou et toutes les parties du corps d'un blanc pur; scapulaires et ailes noires : bec et pieds rouges; peau nue autour des yeux noire; iris brun. Longueur, 3 pieds 5 ou 6 pouces.

---

* J'ai mis cette indication en tête de notre espèce commune, pour qu'on pût, du premier coup d'œil, la distinguer du *Maguari,* dont les distributions du plumage sont les mêmes.

Les jeunes, ont le noir des ailes mal teint de brun, le bec d'un noir rougeâtre.

Ciconia alba. Briss. *Orn. v.* 5, *p.* 365. *sp.* 2. *t.* 32. — Bechst. *Naturg. Deut. v.* 4. *p.* 82. — Ardea ciconia. Gmel. *Syst.* 1. *p.* 622. *sp.* 7. — Lath. *Ind. v.* 2. *p.* 676. *sp.* 9. — La Cigogne blanche. Buff. *Ois. v.* 7. *p.* 253. *t.* 12. — Id. *pl. enl.* 866. — Gérard. *Tab. élém. v.* 2. *p.* 149. — Weisser storch. Meyer, *Tasschenb. Deut. v.* 2. *p.* 345.—Frisch. *Vög. t.* 196. — Naum. *Vög. t.* 22. *f.* 31. — White stork. Lath. *Syn. v.* 5. *p.* 47. — Id. *supp. v.* 1. *p.* 234. — Cigogna bianca. *Stor. degl. ucc. v.* 4. *pl.* 334.

Habite : dans les villes et dans les villages, sur les maisons, sur les tours, sur des pieux construits à cette fin, ou sur des arbres morts. Émigre annuellement et périodiquement.

Nourriture : grenouilles, lézards, couleuvres, anguilles, souris, taupes, insectes, vers, jeunes canards et perdrix.

Propagation : niche sur quelque lieu élevé, même sur les cheminées dans les villes ; pond le plus souvent trois œufs, d'un blanc légèrement teint de couleur d'ocre.

CIGOGNE NOIRE.

CICONIA NIGRA. (Bellon.)

Bec droit ; nudité lisse des joues très-petite, ne communiquant point avec le bec ; plumage d'un brun lustré.

Tête, cou, toutes les parties supérieures du corps, les ailes et la queue noirâtres avec des reflets pourprés et verdâtres ; partie inférieure de la poitrine, et ventre d'un blanc pur : bec, peau nue des yeux et celle de la gorge d'un rouge cramoisi ; iris brun ; pieds d'un rouge très-foncé. Longueur, à peu près 3 pieds.

Ciconia nigra. Bechst. *Naturg. Deut. v.* 4. *p.* 96. — Ardea nigra. Gmel. *Syst.* 1. *p.* 623. *sp.* 8. — Lath. *Ind. v.* 2. *p.* 677. *sp.* 11. — Ciconia fusca. Briss. *Orn. v.* 5. *p.* 362. *t.* 31. — Cigogne noire. Buff. *Ois. v.* 7. *p.* 271. — Id. *pl. enl.* 399. — Gérard. *Tab. élém. v.* 2. *p.* 153. — Black stork. Lath. *Syn. v.* 5. *p.* 50. — Schwarzer storck. Meyer, *Tasschenb. Deut. v.* 2. *p.* 348. — Cicogna nera. *Stor. degl. ucc. v.* 4. *pl.* 33.

Les jeunes, ont le bec, la peau nue des yeux, celle de la gorge, ainsi que les pieds d'un vert olivâtre, tête et cou d'un roux brun, avec des bordures roussâtres ; corps, ailes et queue d'un brun noirâtre avec de légers reflets bleuâtres et verdâtres ; *c'est alors*. Frich. *Vög. deut. t.* 197. Nauman *Vög. Deut. t.* 23 *f.* 32.

Habite : dans les marais boisés, souvent dans les grandes forêts noires ; assez abondant en Hongrie, en Pologne, en Turquie et en Suisse ; plus rare en Allemagne et en France ; jamais en Hollande.

Nourriture : petits poissons, grenouilles, sauterelles, scarabées et autres insectes.

Propagation : niche dans les forêts, sur les pins et sur les sapins les plus élevés ; pond deux ou trois œufs, d'un blanc sale nuancé de verdâtre, et quelquefois marqué d'un petit nombre de taches brunes.

CIGOGNE MAGUARI.

CICONIA MAGUARI. (Mihi.)

Bec faiblement recourbé en haut ; nudité verruqueuse des joues, très-grande, communiquant directement au bec.

Tête, cou, dos, queue, et toutes les parties inférieures d'un blanc pur ; les plumes du bas du cou longues et pendantes ; ailes et couvertures supérieures de la queue noirâtres, avec des reflets verdâtres ; un grand espace nu et capable de dilatation au-dessous de la gorge ; cette nudité, ainsi que la peau mamelonée, qui entoure les yeux, d'un rouge vermillon ; bec d'un vert jaunâtre à sa base, cendré bleuâtre vers le bout ; pieds rouges ; ongles bruns ; iris blanc. Longueur, 3 pieds.

CICONIA AMERICANA. Briss. *Orn. v.* 5. *p.* 369. *sp* 3. — ARDEA MAGUARI. Gmel. *Syst.* 1. *p.* 623. *sp.* 22. — Lath. *Ind. v.* 2. *p.* 677. *sp.* 10. — LE MAGUARI. Sonn. *nouv. édit. de* Buff. *Ois. v.* 20. *p.* 282. — Gérard. *Tab. élém. v.* 2. *p.* 155. *n°.* 3. — AMERICAN STORK. Lath. *Syn. v.* 5. *p.* 50.

Remarque. Cette cigogne offre la preuve la plus certaine pour la réunion des genres *Ciconia* et *Mycteria* ; son bec, légèrement courbé en haut, indique le passage gradué des uns aux autres ; ajoutez à ceci des mœurs absolument semblables et les mêmes appétits. *De passage très-accidentel* en Europe ; quelques individus ont été tués en France.

Habite : en Amérique.

Nourriture et *Propagation :* inconnues.

GENRE CINQUANTE-NEUVIÈME.
HÉRON. — ARDEA. (Linn.)

Bec long, ou de la longueur de la tête, fort, droit, comprimé, en cône allongé, tranchant, aigu; mandibule supérieure, faiblement cannelée; arête arrondie. Narines latérales, presque à la base du bec, longitudinalement fendues dans la rainure, à moitié fermées par une membrane. Yeux entourés par une nudité, qui communique avec le bec. Pieds longs, grêles; espaee nu au-dessus du genou plus ou moins grand; des trois doigts de devant, celui du milieu réuni à l'extérieur par une courte membrane; l'intérieur divisé; le doigt postérieur s'articulant intérieurement et à niveau des autres. Ongles longs, comprimés, aigus, celui du milieu dentelé intérieurement. Ailes médiocres, la 1re. rémige un peu plus courte que les 2e. et 3e. qui sont les plus longues.

Ils vivent sur les bords des lacs et des rivières, ou dans les marais. Leur nourriture consiste en poissons et leur frai, en grenouilles, moules d'eau douce, campagnoles, musaraignes, ainsi que toutes sortes d'insectes, de limaçons et de vers. Ils nichent en grandes troupes dans un même lieu, dans le vol le cou se replie et la tête s'appuie contre le haut du dos. Ils émigrent en grandes troupes et sont de passage périodique. Dans toutes les espèces indigènes et exotiques connues, on observe quatre espaces garnis d'un duvet cotonneux. La mue a lieu une fois l'année; quelques espèces sont ornées sur le dos de longues plumes à barbes décomposées : celles-ci ne reparaissent

point aussi promptement que les autres plumes du corps,
l'oiseau en est dépourvu pendant une partie de l'hiver ;
les huppes et les ornemens accessoires poussent aussi
très-tard chez les jeunes ; les sexes n'offrent aucune différence caractérisée dans le plumage.

Remarque. Je ne place point parmi les oiseaux d'Europe *Ardea æquinoctialis* de Latham , quoique M. Montagu le comprenne dans la notice qu'il donne du genre
héron ; l'individu tué dans le Dévonshire en Angleterre ,
se trouve maintenant placé dans le muséum britannique ,
où je l'ai vu et reconnu pour être de cette espèce nominale.
Mais l'oiseau en question est , comme M. Montagu le présu-
mait , échappé d'une ménagerie ; il est certain qu'on n'en
vit jamais d'autre nulle part.

On peut diviser ce genre en deux sections ; la première
qui comprend les *Hérons proprement dits*, où viennent
se réunir tous ces oiseaux à cou grêle garni vers sa partie
inférieure de longues plumes pendantes ; la seconde section se compose de tous ces oiseaux décrits sous les noms
de *Crabier*, *Butor*, *Blongios* et *Bihoreau* ; ils ont le
cou plus court à proportion ; celui-ci paraît plus gros à
cause des plumes larges , à barbes décomposées, qui sont
implantées aux côtés, tandis que la partie postérieure du
cou est garnie d'un simple duvet. * Le *Courlan* ou *Cour-
liri*, décrit dans les systèmes sous les nom d'ARDEA SCOLO-
PACEA , Gmel. *Syst.* 2. *p.* 647., forme seul un genre
distinct.

Il faut encore séparer du genre *Ardea* , tel qu'il a été
composé par Linné et par Latham , les *Grues* (*Grus* Pall.),

---

* Dans la première édition je n'ai point indiqué d'une manière
exacte les caractères principaux de ces deux sections, et j'ai asso-
cié aux *Hérons proprement dits* les espèces du *Crabier* et du *Blongios*,
qui ont le port et les caractères des *Butors*. Dans l'article du *Héron garzete* se trouvait compris une espèce distincte d'Amérique.
Ces erreurs sont redressées dans cette édition.

les *Cigognes* (*Ciconia* Briss.), parmi lesquelles les *Ja-birus*, qui sont de grandes cigognes, doivent être rangées ; les *Courliris* (*Aramus* Vieill.), les *Curales* (*Eurypyga* Illig.) et les *Bec-ouverts* (*Anastomus* Encyc.). Les emplois répétés de la même espèce et les réunions d'espèces distinctes se trouvent en assez grand nombre dans ce genre ; il peut servir de modèle du désordre qui règne dans presque tous les autres. Les emplois répétés des espèces européennes étant indiqués dans les synonymes de ce cet ouvrage , il est inutile de les signaler une seconde fois ; nous n'indiquerons ici que les erreurs parmi les espèces étrangères , en suivant , pour cette énumération , l'ordre de série établi par Latham.

A. Bononiensis, sp. 12. est un monstre. *A. Jamaïcensis*, sp. 14. est le jeune de *A. Cayanensis*, sp. 17. et de *A. violacea*, sp. 50. qui sont de double emploi. La variété de *A. stellaris* forme une espèce distincte ; *A. undulata*, sp. 22. est le jeune de *A. Philippensis* sp. 35. *A. Brasiliensis*. sp. 23. est le jeune de *A. flava* , sp. 26. *A. tigrina*. sp. 24. est le jeune de l'année de *A. lineata* sp. 25. *A. Senegalensis*, sp. 30 , est un double emploi de *A. Malaccensis* , sp. 47. *A. cyanopus ;* sp. 33. est le jeune de *A. cœrulea*, sp. 48 ; l'individu est dans le passage d'une livrée à l'autre. *A. virescens* , sp. 31 , est synonyme de *A. Ludoviciana*, sp. 51. Sous *A. comata*, sp. 39 ; on a compris dans la variété 6 une espèce distincte, voyez le jeune, pl. enl. 912 ; cette espèce portera le nom d'*Aigrette dorée* (*Ardea russata* Temm.). Sous *A. cœrulea* on a placé, variété *B* , une espèce distincte figurée dans les dessins de Forster sous le nom de *Ardea jugularis ;* la même espèce est décrite par Bosc, *soc. d'hist. nat. de Paris*, sous le nom de *A. gularis*, voyez la pl. 2. *A. hudsonias* , sp. 57, est le jeune de *A. herodias*, sp. 56. *Ar. œquinoctialis*, lorsqu'il a le bec rougeâtre ou jaune, est le jeune de l'année de mon *Ardea roussata ;* le front est alors légèrement nuancé de roussâtre. D'autres hérons blancs à bec verdâtre ou brun, sont des jeunes de l'année des *A. cœruleâ* ou *cœrulescens*, dont les individus revêtus de leur première livrée sont d'un blanc parfait; il est facile de les confondre, en cet état, avec les jeunes des *A. garzetta* et *nivea* ou *candissima*. *A. atra*, sp. 71, est une espèce douteuse. *A. Leucocephala*, sp. 78, est une cigogne. *A. fusca*, sp. 83, est la femelle ou le jeune de *A. agami*, sp. 79. *A. Pondiceriana*, sp. 90, est le jeune de *A. Coromandelica*, sp. 91.; c'est l'unique du genre *Anastomus*. Je n'ai pu constater encore l'existence des dix-sept espèces nominales, savoir: *Obscura*, sp. 16. — *Ferruginea*, sp. 41. — *Torquata*, sp. 42. — *Erythrocephala* et *Thula*, sp. 43. et 44. — *Cyanocephala*, sp. 45. — *Rubiginosa*, sp. 58. — *Cana*, sp. 59. — *Virgata*, sp. 60. — *Galatea*, sp. 68.— *Spadicea*, sp. 76. — *Cracra*, sp. 77. — *Johannœ*, sp. 82, qui repose sur un dessin chinois. — *Hoaetei*, sp. 84. — *Houhou*, sp. 85. — *Indica*, sp. 86; et *Flavicollis*, sp. 87. On peut juger, par cette indication très-succincte, des erreurs dont les systèmes sont encombrés; chaque nouvelle compilation augmente leur nombre.

Ire. SECTION.— HÉRON PROPREMENT DIT.

Bec beaucoup plus long que la tète, à sa base aussi large, ou plus large que haut; mandibule supérieure à peu près droite; une grande portion du tibia nu. Leur nourriture principale consiste en poissons.

HÉRON CENDRÉ.

ARDEA CINEREA. (Lath.)

Plumage d'un cendré bleuâtre; le doigt du milieu, y compris l'ongle, beaucoup plus court que le tarse.

De longues plumes effilées, noires, sur le der-

rière de la tête ; de semblables d'un blanc lustré,
pendent du bas du cou ; celles également allongées
et subulées des scapulaires, sont d'un cendré ar-
gentin ; front, cou, milieu du ventre, bord des
ailes et cuisses d'un blanc pur ; occiput, côtés de
la poitrine et flancs d'un noir profond; sur le devant
du cou, de grandes taches longitudinales noires
et cendrées; dos et ailes d'un cendré bleuâtre très-
pur ; bec d'un jaune foncé; iris jaune ; peau nue
des yeux d'un pourpre bleuâtre ; pieds bruns, mais
d'un rouge vif vers la partie emplumée. Longeur,
3 pieds et davantage. *Le mâle et la femelle, passé
l'âge de trois ans.*

ARDEA CINEREA. *Mas.* Lath. *Ind. v.* 2. *p.* 691. *sp.* 54. —
Bechst. *Naturg. Deut. v.* 4. *p.* 10. — ARDEA MAJOR. Gmel.
Syst. 1. *p.* 627. *sp.* 12. — LE HÉRON HUPPÉ. Buff. *Ois. v.* 7.
p. 342. — Id. *pl. enl.* 755. — HÉRON COMMUN. Gérard.
Tab. élém. v. 2. *p.* 121. *un individu prenant sa livrée
parfaite.* — COMMON HERON. (*mâle.*) Lath. *Syn. v.* 5.
p. 83. — Penn. *Brit. Zool. p.* 116. *t. A.* — Alb. *Birds.
v.* 1. *t.* 67. — ASCHGRAUER RHEIER. Meyer, *Tasschenb.
Deut. v.* 2. *p.* 332. — Naum. *Vög. Deut. t.* 25. *f.* 34.
— Frisch. *Vög. t.* 199. — SGARZA CENERINO. *Stor. degl.
ucc. v.* 4. *pl.* 427.

Les jeunes, jusqu'à l'âge de trois ans.

Point de huppe, ou bien les plumes qui la composent très-courtes; point de longues plumes effilées
au bas du cou, ni sur le haut des ailes ; front et
haut de la tête cendrés; gorge blanche; cou d'un
cendré clair avec de nombreuses taches plus foncées;
dos et ailes d'un cendré bleuâtre mêlé de brun et

de blanchâtre ; poitrine marquée de taches longitudinales : mandibule supérieure du bec d'un brun noirâtre avec des taches jaunâtres ; mandibule inférieure jaune ; iris jaune ; tour des yeux d'un jaune verdâtre ; pieds d'un cendré noirâtre, mais jaunâtres vers la partie emplumée.

ARDEA CINEREA. *Femina.* Lath. *Ind. v.* 2. *p.* 691. — Gmel. *Syst.* 1. *p.* 627. *sp.* 12. *B.* — ARDEA RHENANA. Sander. *Naturg.* 13. *p.* 195. — LE HÉRON. Buff. *Ois. v.* 7. *p.* 342. *t.* 19. — *Id. pl. enl.* 787. — COMMON HERON. (*fem.*) Lath. *Syn. v.* 5. *p.* 83. — Alb. *birds. v.* 3. *t.* 78. — Frisch. *Vög. t.* 198. — Naum. *t.* 24. *f.* 33. — SGARZA MARINA. *Stor. deg. ucc. v.* 4. *pl.* 429. — DE BLAAUWE REIGER. Sepp. *Nederl. vog. v.* 3. *t. p.* 289. *jeune de l'année.*

Varie très-rarement *, d'un blanchâtre presque parfait. Frisch. *Vög. t.* 204. N. B. Cette variété accidentelle se distingue facilement du *Héron aigrette* (dans le jeune âge), par la nudité au-dessus du genou, très-grande chez ce dernier.

Habite : les forêts de haute futaie dans le voisinage des lacs, des rivières ou des terrains entrecoupés d'eau ; dans quelques contrées il émigre, dans d'autres il est sédentaire ; très-abondant en Hollande, vit jusque dans les régions du cercle arctique.

Nourriture : poissons, rainettes, jeunes oiseaux et petits mammifères.

---

* Il est également à remarquer que les oiseaux de rivage et ceux de mer ne varient point accidentellement comme quelques espèces d'oiseaux terrestres ; les albinos et les variétés tapirées de blanc ou avec l'une ou l'autre partie du corps accidentellement teint de blanc ou blanchâtre, sont extraordinairement rares.

Propagation : niche sur de hauts arbres, rarement sur les buissons en taillis ; pond trois ou quatre œufs, d'un beau vert de mer.

HÉRON POURPRÉ.

ARDEA PURPUREA. (Linn.)

Plumage d'un roux clair ou cendré roussâtre ; le doigt du milieu, y compris l'ongle, de la longueur ou plus long que le tarse.

De longues plumes effilées d'un noir verdâtre sur le derrière de la tête ; de semblables d'un blanc pourpré au bas du cou ; celles également allongées et subulées des scapulaires, sont d'un roux pourpré très-brillant ; sommet de la tête et occiput d'un noir à reflets verdâtres; gorge blanche; parties latérales du cou d'un beau roux ; trois bandes longitudinales, très-étroites, s'étendent sur cette couleur ; sur le devant du cou des taches longitudinales rousses, noires et pourprées ; dos, ailes et queue d'un cendré roussâtre à reflets verdâtres ; cuisses et abdomen roux ; flancs et poitrine d'un pourpre éclatant, le bec et la nudité qui entoure des yeux d'un beau jaune ; iris d'un jaune orange ; plante des pieds, partie postérieure du tarse et la nudité au-dessus du genou jaunes ; le devant du tarse et les écailles des doigts d'un brun verdâtre. Longueur, 2 pieds 9 pouces. *Le très-vieux mâle, et femelle.*

ARDEA PURPUREA. Gmel. *Syst.* 1. *p.* 626. *sp.* 10. — Lath. *Ind. v.* 2. *p.* 697. *sp.* 72. — ARDEA BOTAURUS. Gmel.

Syst. 1. *p.* 636. *sp.* 5o. — Lath. *Ind. v.* 2. *p.* 698. *sp.* 74. — Botaurus major. Briss. *Orn. v.* 5. *pl.* 455. — Ardea rufa. Scopoli. *Ann.* 1. *n.* 119. — Lath. *Ind.* v. 2. *p.* 692. *sp.* 55. — Le héron pourpré huppé. Buff. *Pl. Enl.* 788. *figure très-exacte.* — Gérard. *Tab. élém. v.* 2. *p.* 128., *un individu prenant la livrée des adultes.* — Grand butor. Buff. *Ois. v.* 7. *p.* 422. — Crested purple heron and rufous heron. Lath. *Syn. v.* 5. *p.* 95 *et* 99. — Purper reiher. Bechst. *Naturg. Deut. v.* 4. *p.* 27. *t.* 2. — Meyer. *Tasschenb. Deut. v.* 2. *p.* 334. — Naum. *Vög. Nacht. t.* 45. *f.* 89. *le vieux.* — Sgarza granocchia. *Stor. deg. ucc. v.* 4. *p.* 43o. — Purpere reiger. Sepp. *Nederl. vog. v.* 4. *t. p.* 353. — Greater bittern. Lath. *Syn. v.* 5. *p.* 58. *n.* 18.

Les jeunes avant l'âge de trois ans.

Point de huppe, ou seulement les indices marqués par des plumes rousses un peu allongées ; point de plumes longues et effilées au bas du cou ni aux scapulaires ; front noir ; nuque et joues d'un roux clair ; gorge blanche ; devant du cou d'un blanc jaunâtre avec de nombreuses taches longitudinales, noires ; plumes du dos, des scapulaires, des ailes et de la queue, d'un cendré noirâtre, bordées de roux clair ; ventre et cuisses blanchâtres ; une grande portion de la mandibule supérieure noirâtre ; l'inférieure, le tour des yeux et l'iris, d'un jaune très-clair.

Ardea purpurata. Gmel. *Syst.* 1. *p.* 541. *sp.* 63. — Lath. *Ind. v.* 2. *p.* 698. *sp.* 75. — Ardea variegata. Scopoli. *n.* 120. — Lath. *sp.* 56. — Ardea caspica. Gmel. *Reis. v.* 2. *p.* 193. *t.* 24. — Lath. *Ind. sp.* 73. — Ardea monticola, La Peyrouse. *Tab. méth. des ois. p.* 44. *des-*

cription très-exacte du jeune de l'année. — HÉRON
POURPRÉ. Buff. *v.* 7. *p.* 369. — Briss. *Orn. v.* 5. *p.* 420.
sp. 12. — HÉRON MONTAGNARD. Sonn. *Nouv. édit. de* Buff.
Ois. v. 21. *p.* 171. — Gérard. *Tab. élém. v.* 2. *p.* 127.
— PURPLE HERON. Lath. *Syn.* 5. *p.* 96. — AFRICAN HERON.
Id. Syn. Supp. v. 1. *p.* 237. — SGARZA GRANOCCHIA.
(*fem.*) *Stor. deg. ucc. v.* 4. *pl.* 431. — Naum. *vög.
Nacht. t.* 45. *f.* 90. *Figure très-exacte du jeune au
sortir du nid et jusqu'à sa première mue.*

Habite : moins abondant en Hollande que l'espèce
précédente ; vit dans les roseaux sur les bords des lacs, ou
dans les taillis et dans les buissons des terrains marécageux ; très-rare et accidentellement dans le nord ; plus
abondant dans le midi, vers les confins de l'Asie, où
l'espèce est très-nombreuse.

Nourriture : comme la précédente.

Propagation : niche dans les roseaux, ou sur les bois
en taillis, rarement sur les arbres : pond trois œufs d'un
cendré verdâtre.

HÉRON AIGRETTE.

ARDEA EGRETTA. (LINN.)

*Jambes longues, grêles, un très-grand espace
nu au-dessus du genou ; doigts très-longs.*

Tout le plumage d'un blanc pur ; sur la tête une
petite huppe pendante ; quelques plumes du dos
longues d'un pied et demi, à baguettes fortes et
droites, celles-ci portent de longues barbes rares
et effilées * ; bec d'un jaune verdâtre, souvent noir

---

* Ce sont ces plumes qui servent d'ornemens et de panaches,
et qui se vendent très-cher. Ces plumes poussent au printemps et
tombent en automne. Les individus qui n'en sont point pourvus
paraissent des adultes tués en hiver, ou sont des jeunes.

vers la pointe; peau nue des yeux verdâtre; iris d'un jaune brillant ; pieds verts ou d'un brun verdâtre. Longueur, 3 pieds 2 pouces, et quelquefois 4 pouces; les longues plumes du dos , que l'oiseau relève quand il est agité , ont jusqu'à 18 pouces de long. *Les très-vieux , mâle et femelle.*

ARDEA EGRETTA. Gmel. *Syst.* 1. *p.* 629. *sp.* 34. — Lath. *Ind. v.* 2. *p.* 694. *sp.* 63. — Wilson. *Americ. ornit. v.* 7. *p.* 106. *pl.* 61. *f.* 4. — LA GRANDE AIGRETTE. Buff. *Ois. v.* 7. *p.* 377. — Id. *pl. enl.* 925. *figure très-exacte.* — GROSSE SILBERREIHER, oder FEDERBUSCH REIHER. Bechst. *Naturg. Deut. v.* 4. *p.* 38. — Meyer, *Tasschenb. v.* 2. *p.* 335. — Naum. *Vög. Nacht. t.* 46. *f.* 91. — THE GREAT EGRET. Lath. *Syn. v.* 5. *p.* 89. *sp.* 58. — Penn. *Arct. Zool. v.* 2. *p.* 446. *n.* 346.

Les jeunes avant l'âge de trois ans, et les vieux en mue.

D'un blanc pur, mais plus terne avant la première mue; point de huppe pendante , ni de longues plumes droites et à barbes rares sur le dos. *Dans les jeunes,* la mandibule supérieure du bec noire à sa pointe et le long de l'arête ; entièrement d'un noir jaunâtre *dans la première année ;* pieds verdâtres ; iris d'un jaune clair. On reconnaît alors,

ARDEA ALBA. Gmel. *Syst.* 1. *p.* 639. *sp.* 24. — Lath. *Ind. v.* 2. *p.* 695. *sp.* 65. — ARDEA CANDIDA. Briss. *Orn. v.* 5. *p.* 428. *sp.* 15. — ARDEA EGRETTOIDES. Gmel. *Reis. v.* 2. *p.* 193. *t.* 24. *un individu prenant la livrée des adultes.* — LE HÉRON BLANC. Buff. *Ois. v.* 7. *p.* 365. — Id. *pl. enl.* 886. une grande aigrette dépouillée de ses

plumes dorsales, et telle que sont tous les jeunes et les in‑
dividus en mue. — Gérard. *Tab. élém. v. 2. p.* 125.
n°. 2. — Great white heron. Lath. *Syn. y.* 5. *p.* 91. —
Der weisse reiher. Bechst. *Naturg. Deut. v.* 4. *p.* 35.
n°. 3. — Sgarza bianca. *Stor. degl. ucc. v.* 4. *pl.* 425
et 426.

Remarque. L'espèce est, dit‑on, très‑commune en
Asie et dans le nord de l'Afrique. Il est certain que les
individus tués dans l'Amérique septentrionale ne diffèrent
point de ceux d'Europe. On veut trouver en Europe un
héron blanc (*Ardea alba* Gmel.), qui est différent de
l'aigrette ; tous ceux que l'on m'a fait voir, et qui existent
dans les cabinets où j'ai été, sont des jeunes ou des vieux
en plumage d'hiver de notre *grande Aigrette.*

Habite : en Hongrie, en Pologne, en Russie, en
Turquie, dans l'Archipel et en Sardaigne ; de passage
accidentel dans quelques parties de l'Allemagne ; jamais
dans les contrées occidentales.

Nourriture : grenouilles, lézards, petits poissons,
limaçons et insectes d'eau.

Propagation : niche sur les arbres ; pond quatre ou
six œufs, d'un bleu pâle.

HÉRON GARZETTE.

ARDEA GARZETTA. (Linn.)

Tout le plumage d'un blanc pur; à l'occiput une
huppe pendante, formée de deux ou de trois plu‑
mes longues et étroites; un grand bouquet de
semblables plumes au bas du cou, celles‑ci sont
très‑étroites et lustrées; sur le haut du dos nais‑
sent trois rangées de plumes, longues de six ou de
huit pouces à baguettes faibles, contournées et re‑
levées vers la pointe; celles‑ci portent des barbes

rares, soyeuses et effilées; bec noir; peau nue des yeux verdâtre; iris d'un jaune brillant; pieds d'un noir verdâtre; partie inférieure du tarse, et doigts d'un jaune verdâtre. Longueur 1 pied, 10 ou 11 pouces. *Les très-vieux, mâle et femelle.*

ARDEA GARZETTA. Gmel. *Syst.* 1. *p.* 628. *sp.* 13. — Lath. *Ind. v.* 2. *p.* 694. *sp.* 64. — ARDEA CANDISSIMA. Gmel. *Syst.* 1. *p.* 633. *sp.* 45. — Jacquin. *Beyt. p.* 18. *n*°. 13. — ARDEA NIVEA. *Nov. com. petr. v.* 15. *p.* 458. *t.* 17. — Gmel. *syst.* 1. *p.* 640. — L'AIGRETTE. Buff. *Ois. v.* 7. *p.* 372. *t.* 20, mais point la *pl. enl.* 901 de Buffon, celle-ci représente l'*Aigrette d'Amérique*, dont je fais mention plus loin dans la remarque. — Gérard. *Tab. élém. v.* 2. *p.* 133. *Atlas. t.* 12. — LITTLE EGRET. Lath. *Syn. v.* 5. *p.* 90. *n*°. 59. — Penn. *Arct. Zool. n*°. 347. — STRAUES REIHER oder KLEINER SILBERREIHER. Bechst. *Naturg. Deut. v.* 4. *p.* 44. — Meyer, *Tasschenb. v.* 2. *p.* 337. — Naum. *Vög. Nachtr. t.* 47. *f.* 92. *la vieille femelle.* — La PETITE AIGRETTE. Cuv. *Reg. anim. v.* 1. *p.* 476. Il commet la même erreur en citant la *pl. enl.* 901 de Buffon comme synonyme. — SGARZA MINORE BIANCO. *Stor. degl. ucc. v.* 4. *pl.* 423 *et* 424.

Les jeunes avant l'âge de trois ans et les vieux en mue.

Point de plumes longues, effilées ou subulées au bas du cou, ni sur le dos. *Dans le premier âge,* d'un blanc terne; le bec, la peau des yeux, l'iris et les pieds noirs.

LA GARZETTE BLANCHE. Buff. *Ois. v.* 7. *p.* 371. — Gérard. *Tab. élém. v.* 2. *p.* 131. *n*°. 5.

Remarque. On pourrait encore énumérer ici quelques indications qui ont rapport à la *Garzette,* avant que le plumage de cet oiseau soit parvenu à son état parfait ; mais ces descriptions, comme presque toutes celles applicables à l'espèce précédente, sont à tel point confondues les unes avec les autres, qu'on doit les proscrire de la liste nominale. Quelques auteurs ont confondu les deux espèces distinctes de hérons blancs de nos climats, qui sont ornés de plumes soyeuses et déliées ; d'autres en ont formé quatre espèces séparées, qui, dans le fait, ne sont que des différences d'âge ou de l'*Aigrette*, ou de la *Garzette*. Le héron décrit dans le système de Latham, sous le nom de ARDEA ÆQUINOXIALIS. *p.* 696. *sp.* 70, est le jeune de l'année d'une espèce bien caractérisée et distincte.

On doit également observer de ne point confondre notre *Héron garzette* avec une espèce voisine, très-semblable, qui vit dans les climats d'Amérique et d'Asie. Cette espèce étrangère se distingue par une huppe très-touffue et par un grand bouquet à la partie inférieure du cou ; *toutes ces plumes ont les baguettes faibles, à barbes soyeuses et décomposées, semblables à celles du dos.* Buffon donne une figure passable de cet oiseau, *pl. enl.* 901, mais la description n'appartient point à la figure. Cette *Aigrette* est désignée par Latham dans sa diagnose de l'*Ardea nivea. Ind. Orn. v.* 2. *p.* 696. *sp.* 67 ; mais plusieurs des synonymes ont rapport à notre *Garzette*. Je désigne cette espèce de Buffon par le nom de *Héron panaché ;* on trouve une description exacte dans Latham, *Syn. supp. v.* 1. *p.* 236 ; c'est encore *Ardea candissima* Wilson, *American ornithology, v.* 7. *p.* 120. *pl.* 62. *f.* 4. J'ai vu dans plusieurs cabinets publics et de particuliers ce *Héron panaché* d'Amérique, classé parmi les oiseaux indigènes, toujours sous le faux nom de garzette d'Europe.

Habite : les confins de l'Asie ; assez abondant en Turquie, dans l'Archipel, en Sicile, en Sardaigne et dans quelques parties de l'Italie ; périodiquement de passage dans le midi de la France et en Suisse; plus accidentellement en Allemagne.

Nourriture : probablement comme les précédentes.

Propagation : niche dans les marais ; pond quatre ou cinq œufs blancs.

IIe. *SECTION.* — BIHOREAU et BUTOR.

Bec aussi long que la tête ou un peu plus long , plus haut que large , très-comprimé ; mandibule supérieure légèrement courbée ; une très-petite portion du tibia nu, le reste emplumé jusques près du genou. Les *Bihoreaux* ont à l'occiput deux ou trois plumes droites , longues et subulées. Les *Butors* ont le plus souvent le cou très-gros, abondamment couvert de longues plumes capables d'érection, et tout le derrière du cou garni seulement par un duvet très-épais : leur nourriture se compose principalement d'insectes, de vers ou de frai, rarement de poissons.

BIHOREAU A MANTEAU NOIR.

ARDEA NYCTICORAX. (LINN.)

Tête, occiput, dos et scapulaires d'un noir à reflets bleuâtres et verdâtres; trois plumes blanches très-étroites, longues de 6 ou de 7 pouces, sont implantées au haut de la nuque; partie inférieure du dos, ailes et queue d'un cendré pur; front, espace au-dessus des yeux, gorge, devant du cou et parties inférieures d'un blanc pur ; bec noir, jaunâtre à sa base ; iris rouge ; pieds d'un vert jaunâtre. Longueur, 1 pied 8 pouces. *Les vieux.*

Aucune différence entre *le mâle et la femelle.*

ARDEA NYCTICORAX. Gmel. *Syst.* 1 p. 624. *sp.* 9. — Lath. Gmel. *Ind. v.* 2. *p.* 678. *sp.* 13. — Wils. *Americ. Orn. v.* 7. *p.* 101. *pl.* 61. *f.* 2. — LE BIHOREAU. Buff. *Ois. v.* 7. *p.* 435. *t.* 22. — Id. *pl. enl.* 758. — Gérard. *Tab. élém. v.* 2. *p.* 145. — NIGHT HERON. Lath. *Syn. v.* 5. *p.* 52. — Id. *supp. v.* 1. *p.* 234. — Alb. *Birds. v.* 2. *t.* 67. — DER NACHT-RHEIHER. Bechst. *Naturg. Deut. v.* 4. *p.* 54. — Meyer, *Tasschenb. v.* 2. *p.* 339. — SGARZA NITTICORA. Stor. *degl. ucc. v.* 4. *pl.* 422. — BLAAUWEKWAK. Sepp. *Nederl. Vog. v.* 2. *t. p.* 151. — Naum. *Vög. Deut. t.* 26. *f.* 35. — Frisch. Id. *t.* 203.

Les jeunes de l'année.

N'ont point les trois plumes longues et effilées à la nuque; haut de la tête, nuque, dos et scapulaires d'un brun terne, avec des traits longitudinaux d'un roux clair, disposées sur le centre de chaque plume; gorge blanche avec de petites taches brunes; plumes des côtés et du devant du cou jaunâtres, avec de larges bordures brunes; couvertures des ailes et rémiges d'un brun cendré, marquées de grandes taches pisciformes, d'un blanc jaunâtre; ces taches sont placées à l'extrémité de chaque plume; parties inférieures nuancées de brun, de blanc et de cendré; milieu du ventre blanchâtre; arête et pointe du bec brunes, le reste d'un jaune verdâtre; iris brun; pieds d'un brun olivâtre *.

---

* Les méthodistes ont indiqué ce jeune oiseau comme formant une espèce distincte, et c'est par erreur ou par faute d'impression

Ardea maculata. Gmel. *Syst.* 1. *p.* 645. *sp.* 80. —
Ardea gardeni. Gmel. *Syst.* 1. *p.* 645. *sp.* 81. — Lath.
Ind. v. 2. *p.* 685. *sp.* 32. — Le Pouacre, et le Pouacre
de Cayenne. Buff. *Ois. v.* 7. *p.* 427. *et pl. enl.* 939. —
Spotted and gardenian heron. Lath. *Syn. v.* 5. *p.* 70 *et*
71. *n*os. 31 *et* 32. — Frisch. *Vög. t.* 202. — Naum. *Vög.*
Nacht. t. 48. *f.* 94. — Wils. *Americ. Orn. pl.* 61. *f.* 3.
— Sgarza cenerino. *Stor. degl. ucc. v.* 4. *pl.* 421.

Les jeunes âgés de deux ans.

Diffèrent de ceux de l'année, en ce que les
couleurs de la tête et du dos ont des teintes brunes,
que les taches longitudinales du cou sont en plus
petit nombre ; que les taches au bout des couvertures alaires sont moins grandes, que souvent on
aperçoit sur ces parties quelques plumes cendrées,
que les scapulaires ont souvent une teinte verdâtre,
et que les parties inférieures ont plus de blanc : le
le bec est alors d'un brun noirâtre, l'iris est d'un
rouge brun, et les pieds ont une teinte verdâtre.

Ardea badia. Gmel. *Syst.* 1. *p.* 644. *sp.* 75. — Lath.
Ind. v. 2. *p.* 686. *sp.* 37. — Ardea grisea. Gmel. *Syst.*
1. *p.* 625. *sp.* 9. *B.* — Le Bihoreau (femelle). Buff.
Ois. v. 7. *p.* 435. — Id. *pl. enl.* 759. — Le Crabier roux.
Buff. *Ois. v.* 7. *p.* 390. — Chesnut heron. Lath. *Syn.*
v. 5. *p.* 73. — Naum. *Vög. Nachtr. t.* 48. *f.* 93.

Habite : les bords des fleuves et des lacs, qui sont
couverts de buissons et de joncs ; assez abondant dans la
plupart des contrées méridionales, mais plus rare vers

---

qu'ils lui donnent jusqu'à **22** pouces en longueur totale ; les individus d'Europe et ceux d'Amérique que j'ai comparés, ne portaient
que **18** pouces.

le nord ; peu nombreux en Hollande. Se trouve également dans l'Amérique septentrionale , où l'espèce est la même.

Nourriture : poissons, rainettes, moules et vers.

Propagation : niche à terre , dans les buissons , plus rarement dans les jonchaies ; pond trois ou quatre œufs d'un vert terne.

HÉRON GRAND BUTOR.

ARDEA STELLARIS. (Linn.)

De larges moustaches et le haut de la tête noirs; tout le fond du plumage d'un roux jaunâtre trèsclair , marqué sur les côtés du cou par des zigzags bruns , et sur le devant du cou par des taches brunes et rousses ; sur les parties inférieures de grands traits noirs et longitudinaux ; sur le haut du dos beaucoup de noir au centre des plumes ; sur les couvertures des ailes des zigzags noirs et bruns; rémiges rayées alternativement de roux clair et de cendré noirâtre; mandibule supérieure brune, à bords jaunâtres ; la mandibule inférieure , le tour des yeux et les pieds d'un jaune verdâtre ; iris jaune. Longueur , 2 pieds 4 ou 5 pouces.

La femelle ne diffère point, chez *les jeunes de l'année,* il ne se présente point de différences bien marquées dans les couleurs du plumage.

Ardea stellaris. Gmel. *Syst.* 1. *p.* 635. *sp.* 21. — La. h. *Ind. v.* 2. *p.* 680. *sp.* 18. — Le Butor. Buff. *Ois. v.* 411. *t.* 21. — Id. *pl. enl.* 789. — Gérard. *Tab. élém. v.* 2. *p.* 140. — Bittern. Lath. *Syn. v.* 5. *p.* 56. — Id. *supp. v.* 1. *p.* 234. — Penn. *Brit. Zool. p.* 711. *t. A.* 1. —

GROSSE RHORDROMMEL. Bechst. *Naturg. Deut. t. 4. p.* 60.
— Meyer, *Tasschenb. v.* 2. *p.* 338. — Frisch. *t.* 205. —
Naum. *t.* 27. *f.* 36. — ROODE ROERDOMP. Sepp. *Nederl.*
Vog. v. 4. *t. p.* 341. — SGARZA STELLARE. *Stor. degl. ucc.*
v. 4. *p.* 432.

Remarque. Les méthodistes ont eu tort d'énumérer
comme variété de *Butor vulgaire*, celui indiqué par
Brisson sous le nom de *Butor de la baie de Hudson. v.* 5 ,
p. 449. Cet oiseau forme une espèce distincte ; il en est
de même de l'ARDEA BOTAURUS Gmel. *Syst.* 1. *p.* 636.
sp. 50. qui est un vieux *Héron pourpré.* L'espèce qui a
deux taches noires à la partie supérieure du cou, mais
ressemblant pour le reste beaucoup à notre butor, est différente, elle vit dans l'Amérique septentrionale ; une autre espèce, également distincte, est propre à la Nouvelle-
Hollande ; elles sont toutes deux faciles à confondre avec
notre espèce européenne, surtout lorsqu'on n'est pas à
même de les comparer ; la description la mieux faite ne
saurait y répondre.

Habite : les joncs et les roseaux sur les bords des
rivières et des lacs ; très-abondant dans tous les pays entrecoupés d'eau.

Nourriture : poissons, rainettes, moules, sangsues
et inectes d'eau.

Propagation : niche dans les roseaux ; pond de trois
jusqu'à cinq œufs, d'un verdâtre clair paraissant sali.

HÉRON CRABIER.

ARDEA RALLOIDES. (SCOPOLI.)

Sur le front et sur le haut de la tête de longues
plumes jaunâtres, marquées de raies longitudinales
noires ; huit ou dix plumes étroites et très-longues
partent de l'occiput ; elles sont blanches, lisérées

d'un bord noir ; gorge blanche, cou, haut du dos
et scapulaires d'un roux clair ; plumes du dos
longues, effilées et d'un marron clair ; tout le reste
du plumage d'un blanc pur ; bec d'un bleu d'azur
à sa base, et noir à la pointe ; peau nue des yeux
d'un gris verdâtre ; iris jaune ; pieds jaunes avec
une nuance verdâtre ; la partie nue au-dessus du
genou petite. Longueur, 16 pouces, et quelquefois
davantage. *Le mâle et la femelle, passé l'âge de
deux et de trois ans.*

Ardea ralloides. Scopoli. *Ann. v.* 1. *n°.* 121. — Ardea
comata. Pallas. *Reis. v.* 2. *p.* 715. *n°.* 31. Gmel. *Syst.*
1. *p.* 632. *sp.* 41. — Lath. *Ind. v.* 2. *p.* 687. *sp.* 39. —
Ardea squaiotta et castanea. Gmel. *Syst.* 1. *p.* 634 *et* 635.
sp. 46 *et* 47. — Lath. *Ind. v.* 2. *p.* 686 *et* 687. *sp.* 36
et 40. — Ardea audax. La Peyrouse ; *Neue Schwed. abh.*
3. *p.* 106. Ll Crabier de Mahon, et Crabier caiot. Buff.
Ois. v. 7. *p.* 393 *et p.* 389. — Id. *pl. enl.* 348. *figure
très-exacte du vieux.* — Le Crabier gentil. Gérard. *Tab.
élém. v.* 2. *p.* 137. *n°.* 8 *et t.* 22. *f.* 4. — Squacco heron,
Squaiotta heron and Castaneous heron. Lath. *Syn. v.* 5.
p. 72, 74 *et* 75. *n°.* 36, 39 *et* 40. — Rallen reiher.
Bechst. *Naturg. Deut. v.* 4. *p.* 47. — Meyer, *Tasschenb.
v.* 2. *p.* 341. *mais les figures de la tête et du pied appartiennent au jeune de l'année.* — Sgarza ciufetto.
Stor. degl. ucc. v. 4. *p.* 419 *et* 420. *individus qui conservent quelques plumes du jeune âge.* — Naum. *Vög.
Nacht. t.* 22. *f.* 44. *le mâle adulte.*

Remarque. Le crabier de coromandel de Buff. *pl.
enl.* 912. est une espèce très-distincte ; elle est de la
classe des *Hérons à aigrettes.* L'Ardea mallaccensis,
dont *Senegalensis* est le double emploi, forme également
une espèce bien caractérisée différente de celle-ci.

Les jeunes avant l'âge de deux ans.

N'ont point ces longues plumes occipitales; toute la tête, le cou et les couvertures des ailes d'un brun roux, avec de grandes taches longitudinales et plus foncées ; gorge, croupion et queue d'un blanc pur; plumes des ailes blanches sur leurs barbes intérieures, mais cendrées extérieurement et vers le bout; haut du dos et scapulaires d'un brun plus ou moins foncé ; mandibule supérieure du bec brune et verdâtre, inférieure d'un jaune verdâtre ; peau nue des yeux verte ; pieds d'un cendré verdâtre; iris d'un jaune très-clair.

ARDEA ERYTHROPUS. Gmel. *Syst.* 1. *p.* 634. *sp.* 88. — Lath. *Ind. v.* 2. *p.* 686. *sp.* 38. *un individu prenant la livrée de l'adulte.* — ARDEA COMATEA. Simillima. *Iter. Possegan. p.* 24. — ARDEA MARSIGLI et PUMILA. *Nov. Com. Petr.* 14. *p.* 502. *t.* 14. *f.* 1. — Gmel. *Syst.* 1. *p.* 637 *et* 644. *sp.* 52 *et* 74. — Lath. *Ind. v.* 2. *p.* 681 *et* 683. *sp.* 20 *et* 28. — LE PETIT BUTOR. Briss. *Orn. v.* 5. *p.* 452. — Buff. *Ois. v.* 7. *p.* 524. — SWABIAN BITTERN and DWARF HERON. Lath. *Syn. v.* 3. *p.* 60 *et* 77. — Naum. *Vög. Nachtr. t.* 22. *f.* 45.

Habite : les bords des eaux et les marais; très-abondant aux confins de l'Asie ; assez commun en Turquie, dans l'Archipel, en Sicile et en Italie ; accidentellement de passage dans quelques parties méridionales de l'Allemagne; plus fréquent à son passage en Suisse et dans le midi de la France ; jamais dans le nord.

Nourriture : petits poissons, insectes et coquillages.

Propagation : niche sur les arbres ; ponte inconnue.

HÉRON BLONGIOS.

ARDEA MINUTA. (Linn.)

Point de partie nue au-dessus du genou ; la membrane qui réunit le doigt du milieu à l'extérieure, très-courte.

Haut de la tête, occiput, dos, scapulaires, pennes secondaires des ailes, et queue d'un beau noir à reflets verdâtres ; côtés de la tête, cou, couvertures des ailes, et toutes les parties inférieures d'un jaune roussâtre ; rémiges d'un noir cendré : bec brun à la pointe, jaune dans le reste ; tour des yeux et iris jaunes ; pieds d'un jaune verdâtre. Longueur, 13 pouces 6 ou 8 lignes. *Le mâle et la femelle adultes.*

Ardea minuta. Gmel. *Syst.* 1 *p.* 646. *sp.* 26. — Lath. *Ind. v.* 2. *p.* 683. *sp.* 27. — Botaurus rufus. Briss. *Orn. v.* 5. *p.* 458. — Blongios de Suisse. Buff. *Ois. v.* 7. *p.* 393. — Id. *pl. enl.* 323. — Le Butor roux. Gérard. *Tab. élém. v.* 2. *p.* 145. *n°.* 10. *un individu prenant la livrée de l'adulte.* — Little bitteren and rufous bitteren, Lath. *Syn. v.* 5. *p.* 60 *et* 65. — Id. *supp. v.* 1. *p.* 235. — Kleiner reiher. Bechst. *Naturg. Deut. v.* 4. *p.* 71. — Meyer, *Deut. v.* 2. *p.* 343. — Frisch. *Vög. t.* 207. — Naum. *Vög. t.* 28. *f.* 37. — Scarza guacco. Stor. *degl. ucc. v. pl.* 418. — Woudhopje. Sepp. *Nederl. Vog. v.* 1. *p.* 57. *t. f.* 1. *le vieux, et f.* 2. *le jeune.*

Les jeunes de l'année.

Ont le bec brun et les pieds verts ; haut de la tête brun ; devant du cou blanchâtre avec de nombreuses taches longitudinales ; côtés de la tête, nuque, poitrine, dos et couvertures des ailes d'un brun roux, plus ou moins foncé, et parsemé de nombreuses taches longitudinales brunes, rémiges et pennes de la queue d'un brun foncé. *Dans la seconde mue*, les taches longitudinales commencent à disparaître; les plumes du manteau sont alors bordées de roux; les rémiges et les pennes de la queue prennent du noir. C'est alors,

ARDEA DANUBIALIS. Gmel. *Syst.* 1. *p.* 637. *sp.* 53. — Lath. *Ind. v.* 2. *p.* 681. *sp.* 21. — ARDEA SOLONIENSIS. Gmel. *Syst.* 1. *p.* 637. *sp.* 51. — Lath. *Ind. v.* 2. *p.* 681. *sp.* 19. — LE BUTOR BRUN RAYÉ et le BUTOR ROUX. Buff. *Ois. v.* 7. *p.* 424 *et* 425. — RUFOUS and RAYED BITTEREN. Lath. *Syn. v.* 5. *p.* 60 *et* 61. — DER SCHWABISCHE und GESTRICELDE REIHER. Bechst. *Naturg. Deut. v.* 4. *p.* 76 *et* 78. nos. 11 *et* 12. — Naum. *Vög. Nacht. t.* 12. *f.* 25 *et f.* 26. *le jeune de l'année.*

Habite : les bois et les buissons, les jonchaies et les marais; très-abondant vers le midi; assez commun en Hollande; de passage en Allemagne et en Angleterre.

Nourriture : très-petits poissons, petites rainettes et leur frai, insectes et vers.

Propagation : niche sur les buissons ou dans les joncs; pond cinq ou six œufs, blancs.

GENRE SOIXANTIÈME.

FLAMMANT. — *PHOENICOPTE-RUS.* (Linn.)

Bec gros, fort, plus haut que large, dentelé, conique vers la pointe, nu à sa base ; mandibule supérieure fléchie subitement, courbée à la pointe sur la mandibule inférieure ; mandibule inférieure plus large que la supérieure. Narines longitudinales, au milieu du bec, percées de part en part, près du dôme de l'arête supérieure, couvertes en-dessus par une membrane. Pieds très-longs ; trois doigts devant, celui de derrière très-court, s'articulant très-haut sur le tarse ; les doigts de devant réunis jusqu'aux ongles, par une membrane découpée. Ongles courts, plats. Ailes médiocres ; la 1re. et la 2e. rémiges les plus longues.

Ces oiseaux (dont l'espèce européenne est répandue également dans les trois autres parties du monde) vivent sur les bords de la mer, où ils se nourrissent de coquillages, d'insectes, et de frai de poissons, qu'ils pêchent au moyen de leur long cou et en retournant leur tête pour employer avec avantage le crochet de leur bec; ils se réunissent en grandes bandes et nichent en société ; ils font, dans les marais, un nid de terre élevé où ils se mettent à cheval pour couver leurs œufs, parce que leurs longues jambes les empêchent de s'y prendre autrement *;

---

* Voyez Cuvier, *Règ. animal. v.* 1. *p.* 505. J'ai omis d'indiquer cette particularité dans la 1re. édition.

leur mue paraît simple et ordinaire, mais il leur faut plusieurs années avant que les couleurs du plumage soient
stables. Les femelles sont plus petites que les mâles, leurs
couleurs sont plus pâles ; les jeunes sont blancs au sortir
du nid ; deux petites espèces, de moitié moindres que
celle d'Europe, vivent en Afrique et en Asie ; le plumage
des jeunes éprouve les mêmes changemens. Leur corps
n'est guère plus couvert de duvet que ne l'est celui de
tous les autres échassiers ; aussi ne nagent-ils point habituellement, quoique étant pourvus de pieds à doigts entièrement palmés. Ils se réunissent en grandes bandes
dans les marais, où on les approche très-difficilement, vu
leur extrême défiance. En volant par bandes, ils ont l'habitude de former un angle, comme les *Oies ;* en mar-
chant, ils appuient souvent la partie plate de leur mandibule supérieure à terre, et s'en servent comme d'un
soutien.

Remarque : Il me paraît encore très-douteux si on doit
considérer le Flammant d'Amérique, comme étant de la
même espèce que le Flammant d'Europe et d'Afrique ; je
n'ai pu parvenir à des données certaines à cet égard, mais
les recherches faites me font présumer que ce sont deux
espèces distinctes ; lorsque les différences seront établies,
on pourra donner au Flammant d'Europe et d'Afrique le
nom de *Phœnicopterus antiquorum,* et laisser à celui
d'Amérique celui de *Phœnicopterus ruber.*

FLAMMANT ROUGE.

PHOENICOPTERUS RUBER. (Linn.)

Tête, cou, queue et les parties inférieures d'un
beau rose ; ailes d'un rouge vif ; dos et scapulaires
d'un rouge rose ; rémiges d'un noir profond ; les
longues plumes rouges des pennes secondaires des
ailes dépassant les rémiges de plusieurs pouces :

pieds roses ; base du bec et tour des yeux blanchâtres ; depuis la base jusqu'à la courbure d'un
rouge de sang, le reste vers la pointe noir. Longueur, depuis la pointe du bec jusqu'à celle de la
queue, 4 pieds 4 pouces. *Les très-vieux mâles
âgés de 4 ans accomplis.*

*Les vieilles femelles, âgées de plus de quatre
ans*, ont aussi tout le plumage rouge, mais il est
plus pâle et plus tirant au blanc ; elles ont toujours
des dimensions fortes.

PHOENICOPTERUS RUBER. Gmel. *Syst.* 1. *p.* 612. *sp.* 1. —
Lath. *Ind. v.* 2. *p.* 788. *sp.* 1. — Wils. *Americ. Orn.
v.* 8. *p.* 45. *pl.* 66. *f.* 4. un vieux d'Amérique. — LE
FLAMMANT. Buff. *Ois. v.* 8. *p.* 475. *t.* 39. — Id. *pl. enl.*
63. *un individu d'Europe.* — RED FLAMINGO. Lath. *Syn.
v.* 5. *p.* 299. *t.* 93. *un vieux mâle d'Amérique.* — Id.
supp. v. 1. *p.* 263. — Alb. *Birds. v.* 2. *t.* 77.

Les jeunes, avant la mue, ont tout le plumage
cendré ; beaucoup de noir sur les pennes secondaires
des ailes et de la queue. *A l'âge d'un an révolu*, ils
sont d'un blanc sale ; les pennes secondaires des
ailes sont d'un brun noirâtre, bordées de blanc ;
les couvertures des ailes à leur origine d'un blanc
très-légèrement nuancé de rose , mais terminées de
noir ; les pennes blanches de la queue irrégulièrement maculées de brun noirâtre ; la base du bec
livide ; leur longueur totale n'excède guère 3 pieds.
A l'âge de deux ans, le rose prend plus d'éclat
sur les ailes ; ces parties sont déjà rouges, lors
même que le cou et le corps sont encore revêtus

de plumes blanches. Buffon a représenté un tel individu dans sa *pl. enl.* 63.

Habite : plus particulièrement les climats chauds de l'Afrique et de l'Asie ; assez abondant en Sicile et en Calabre ; très-commun et par grandes bandes en Sardaigne , particulièrement non loin de Cagliari , dans les marais et dans les lagunes ; se trouve aussi sur les côtes méridionales de la Provence ; très-accidentellement sur les fleuves dans l'intérieur des terres ; très-rarement sur le Rhin.

Nourriture : coquillages , frai de poisson et insectes.

Propagation : niche sur les plages , ou dans les marais baignés par la mer ; construit un nid de forme pyramidale et assez élevé de terre pour que la mer, dans sa plus haute crue, ne puisse parvenir à la surface creuse où les œufs sont déposés ; pond deux œufs oblongs, d'un blanc pur.

GENRE SOIXANTE ET UNIÈME.

AVOCETTE. — *RECURVIROSTRA.*
(Linn.)

Bec très-long, grêle , faible, déprimé dans toute sa longueur, la pointe flexible, se recourbant en haut ; mandibule supérieure , sillonnée à sa surface ; mandibule inférieure , sillonnée latéralement. Narines à la surface du bec, linéaires, longues. Pieds grêles , longs ; trois doigts devant, doigt de derrière presque nul , s'articulant très-haut sur le tarse, les doigts antérieurs réunis jusqu'à la seconde articulation par une membrane découpée. Ailes acuminées , la 1re. rémige la plus longue.

Ces oiseaux (dont une seule espèce habite en Europe), fréquentent le plus habituellement les eaux salées ; ils vivent sur les plages baignées par le flux de la mer, ou à l'embouchure des rivières, toujours dans les lieux vaseux ou couverts de limon, et où l'eau est à une hauteur proportionnée à la longueur de leurs jambes ; les nids ne sont point élevés de terre comme ceux des *Flammants*, mais à l'ordinaire dans un creux formé en terre et recouvert de quelques brins d'herbe ; en couvant ils ploient leurs longues jambes contre les flancs ; ils émigrent et vivent par paires ; leur vol est rapide et soutenu ; leur nourriture consiste en insectes presque imperceptibles, qu'ils enlèvent dans l'eau de dessus la vase ; en les voyant prendre leur nourriture, on dirait qu'ils frappent l'eau ; leur mue est simple et ordinaire ; les jeunes de l'année diffèrent très-peu des vieux, et les sexes ne diffèrent point. Ils ne nagent point habituellement, quoique pourvus de pieds à doigts presque entièrement palmés. Trois espèces distinctes habitent les climats étrangers.

AVOCETTE A NUQUE NOIRE*.

RECURVIROSTRA AVOCETTA. (Linn.)

Tout le plumage d'un blanc parfait, à l'exception cependant du haut de la tête, de la partie postérieure du cou, des plus petites et des plus grandes scapulaires, des couvertures alaires et des rémiges, toutes ces parties sont d'un noir profond ; bec noir ; iris d'un brun rougeâtre ; pieds d'un cendré bleuâ-

---

* Cette dénomination sert parfaitement pour distinguer l'avocette d'Europe des trois autres espèces étrangères. L'avocette de la Nouvelle-Hollande à cou d'un roux bai est une espèce nouvelle que plusieurs naturalistes confondent avec *R. americana.* Lath.

tre. Longueur, 17 pouces 6 lignes. *Le mâle, et la femelle adultes.*

Les jeunes avant la mue, ont déjà le plumage d'un blanc pur, mais les parties noires sont nuancées de brun ; le brun noir de la tête ne s'étend point au delà de l'occiput ; celui des scapulaires est bordé de roux, et toutes les plumes de ces parties sont terminées par un petit bord d'un roux cendré ; les pieds sont cendrés ; les tarses sont gros et cannelés par devant. Après la première mue d'automne, il règne encore, pendant la première année, un peu de roussâtre sur les bords extérieurs des plumes scapulaires.

RECURVIROSTRA AVOCETTA. Gmel. *Syst.* 1. *p.* 693. *sp.* 1. — Lath. *Ind. v.* 2. *p.* 786. *sp.* 1. — L'AVOCETTE. Buff. *Ois. v.* 8 *p.* 466. *t.* 38. — Id. *pl. enl.* 353. — Gérard. *Tab. élém. v.* 2. *p.* 166. — SCOPING AVOCET. Lath. *Syn. v.* 5. *p.* 293. — Penn. *Brit. Zool. p.* 134. *t. C.* — DER BLAUFÜSSIGE WASSER SABLER. Bechst. *Naturg. Deut. v.* 4. *p.* 450. *t.* 25. *f.* 2. — Borkh. *Deut. Orn. Heft.* 3. *f.* 3. — Meyer, *Tasschenb. Deut. v.* 2. *p.* 415. — AVOCETTA O BECCO STORTO. *Stor. degl. ucc. v.* 5. *pl.* 595. — DE KLUIT. Sepp. *Nederl. Vög. v.* 1. *p.* 67.

Remarque. Les individus tués en Égypte, et ceux qui m'ont été envoyés du cap de Bonne-Espérance, ne diffèrent en rien de ceux d'Europe ; l'avocette de l'Amérique méridionale et celles de l'Inde, et de l'Australe-Asie, forment trois espèces distinctes, bien caractérisées, indiquées dans le présent article.

Habite : les prairies et les plages inondées par les eaux de la mer ; très-abondant dans la Nord-Hollande ; plus rare le long des côtes, très-accidentellement dans l'intérieur des terres ; répandue presque partout.

Nourriture : très-petits insectes, frai de crustacés marins; aussi des plantes marines.

Propagation : niche dans un petit trou, pratiqué dans l'herbe ou dans le sable; pond deux œufs, et rarement trois, d'un cendré olivâtre parsemé de nombreuses taches noirâtres.

Voici les indications qui servent à reconnaître les autres espèces de ce genre peu nombreux.

AVOCETTE ISABELLE.

RECURVIROSTRA AMERICANA. (Lath.)

La tête, tout le cou, le haut du dos et la poitrine, d'un roussâtre clair ou isabelle; la face blanchâtre; le milieu du dos et une partie des plumes des scapulaires noirs; les pennes des ailes les plus proches du corps, cendrées ainsi que la queue. Longueur, 17 pouces 6 ou 8 lignes, de l'Amérique septentrionale.

Voyez les synonymes sous *Recurvirostra americana*, Lath. *Ind. v.* 2. *p.* 787., et ajoutez, Wils. *Americ. Orn. v.* 7. *pl.* 63. *f.* 2.

AVOCETTE A COU MARRON.

RECURVIROSTRA RUBRICOLLIS. (Mihi.)

Face, tête et la partie supérieure du cou, d'un roux marron; partie inférieure du cou, dos, scapulaires, toujours les parties inférieures et la queue, d'un blanc pur; sur les scapulaires une large bande noire qui s'étend, de chaque côté, le long du dos; pennes des ailes les plus proches du corps, noires. Longueur, 15 pouces 6 ou 8 lignes. Des plages de l'Australe-Asie. Elle se trouve dans plusieurs cabinets, sous le nom de *R. americana.*

AVOCETTE ORIENTALE.

RECURVIROSTRA ORIENTALIS. (Cuv.)

D'un blanc très-pur ; seulement les ailes et les scapulaires noires ; queue cendrée , bec noir , pieds jaunes. Taille de notre avocette. Le seul individu que j'ai vu , ayant le bec cassé , on ne peut déterminer au juste la longueur totale de l'oiseau. Il est dans les galeries du jardin du roi à Paris , et a été indiqué par M. Cuvier , *Règ. anim. v.* 1. *p.* 496.

Remarquez encore que *Recurvirostra alba* de Gmel. et de Lath. *Ind. v.* 2. *sp.* 3 , n'est point une avocette , mais une barge très-bien caractérisée et déjà signalée comme telle par Brisson et par Buffon , mais placée par Gmelin dans ce genre , probablement par rapport à la forme recourbée du bec qu'on observe aussi dans d'autres genres que celui de l'avocette ; l'avocette terek de Pallas , est aussi une petite barge semi-palmée.

GENRE SOIXANTE-DEUXIÈME.

SPATULE.—*PLATALEA.* (Linn.)

Bec très-long , fort , très-aplati , pointe dilatée , arrondie en forme de spatule ; mandibule supérieure cannelée , transversalement sillonnée à sa base. Narines à la surface du bec , rapprochées , oblongues , ouvertes , bordées par une membrane. Face et Tête , en partie ou entièrement nues. Pieds longs, forts ; trois doigts devant, réunis jusqu'à la seconde articulation par des membranes profondément découpées ; doigt postérieur long, portant à terre. Ailes médiocres, amples ; la 1re. rémige à peu près de la longueur de la 2e., qui est la plus longue.

Les Spatules vivent en société dans les marais boisés, non loin de l'embouchure des fleuves ; on les voit rarement sur les bords de la mer ; ils se nourrissent de très-petits poissons, de frai et de petits coquillages fluviatiles, ainsi que de petits reptiles et d'insectes aquatiques. Ils nichent, suivant la localité, sur des arbres de haute-futaie, sur les buissons ou dans les joncs ; leur mue est simple et ordinaire, mais le jeune oiseau ne prend la livrée stable de l'adulte qu'à la troisième année ; le bec se développe lentement et paraît couvert d'une membrane dans le jeune âge ; la huppe paraît à la seconde année ; les sexes se distinguent à l'extérieur ; mais par des caractères peu marqués.

Remarque. La *Spatule rose* d'Amérique, est presque totalement blanche dans le jeune âge ; elle se distingue facilement en cet état par le bec plus court, jaunâtre, par la nudité de toute la face et par ses pieds bruns ; le jeune de cette espèce se revêt de la livrée rose à peu près de la même manière que le jeune *Flammant*, le rouge paraissant en premier sur les aîles. La *Spatule huppée* et la *Spatule blanche* de Luçon, *voyez* Sonnerat, *voyag.* t. 52 *et* 51, dont l'une adulte et l'autre jeune, forment une troisième espèce distincte et bien caractérisée dans ce genre ; la *Platalea pygmea* des systèmes, forme un genre distinct voisin du genre *Tringa*. M. Nilson, qui a vu l'oiseau qui a servi de type à Linné, lui a donné le nom de *Eurynorhynchus griseus*. Je n'ai jamais eu occasion de voir cette espèce, qui n'est point un oiseau d'Europe.

SPATULE BLANCHE.

PLATALEA LEUCORODIA. (Linn.)

Une huppe très-touffue, très-longue, à plumes déliées et subulées orne l'occiput *.

Tout le plumage d'un blanc pur, à l'exception de celui de la poitrine, où se dessine un large plastron d'un jaune roussâtre ; les extrémités de ce plastron remontent en une bande sur le haut du dos et s'y réunissent ; nudité des yeux et de la gorge d'un jaune pâle, mais faiblement teint de rouge sur le bas de la gorge ; bec noir, mais bleuâtre dans le creux des sillons, pointe d'un jaune d'ocre ; iris rouge ; pieds noirs. Longueur totale, 2 pieds 6 pouces. Longueur du bec, 8 pouces 6 lignes. *Les très-vieux mâles.*

Les vieilles femelles, ont des dimensions moins fortes ; la huppe est moins ample et moins longue ; le plastron jaune roussâtre n'est que très-faiblement indiqué.

PLATALEA LEUCORODIA. Gmel. *Syst.* 1. *p.* 613. *sp.* 1. — Lath. *Ind. v.* 2. *p.* 667. *sp.* 1. — LA SPATULE. Buff. *Ois. v.* 7. *p.* 448. — Id. *pl. enl.* 405. — Gérard. *Tab. élém. v.* 2. *p.* 161. — WHITE SPOONBILL. Lath. *Syn. v.* 5. *p.* 13. — Id. *supp. v.* 1. *p.* 66. — PELLICANO VOLGARM. *Stor. degl. ucc. v.* 4. *pl.* 437. — WEISSER LOFFLER. Bechst. *Naturg. Deut. v.* 4. *p.* 4. *t.* 17. — Meyer, *Tasschenb. v.*

---

* M. Cuvier donne une petite huppe occipitale à la spatule, ce ce qui fait présumer que ce savant n'a jamais vu des individus adultes.

2. *p.* 33o. — Naum. *Vög. Nacht. t.* 44. *f.* 87. *le vieux mâle*, mais représenté avec des couleurs trop vives ; la couleur du bec et de l'iris sont inexactes. — DE LEPELAAR. Sepp. *Nederl. Vog. v.* 2. *t. p.* 172.

Les jeunes de l'année, sont déjà blancs au sortir du nid, en exceptant les rémiges extérieures, qui sont noires le long des baguettes et à leur bout ; toutes les baguettes sont aussi d'un noir profond. La tête est couverte de plumes courtes, arrondies; le bec tout au plus long de 4 pouces 6 lignes, est d'un cendré foncé, mou, très-flexible, et recouvert par une peau lisse; l'iris est cendré; les parties nues sont d'un blanc terne. Le plastron jaune de la poitrine ne commence à paraître qu'à la seconde ou à la troisième année. C'est alors ,

PLATALEA NIVEA. Cuv. *Règ. anim. v.* 1. *p.* 482[*]. — LA SPATULE BLANCHE. Buff. *Ois. t.* 24. *la pl. enl. de Buff.* représente une vieille spatule. — Frisch. *Vög. Deut. t.* 200 *et* 201. — Naum. *Vög. Nacht. t.* 44. *f.* 88. *figure très-exacte.*

Anatomie. Dans les mâles, la trachée artère, après avoir suivi l'œsophage jusques entre les os de la fourchette, y fait une courbure en remontant environ de la longueur d'un pouce et demi ; se replie de nouveau, et passe en se divisant, par les bronches, dans les poumons. Les femelles n'ont point de circonvolution dans le tube de la trachée.

Habite : les bords des fleuves à leur embouchure ; nulle part en aussi grand nombre qu'en Hollande ; deux

---

[*] M. Cuvier fait ici du jeune de l'année une nouvelle espèce distincte.

fois de passage périodique le long des côtes maritimes, voyage avec les cigognes.

Nourriture : très-petits poissons, frai, coquillages, insectes et vers fluviatiles.

Propagation : niche sur les arbres, sur les buissons, ou dans les joncs qui avoisinent les côtes maritimes ou les grands lacs ; rarement très-avant dans les terres ; pond deux ou trois œufs blancs, marqués de taches très-rares comme effacées et d'un roux de rouille ; quelques œufs sont d'un blanc parfait.

GENRE SOIXANTE-TROISIÈME.

IBIS — *IBIS.* (LACEP.)

Bec long, grêle, arqué, large à sa base ; pointe déprimée, obtuse, arrondie ; mandibule supérieure profondément sillonnée dans toute sa longueur. Narines près de la base, à la partie supérieure du bec, oblongues, étroites, entourées par une membrane, percées dans la membrane qui recouvre le sillon. Face nue, point de plumes entre le bec et les yeux, souvent une partie de la tête et du cou nus. Pieds médiocres ou grêles, nus au-dessus du genou ; trois doigts devant et un derrière, les doigts antérieurs réunis jusqu'à la première articulation ; le doigt de derrière long et posant à terre. Ailes médiocres, la 1ʳᵉ. rémige un peu plus courte, ou beaucoup plus courte que les 2ᵉ. et 3ᵉ., qui sont les plus longues.

Les Ibis, que quelques auteurs confondent avec les *Courlis*, fréquentent les bords des fleuves et des lacs, où ils se nourrissent d'insectes, de vers, de coquillages et souvent aussi de végétaux; mais l'on doit mettre au rang des fables populaires la réputation qu'ils ont d'être grands destructeurs de serpens et de reptiles venimeux, auxquels ils ne touchent jamais. Ces oiseaux entreprennent de longs voyages; ils émigrent à des époques périodiques; la mue est simple et ordinaire; le plumage des jeunes diffère à plusieurs égards des vieux, particulièrement dans quelques espèces étrangères; les sexes ne diffèrent presque que dans les dimensions.

Remarque. Le genre *Tantalus* de Linné, ne peut comprendre, sous la dénomination générique de *Tantale*, que les seules espèces exotiques du TANTALUS LOCULATAOR. Gmel. *Syst.* 1. *p.* 647. *sp.* 1. du TANTALUS IBIS. Gmel. *p.* 650. *sp.* 4. et du TANTALUS LEUCOCEPHALUS. Gmel. *p.* 649. *sp.* 10. Tous les autres oiseaux compris dans le genre *Tantalus* de Linné et de Latham, appartiennent au genre *Ibis* de Lacépède, d'Illiger, et de celui qui fait le sujet de cet article.

IBIS FALCINELLE*.

IBIS FALCINELLUS (Mihi.)

Tête d'un marron noirâtre; cou, poitrine, haut du dos, poignet de l'aile et toutes les parties infé-

---

* Dans la première édition, j'ai donné à cet oiseau le nom d'Ibis sacré. Depuis peu M Cuvier, *Règ. an. v.* 1. *p.* 483., a aussi formé une espèce d'ibis sacré; celle-ci est le *Tantalus œthiopicus* de Lath. ou l'*Abouhannes* de Bruce, dont je fais mention dans la note suivante. Il y aurait conséquemment deux ibis portant le même nom, quoique dans le fait ces deux espèces aient été également révérées en Égypte, puisqu'on trouve des momies de l'une et de l'autre. Nonobstant, deux indications sous le nom

rieures d'un roux marron vif; dos, croupion, couvertures des ailes, rémiges et pennes de la queue d'un vert noirâtre à reflets bronzés et pourprés; bec d'un noir verdâtre, mais brun vers la pointe; nudité des yeux verte, encadrée par une bande grisâtre; iris brun; pieds d'un brun verdâtre. Longueur, 1 pied 10 ou 11 pouces. * *Les vieux.*

La femelle, diffère seulement par sa plus petite taille.

TANTALUS FALCINELLUS. Gmel. *Syst.* 1. *p.* 648. *sp.* 2. — Lath. *Ind. v.* 2. *p.* 707. *sp* 14. — TANTALUS IGNEUS. S. G. Gmel. *Reis. v.* 1. *p.* 166. — Gmel. *Syst.* 1. *p.* 649. *sp.* 9. — Lath. *Ind. v.* 2. *p.* 708. *sp.* 16. — LE COURLIS VERT. Buff. *Ois. v.* 8. *p* 29. — COURLY D'ITALIE. Id. *pl. enl.* 819. *le vieux mâle.* — LE COURLY MARRON. Briss. *Orn. v.* 5. *p.* 329. *n°.* 5. *le vieux.* — L'IBIS NOIR. Savigny. *Hist. natur. et mytholog. de l'Ibis, p.* 36. *pl.* 4. — LE COURLIS BRILLANT. Sonn. *édit. de* Buff. *Ois. v.* 22. *p.* 238. *une vieille femelle.* — BAY and GLOSSY IBIS. Lath. *Syn. v.* 5. *p.* 114. — Id. *p.* 115. *var. A. et p.* 115. *n°.* 14.

---

d'*Ibis sacré*, ne peuvent continuer d'exister dans le système; le culte rendu par les Égyptiens à l'ibis de cet article, paraissant encore douteux aux yeux de M. Cuvier, il convient de laisser le nom de RELIGIOSA Cuv. à l'*Abouhannes*, tandis que je propose pour l'espèce du présent article celui de FALCINELLUS; dénomination connue, déjà adoptée dans le genre *Tantalus*, groupe où les *vrais Ibis* se trouvaient confondus, ainsi que je l'ai dit dans la remarque précédente.

* Cet ibis, concu par les Arabes sous le nom de *El hareiz*, ainsi que l'espèce décrite par Bruce sous celui de *Abouhannes*, ou le TANTALUS ÆTHIOPICUS de Latham, sont les deux sortes d'oiseaux si célèbres par le culte qu'ils reçurent des anciens Égyptiens : les momies de ces deux espèces d'ibis se trouvent en grand nombre dans les vastes catacombes de l'ancienne Memphis.

— Sichelschnabliger nimmersat. Bechst. *Naturg. Deut.*
v. 4. *p.* 117. — Meyer, *Tasschenb. Deut. v.* 2. *p.* 352.
— Naum. *Vög. Nacht. t.* 28. *le mâle adulte.* Chiurlo.
Stor. degl. ucc. v. 4. *p.* 459. *vieux mâle.*

Les jeunes avant l'âge de trois ans.

Plumes de la tête, de la gorge et du cou, rayées
longitudinalement de brun noirâtre et bordées de
blanchâtre ; partie inférieure du cou, poitrine ,
ventre et cuisses d'un noir cendré ; haut du
dos et scapulaires d'un cendré brun ; les reflets
de vert des ailes et de la queue moins vifs. Dans
les *individus de l'année*, le plumage porte encore
plus de teintes de cendré noirâtre , et les bords
blancs des plumes de la tête et du cou sont plus
larges.

Tantalus viridis. Gmel. *Syst.* 1. *p.* 648. *sp.* 8. — Lath.
Ind. v. 2. *p.* 707. *sp.* 15. — Montagu , *in the Transact*
of the Linn. *society. v.* 9. *p.* 198. — Numenius viridis.
S. G. Gmel. *Reis v.* 1. *p.* 167. — Le Courly vert. Briss.
Orn. v. 5. *p.* 326. *n°.* 4. *pl.* 27 *f.* 2. — Greene ibis. Lath
Syn. v. 5. *p.* 114. *n°.* 13.

Habite : les bords des fleuves et des lacs ; assez abondant à son passage en Pologne , en Hongrie , en Turquie
et dans l'Archipel ; visite aussi les bords du Danube , se
trouve quelquefois en Suisse , en Italie , et très-accidentellement en Hollande et en Angleterre ; se rend périodiquement en Égypte ; niche en Asie.

Nourriture : insectes , vers , coquillages fluviatiles et
végétaux.

Propagation : inconnue.

Remarque. En l'année 1812 , je tuai , sur les bords

d'une mare de ce département, deux mâles adultes de cette espèce ; ils ne diffèrent point des individus que j'ai reçus de l'Allemagne, et sont absolument parcils à ceux qui m'ont été envoyés d'Égypte, et qui ont été tués pendant les campagnes des Français dans cette partie de l'Afrique.

GENRE SOIXANTE-QUATRIÈME.

COURLIS. — *NUMESIUS.* (Briss.)

Bec long, grêle, arqué, comprimé ; pointe dure, faiblement obtus ; mandibule supérieure, dépassant l'inférieure, arrondie vers le bout, cannelée jusqu'aux trois quarts de sa longueur. Narines latérales, linéaires, percées dans la cannelure. Face emplumée, espace entre l'œil et le bec couvert de plumes. Pieds grêles, nus au-dessus du genou ; trois doigts devant et un derrière, les doigts antérieurs réunis jusqu'à la première articulation ; celui de derrière articulé sur le tarse et touchant la terre. Ailes médiocres ; la 1re. rémige la plus longue.

Ces oiseaux, qu'on a improprement réunis avec les *Ibis*, et que certains méthodistes ont placés avec les *Bécasses*, forment un petit genre, dont les caractères sont très-marqués dans toutes les espèces qui le compose. Ils vivent dans les lieux arides et couverts de sable, mais toujours dans le voisinage des eaux et des marais; leur nourriture consiste principalement en vers de terre, en insectes terrestres et aquatiques, en limaçons et en coquillages : leur vol est soutenu et très-élevé; ils émigrent en grandes troupes, mais vivent isolés pendant le temps de la reproduction. Leur mue n'a lieu qu'une fois dans l'année ; les jeunes de l'année diffèrent très-peu des vieux, on les distingue à la foible courbure du bec, qui est plus court ; les sexes ne diffèrent point ; ce sont des oiseaux très-farouches.

Remarque. Les petites espèces d'oiseaux à bec mou faiblement arqué, tels que ceux indiqués par Gmelin, édit. 13e. de Linné, sous les noms de SCOLOPAX ARQUATA. *p.* 658. *sp.* 25. de SCOLOPAX PYGMEA. *p.* 655. *sp.* 20. de TRINGA CINCLUS et ALPINA. *p.* 680. *sp.* 18 et 11, de même que quelques auautres, ne peuvent sous aucun rapport obtenir une place dans le genre *Numenius*, ainsi que j'en ai défini les caractères dans cet article. Latham et les auteurs allemands, qui les ont introduits dans ce genre, n'ont sans doute point fait attention aux disparités très-marquées qui distinguent ces oiseaux des vrais *Courlis* ou *Numenius* ; telles que la différence dans la forme du bec et des narines, les doigts qui sont entièrement divisés, et la mue qui s'opère chez eux deux fois dans l'année, et change totalement les couleurs de leur plumage ; leur manière de vivre et leurs habitudes diffèrent également. On doit ranger ces oiseaux dans le genre *Bécasseau* ou *le Tringa* de ce Manuel ; l'identité dans les formes, dans les mœurs et dans la double mue sont autant de motifs qui rendent cette réunion nécessaire. Linnée a confondu dans ses groupes *Scolop ax e Tringa* plusieurs genres très-distincts ; Latham en a séparé les Courlis, ou *Numenius* de Brisson ; Bechstein a distingué les genres *Totanus* et *Vanellus* ; en dernier lieu, nous devons à Leisler la réintégration du genre *Limosa*, tous les trois désignés par Brisson. Je suis, dans cet ouvrage, la subdivision ci-dessus mentionnée, parce qu'elle me paraît conforme à la nature. Mes espèces, à commencer du genre *Numenius*, sont rangées suivant la courbure du bec ; arqué dans le premier, fléchi et incliné dans le genre *Tringa*, passant à la forme horizontale dans la dernière section de ce genre ; droit et seulement courbé en bas à la pointe dans le genre *Totanus*, passant dans la der nière section de ce genre en une forme courbée en haut, qui est celle du plus grand nombre des espèces du genre *Limosa*, et finissant, chez quelques espèces étrangères de ce dernier genre, en un bec à pointe très-retroussée. Les vrais *Scolopax* sont assez connus.

GRAND COURLIS CENDRÉ.

NUMENIUS ARQUATA. (Lath.)

Tout le plumage d'un cendré clair ; des taches brunes, longitudinales sur le cou et sur la poitrine, quelques plumes de ces parties nuancées de roux ; ventre blanc avec des taches longitudinales; plumes du dos et des scapulaires noires dans le milieu et bordées de roux ; queue d'un cendré blanchâtre, rayée de bandes brunes disposées transversalement: mandibule supérieure d'un brun noirâtre ; inférieure couleur de chair; iris brun ; pieds d'un cendré foncé. Longueur, 2 pieds, et quelquefois davantage.

La femelle a des teintes plus cendrées ; le roux qui borde les plumes du dos et des scapulaires est moins pur.

Les jeunes de l'année, ont le bec court, à peine long de 4 pouces et presque droit, il se courbe à mesure que l'oiseau grandit; dans les vieux individus il mesure quelquefois jusqu'à 6 pouces.

NUMENIUS ARQUATA. Lath. *Ind. v.* 2. *p.* 710. *sp.* 1. — SCOLOPAX ARQUATA. Gmel. *Syst.* 1. *p.* 655. *sp.* 3. — LE COURLIS. Buff. *Ois. v.* 8. *p.* 19. — Id. *pl. enl.* 818. — Gérard. *Tab. élém. v.* 2. *p.* 238. — COMMON CURLEW. Lath. *Syn. v.* 5. *p.* 119. — Id. *supp. v.* 1. *p.* 242. — GROSSE

BRACHVOGEL. Bechst. *Naturg. Deut. v. 4. p.* 121. —
Meyer, *Tasschenb. v.* 2. *p.* 354. — Frisch. *t.* 224. —
Naum. *t. 5. f.* 5. — CHIURLO MAGGIORE. *Stor. degli. ucc.
v. 4. pl.* 480. — GRAAUWE WULP. Sepp. *Nederl. Vog.
v. 2. p.* 109.

Remarque. Ce courlis est, dit-on, très-commun en
Asie ; les individus envoyés de Pondichéry ne diffèrent
presque en rien de ceux d'Europe. L'espèce propre aux
climats de l'Amérique septentrionale est différente, non-
seulement par les couleurs, mais aussi par l'excessive longueur du bec.

Habite : les bords des rivières et des lacs couverts de
limon, les prairies, les champs et les lieux sablonneux
proche des eaux ; de passage régulier le long des côtes de
Hollande et de France ; abondant dans plusieurs contrées
de l'Europe.

Nourriture : vers de terre, limaçons, très-petits
coquillages et insectes.

Propagation : niche dans les lieux secs, le plus souvent dans les herbes qui croissent dans les bruyères et dans
les sables, souvent aussi dans les dunes qui bordent la
mer ; pond quatre ou cinq œufs, olivâtres avec des taches
et des ondes noirâtres et brunes.

COURLIS CORLIEU*.

NUMENIUS PHÆOPUS (LATH.)

Tout le plumage d'un cendré clair ; des taches
brunes longitudinales sur le cou et sur la poitrine ;
sur le milieu de la tête une bande longitudinale

---

* M. Cuvier forme de cette espèce le sous-genre *Phæopus*, mais
cette division n'a rien d'authentique ; le caractère unique sur lequel elle est basée n'existe point.

d'un blanc jaunâtre, accompagnée de chaque côté
d'un autre, du double plus large et brune; ventre
et abdomen blancs; plumes du dos et des scapulaires
d'un brun très-foncé dans leur milieu, et bordées de
brun plus clair; queue d'un brun cendré, rayée de
bandes brunes disposées obliquement; bec noirâtre,
mais rougeâtre à sa base; iris brun; pieds couleur de
plomb. Longueur 16 pouces et quelquefois moins.

Les jeunes de l'année, ont le bec court, à peine
long d'un pouce et demi; il se courbe à mesure que
l'oiseau grandit; dans les vieux individus il mesure
quelquefois plus de 3 pouces.

Numenius phæopus. Lath. *Ind. v.* 2. *p.* 711. *sp.* 6. —
Scolopax phæopus. Gmel. *Syst.* 1. *p.* 657. *sp.* 4. — Numenius hudsonicus. Lath. *Ind. v.* 2. *p.* 712. *sp.* 7. — Scolopax borealis. Gmel. *Syst.* 1. *p.* 654. *sp.* 17*. — Le petit
courlis ou le corlieu. Buff. *Ois. v.* 8. *p.* 27. — Id. *pl.*
enl. 842. — Premier courlis de la baie de hudson. Sonn.
Nouv. édit. de Buff. *Ois. v.* 22. *p.* 276. — Whimbrel.
Lath. *Syn. v.* 5. *p.* 123. — Edw. *Ois. t.* 307. — Eskimaux
curlew. Penn. *Arct. Zool. v.* 2. *p.* 461. *n.* 364**. —
Hudsonian curlew. Lath. *Syn. supp. v.* 1. *p.* 243. —
Regen brachvogel. Meyer, *Tasschenb. Deut. v.* 2.
p. 355. — Frisch. *Vög. t.* 225. — Naum. *Vög. t.* 10.
f. 10. — Chiurlo minore. *Stor. degli. ucc. v.* 4. *pl.* 441.
— De kleine of regenwulp. Sepp. *Nederl. Vog. v.* 4. *t*
p. 305.

---

* Mais point le *Numenius borealis* de Latham, sp. 9., le même
que celui décrit dans les transactions philosophiques LXII. p. 411.,
et qui forme, *comme on l'assure*, une espèce distincte propre à
l'Amérique. Ne serait-ce pas une variété constante ou race?

** Mais point l'*Eskimaux curlew* de Lath. *Syn. v.* 5. *p.* 125, qui
est synonyme avec son *Numenius borealis.*

Habite : de passage régulier le long des côtes, dans plusieurs pays tempérés et méridionaux de l'Europe ; peu abondant en France et en Allemagne ; plus commun à son passage en Hollande.

Remarque. Les individus que j'ai reçus de l'Amérique septentrionale ne diffèrent point de ceux tués en Europe : ceux tués au Bengale sont absolument les mêmes ; et ceux rapportés de la Nouvelle-Hollande n'ont aucun caractère bien prononcé ; ils se ressemblent aussi pour les couleurs du plumage.

Nourriture : insectes et vers.

Propagation : niche dans les régions du cercle arctique, et en Asie.

GENRE SOIXANTE-CINQUIÈME.

BÉCASSEAU*. — TRINGA.
(BRISS.)

BEC médiocre ou long, très-faiblement arqué, fléchi à la pointe ou droit, mou et flexible dans toute sa longueur, comprimé à sa base, déprimé, dilaté et obtus à la pointe ; les deux mandibules sillonnées jusques près de la pointe. NARINES laté-

---

* Buffon est les auteurs français donnent indistinctement les noms de *Bécasseau*, de *Chevalier* et de *Barge* à des oiseaux de marais de genres différens ; quelquefois il leur est aussi arrivé de désigner différemment les individus d'une même espèce. Je conserve dans ce Manuel les mêmes noms pour les trois genres distincts, mais en leur donnant une acception plus régulière et plus systématique. Illiger réunit dans son genre *Actitis* tous ces oiseaux que je divise en trois genres.

rales, coniques, percées dans la membrane qui recouvre le sillon nasal dans toute sa longueur. Pieds grêles, nus au-dessus du genou; trois doigts devant et un derrière; les doigts antérieurs entièrement divisés; dans le plus petit nombre, le doigt du milieu et l'extérieur réunis par une membrane; le doigt de derrière articulé sur le tarse. Ailes médiocres; la 1re. rémige la plus longue.

Ces oiseaux, qui voyagent en petites troupes, se réunissent plusieurs dans un même lieu pour nicher; ils habitent toujours les marais voisins des rivières, des lacs, et surtout de la mer; ils fouillent indistinctement dans les limons, dans la boue, dans le sable mouvant des rives, ou parmi les grands amas de fucus, où ils trouvent leur nourriture, qui se compose d'insectes à élitres, de larves, de vers mous, de mollusques et de très-petits coquillages bivalves; le plus grand nombre émigre le long des bords de la mer, les autres suivent le cours des rivières. Leur mue a lieu à deux époques fixes de l'année; leur plumage d'hiver est très-différent de celui d'été; les couleurs principales varient ordinairement du blanc au roux, et du cendré au noir; les jeunes, avant leur première mue, diffèrent beaucoup des adultes; les sexes ne se distinguent à l'extérieur que par la taille, les femelles étant plus grandes que les mâles.

Favorisé par le lieu de ma demeure, je suis mieux à même que les naturalistes, mes prédécesseurs, de fixer les caractères qui sont propres à ces genres, et d'en classer les différentes espèces; c'est en m'appliquant, depuis plusieurs années, à l'étude des oiseaux de marais et des oiseaux nageurs, qui abondent dans ce pays, que je suis parvenu à débrouiller la confusion qui a régné jusqu'ici dans leur classification méthodique; je suis peut-être le premier qui ait rendu les naturalistes attentifs aux changemens extraordinaires que la double mue opère sur cette classe d'oiseaux. Cette particularité est probablement aussi la cause à laquelle on doit attribuer l'usage fréquent que Linné, Latham, Buffon et la plupart des naturalistes de nos jours, font de ces espèces, qui varient si singulièrement dans leur plumage, tant aux différentes époques de l'âge, qu'à celles de l'année. Il résulte de ces usages fréquens, combinés avec le peu de connaissances qu'on a pu rassembler par rapport à l'histoire de ces oiseaux, que les descriptions des auteurs ne s'accordent souvent point avec les figures qu'ils en donnent. Je n'indiquerai par conséquent, dans mes synonymes, que les seules figures et les descriptions qui me paraissent exactes. Ayant tué, à diverses époques de l'année, et comparé une grande multitude d'individus de la plupart des espèces que je signale, j'ai pu déterminer au plus juste l'identité ou la différence des espèces nominales. Il m'a paru nécessaire de placer ici, à la tête des descriptions, une courte phrase qui renferme les caractères propres aux espèces, et feront reconnaître celles-ci aux différentes époques de l'âge et de la mue*.

---

* Avant de publier cette seconde édition, j'ai encore mis tous mes soins à la recherche de ces oiseaux difficiles à se procurer; une grande partie des côtes de l'Océan et de la Méditerrannée, ont été visitées de nouveau; les espèces connues ont été soigneusement examinées. J'en ai tué un grand nombre dans leurs divers états, ce qui m'a mis à même de remplir les lacunes qui se trouvaient dans la première édition, d'ajouter quelques espèces peu connues et des espèces nouvelles à plusieurs de ces genres; la classification est la même.

Ire. SECTION. — BÉCASSEAU PROPREMENT DIT.

Les doigts antérieurs entièrement divisés.

BÉCASSEAU COCORLI*.

TRINGA SUBARQUATA. (MIHI.)

Bec arqué, beaucoup plus long que la tête ; les deux pennes du milieu de la queue plus longues que les latérales ; longueur du tarse, 14 *lignes.*

Face, sourcils, gorge, couverture du dessus de la queue, ventre et toute les autres parties inférieures d'un blanc pur ; une raie brune entre le bec et l'œil ; haut de la tête, dos, scapulaires et couvertures des ailes d'un brun cendré, avec un petit trait plus foncé le long des baguettes ; plumes de la nuque rayées longitudinalement de brun et bordées de blanchâtre ; devant du cou et poitrine de même, mais d'une teinte plus claire ; queue cendrée, bordée de blanc ; les pennes extérieures blanches en dedans ; bec noir ; iris brun ; pieds d'un brun ou d'un cendré noirâtre. Longueur, 7 pouces 6 ou 8 lignes. *Le mâle et la femelle en plumage parfait d'hiver.*

SCOLOPAX AFRICANA. Gmel. *Syst.* 1. *p.* 655. *sp.* 19. —

---

* M. Cuvier forme de cette espèce et la suivante son nouveau genre *Peldina* ou *Alouette de mer*, *Règ. animal. v.* 1. *p.* 490 ; mais cette division n'est basée sur aucun caractère précis. Je suis persuadé que si M. Cuvier avait été dans le cas d'observer les mœurs, et de voir vivant ou fraîchement tués plusieurs fissipèdes dont il forme des genres nouveaux, ce savant aurait certainement abandonné cette idée.

Numenius africanus. Lath. *Ind. v.* 2. *p.* 712. *sp.* 10. — Cape curlew. Id. *Syn. v.* 5. *p.* 126.— L'Alouette de mer. Buff. *Ois.* seulement * sa *pl. enl.* 851., *une figure très-exacte du Cocorli en mue, ou dans le passage de sa livrée d'été à celle d'hiver.*

Les jeunes avant la première mue.

Couleurs à peu près comme dans les adultes en hiver, mais le milieu des plumes du dos, des scapulaires et des couvertures alaires d'un cendré noirâtre, toutes liserées et terminées par une large bande d'un blanc jaunâtre; les rémiges terminées à l'intérieur par un petit bord blanc; point de taches distinctes sur la poitrine, qui est légèrement nuancée de jaunâtre, de blanc et de brun clair; le bec déjà faiblement arqué et long d'un pouce cinq lignes; pieds bruns.

Numenius Pygmæus. Bechst. *Naturg. Deut. v.* 4. *p.* 148. *n.* 5., indiquée par erreur comme espèce distincte. — Naum. *Vög. Deut. t.* 21. *f.* 28, *une figure très-exacte.* — Meyer, *Vög. Deut. v.* 2. *t. f.* 2, *figure très-exacte.*

Plumage d'été ou des noces.

Face, sourcils et gorge blancs, pointillés de bruns; sommet de la tête noir, à bordures rousses; nuque rousse avec de petits traits noirs, longitudinaux; cou, poitrine, ventre et abdomen d'un roux

---

* La description de Buffon ne fait point connaître les couleurs du plumage, ni les formes; elle a été employée comme synonyme de plusieurs espèces différentes.

marron, souvent, et suivant l'époque de l'année, marqué de petites taches brunes, ou bien varié par quelques plumes blanches, couvertures inférieures et supérieures de la queue blanches, rayées transversalement de noir et de roux; dos, scapulaires et grandes couvertures d'un noir profond; sur les bords des plumes est une rangée de taches angulaires d'un roux vif, la plupart sont terminées de cendré clair ; couvertures des ailes noirâtres, bordées de roux jaunâtre*; queue d'un cendré noirâtre liséré de blanc. *Le mâle et la femelle.*

Remarque. Les couleurs des deux époques sont plus ou moins confondues ou pures , suivant que la mue de printemps ou celle d'automne est plus ou moins avancée. Les femelles ont toujours le bec plus long que les mâles , et leur taille est plus forte ; l'un et l'autre dépendent aussi beaucoup de causes locales ; les individus de certains cantons stériles sont plus petits que ceux tués dans les pays plus fertiles.

SCOLOPAX SUBARQUATA. Gmel. *Syst.* 1. *p.* 658. *sp.* 25. — NUMENIUS SUBARQUATA. Bechst. *Naturg. Deut. v.* 4. *p.* 135. *n.* 3. *t.* 6. — Id. *Tasschenb. v.* 2. *p.* 276. *n.* 3. — RED SANDPIPER. Penn. *Arct. Zool. v.* 2. *p.* 476. *n.* 392. — Lath. *Syn. v.* 5. *p.* 186. *descriptions très-exactes* **. — ROTHBAUCHIGER BRACHVOGEL. Meyer, *Tasschenb. Deut. v.* 2.

---

* Les couvertures alaires ne prennent cette couleur que dans le temps de l'incubation; dans tout autre temps , elles sont d'un brun foncé bordé de blanchâtre; l'âge y contribue aussi pour beaucoup.

** Mais point le TRINGA ISLANDICA de Gmel. *p.* 682. *sp.* 24. et celui de Lath. *Ind. v.* 2. *p.* 737. *sp.* 39. — Ces indications latines appartiennent comme synonymes à l'espèce du *Bécasseau maubèche* de ce Manuel.

p. 356. — Naum. *Vög. t.* 20. *f.* 27. *un individu dans son plumage d'été presque complet.* — Meyer, *Vög. Deut. v.* 2. *t. f.* 1.

Habite : le long des bords de la mer et des lacs, rarement dans l'intérieur des terres; de passage régulier en automne et au printemps, le long des rivières et de la mer. J'ai reçu un individu du Sénégal, un autre du cap de Bonne-Espérance, et un troisième de l'Amérique septentrionale, qui ne diffèrent point de ceux tués en Suisse et dans ce pays.

Nourriture : petits insectes et vers, aussi des fucus.

Propagation : niche rarement en Hollande sur les bords des eaux; pond quatre ou cinq œufs, jaunâtres avec des taches brunes.

BÉCASSEAU BRUNETTE ou VARIABLE *.

TRINGA VARIABILIS. (Meyer.)

Bec presque droit, noir, faiblement incliné à la pointe, un peu plus long que la téte ; les deux pennes du milleu de la queue plus longues que les latérales, et terminées en pointe ; longueur du tarse, à peu près 12 *lignes.*

Gorge, un trait depuis le bec supérieur jusqu'à l'oeil, toutes les parties inférieures et seulement les trois plumes extérieures des couvertures du dessus de la queue d'un blanc pur; poitrine d'un cendré blanchâtre; une raie entre le bec et l'oeil, ainsi que toutes les parties supérieures d'un cendré brun avec un trait plus foncé le long des baguettes; croupion, les plumes intermédiaires des couver-

---

* M. Cuvier range cette espèce dans son genre *Peldina.*

tures du dessus de la queue et les deux pennes du
milieu d'un brun noirâtre ; pennes latérales de la
queue cendrées , bordées de blanc ; bec noir ; iris
et pieds d'un brun noirâtre. Longueur, 7 pouces i
ou 2 lignes. *Le mâle et la femelle en plumage parfait d'hiver.*

CINCLUS et CINCLUS MINOR. Briss. *Orn. v. 5. p. 211. n. 10.
t. 19. f. de grandeur naturelle, et var. A. p. 2i5.*
— L'ALOUETTE DE MER ORDINAIRE. Gérard. *Tab. élém. v. 2.
p. 208. n. 6. une description très-exacte de la livrée
d'hiver.*

Plumage d'été ou des noces.

Gorge blanche, face , côtés et devant du cou ,
côtés de la tête et poitrine d'un blanc légèrement
teint de roux ; sur toutes les plumes de ces parties
est une raie longitudinale d'un noir profond ; ventre et abdomen d'un noir profond *, souvent, et
suivant l'époque de l'année, varié par quelques plumes blanches ; plumes du haut de la tête noires
dans leur milieu, bordées de roux vif ; dos , scapulaires et grandes couvertures d'un noir profond, ce
noir entouré par un large bord d'un roux vif et terminé par du cendré blanchâtre ; les trois plumes
latérales des couvertures du dessus de la queue ,
seulement blanches sur leurs barbes extérieures ;
pennes de la queue d'un cendré noirâtre liséré
de blanc.

---

* Le ventre n'est d'un noir profond et sans mélange , que pendant le court espace de temps que dure la ponte et l'incubation ;
les jeunes ont le ventre blanc varié de taches noirâtres , et les
vieux en hiver l'ont d'un blanc parfait.

TRINGA ALPINA. Gmel. *Syst.* 1. *p.* 676. *sp.* 11. — Lath. *Ind. v.* 2. *p.* 736. *sp.* 37. Wilson. *Americ. Orn. v.* 7. *p.* 25. *pl.* 56. *f.* 2. *figure très-exacte.* — *Transact. of the Linn. Society. mem. birds of greenl.* — TRINGA VARIABILIS. Meyer, *Tasschenb. Deut. v.* 2. *p.* 397. — NUMENIUS VARIABILIS. Bechst. *Naturg. Deut. v.* 4. *p.* 141. *et les variétés n°.* 2, 3 *et* 4. *ainsi que la t.* 28. *f.* 1. — VERANDERLICHE STRANDLAUFER. Meyer, *Vög. Deut. v.* 2. *t. f.* 1. *en plumage parfait d'été.* — Naum. *Vög. Nacht. t.* 10. *f.* 21. *en plumage parfait d'été.*

La livrée la plus commune, dans laquelle on le voit aux temps des deux mues périodiques, et surtout les jeunes en automne, est la suivante.

Gorge, trait du bec supérieur à l'œil, abdomen et couvertures inférieures de la queue d'un blanc pur; raie brune entre l'œil et le bec; cou et poitrine d'un jaune roussâtre avec des taches longitudinales brunes; sur le ventre quelques taches d'un brun noirâtre, isolées ou en plus grand nombre; plumes du dos et scapulaires d'un noir bordé de roux clair et de jaunâtre; parmi celles ainsi colorées se trouvent quelques plumes cendrées, dont l'apparition indique le passage à la livrée d'hiver; couvertures des ailes brunes, bordées de roux jaunâtre. C'est alors,

CINCLUS TORQUATUS. Briss. *Orn. v.* 5. *p.* 216. *n*₀. 11. *t.* 19. *f.* 2. — CALLINAGO ANGLICANA. Id. *p.* 309. *n.* 5. — LA BRUNETTE. Buff. *Ois. v.* 7. *p.* 493. — LE CINCLE. Buff. *p.* 553. *et sa pl. enl.* 852. — L'ALOUETTE DE MER A COLLIER OU LE CINCLE. Gérard. *Tab. élém. v.* 2. *p.* 210. *n°.* 7. — DUNLIN Lath. *Syn. v.* 5. *p.* 185. — Penn. *Brit. Zool. p.* 126. *t. E.* 1. *f.* 2. — ALPEN STRANDLAUFER. Bechst. *Na-*

turg. Deut. v. 4. p. 322, t. 28. f. 2. — Naum. *Vög. t. 21. f. 29. un individu en mue, figure exacte.* — Meyer, *Vög. v. 2. t. f. 2. un jeune de l'année.*

Remarque : Les indications suivantes appartiennent évidemment, comme variétés de plumage, au bécasseau variable.

TRINGA CINCLUS. *Var. B*.* Gmel. *Syst.* 1. p. 680. *sp.* 18. — Lath. *Ind. v.* 2. *p.* 735. *sp.* 35. — TRINGA RUFFICOLLIS. Gmel. *Syst.* 1. *p.* 680. *sp.* 22. — Lath. *Ind. v.* 2. *p.* 736. *sp.* 36. — SCOLOPAX PUSILLA. Gmel. *Syst.* 1. *p.* 663. *sp.* 40. — THE PURE Penn. *Arct. Zool. v.* 2. *p.* 475. n°s. 390. — Lath. *Syn. v.* 5. *p.* 182. — Penn. *Brit. Zool. p.* 126. — RED NECKED PURE. Lath. *Syn. v.* 5. *p.* 183. n°. 31. LE CINCLE A COLLIER ROUX. Sonn. *nouv. édit. de* Buff. *Ois. v.* 22. *p.* 174. et L'ALOUETTE DE MER ET LE CINCLE. Id. *t.* 200 *f.* 1 et 2. *deux individus en mue.* — LA BRUNETTE. Gérard. *Tab. élém. v.* 2. *p.* 228. n°. 4.

Les jeunes, ont le bec droit. Dans *les vieux*, la longueur du bec varie souvent ; mais ces disparités sont dues en partie au sexe, les femelles étant plus grandes que les mâles ; et partie à des causes purement locales , qui sont en rapport avec l'abondance ou la disette en substances alimentaires dans laquelle ces individus ou des compagnies entières ont vécu.

---

* Plusieurs des synonymes qui font partie du *Tringa cinclus* des auteurs sont inexacts ; une partie a rapport au bécasseau de cet article, tandis qu'une autre partie doit être rangée avec le *Chevalier guignette (Totanus hypoleucos)*. M. Cuvier met le *Tringa cinclus* de Linnée comme synonyme avec notre espèce du *Bécasseau cocoli (Scol. subarcuata. Gmel.)* ; dans le fait on peut le placer à bon plaisir, il n'a rien d'authentique. Le *Tringa cinclus* de Nilsson est un bécasseau variable en mue, prenant la livrée d'hiver ; la figure est détestable ainsi que toutes celles de cet ouvrage.

Habite : les marais et les bords des rivières et des
étangs ; au printemps, le long des bords de la mer. Dans
quelques pays, régulièrement deux fois de passage, dans
d'autres seulement en automne ; commun en Hollande et
le long des côtes de France ; moins abondant au centre de
l'Europe, et seulement au passage d'automne.

Nourriture : très-petits insectes et vers.

Propagation : niche dans les herbes : pond trois ou
quatre œufs très-gros, d'un vert blanchâtre avec de grandes et de petites taches brunes.

BÉCASSEAU PLATYRHINQUE.

TRINGA PLATYRHINCHA. (Mihi.)[*]

*Bec faiblement courbé à la pointe, plus long
que la tête, très-déprimé à la base ; pennes latérales de la queue égales, les deux du milieu plus
longues que les latérales ; longueur du tarse,* 10
ou 11 *lignes.*

Les jeunes avant la première mue[**].

Deux bandes longitudinales d'un blanc roussâtre

---

[*] Les auteurs allemands et Latham, qui ont décrit cet oiseau
avant moi, le placent parmi les *Courlis* sous le nom de *Numenius
pusillus* ou *pigmœus ;* je n'ai point suivi l'opinion de ces naturalistes, n'ayant pu trouver dans le bécasseau de cet article (hormis
la faible courbure qui a lieu à la pointe du bec seulement) aucun autre des caractères propres aux *Courlis*, tandis que cette
espèce réunit tous les caractères que j'ai établis pour le genre
Bécasseau. Ses mœurs et son genre de nourriture ne diffèrent
point de ceux de tous les autres oiseaux qui sont classés dans ce
genre. Pour le nom de l'espèce, je n'ai pu conserver ni celui de
Pygmea ni celui de *Pusillus*, parce que l'espèce n'est point une des
plus petites du genre.

[**] Je commence ici par la description de l'oiseau de l'année, les

au-dessus des yeux ; une raie brune entre le bec et l'œil ; sommet de la tête, dos, scapulaires, couvertures des ailes, croupion et les deux pennes du milieu de la queue noirs, chaque plume étant bordée de roux, pennes latérales de la queue d'un cendré brun ; face, nuque, côtés du cou, poitrine, flancs et couvertures du dessous de la queue d'un blanc roussâtre marqué d'un grand nombre de raies longitudinales noires ; gorge, milieu du ventre et abdomen blancs ; base déprimée du bec d'un cendré rougeâtre, pointe noire ; pieds d'un cendré verdâtre. Longueur, 6 pouces 4 ou 5 lignes.

Numenius pygmeus. Lath. *Ind. v.* 2. *p.* 713. *sp.* 11. — Le plus petit des courlis. Sonn. *nouv. édit. de* Buff. *Ois. v.* 22. *p.* 245. — Pygmy curlew. Lath. *Syn. v.* 5. *p.* 127. — Penn. *Gen. of birds. p.* 64. *t.* 11.

Remarque : Je ne puis citer ici, comme synonyme, le Scolopax pygmea de Gmel. *Syst.* 1. *p.* 655. *sp.* 20. ; c'est une description de double emploi ; on doit la rayer de la liste nominale, ou bien la placer avec la livrée d'hiver du *Bécasseau variable*, (*Tringa variabilis.* Meyer). M. Cuvier, *Règ. anim.*, place *Scolopax pygmea* Linn., comme synonyme du nouveau genre et de l'espèce nouvelle, indiquée sous *Falcinellus*, page 486 ; mais il n'est dit nulle part que le *Scolopax pygmea* n'a que trois doigts sans pouce, caractère propre aux *Falcinelles* de M. Cuvier. L'individu du Musée de Paris paraît, d'après son plumage et ses couleurs, un jeune de l'année ; cet individu est l'unique sujet connu de cette espèce ; on dit qu'il a été

---

couleurs de son plumage pendant l'hiver, n'étant point encore connues ; c'est la seule espèce de *Bécasseau* dont je ne connais point encore la livrée parfaite d'hiver.

tué en Europe ; mais j'en doute. M. Vieillot prétend que mon *Bécasseau platyrhinque* ne doit point porter ce nom, mais que celui de *Tringo éleriode*, qu'il lui donne, est meilleur ! Le Numenius pygmeus de Bechstein, *Naturg. v. 4. p.* 148, n'est point une espèce distincte ; cette description a été prise sur un jeune de l'année du *Bécasseau cocorli*, de ce manuel.

Plumage d'été ou des noces.

Tête et occiput d'un brun noirâtre, coupé par deux étroites bandes longitudinales rousses ; sourcils blancs marqués de points bruns ; la raie entre le bec et l'œil d'un brun noirâtre ; côtés de la tête blanchâtres, rayés de brun ; nuque cendrée, rayée longitudinalement de brun ; plumes du dos et des scapulaires d'un noir profond, toutes finement lisérées de roux ; les scapulaires portent encore sur les barbes extérieures un petit trait longitudinal blanchâtre ; couvertures des ailes noirâtres vers le bout, terminées de blanc roussâtre ; gorge, ventre et abdomen d'un blanc pur ; devant et côtés du cou d'un blanc roussâtre, varié de petites raies longitudinales brunes : toutes les plumes terminées de blanc ; sur les flancs sont quelques grandes taches brunes, et sur les plumes blanches des couvertures latérales de la queue sont quelques taches lancéolées ; pennes du milieu de la queue noires, bordées de roux, les latérales et les rémiges lisérées de cendré clair ; bec noir, mais cendré rougeâtre à sa base ; pieds d'un cendré verdâtre. C'est alors :

Numenius pusillus. Bechst. *Naturg. Deut. v. 4. p.* 152.

— Numenius pygmeus. Meyer, *Tasschenb. Deut. v. 2. p. 359.* — Naum. *Vög. Nachtr. t. 10. f. 22. représentation très-exacte.*

Habite : les marais du nord de l'Europe et de l'Amérique ; de passage sur les fleuves des contrées orientales ; jamais observé en Hollande, * quoique les naturalistes, en se copiant, assurent qu'on le trouve sur nos côtes maritimes ; assez commun sur les lacs de Suisse, particulièrement au printemps.

Nourriture : petits insectes et vers.

Propagation : niche probablement dans les régions du cercle arctique.

BÉCASSEAU VIOLET.

TRINGA MARITIMA. (Brunn.)

Bec très-faiblement incliné à la pointe, plus long que la tête ; espace nu au-dessus du genou presque nul ; pieds et base du bec colorés.

Sommet de la tête, joues, côtés et devant du cou d'un cendré noirâtre, plus obscur sur le sommet de la tête ; gorge, tour des yeux et une petite tache entre l'œil et le bec d'un gris blanchâtre ; poitrine grise, toutes les plumes terminées de croissans blancs ; dos et scapulaires d'un noir violet à reflets pourprés, toutes les plumes terminées de cendré foncé ; couvertures des ailes noirâtres, lisérées de

---

* Le *Bécasseau variable* en plumage parfait d'hiver a souvent été donné pour le *Bécasseau platyrhinque* (*Scolopax pygmea* Gmel.), ce dont j'ai eu plus d'une preuve ; le premier est très-commun sur nos côtes, particulièrement en hiver ; le second ne s'y trouve point.

cendré clair; parties inférieures blanches; cette couleur est pure sur le milieu du ventre, tandis que les flancs sont marqués de grandes taches d'un cendré foncé, et que les couvertures inférieures de la queue portent des taches noirâtres, lancéolées; croupion et les deux pennes caudales intermédiaires d'un noir profond, toutes les autres cendrées, lisérées de blanc pur; bec à la base rougeâtre, le reste noirâtre; pieds d'un jaune d'ocre; iris noirâtre : Longueur du tarse, 10 lignes; longueur totale, 7 pouces 7 ou 8 lignes. *Le mâle et la femelle en plumage parfait d'hiver.*

De très-vieux individus ont les reflets violets et pourprés plus vifs que ceux âgés d'une année, et que les jeunes après la première mue.

Tringa maritima. Brunn. *Orn. Borealis. n°. 182. —* Gmel. *Syst. 1. p. 678. —* Lath. *Ind. Orn. v. 2. p. 731. sp. 18. —* Tringa nigricans. Montagu, *Transact. of the* Linn. *Society. v. 4. p. 40. t. 2. f. 2. figure et description exactes. —* Tringa maritima. Marckw. *Transact.* Linn. *Societ. v. 4. p. 22. n°. 120. Tab. 1. une très-mauvaise figure, sous tous les rapports défectueuse. —* Purple andpiper. Walcots. *Syn. Brit. Birds. v. 2. 155. —* Selninger sandpiper. Lath. *Syn. v. 5. p. 173. —* Id. *Syn. supp. v. 2. p. 312.*

Les jeunes de l'année.

Ont les plumes du sommet de la tête, celles du dos, les scapulaires, les pennes secondaires des ailes et celles du milieu de la queue, d'un noir mat, toutes bordées et terminées de roux clair; toutes les couvertures des ailes terminées par de larges bords blancs ; devant et côtés du cou rayés longitudinalement, chaque plume étant bordée de cendré ; de grandes taches longitudinales sur les flancs et sur l'abdomen ; base du bec et pieds d'un jaunâtre clair. C'est alors ,

THE KNOT. Penn. *Brit. Zool. p.* 123. *t. C.* 2. *f.* 1., mais tous les synonymes, à l'exception de Brunich, appartiennent au vrai *Bécasseau canut* ou *Maubèche* de ce manuel. On doit aussi placer ici TRINGA STRIATA *de Retz. Faun. Suec. p.* 182. *sp.* 151., dont Gmelin et Latham ont formé le composé bisarre de leur *T. Striata*, article où se trouvent confondus notre oiseau de cet article avec le *Totanus calidris* de ce manuel, qui est un chevalier à longues jambes. Les systèmes indiqués fourmillent de semblables erreurs.

Plumage d'été ou des noces.

Sommet de la tête, dos, manteau et scapulaires d'un noir violet, chaque plume étant bordée et terminée par une large bande d'un blanc pur où se dessine latéralement un peu de roux ; devant du cou, poitrine et ventre marqués de taches noirâtres, de forme lancéolée, placées sur un fond blanc cendré ; ces taches ont une forme ovale sur les côtés du cou et sur les flancs, et se présentent en bandes longitudinales sur les couvertures de la queue ; milieu du ventre d'un blanc pur. C'est alors,

TRINGA MARITIMA. *Transact. of the* Linn. *Society. mem. on the birds of Greenland.*

Habite : les bords rocailleux et les rochers baignés par la mer ; assez abondant en Angleterre ; très-commun en

Hollande, partout où on a établi des jetées de pierre qui s'avancent dans la mer, jamais dans d'autres lieux ; se trouve aussi en Norwège, sur les bords de la Baltique et sur ceux de la Méditerranée ; accidentellement sur les rivières. Se trouve aussi à la baie de Hudson, où l'espèce est absolument la même. Je n'ai point fait mention de cette espèce dans la première édition, le hasard ayant voulu que je n'aie trouvé cet oiseau, si commun à certains endroits de nos côtes, que depuis environ trois aus.

Nourriture : très-petits insectes marins qui vivent parmi les fucus et les algues ; plus habituellement de très-petits coquillages bivalves que la lame détache des rochers.

Propagation : inconnue.

BÉCASSEAU TEMMIA.

TRINGA TEMMINCKII. (Leisler.)*

*Bec très-faiblement incliné à la pointe**, plus court que la tête; pennes latérales de la queue étagées, l'extérieure d'un blanc pur ; tarse long de 8 lignes.*

Toutes les parties supérieures d'un brun foncé

---

* La phrase descriptive du *Tringa pusilla* de Linnée, voyez Gmel. *Syst.* 1. *p.* 681. *sp.* 20), dont les naturalistes allemands ont fait usage comme synonyme de cette espèce, mais plus souvent encore de la suivante (et qui toujours ont été confondues), ne convient pour aucune des deux espèces de très-petits bécasseaux qui vivent en Europe; elle est seule propre à une espèce exotique dont les parties inférieures sont roussâtres, *Corpore subtus rufescente*, Linnée. Mon digne ami, le D. Leisler, de Hanau, que les sciences ont perdu depuis, fit le premier cette juste remarque.

** On ne peut guère bien distinguer cette légère courbure du bec, que dans l'oiseau vivant ou fraîchement tué; étant séché et dressé, le bec paraît droit.

avec du brun noirâtre le long des baguettes ; poitrine et devant du cou d'un cendré roussâtre ; gorge, toutes les parties inférieures et les couvertures latérales de la queue d'un blanc pur ; couvertures intermédiaires de la queue noirâtres ; les quatre pennes du milieu d'un brun cendré, les autres blanchâtres, et l'extérieure ou les deux extérieures d'un blanc pur ; bec et pieds bruns. Longueur, 5 pouces 6 lignes. *Le mâle et la femelle en plumage d'hiver.*

TRINGA TEMMINCKII. Leisler. *Nachtr.* zu Bechsteins. *Naturg. Deut. Heft.* 1. *p.* 65. *artic.* 9. *et p.* 70. *n°.* 3. — TEMMINCKISCHER STRANDLAUFER. Meyer, *Vög. Liv-und. esthl. p.* 205 *sp.* 6.

Les jeunes avant la première mue.

Toutes les parties supérieures d'un cendré noirâtre, mais plus clair sur la nuque ; toutes les plumes (hormis celles de la nuque), bordées par une fine bande jaunâtre ; les scapulaires ont encore vers le bout une fine bande noire ; poitrine et côté du cou d'un cendré légèrement teint de roussâtre ; gorge, sourcils et parties inférieures d'un blanc pur ; les pennes de la queue, l'extérieure seule exceptée, terminées de roussâtre ; pieds d'un brun verdâtre.

DER TEMMINCKSCHE STRANDLAUFER IN DER JUGEND. Leisl. *loco citato. n°.* 2. — Meyer a décrit le jeune *Tasschenb. Deut. v.* 2. *p.* 591. dans l'article *variété.* C'est aussi TRINGA PUSILLA Bechst. *Naturg. Deut.* 2°. *édit. v.* 4. *p.* 308. *n°.* 8.

Plumage d'été ou des noces.

Toutes les plumes des parties supérieures d'un noir profond dans le milieu, entourées d'une large bande d'un roux foncé ; front, devant du cou et poitrine d'un cendré roux avec de très-petites taches longitudinales noires ; gorge, parties inférieures et pennes latérales de la queue d'un blanc pur ; les deux pennes du milieu de la queue d'un brun noirâtre, bordé de roux foncé.

DER TEMMINCKSCHE STRANDLAUFER IM HOCHZEITLICHEN KLEIDE. Leisl. *loco citato. n°. 1.*

Habite : les régions du cercle arctique ; de passage à deux époques de l'année dans différentes parties de l'Allemagne, sur les bords des lacs et des rivières ; probablement aussi dans l'intérieur de la France ; jamais le long des côtes maritimes de Hollande ; émigre le long des fleuves ; très-rare sur le lac de Genève.

Nourriture : petits insectes.

Propagation : niche probablement très-avant dans le nord.

BÉCASSEAU ÉCHASSES.

TRINGA MINUTA. (LEISLER.)

*Bec droit, plus court que la tête ; queue doublement fourchue * ; pennes latérales d'un cendré brun, toutes lisérées de blanc ; tarse long de 10 lignes.*

Toutes les parties supérieures cendrées, avec du

---

* J'entends par une queue *doublement fourchue*, que les deux pennes du milieu et la penne extérieure de chaque côté étant les

brun noirâtre le long des baguettes ; côtés de la poitrine d'un roux cendré ; une raie brune entre l'œil et le bec ; milieu de la poitrine, gorge, sourcils, devant du cou, toutes les parties inférieures et seulement les plumes latérales des couvertures du dessus de la queue d'un blanc pur ; les pennes latérales de la queue d'un cendré brun, toutes lisérées de blanc ; les deux du milieu brunes ; bec et pieds noirs. Longueur, 5 pouces 6 lignes. *Le mâle et la femelle en plumage d'hiver.*

TRINGA MINUTA. Leisler. *Nachtr. zu* Bechst. *Natury. Deut. Heft.* 1. *p.* 74. *Art.* 10.

Les jeunes avant la première mue.

Plumes du sommet de la tête noirâtres, bordées de roux jaunâtre ; front, sourcils, gorge, devant du cou, milieu de la poitrine et les autres parties inférieures d'un blanc pur ; une raie brune entre l'œil et le bec ; côtés de la poitrine roussâtres variés de brun cendré ; nuque et côtés du cou d'un cendré varié de brun ; plumes du dos, scapulaires et couvertures alaires d'un brun noirâtre, celles du haut du dos entourées par une large bordure rousse, celles des scapulaires par une large bordure d'un blanc jaunâtre, et celles des couvertures alaires par

plus longues, et les autres diminuant graduellement de chaque côté, leur distribution produit ce que formerait, sur une plus grande mesure deux queues *d'hirondelle de fenêtre* accolées : j'indique ce caractère comme un signe de plus pour distinguer les deux espèces très-distintes de petits bécasseaux, qu'il est si facile de confondre.

une étroite bande d'un roux jaunâtre; les deux pennes du milieu de la queue noirâtres, bordées de cendré roux; les autres lisérées de blanc.

Kleiner strandlaufer. *Junge.* Meyer, *Tasschenb. Deut. v. 2. p.* 391. *ligne* 17¦, mais point l'article *varieté*, qui contient la description du jeune *Bécasseau temmia* de l'article précédent. — Der kochbbinige strandlaufer. Leisl. *Nachtr. zu* Bechst. *Naturg. Deut. v.* 76. *n°.* 2. — Naum. *Vög. t.* 21. *f.* 3o. *figure assez exacte.* — Gambecchio o culetto. *Stor. degl. ucc. v.* 4. *pl.* 452. Stint of zeeleeurik. Sepp. *Nederl. Vog. v.* 3. *t. p.* 271.

Plumage d'été ou des noces.

Sommet de la tête noir avec des taches d'un roux vif. Joues, côtés du cou et côtés de la poitrine d'un roussâtre clair, parsemé de petites taches brunes, de forme angulaire; sourcils, gorge, milieu de la poitrine et toutes les parties inférieures d'un blanc pur; plumes du dos, scapulaires, couvertures des ailes, croupion et les deux pennes du milieu de la queue d'un noir profond ; toutes portent une large bordure et sont terminées de roux vif; seulement les plumes latérales des couvertures supérieures de la queue blanches, avec des taches isolées; toutes les pennes latérales de la queue d'un brun cendré, mais lisérées de blanc pur.

Habite : ainsi qu'il a été dit pour l'espèce précédente; de passage sur les bords des rivières, en Allemagne et en France; souvent en automne dans les grands marais de la Hollande; rarement le long des côtes maritimes; très-commun sur le lac de Genève. Des individus envoyés du

Bengale servent de preuve que l'espèce y est absolument la même.

Nourriture : très-petits vers et insectes fluviatiles ou de marais.

Propagation : niche probablement dans le nord.

BÉCASSEAU CANUT ou MAUBÈCHE*.

TRINGA CINEREA. (Linn.)

Bec droit, un peu plus long que la tête, très-renflé et dilaté vers le bout ; toutes les pennes de la queue d'égale longueur.

Gorge, milieu du ventre et abdomen d'un blanc pur ; front, sourcils, côtés et devant du cou, poitrine et flancs également blancs, mais variés de petits traits bruns longitudinaux et de bandes transversales et en zigzag d'un brun cendré ; tête, cou, dos et scapulaires d'un cendré clair avec les baguettes brunes ; croupion et couvertures supérieures de la queue blancs avec des croissans noirs et en zigzag ; couvertures des ailes cendrées, bordées de blanc et à baguettes brunes ; pennes de la queue cendrées,

---

* M. Cuvier en fait son sous-genre *Calidris*, *Règ. anim.* *v. 1. p.* 489. Ce nom avait déjà servi à M. Illiger pour désigner le genre *Sanderling ;* au reste, cet oiseau ne diffère point des autres bécasseaux. Sur cette même page se trouve l'indication de petite maubèche grise, qui n'est que la livrée complète d'hiver de mon *Bécasseau variable*, auquel M. Cuvier a joint pour synonymes *Tringa arenaria* qui est un *Sanderling* en hiver, et le *Canut* de la *Zool. Brit. pl. C.* 2. *f.* 1, qui est une figure très-exacte de mon *Bécasseau violet* (*Tringa maritima*) de Brunnich ; ce que le caractère du tibia emplumé indique assez évidemment.

lisérées de blanc ; bec et pieds d'un noir verdâtre;
iris brun. Longueur, 9 pouces 6 lignes. *Le mâle et
la femelle, en hiver.*

TRINGA CINEREA , GRISEA et CANUTUS. Gmel. *Syst.* 1.
p. 673. *sp.* 25, 41 *et* 15. — Lath. *Ind. v.* 2. *p.* 733.
sp. 25, 23 *et* 44. — *Transact.* of the Linn. *Society.*
mem. birds of greenl. — LA MAUBÈCHE GRISE. Buff. *Ois. v.* 7.
p. 531. — Id. *Pl. enl.* 366. *figure très-exacte.* — LE CA-
NUT. Buff. *Ois v.* 8. *p.* 142. — Edw. *Ois. t.* 276. *figure
très-exacte.* — GRISLED ASCH-COLOURED and KNOT SANDPIPER.
Lath. *Syn. v.* 5. *n°.* 20, 21 *et* 36. — Penn. *Brit. Zool.*
p. 124. *t. E.* 1. *f.* 1. — DER ASCHGRAUE STRANDLAUFER.
Bechst. *Naturq. Deut. v.* 4. *p.* 318. — Leisler , *Nachtr.*
Heft. 1. *p.* 53. — Meyer, *Taschenb. v.* 2. *p.* 392. *Vög.
Liv-und. Esthl. p.* 207. *n°.* 7. — CHIURLO. *Stor. deg.
ucc. v.* 4. *pl.* 456.

Les jeunes de l'année avant la première mue.

Le cendré du dos et des scapulaires très-foncé,
toutes ces plumes terminées par deux croissans
très-étroits dont le supérieur est noir et l'inférieur
blanc; une multitude de grandes taches brunes sont
disposées longitudinalement sur le sommet de la tête
et sur la nuque dont le fond est cendré; une légère
teinte de gris roussâtre sur la poitrine; une raie
brune entre l'œil et le bec; bec d'un cendré verdâtre; pieds d'un jaune verdâtre , le reste comme
chez les adultes en plumage d'hiver. C'est alors ,

TRINGA CINEREA. Meins. et Schinz. *Vög. des Schweitz.*
p. 228. *description très-exacte.* Naum. *Vög. Nachtr.*
t. 9. *f.* 20. *figure très-exacte.* — Wilson *Americ. Orn.
v.* 7. *pl.* 57. *f.* 2. *ne différant en rien des jeunes tués en
Europe.*

Plumage d'été ou des noces.

De larges sourcils, gorge', côtés et devant du cou, poitrine, ventre et flancs d'un roux de rouille ou de cuivre ; nuque rousse avec de petits traits longitudinaux ; sommet de la tète, dos et scapulaires d'un noir profond ; toutes ces plumes bordées de roux vif ; sur les scapulaires de grandes taches ovales du même roux ; abdomen blanc, maculé de roux et taché de noir ; couvertures supérieures de la queue [blanches avec des croissans noirs et des taches rousses; pennes de la queue d'un cendré noirâtre, lisérées de blanchâtre. *Les vieux en plumages parfait.*

T RINGA ISLANDA. Gmel. *Syst.* 1. *p.* 682. *sp.* 24. Lath. *Ind. v.* 2. *p.* 737. *sp.* 39. (mais point sa description en Anglais *Syn. v.* 5. *p.* 186. qui est synonyme avec mon *Bécasseau cocorli.*) — T RINGA FERRUGINEA. Meyer , *Taschenb. Deut. v.* 2. *p.* 395. *un individu prenant sa livrée complète.* — Naum. *Vög. Nachtr. t.* 9. *f.* 19. *un individu complet en dessous, mais en mue sur les parties supérieures.* — T RINGA RUFA. Wilson. *Americ. Orn. v.* 7. *p.* 43. *pl.* 57. *f.* 5. *les teintes rousses sont plus claires que chez les individus d'Europe.* — R OTH-BRAUNE STRANDLAUFER. Meyer , *Vög. Deut. v.* 2. *t. f.* 1. *en état parfait.*

Les jeunes à leur première mue de printemps.

Tout ce qui est d'un roux de cuivre dans les vieux est d'un roux clair chez les jeunes âgés de neuf mois ; nuque et sommet de la tête d'un cendré jaunâtre, avec des traits bruns longitudinaux ; le roux

clair et le noirâtre sont mêlés sur le haut du dos,
les taches ovales des scapulaires d'un roux très-clair;
milieu du ventre, et quelquefois la poitrine variés
de plumes blanches, qui sont tachées de brun. Plus
de plumes cendrées sur les parties supérieures, et
plus de plumes blanches sur les parties inférieures;
le tout, suivant l'époque où en est la mue.

CALIDRIS. Briss. *Orn. v.* 5. *p.* 226. *sp.* 14. *t.* 20. *f.* 1.
mais observez que la description de Brisson est prise sur
un *combattant*, tandis qu'il figure très-exactement notre
oiseau de cet article. TRINGA NAEVIA et AUSTRALIS. Gmel.
Syst. 1. *p.* 681. *et* 679. *sp.* 40 *et* 39. — Lath. *Ind. v.* 2.
p. 732. *et* 737. *sp.* 22. *et* 40. — MAUBÈCHE TACHETÉE. Buff.
Ois. v. 7. *p.* 531. — Id. *Pl. enl.* 365. — MAUBÈCHE COM-
MUNE ET TACHETÉE. Gérard. *Tab. élém. v.* 2. *p.* 211. *n°.* 8
et 9. — LA MAUBÈCHE. Buff. *Ois. v.* 7. *p.* 529. *t.* 31. —
DUSKY, SPECKLED and SOUTHERN SANDPIPER. Lath. *Syn.*
v. 5. *n°.* 18, 19 *et* 35. — Id. *supp. v.* 1. *p.* 249. — SA-
GINELLA MAGGIORE. *Stor. deg. ucc. v.* 4. *pl.* 455.

Comme citations imparfaites et à proscrire. TRINGA CA-
LIDRIS. * Gmel. *p.* 681. *sp.* 19. — Lath. *Ind. v.* 2. *p.* 732.
sp. 21., ainsi que OLIVEN FARBIGE STRANDLAUFER. Meyer et
Bechstein.

Remarque. Cette espèce qui, dans les systèmes, se
trouve reproduite sous sept noms différens, est répandue
en Amérique comme en Europe; des individus que j'ai reçus
du nord de l'Amérique, diffèrent très-peu de ceux que j'ai
tués, à leur double passage, dans les vastes marais de la
Hollande.

---

* M. Cuvier veut placer cette indication du *Tringa calidris* de
Gmel. et Lath. avec les autres synonymes du *Becasseau combattant, jeune âge.* Mais il est dit, *rostro pédibusque nigricantibus* : a-t-on
jamais vu un combattant à bec et pieds noirs?

Habite : les régions du cercle arctique ; vit en été dans les marais, au printemps et en automne sur les bords de la mer ; de passage deux fois dans l'année ; plus abondant en Hollande, à son passage de printemps qu'à celui d'automne ; rare en Allemagne et en France.

Nourriture : principalement des vers ; plus rarement des petits scarabées marins, fluviatiles et de marais ; souvent de très-petits coquillages bivalves.

Propagation : niche dans le nord.

IIe. *SECTION.* — BÉCASSEAU COMBATTANT.

Le doigt du milieu et l'extérieur unis jusqu'à la première articulation. Les mâles ornés pendant le temps des noces.

Cette section, dont M. Cuvier, *Règ. anim. v.* 1. *p.* 490, forme le sous-genre *Machetes*, diffère de mes autres *Bécasseaux* par le seul caractère des jambes, plus longues à raison du corps, et par la demi-palmure au doigt externe. Le combattant semble placé sur la limite du genre *Tringa* et *Totanus*, et forme le passage des uns aux autres. Si, eu ornithologie, on veut isoler toutes les espèces qui indiquent le passage d'un groupe à un autre groupe, quelle multitude de genres nouveaux ne devrat-on point encore former ! Les genres *Totanus* et *Tringa*, dont nous nous occupons, formeraient, en y comprenant le petit nombre d'espèces étrangères, six ou sept nouveaux groupes, sous des noms qui ne serviront qu'à surcharger la mémoire.

BÉCASSEAU COMBATTANT.

TRINGA PUGNAX. (Linn.)

Bec très-faiblement incliné et rentré vers la pointe ; pieds longs ; queue arrondie, les 2 pennes du milieu rayées, les trois latérales toujours unicolores ; cou-

leurs si variables, qu'on ne saurait trouver deux individus qui se ressemblent parfaitement.

Plumage d'automne et d'hiver.

Face couverte des plumes ; occiput et cou garnis de plumes courtes ; gorge, devant du cou, ventre et les autres parties inférieures d'un blanc pur ; poitrine roussâtre avec des taches brunes ; plumage des parties supérieures *le plus souvent* d'un brun semé de taches noires et bordé de roussâtre ; les plus longues couvertures des rémiges et les pennes du milieu de la queue rayées de brun, de noir et de roux ; bec brunâtre ; pieds d'un jaunâtre teint de verdâtre, de brun ou de rougeâtre ; iris brun. Longueur, 11 pouces 4 ou 6 lignes. *Le mâle.*

La femelle est d'un tiers plus petite ; son plumage est plus cendré, et le devant du cou est rarement d'un blanc pur ; bec noir ; pieds plus foncés. Longueur, 9 pouces 1 ou 2 lignes.

Tringa variegata. Brunn. *Orn. Boreal. p.* 54. *n*°. 181. *un mâle en plumage d'hiver.*

Plumage d'été ou des noces.

Face nue, couverte de verrues ; de longues plumes ornent l'occiput ; une large fraise composée d'une rangée de belles plumes orne la gorge ; ces plumes et celles de l'occiput contrastent d'ordinaire avec les couleurs répandues sur les plumes du corps ; celles-ci sont le plus habituellement variées par des couleurs rousses, cendrées, noires, brunes, blanches et jaunâtres ; les plumes de la fraise et celles de l'occiput varient également à l'infini ; bec d'un orange jaunâtre ; verrues jaunes ou rougeâtres. Les plumes de la fraise sont plus ou moins longues suivant les âges des mâles.

La femelle est plus petite ; elle n'a jamais des plumes de parade. Parties supérieures d'un brun cendré mêlé de quelques plumes d'un noir à reflets d'acier poli ; cou et poitrine de même, mais plus clair ; ventre et abdomen blancs : bec noir ; pieds jaunâtres ou verdâtres.

Tringa pugnax. Gmel. *Syst.* 8. *p.* 669. Lath. *Ind. v.* 2. *p.* 725. — Le combattant. Buff. *Ois. v.* 7. *p.* 521. *t.* 29. — Id. *Pl. enl.* 305 *et* 306. — Gérard. *Tab. 'élém. v.* 2. *p.* 195. — The ruf. Lath. *Syn. v.* 5. *p.* 159. — Penn. *Brit. Zool. p.* 123. *t. E. le mâle.* — Streitstrandlaufer. Bechst. *Naturg. Deut. v.* 4. *p.* 266. — Meyer, *Tasschenb. v.* 2. *p.* 377. — Frisch. *t.* 232 *et* 235. *mâles et t.* 238. *femelle ou mâle en hiver.* — Naum. *t.* 13, 14 *et* 15 *et de la t.* 16. *f.* 19. *mâles en habit des noces.* — *La t.* 16. *f.* 20. *une femelle en habit des noces, et la t.* 17. *f.* 22. *le mâle en automne.* — Gambetta scherzosa. *Stor. degli ucc. v.* 5. *pl.* 466 *et* 467. *mâles qui ont perdu leurs plumes de parade.* — Combattente. *Stor. deg. ucc. v.* 5. *pl.* 488. *le mâle en habit des noces.*

Les jeunes de l'année, ressemblent beaucoup aux *femelles en plumage d'hiver,* mais les teintes du devant du cou et de la poitrine sont d'un cendré roussâtre mat ; les plumes de la tête, celles du dos, les scapulaires et les grandes couvertures des ailes sont d'un brun noirâtre ; elles portent de larges

bordures rousses et jaunâtres ; petites couvertures
des ailes bordées de blanc roussâtre; gorge , ventre
et abdomen d'un blanc pur; bec noir; pieds verdâtres. C'est alors,

TRINGA LITTOREA*. Gmel. *Syst.* 1. *p.* 677. — Lath. *Ind.
Orn. v.* 2. *p.* 731. *sp.* 15. — TRINGA GRENOVICENSIS. Lath.
Ind. sp. 16. — TOTANUS CINEREUS. Briss. *Orn. v.* 5.
p. 203. *t.* 17. *f.* 2. — LE CHEVALIER VARIÉ. Buff. *Ois. v.* 7.
p. 507. *et surtout sa Pl. enl.* 300. *une figure très-exacte
du jeune combattant, tels que sont tous les individus
à l'époque où ils commencent à voler.* — Gérard. *Tab.
élém. v.* 2. *p.* 207. — SHORE SANDPIPER. Lath. *Syn. v.* 5.
p. 171. — GREENWICH SANDPIPER. Lath. *Syn. supp. v.* 1.
p. 249. — ENGLISCHEN STRANDLAÜFER. Bechst. *Taschenb.
Deut. p.* 298. *n°.* 4. — Naum. *Vög. Deut. t.* 17. *f.* 21.
— GAMBETTA TALE. *Stor. deg. ucc. v.* 5. *pl.* 465.

La femelle adulte et les jeunes après la mue d'automne.

TRINGA EQUESTRIS. Lath. *Ind. v.* 2. *p.* 730. *sp.* 14. —
LE CHEVALIER COMMUN. Buff. *Ois. v.* 7. *p.* 511 , et surtout sa
Pl. enl. 844. *figure très-exacte.* — LE CHEVALIER ORDI-
NAIRE. Gérard. *Tab. élém. v.* 2. *p.* 203. — EQUESTRIAN
SANDPIPER. Lath. *Syn. supp. v.* 2. *p.* 311. *sp.* 2. *descrip-
tion très-exacte.*

Habite : les prairies humides et marécageuses ; rarement au printemps sur les bords de la mer ; quelques com-

---

* Si on ne place point le *Tr. littorea ,* Gmel. , comme le jeune du
combattant, on doit le supprimer. M Meyer en a fait usage dans
le *Tasschenb. Deut.,* à l'article du *Tourne-pierre ,* et dans l'ouvrage
Vög. Liv-und. Esthl. à celui de notre *Chevalier cul-blanc* (*Tr. ochropus.* Gmel.)

pagnies émigrent en automne le long des côtes maritimes. Nulle part aussi abondant qu'en Hollande.

Nourriture : vers et insectes de marais.

Propagation : niche dans les herbes; pond quatre ou cinq œufs pointus, d'un verdâtre clair, avec un grand nombre de petites taches et de points bruns, ou bien olivâtres avec de grandes taches brunes.

GENRE SOIXANTE-SIXIÈME.

CHEVALIER. — *TOTANUS.* (Bechst.)

Bec médiocre ou long, droit, rarement courbé en haut, mou à la base, dur, solide et tranchant à la pointe, comprimé dans toute sa longueur, terminé en pointe aiguë; les deux mandibules sillonnées seulement à leur base; extrémité de la mandibule supérieure légèrement courbée sur l'inférieure. Narines latérales, linéaires, longitudinalement fendues dans le sillon. Pieds longs, grêles, nus au-dessus du genou; trois doigts devant et un derrière; des doigts antérieurs, celui du milieu réuni à l'extérieur jusqu'à la première articulation par une membrane qui se prolonge quelquefois jusqu'à la seconde articulation. Souvent un rudiment au doigt interne, rarement une demi-palmure. Ailes médiocres, la 1re. rémige la plus longue.

Ces oiseaux, qui voyagent en petites troupes, vivent indistinctement sur les bords des lacs et des rivières, comme dans les prairies qui avoisinent les eaux douces;

ils ne fréquentent point habituellement les bords de la
mer, ni les rives limoneuses et vaseuses des fleuves ; ils
saisissent leur nourriture, qui se compose d'insectes, de
vers, de coquillages, et très-rarement de poissons, par le
moyen de la pointe dure de leur bec. Leur mue a lieu à
deux époques fixes de l'année ; leur plumage d'hiver ne
diffère le plus souvent de celui d'été, que par des distributions différentes dans les taches et dans les raies dont
il est varié, souvent uniquement dans des nuances plus
pures en été qu'en hiver ; les jeunes diffèrent peu des
adultes en plumage d'hiver ; les sexes se distinguent par
les dimensions un peu plus fortes des femelles.

Remarque. Les *Chevaliers* diffèrent des oiseaux compris dans mon genre *Bécasseau*, par leur bec, dont toute
la pointe est d'une substance solide et propre à saisir leur
proie à la surface d'un terrain dur, entre les fentes des
pierres, ou sur la grève, propre aussi à enfoncer dans un
terrain solide, tel que celui des prairies. Le bec des *Bécasseaux* et des *Barges* a la fosse nasale très-prolongée,
même jusques au delà des trois quarts de sa longueur, ce
qui le rend mou et flexible à la pointe, parce qu'étant
destiné à fouiller dans les terrains moux, fangeux, vaseux ou de sable mouvant, la substance molle de ce bec,
pourvu latéralement de muscles, concourt à le rendre
propre pour saisir au toucher le genre de nourriture qui
est destiné à ces oiseaux. Mon savant ami, feu le D^r. Leisler, m'a rendu le premier attentif à cette conformation
disparate. Je suis cependant d'opinion différente sur la
classification des espèces, et je dois attribuer celle que le
savant continuateur de l'ornithologie d'Allemagne nous
offre, à l'impossibilité où il se trouvait de pouvoir observer
les mœurs de toutes les espèces que j'ai réunies dans mon
genre *Totanus ;* particulièrement aussi au défaut de comparaisons avec les espèces exotiques ; comparaisons que
j'ai trouvées constantes dans les espèces étrangères des genres *Tringa, Totanus* et *Limosa.*

I_{re}. *SECTION.* — CHEVALIERS PROPREMENT DITS.

Mandibules droites, pointe de la supérieure courbée sur l'inférieure ; le doigt du milieu et l'extérieur unis , ou les trois doigts plus ou moins
réunis.

Leur nourriture consiste en vers, insectes à élitres et
très-petits coquillages ; ils habitent les eaux douces et les
prairies humides.

CHEVALIER SEMI-PALMÉ.

TOTANUS SEMIPALMATUS. (MIHI.)

*Bec gros, très-fort ; un miroir blanc vers les trois
quarts de la longueur des rémiges ; les doigts à
moitié palmés* *.

Plumage supérieur d'un brun clair uniforme ,
chaque plume étant d'un brun plus foncé le long
des baguettes ; devant du cou et poitrine d'une teinte
cendrée marquée de petites stries brunes ; gorge,
ventre et abdomen d'un blanc pur ; ailes d'un cendré brun foncé qui devient plus clair et se nuance
en cendré blanchâtre sur le bord de l'aile ; rémiges
noires ; un grand espace sur celles-ci ; le croupion
et les couvertures supérieures de la queue d'un

---

* On distingue facilement cette espèce d'une autre plus grande
de l'Amérique septentrionale , par la double palmure des doigts ;
elle lui ressemble par le bec et par le miroir blanc sur les rémiges ;
mais un doigt est demi-palmé, et l'autre est uni par un rudiment
de membrane.

blanc pur ; les deux pennes du milieu de la queue
brunes , les autres blanchâtres marquées de zigzags
bruns très-fins ; bec, pieds, doigts et membranes d'un
cendré plombé; iris noirâtre. Longueur, 15 pouces.
Le mâle et la femelle en plumage d'hiver.

Remarque. L'espèce n'a jamais été décrite dans cette
livrée. La femelle est un peu plus grande que le mâle.

Les jeunes de l'année, ont le sommet de la tête
brun varié de brun plus foncé ; la nuque cendrée
sans taches; le dos et les scapulaires bruns et chaque plume lisérée de roussâtre terne ; toutes les
pennes de la queue brunes , les deux du milieu
blanches à leur origine, brunes sur le dernier tiers
de leur longueur ; les latérales ont des zigzags vers
leur extrémité seulement; côtés du cou marqués de
petites stries cendrées; le devant du cou et toutes
les parties inférieures d'un blanc sale.

Plumage d'été ou des noces.

Tête , joues, cou et poitrine rayés longitudinalement de brun et de blanchâtre ; les taches brunes
de la poitrine et des flancs sont en forme d'angle
ouvert et souvent transversales ; dos , manteau et
et ailes rayés de larges bandes brunes et cendrées ;
sur la partie cendrée, toujours plus large, sont quelques taches rousses ; gorge, ventre , croupion et
un large espace sur les rémiges, d'un blanc pur ;
les deux pennes du milieu de la queue rayées de
bandes noires ; les autres comme dans le plumage
d'hiver. C'est alors ,

Scolopax semipalmata. Gmel. *Syst.* 1. *p.* 659. — Lath. *Ind. Orn. v.* 2. *p.* 724. *sp.* 27. — Wilson. *Americ. Orn. v.* 7. *pl.* 56. *f.* 3. — Glottis semipalmata. Nils. *Orn. Suec. v.* 2. *p.* 55. — Semi-palmated snipe. *Arct. Zool. v.* 2. *n°.* 380. —Lath. *Syn. v.* 5. *p.* 152.

Habite: se montre accidentellement dans le nord de l'Europe, apparemment des individus égarés. Très-commun dans l'Amérique septentrionale, particulièrement aux États-Unis ; vit dans le voisinage des marais salés ; le plus grand nombre de nos chevaliers choisissent de semblables lieux.

Nourriture : suivant Wilson , des coquillages bivalves auxquels il donne la préférence ; aussi des vers marins et d'autres insectes aquatiques.

Propagation : suivant le même auteur , place son nid parmi les herbes qui croissent dans le voisinage des marais salins, non loin des champs; pond quatre œufs très-gros à l'un des bouts et pointus à l'autre, d'un olivâtre foncé marqué de grandes taches d'un brun noirâtre, qui sont plus nombreuses vers le gros bout.

CHEVALIER ARLEQUIN.

TOTANUS FUSCUS. (Leisler.)

Base de la mandibule inférieure du bec rouge; croupion d'un blanc pur; couvertures supérieures de la queue rayées de blanc et de noirâtre.

Sommet de la tête, nuque, dos, scapulaires et couvertures des ailes d'un gris cendré avec les baguettes noirâtres; une raie qui va du haut du bec à l'œil ; la gorge, la poitrine, le ventre, l'abdomen et le croupion d'un blanc parfait; flancs d'un cendré blanchâtre; une bande noirâtre entre le bec et

l'œil; joues, côtés et devant du cou nuancés de
cendré et de blanc; couvertures supérieures et pennes de la queue rayées transversalement de brun
noirâtre et de blanc; bec noir, mais la mandibule
inférieure rouge à sa base; pieds d'un rouge vif.
Longueur, 11 pouces, ou 11 pouces 6 lignes. *Le
mâle et la femelle en plumage parfait d'hiver.*

Totanus fuscus. Leisl. *Nachtr. zu* Bechst. *Naturg.
Deut. Hef.* 1. *p.* 47. *n°.* 2. — Meyer, *Taschenb. Deut.
v.* 2. *p.* 366. *sp.* 1. — Totanus natans. Bechst. *Naturg.
Deut. v.* 4. *p.* 227. *n°.* 4. — Id. *Tasschenb. v.* 2. *p.* 286.
n°. 4. *avec une mauvaise figure du jeune de l'année,
prenant sa première livrée d'hiver.* — Tringa totanus.
Meyer, *Vög. Liv-und. Esthl. p.* 200. *sp.* 1. — Tringa
fusca [*]. Linn. *édit.* 12. *p.* 252. — Scolopax curonica. Gmel.
Syst. 1. *p.* 669. *sp.* 46. — Lath. *Ind. v.* 2. *p.* 724. *sp.* 37.
— Scolopax Cantabrigensis. Gmel. *p.* 668. *sp.* 45. — Lath.
Ind. p. 721. *sp.* 23. — Chevalier de Courlande. Sonn.
nouv. édit. de Buff. *Ois. v.* 22. *p.* 102. *d'après* Beseke.
Naturf. Ges. v. 7. *p.* 462. *un individu en mue.* —
Courland snipe. Lath. *Syn. supp. v.* 2. *p.* 310. — Dun-
kel. brauner. wasserlaüfer. *der einjariger vög.* Meyer,
Tasschenb. v. 2. *p.* 366. — Witte strandlooper. Sepp.
Nederl. Vog. v. 2. *t. p.* 267. *un jeune de l'année pre-
nant le plumage d'hiver.* — La barge aux pieds rouges.
Gérard [**]. *Tab. élém. v.* 2. *p.* 236. *description très-
exacte.*

---

[*] Par suite des misérables compilations de Gmelin, nous retrou-
vons cette indication parmi les synonymes du *Glareola Senegalensis*, qui n'est rien autre que notre *Glaréole à collier* d'Europe.

[**] Gérardin cite à cet article le *Scopolax obscura* Gmel. *Syst.* 1.
p. 663. *sp.* 41. — S. G. Gmel. *Reise. v.* 3. *p.* 90. *t.* 17. sans faire
attention que cet oiseau est un *Ralle*, et des mieux caractérisés.

Les jeunes avant la première mue.

Diffèrent seulement des *jeunes* et des *vieux dans leur plumage parfait d'hiver*, en ce que les parties supérieures ont une teinte de brun olivâtre ; que les plumes du dos sont bordées latéralement d'un petit trait blanc ; que les couvertures alaires et les scapulaires portent quelques petites taches blanches de forme triangulaire sur les bords des barbes, et que toutes les parties inférieures sont blanchâtres, variées de nombreux zigzags et de taches peu distinctes d'un cendré brun; les pieds sont d'un rouge orange. C'est alors ,

SCOLOPAX TOTANUS *. Gmel. *Ssty.* 1. *p.* 655. *sp.* 12. — Lath. *Ind. Orn. v.* 2. *p.* 721. *sp.* 24. *une indication très-exacte.* — TOTANUS MACULATUS. Bechst. *Naturg. Deut. v.* 4. *p.* 203. — SPOTTED SNIPE. Lath. *Syn. v.* 5. *p.* 149. *sp.* 19. *var. A.* — Penn. *Arct. Zool. v.* 2. *p.* 467. *n°.* 374. — DUNKELBRAUNER WASSERLAUFER. *der zweijariger vögel.* Meyer , *Tasschenb. Deut. v.* 2. *p.* 367. — Naum. *Vög. t.* 8. *f.* 8. *figure très-exacte.* — Meyer, *Vög. Deut. Heft.* 18. *t.* 5. *figure très-exacte.*

Plumage d'été ou des noces.

Toutes les parties supérieures et la face noirâtres; les plumes du dos, des couvertures et des scapu-

---

* Mais point le *Scolopax totanus* , Linn. *Syst. Natur.* édit. 12, qui doit être rapporté à notre espèce décrite sous le nom *Totanus stagnatilis.* M. Cuvier a très-exactement indiqué cet article comme synonyme à son *petit Chevalier à pieds verts*, qui est notre *Stagnatile;* la citation de la *pl. enl.* 876 est également juste : je me suis trompé dans la première édition.

laires marquécs sur les bords des barbes de petites
taches blanches et terminées par un croissant blanc;
les parties inférieures d'un cendré noirâtre , sans
taches sur le cou, mais toutes les plumes de la poitrine et du ventre terminées par un croissant blanc
très-étroit; abdomen et couvertures caudales rayés
transversalement de cendré noir et de blanc; pennes
de la queue d'un cendré noirâtre, marquées sur le
bord des barbes de petites raies blanches, qui ne se
prolongent point jusqu'aux baguettes ; base de la
mandibule inférieure rouge ; pieds d'un brun légèrement teint de rougeâtre.

Remarque. Aux deux époques périodiques de la mue ,
on voit des individus qui portent quelques plumes de la
livrée d'été et d'hiver mêlées ; dans ce cas , les parties inférieures paraissent tapirées de plumes blanches et d'un
cendré noirâtre ; les parties supéricures le sont de plumes
d'un cendré sans taches mêlées avec celles qui sont noirâtres à taches et bordures blanches.

Totanus fuscus. Bechst. *Naturg. Deut. v.* 4. *p.* 212. —
Scolopax Fusca. Gmel. *Syst.* 1. *p.* 657. *sp.* 5. — Lath.
Ind. v. 2. *p.* 734. *sp.* 35. — Tringa atra. Gmel. *Syst.* 1.
p. 675. *sp.* 26. — Lath. *Ind. v.* 2. *p.* 738. *sp.* 43. *l'oiseau en mue.* — Tringa fusca. Falck. *Reis. v.* 3. *p.* 376.
t. 26. *en plumage parfait.* — Chevalier noir*. Cuv.
Règ. anim. v. 1. *p.* 493. — Barge brune. Buff. *Ois. v.* 7.

---

* A l'article cité, M. Cuvier dit que *les pieds sont jaunâtres*,
mais il se trompe : sur plus de cinquante individus que j'ai vus et
tués , il ne s'en est point encore presenté un seul à pieds jaunâtres;
ces parties sont d'un brun rougeâtre foncé en été , et du plus
beau rouge vermillon en hiver ; ils sont oranges chez les jeunes
de l'année.

p. 508. — Id. *pl. enl.* 875. *en plumage parfait.* — Dusky snipe. Lath. *Syn. v.* 5. *p.* 155. — Black headed snipe. Id. *Syn. supp. v.* 2. *p.* 313. — Dunkel brauner wasserlaüfer. Meyer, *Vög. Deut. v.* 2. *Heft.* 18. *t.* 4. — Frisch. *Vög. t.* 236. — Naum. *Vög. Nachtr. t.* 37. *f.* 74. *figure très-exacte du plumage parfait d'été.* — Pantana. *Stor. degl. ucc. v.* 5. *pl.* 460. — Swarte ruiter. Sepp. *Nederl Vog. v.* 3. *t. p.* 257. *plmage parfait d'été.*

Habite : les bords des fleuves, des lacs et des marais; de passage deux fois dans l'année; vit et se propage dans les régions du cercle arctique. L'espèce est absolument la même dans l'Amérique septentrionale; les individus envoyés du Bengale ne diffèrent aussi en aucune manière.

Nourriture : coquillages fluviatiles; plus rarement des insectes et des vers.

Propagation : niche dans le nord. Il ne séjourne pas long-temps en Hollande.

CHEVALIER GAMBETTE.

TOTANUS CALIDRIS. (Bechst.)

La moitié des deux mandibules rouge; un rudiment de membrane réunit le doigt intérieur à celui du milieu; pennes secondaires des ailes blanches depuis la moitié de leur longueur.

La tête, le derrière du cou, le haut du dos, les scapulaires et les couvertures alaires d'une seule teinte de brun cendré, seulement varié par un trait plus foncé le long des baguettes; gorge, côtés de la tête, devant du cou et poitrine d'un blanc grisâtre, avec une fine raie brune sur les baguettes; croupion, ventre et abdomen d'un blanc pur; pennes de la

queue rayées transversalement de blanc et de larges zigzags noirs; pieds d'un rouge pâle; iris brun;
moitié du bec rouge, la pointe noire. Longueur, 10
pouces 1 ou 2 lignes; rarement 10 pouces 9 ou 10
lignes. *Le mâle et la femelle en hiver.*

Remarque. Dans cet état il revient au mois de mars en
Hollande.

Chevalier aux pieds rouges. Gérard. *Tab. élém. v. 2.
p. 205. un individu en mue prenant sa livrée d'hiver.*

Les jeunes avant la première mue.

Un trait blanc va de la mandibule supérieure à
l'œil ; espace entre l'œil et le bec brun ; plumes du
haut de la tête d'un brun finement liséré de jaunâtre ; nuque cendrée; dos et scapulaires bruns, toutes
les plumes bordées latéralement par une bande jaunâtre qui forme des taches angulaires sur le bord
des barbes; couvertures des ailes d'un brun noirâtre, bordées et terminées de blanc jaunâtre ; gorge
blanchâtre, parsemée de petits points bruns; côtés
du cou et poitrine cendrés avec des raies longitudinales très-étroites, brunes; ventre, flancs et abdomen blancs; sur les flancs, sur l'abdomen et sur les
couvertures de la queue sont des taches brunes ;
extrémité des pennes de la queue roussâtre ; bec
livide à sa base, brun vers la pointe ; pieds d'un
jaune orange.

Les jeunes en mue prenant la livrée d'hiver.

Tringa striata. Gmel. *Syst.* 1. *p.* 672. *sp.* 5. — Lath. *Ind. v.* 2. *p.* 733. *sp.* 24 *. — Totanus striatus. Briss. *Orn. v.* 5. *p.* 196. *sp.* 5. *t.* 18. *f.* 1. — Le Chevalier rayé. Buff. *Ois. v.* 7. *p.* 516. — Id. *pl. enl.* 827. *un jeune en mue d'automne.* — Striated sandpiper. Lath. *Syn. v.* 5. *p.* 176. — Gambetta, femina. *Stor. degli. ucc. v.* 5. *pl.* 464.

Plumage d'été ou des noces.

Un trait blanc va de la mandibule supérieure du bec à l'œil ; tête, nuque, haut du dos, scapulaires et couvertures d'un brun cendré olivâtre ; sur chaque plume est une large raie noire longitudinale ; sur celles des scapulaires et des plus grandes couvertures des ailes sont quelques petites raies noires transversales ; croupion blanc ; côtés de la tête, gorge et toutes les autres parties inférieures blanches ; mais sur le centre de chaque plume est une grande tache longitudinale d'un brun noirâtre ; ces taches deviennent obliques sur l'abdomen et sur les couvertures inférieures de la queue ; pennes de la queue rayées de blanc et de noir, et terminées de blanc pur ; le blanc est cendré sur les quatre pennes du milieu ; moitié du bec et pieds d'un rouge vermillon très-vif.

Totanus calidris. Bechst. *Naturg. Deut. v.* 4. *p.* 216.

---

* Remarquez que sous *Tringa striata* se trouve aussi confondu une description assez exacte du *Tringa maritima* de ce Manuel, et qu'on ferait mieux de supprimer totalement cette indication qui est un composé bizarre, fruit d'une misérable compilation.

t. 20. — Scolopax calidris. Gmel. *Syst.* 1. *p.* 664. *sp.* 11. — Lath. *Ind. v.* 2. *p.* 722. *sp.* 25. — Tringa gambetta. Gmel. *Syst.* 1. *p.* 671. *sp.* 3. — Totanus nævius. Briss. *Orn. v.* 5. *p.* 200. *n°.* 6. *t.* 18. *f.* 2. — Lath. *Ind. v.* 2. *p.* 728. *sp.* 9. — Chevalier aux pieds rouges, ou la gambette. Buff. *Ois. v.* 7. *p.* 513. *t.* 28. mais surtout sa *pl. enl.* 845. *individu en plumage parfait d'été.* — Petit Chevalier aux pieds rouges, ou gambette. Cuv. *Règ. anim. v.* 1. *p.* 494. — Redschank and gambet sandpiper. Lath. *Syn. v.* 5. *p.* 150 *et* 167. — Rothfussiger Wasserlaufer. Meyer. *Tasschenb. Deut. v.* 2. *p.* 368. — Frisch. *Vög. t.* 240. — Naum. *Vög. t.* 9. *f.* 9. *un individu en mue entre les deux livrées.* — De turlur. Sepp. *Nederl. Vog. v.* 3. *p.* 269. *figure peu exacte.* — Gambetta. *Stor. degl. ucc. v.* 5. *pl.* 463.

Remarque. Une seconde espèce, d'un tiers plus forte que la nôtre, vit dans l'Amérique septentrionale ; elle a presque les mêmes couleurs, mais diffère par le bec et par les pieds. Cette espèce nouvelle est indiquée par M. Cuvier sous le nom de *grand Chevalier à pieds rouges ;* la *pl. enl.* 827 ne doit point être citée dans les synonymes ; ce n'est non plus le *Scolopax calidris* de Linnéc. Notre *Chevalier gambette* d'Europe semble placé sur la limite qui sépare les *Chevaliers proprement dits* des *Chevaliers semi-palmés* par l'existence d'un très-petit rudiment qui unit le doigt interne à celui du milieu ; d'autres chevaliers d'Amérique ont la membrane un peu plus étendue ; il en est de ces oiseaux comme des *Pics tridactyles* et des *Martins pécheurs tridactyles*, dont on ne peut constituer des genres, vu l'anomalie qui règne dans les espèces par l'existence de rudimens peu apparens, ou de doigts plus ou moins longs. Voyez mes articles des genres *Picus* et *Alcyon.* — Des individus de la *Gambette* envoyés du Bengale, servent de preuve que l'espèce y est absolument la même qu'en Europe.

Habite : au printemps les marais et les prairies ; émigre

en automne le long des côtes maritimes ; vit assez avant dans le nord ; nulle part aussi abondant qu'en Hollande ; en hiver dans les pays méridionaux.

Nourriture : insectes sans élitres, vermisseaux, et rarement des petits coquillages.

Propagation : niche dans le milieu des prairies ; pond quatre œufs pointus d'un jaune verdâtre , marqué de taches brunes, qui se réunissent vers le gros bout en une seule masse.

CHEVALIER STAGNATILE.

TOTANUS STAGNATILIS. (Bechst.)

Bec très-faible, long et subulé ; sur les barbes extérieures des pennes caudales sont deux bandes en zigzag, disposées longitudinalement; pieds très-longs , verdâtres.

Sourcils, face, gorge, milieu du dos, devant du cou et de la poitrine ainsi que toutes les autres parties inférieures d'un blanc pur ; nuque rayée longitudinalement de brun et de blanc ; haut de la tête, haut du dos, scapulaires et grandes couvertures des ailes d'un cendré clair bordé de blanchâtre ; petites couvertures et poignet de l'aile d'un cendré noirâtre ; côtés du cou et de la poitrine blanchâtres avec de petites taches brunes ; queue blanche rayée diagonalement de bandes brunes , excepté sur les deux pennes extérieures, qui portent une bande longitudinale en zigzag ; bec d'un noir cendré ; pieds d'un vert olivâtre ; iris brun. Longueur, à peu près 9 pouces. *Le mâle et la femelle en plumage parfait d'hiver.*

Remarque. Dans cet état, l'espèce du *Chevalier stagnatile* n'a point été décrite.

Les jeunes avant la première mue.

Diffèrent des adultes et des jeunes en hiver, en
ce que les plumes du haut de la tête, celles du haut
du dos, les scapulaires et les couvertures des ailes
sont d'un brun noirâtre, toutes entourées par une
large bordure jaunâtre ; les plus grandes plumes
qui s'étendent sur les rémiges ont de petites raies
diagonales d'un brun très-foncé ; sur la face et sur
les côtés de la tête de très-petits points bruns; extrémité des rémiges blanchâtre ; pieds d'un cendré
verdâtre.

Totanus stagnatilis. Bechst. *Naturg. Deut. v.* 4. *p.* 261.
— Scolopax totanus. Linn. *Syst. nat. édit. in-*12. *p.* 245.
sp. 12. Mais point le *S. totanus* de Gmel.; et surtout celui
de Lath, qui sont les jeunes de mon *Chevalier arlequin.*
— Le petit Chevalier aux pieds verts [*]. Cuv. *Règ. anim.*
v. 1. *p.* 493. — La Barge grise. Buff. *Ois. seulement sa*
pl. enl. 876. — Teich wasserlaüfer. Meyer , *Tasschenb.*
v. 2. *p.* 376. — Bechst. *Tasschenb. v.* 2. *p.* 392. *t.*
n. 11. — Naum. *Vög. t.* 18. *f.* 24. *représentation très-*
exacte.

---

[*] M. Cuvier a très-exactement observé que la *pl. enl.* 876 a été
mal à propos citée dans la synonymie de la *Barge aboyeuse* (*Tota-*
nus glottis). J'avais commis cette erreur dans la première édition :
en la réparant ici, je cite encore , à l'exemple de M. Cuvier, le *Scol.*
Totanus, Linn. 12e. édit., comme synonyme avec mon *Chevalier*
stagnatile. Sous *Scopolax glottis* on a confondu l'oiseau de cet article et le *Totanus glottis* de ce Manuel.

Plumage d'été ou des noces.

Du blanc depuis le haut du bec à l'œil ; gorge, devant de la poitrine, ventre et abdomen d'un blanc pur ; espace entre l'œil et le bec, tempes, côtés et devant du cou, flancs, côtés de la poitrine et couvertures inférieures de la queue également d'un blanc pur, mais sur chaque plume est une petite tache longitudinale noire ; sommet de la tête et nuque rayés longitudinalement de noir sur un fond d'un blanc cendré ; haut du dos, scapulaires et grandes couvertures d'un cendré teint de rougeâtre, varié sur chaque plume par des bandes transversales noires, dont la plus large est vers le bout ; les bandes noires sont diagonales sur les plus longues plumes des épaules ; les deux pennes du milieu de la queue cendrées, rayées diagonalement ; les autres rayées sur les barbes extérieures en zigzags longitudinaux ; pieds verdâtres ; bec noir.

Totanus stagnatilis. Leisler. *Nachtr. zu* Bechst. *Naturg. Deut. Heft.* 2. *p.* 187. — Albastrella cenerina. *Stor. degl. ucc. v.* 5. *pl.* 458. *figure très-exacte.*

Habite : le nord de l'Europe, sur les bords des fleuves ; émigre le long des provinces orientales de l'Europe, jusque vers la Méditerranée ; jamais le long des côtes maritimes de l'Océan.

Nourriture : insectes et vers.

Propagation : niche dans les régions du cercle arctique.

CHEVALIER A LONGUE QUEUE.

TOTANUS BARTRAMIA. (Wils.)

Bec court ; queue très-longue, dépassant d'un pouce l'extrémité des ailes, étagée, arrondie.

Sommet de la tête et haut du dos d'un brun noirâtre, toutes les plumes lisérées de couleur isabelle ; joues, cou et poitrine de cette couleur, et portant de fines raies longitudinales noires ; flancs rayés transversalement de zigzags noirs ; ventre, cuisses et abdomen blancs ; couvertures du dessous de la queue d'un blanc roussâtre sans taches ; scapulaires et couvertures des ailes d'un isabelle roussâtre, qui prend une teinte brune vers le milieu de toutes les plumes, et se trouve rayée transversalement de fines bandes noires ; pennes latérales de la queue d'un isabelle foncé, rayées diagonalement, et à grande distance, de bandes noires ; les quatre pennes du milieu brunes à raies diagonales, très-rapprochées ; bec long, 1 pouce 4 lignes, d'un brun jaunâtre ; pieds couleurs de chair ; iris d'un brun clair. Longueur, 9 pouces 5 ou 6 lignes. *Le mâle et la femelle.*

Remarque. Ce rare oiseau, dont je n'ai rencontré qu'une seule fois un individu sur nos côtes, a été tué en automne ; un autre dans le même état de plumage a été tué dans les parties orientales de l'Allemagne ; j'en ai vu encore cinq autres absolument semblables, qui ont fait partie d'un envoi d'oiseaux de l'Amérique septentrionale. Les différens états de mue du plumage me sont inconnus ; les individus d'Europe et ceux d'Amérique ne diffèrent point.

Les jeunes ont les parties supérieures, hors le dos, marquées de grandes taches brunes ; sur le devant du cou, sur la poitrine et sur les flancs, des taches longitudinales qui se présentent dans la forme de fers de lance ; les bandes en zigzag de la queue moins distinctes que dans les vieux.

Tringa longicauda. Bechst. *Vög. Nachtr. ubers. von* Lath. *Ind. Orn. p.* 453. *n°.* 46. — Der langgeschwanzte Strandlaüfer. Naum. *Vög. Nachtr. t.* 38. *f.* 75. *figure très-exacte.* — Tringa Bartramia. Wils. *Americ. Ornit. v.* 7. *p.* 63. *pl.* 59. *f.* 2. *figure très-exacte.*

De passage, très-accidentellement en Allemagne et en Hollande.

Habite : l'Amérique septentrionale.

Nourriture et *Propagation :* inconnues.

CHEVALIER CUL-BLANC.

TOTANUS OCHROPUS. (Mihi.)

Base de toutes les pennes caudales blanches jusqu'au tiers de leur longueur ; les trois ou les deux pennes extérieures toutes blanches, ou portant une tache vers le bout.

Toutes les parties supérieures d'un brun légèrement nuancé d'olivâtre et à reflets verdâtres ; les plumes du dos, les scapulaires et les couvertures alaires ont de très-petits points blanchâtres qui occupent les bords des barbes ; entre le bec et l'œil une bande blanche et une bande brune ; couvertures du dessus de la queue et toutes les parties inférieures d'un blanc pur, excepté sur le devant du cou et sur la poitrine où ce blanc est varié par un grand nombre de fines raies brunes longitudinales et très-rapprochées ; queue d'un blanc pur ; sur les deux pennes du milieu sont trois ou quatre larges bandes noires, qui vont en diminuant en nombre sur les pennes latérales ; base du bec d'un noir verdâtre ; iris d'un brun foncé ; pieds d'un cendré verdâtre. Longueur, 8 pouces 6 lignes. *Les vieux en plumage d'hiver.*

Remarque. La livrée d'été diffère de celle d'hiver par les nuances des parties supérieures, qui sont plus foncées et ont plus de reflets verdâtres, par un plus grand nombre de petits points sur ces parties, et par les taches sur le devant du cou, qui sont plus distinctement marquées, et qui ressemblent alors à des gouttes, dont chaque plume est marquée le long des baguettes.

Les jeunes de l'année diffèrent en ce qu'ils ont toutes les parties supérieures d'une teinte plus claire ; ils ont moins de petits points et ceux-ci ont une couleur jaunâtre ; la nuque est nuancée de cendré ; les côtés de la poitrine sont colorées comme les plumes du dos, et marqués de taches blanches ; tout le devant du cou et le milieu de la poitrine portent des taches brunes en forme de fer de lance ; l'espace blanc du haut de la queue est moins grand, et les bandes noires des pennes intermédiaires sont plus larges.

Varie irrégulièrement d'individu à individu ; les uns ont le brun verdâtre plus clair, d'autres l'ont d'un brun noirâtre. C'est dans l'une ou dans l'autre livrée,

Tringa ochropus. Gmel. *Syst.* 1. *p.* 676. *sp.* 13. — Lath. *Ind. v.* 2. *p.* 729. *sp.* 12. — Briss. *Orn. v.* 5. *p.* 177. *t.* 16. *f.* 1. — Le Bécasseau ou cul-blanc. Buff. *Ois. v.* 7. *p.* 534. — Id. *pl. enl.* 843. *un jeune de l'année.* — Gérard. *Tab. élém. v.* 2. *p.* 199. — Green sandpiper. Lath. *Syn. v.* 5. *p.* 170. — Id. *supp. v.* 2. *p.* 311 *. — Penn. *Brit. Zool. p.* 125. *t.* F. 2. *f.* 3. — Punktierte stradlaüfer. Bechst. *Naturg. deut. v.* 4. *p.* 283. — Meyer, *Tasschenb. v.* 2. *p.* 386. — Frisch. *t.* 237. *un jeune.* — Naum. *Vög. t.* 19. *f.* 24. *un jeune de l'année.* — Culbianco. *Stor. degli. ucc. v.* 5. *pl.* 457.

Habite : les bords des eaux douces, plus habituellement les ruisseaux limpides, très-accidentellement les côtes maritimes, assez souvent dans les marais ; répandu à son double passage dans presque toutes les parties de l'Europe.

Nourriture : petits vers, mouches et autres petits insectes sans élitres.

Propagation : niche jusque dans les provinces du centre de l'Europe ; fait un nid dans le sable ou dans les herbes aux bords des eaux ; pond de trois jusqu'à cinq œufs d'un vert blanchâtre marqué de taches brunes.

---

* M. Latham réunit dans le suplément cité le *Tringa ochropus* et *glareola;* cet auteur, qui a reproduit dans son *Index ornithologicus*, toutes les nombreuses erreurs, fruit de la misérable compilation de Gmelin, édit. 13e. de Linnée, tombe ici dans une méprise opposée par la réunion de deux espèces distinctes; les transactions Linnéennes reproduisent la même faute.

CHEVALIER SYLVAIN.

TOTANUS GLAREOLA. (Mihi.)

Toutes les pennes de la queue rayées transver-salement de bandes brunes et blanches.

Une étroite bande entre le bec et l'œil ; sommet de la tête, dos et ailes d'un brun foncé; sur les bords des barbes des plumes dorsales et des scapulaires sont trois petites taches d'un blanc roussâtre, et sur celles des ailes un plus grand nombre de petites taches blanches ; nuque, joues, devant du cou, poitrine et flancs d'un blanc sale varié irrégulièrement de brun disposé par ondes et par raies; sourcils, gorge, milieu du ventre, couvertures supérieures et inférieures de la queue d'un blanc pur; sur les couvertures caudales sont de fines raies brunes disposées sur les baguettes; pennes de la queue rayées alternativement de bandes brunes et blanches; les deux ou les trois pennes latérales ont les barbes intérieures d'un blanc pur ; bec noir, mais verdâtre à la base ; pieds verdâtres ; cercle qui entoure l'œil, blanc. Longueur, 7 pouces 6 lignes. *Le mâle et la femelle en plumage d'hiver.*

Les jeunes de l'année, ont le brun foncé du plumage tout couvert de petites taches rousses très-rapprochées; toute la poitrine ondée de cendré, avec des taches irrégulières, brunes ; base du bec et pieds d'un vert jaunâtre sale; les pennes de la queue irrégulièrement rayées.

Plumage d'été ou des noces.

Sommet de la tête et la nuque rayés longitudinalement de brun et de blanchâtre ; joues, devant du cou, poitrine et flancs d'un blanc à peu près pur, rayé longitudinalement de brun foncé ; toutes les plumes du dos ont alors une très-grande tache noire à leur centre, et de chaque côté des barbes deux taches blanchâtres ; en relevant les scapulaires, elles paraissent rayées de larges bandes noirâtres ; le reste comme en hiver. C'est dans l'une ou l'autre livrée,

TRINGA CLAREOLA. Gmel. *Syst.* 1. *p.* 677. *sp.* 21. — Lath. *Ind. v.* 2. *p.* 730. *sp.* 13. — Retz. *Faun. Suec.* p. 186. *n°.* 155. — WOOD SANDPIPER. Lath. *Syn. v.* 5. *p.* 172. — Penn. *Arct. Zool. v.* 2. *p.* 422. *g.* — WALD STRANDLAUFER. Bechst. *Naturg. Deut. v.* 4. *p.* 291. — Meyer, *Tasschenb. v.* 2. *p.* 387. — Naum. *Vög. t.* 19. *f.* 25. *un jeune de l'année.*

Habite : quelques provinces d'Allemagne ; assez commun dans les parties orientales et au midi ; aussi dans le nord ; peu répandu en France et en Hollande ; se trouve seulement dans les marais boisés. Vit aussi au Bengale. TRINGA SOLITARIA de Wilson. *v.* 7. *pl.* 58. *f.* 3. qui vit dans les États-Unis diffère de notre *Tringa glareola,* seulement par les deux pennes du milieu de la queue, qui dans *Solitaria* ont la couleur brune du dos, et sont rayées par bandes alternes brunes et blanches dans *Glareola.*

Nourriture : insectes et vers.

Propagation : niche dans les régions du cercle arctique ; construit son nid dans les marais : *on dit* que la ponte est de quatre œufs, d'un jaune verdâtre taché de brun.

CHEVALIER PERLÉ.

TOTANUS MACULARIA. (Mihi.)

Parties inférieures marquées de grandes taches arrondies.

Parties supérieures d'un brun cendré, légèrement nuancé d'olivâtre; sur les plumes de la tête et du cou est une raie longitudinale noirâtre; sur celles du dos, des scapulaires et des couvertures alaires sont encore des bandes noires transversales, disposées en zigzags; une bande blanche va du bec au-dessus de l'œil; un trait brun entre le bec et l'œil; toutes les parties inférieures d'un blanc pur, mais vers le bout de chaque plume se dessine une grande tache noire, plus ou moins ronde; ces taches sont longitudinales sur l'abdomen; les quatre pennes du milieu de la queue sont de la couleur du dos et terminées de noir, les autres blanches et brunes et terminées de noir; bec couleur de chair sur les trois quarts de sa longueur, brun à la pointe; pieds couleur de chair claire; iris brun. Longueur, 8 pouces.

Remarque. N'ayant pu examiner, outre l'individu de mon cabinet, que deux autres absolument semblables, tués au printemps, je ne puis rien dire du changement que le plumage éprouve par l'âge ou dans la mue; l'espèce étant beaucoup plus commune en Amérique qu'en Europe.

TRINGA MACULARIA. Gmel. *Syst.* 1. *p.* 672. *sp.* 7. — Lath. *Ind. v.* 2. *p.* 734. *sp.* 29. — Wilson. *Americ. Ornit. v.* 7. *p.* 60. *pl.* 59. *f.* 1. — TURDUS AQUATICUS. Briss. *Orn. v.* 5. *p.* 255. *sp.* 20. — LA GRIVE D'EAU. Buff. *Ois. v.* 8. *p.* 140. — SPOTTED TRINGA. Edw. *Ois. t.* 277. *f.* 2. —

Lath. *Syn. v. 5. p.* 179. — GEFLECKTE STRANDLAÜFER. Bechst.
Naturg. Deut. v. 4. *p.* 342. — Meyer, *Tasschenb. Deut.
v.* 2. *p.* 385. — Naum. *Vög. Nachtr. t.* 58. *f.* 76. *figure
très-exacte.*

De passage accidentel, sur les côtes de la Baltique et
dans quelques provinces de l'Allemagne ; très-accidentellement en Angleterre, et jamais en Hollande.

Habite : l'Amérique septentrionale, ainsi que très-
avant dans les régions boréales.

Nourriture et *Propagation :* inconnues.

CHEVALIER GUIGNETTE.

TOTANUS HYPOLEUCOS. (MIHI.)

Parties inférieures blanches; sans taches.

Toutes les parties supérieures d'un brun olivâtre
à reflets; une raie noirâtre le long des baguettes;
toutes les plumes des ailes et du dos rayées transversalement de fines bandes en zigzags et d'un brun
noirâtre; une petite raie blanche au-dessus des
yeux; gorge, ventre et les autres parties inférieures
d'un blanc pur; côtés du cou et poitrine rayés longitudinalement de brun sur un fond blanc; queue
très-étagée; les deux pennes du milieu de la couleur du dos, rayées diagonalement de noir, les autres blanches et brunes et terminées de blanc; bec
cendré; iris brun; pieds d'un cendré verdâtre. Longueur, 7 pouces 2 ou 3 lignes. *Le mâle et la femelle, en hiver et en été.*

Les jeunes de l'année, ont la gorge et le devant
du cou d'un blanc pur, parsemé de taches seule-

ment sur les côtés; la bande blanche au-dessus des yeux plus large et plus distincte; les couvertures des ailes plus foncées; les plumes du dos bordées de roux et de noirâtre, et celles des couvertures terminées de bandes rousses et noires.

TRINGA HYPOLEUCOS. Gmel. *Syst.* 1. *p.* 678. *sp.* 14. — Lath. *Ind. v.* 2. *p.* 734. *sp.* 28. — LA GUIGNETTE. Buff. *Ois.* *v.* 7. *p.* 540. — Gérard. *Tab. élém. v.* 2. *p.* 201. — LA PETITE ALOUETTE DE MER. Buff. *pl. enlum.* 850. *en habit parfait d'été.* — COMMON SANDPIPER. Lath. *Syn. v.* 5. *p.* 178. — TRILLENDER STRANDLAÜFER. Bechst. *Naturg. Deut. v.* 4. *p.* 295. — Meyer, *Tasschenb. v.* 2. *p.* 389. — Naum. *Vög. t.* 20. *f.* 26. *un jeune.* — PIOVANELLO. *Stor. degli ucc. v.* 4. *pl.* 453. — BONTE ZANDLOOPER. Sepp. *Nederl. Vog. v.* 3. *t. p.* 291. *jeune de l'année.*

Habite : les bords des eaux douces, très-rarement les côtes maritimes; assez répandu en Europe à son double passage.

Nourriture : petits vers et petits insectes sans élitres.

Propagation : niche jusque dans les provinces du centre de l'Europe; construit son nid dans les herbes, aux bords des aeux; pond quatre ou cinq œufs, d'un jaune blanchâtre parsemé de taches brunes et cendrées, qui sont plus nombreuses vers le gros bout.

IIe. SECTION. — CHEVALIER A BEC RETROUSSÉ.

Mandibules un peu recourbées en haut, droites et presque égales à la pointe; bec gros et fort; doigt du milieu et l'extérieur unis.

La nourriture de ces chevaliers se compose principalement de poissons et de petits coquillages bivalves ; ils vivent le long des fleuves et des lacs d'eaux douces.

Remarque. Ces oiseaux ne diffèrent pas assez des espèces de la 1re. section, soit par les formes ou par les mœurs, pour en faire un genre distinct ; une espèce exotique forme le passage des uns aux autres. Quelques nouvelles espèces propres aux climats de l'Amérique septentrionale, doivent également être rangées dans cette section ; ils forment les nuances presque sans intervalle assignable des vrais chevaliers aux chevaliers à bec retroussé. M. Leisler a le premier essayé de les séparer des autres chevaliers ; il y a joint le *Totanus stagnatilis* qui est de la 1re. section. En dernier lieu M. Nilsson en a formé le genre *Glottis*, où il comprend le *Scolopax semi-palmata* de Latham. Ce genre n'a rien qui le caractérise d'une manière distincte et tranchée ; il faudrait, ainsi faisant, former encore deux ou trois nouveaux genres pour les espèces exotiques qui se trouvent placées sur les limites, et dans ce cas notre *Totanus calidris* et le *Totanus semi-palmata* devraient former aussi deux nouveaux genres. Je le répète et ne saurais le dire assez, que si on veut suivre la manie du jour, et continuer à former des genres pour chaque légère disparité qu'on rencontre chez les oiseaux, douze cents genres ne suffiront point pour les classer.

CHEVALIER ABOYEUR.

TOTANUS GLOTTIS. (Bechst.)

Bec fort, très-comprimé à sa base, plus haut que large ; couvertures du dessous des ailes rayées ; pieds verdâtres.

Espace de la mandibule supérieure à l'œil, gorge, milieu de la poitrine, ventre, toutes les autres parties inférieures et le milieu du dos d'un blanc pur ;

tête, joues, côtés et devant du cou, et côtés de la poitrine rayés longitudinalement de brun cendré et de blanc; plumes du haut du dos, des scapulaires et des couvertures des ailes d'un brun noirâtre, toutes entourées par une large bordure d'un blanc jaunâtre; les plus grandes plumes qui s'étendent sur les rémiges ont de petites raies diagonales d'un brun foncé; queue blanche, les pennes du milieu rayées transversalement de brun; les deux latérales le sont longitudinalement; extrémité des rémiges blanchâtre; couvertures inférieures de l'aile rayées de brun; bec d'un brun cendré; pieds d'un vert jaunâtre, Longueur, 12 pouces 6 lignes *. *Mâle et femelle en hiver.*

Les jeunes de l'année, diffèrent très-peu des vieux après leur première mue; il est même difficile de les distinguer, si ce n'est par la couleur des pieds, qui est cendrée chez les jeunes.

Totanus glottis **. Bechst. *Naturg. Deut. v. 4. p. 249.*

---

* Les couleurs du plumage chez les *jeunes oiseaux* de cette espèce sont absolument distribuées de la même manière que sur les jeunes du *Chevalier stagnatile;* mais *les livrées d'été* diffèrent beaucoup, sans parler ici des disparités dans les formes et dans la longueur totale.

** Mais point le *Scolopax glottis*, de Gmelin et de Latham, *Ind. v. 2. p.* 720. *sp.* 24. dont la phrase latine n'appartient point à la présente espèce, tandis que quelques citations et même celle de la Synopsis de Latham, sont des indications très-exactes de notre oiseau : dans l'article mentionné se trouvent confondues deux espèces, notre *T. stagnatilis* et notre *T. glottis*. On doit conséquemment rayer le *Scolopax glottis* de Gmelin et de Latham de la liste nominale des oiseaux.

n°. 10. — TOTANUS FISTULANS. Id. *p.* 241. n°. 8. — TOTA-
NUS GRISEUS. Bechst. *Natury. p.* 231. n°. 5. — GLOTTIS
CHLOROPUS. Nils. *Orn. Suec. v.* 2. *p.* 57. — LA BARGE VA-
RIÉE et LA BARGE ABOYEUSE. Buff. *Ois. v.* 7. *p.* 503 *et* 505.
— LA BARGE GRISE. Briss. *Ois. v.* 5. *p.* 267. *pl.* 13. *f.* 1.
un jeune de l'année. — LA BARBE ABOYEUSE. Gérard. *Tab.
élém. v.* 2. *p.* 234. — GREEN LEGGED HORSEMAN. Alb.
Birds v. 2. *t.* 69. — GREENSHANK. Penn. *Brit. Zool.
p.* 121. *t.* C. 1. *figure exacte.* — Lath. *Syn. v.* 5.
p. 147. — Id. *supp. v.* 1. *p.* 243. — GRUNFUSSIGER WAS-
SERLAÜFER. Meyer, *Tasschenb.* ¦*Deut. v.* 2. *p.* 371. —
Naum. *Vög. t.* 7. *f.* 7. *figure très-exacte.* — PANTANA
VERDERELLO. *Stor. deg. ucc. v.* 5. *pl.* 461. — STRAND SNEP,
GROEN POOT. Sepp. *Nederl. Vog. v.* 4. *t. p.* 319. *figure
exacte.*

Plumage d'été ou des noces.

Sommet de la tête et nuque rayée longitudinalement de noir profond et de blanc ; un cercle blanc
autour des yeux ; face, gorge, devant du cou, poitrine, haut du ventre et flancs d'un blanc parfait,
mais semé de taches ovales qui sont très-nombreuses
au milieu de l'été ; le reste des parties inférieures
d'un blanc pur, excepté sur les couvertures inférieures, qui ont du noir le long des baguettes ; haut
du dos et scapulaires d'un noir très-profond, bordé
sur les plumes du dos par du blanc et sur les scapulaires par trois ou quatre taches d'un blanc rougeâtre, qui sont disposées sur les bords des barbes ;
poignet de l'aile noir ; les grandes couvertures et
les longues plumes qui s'étendent sur les rémiges,
sont d'un cendré rougeâtre avec du noir le long des
baguettes ; ces longues plumes ont de petits traits

noirs interrompus, disposés sur les bords des barbes ;
les couvertures sont bordées par une bande blanche,
qui est suivie dans le même sens par une bande
brune ; les deux pennes caudales intermédiaires
sont cendrées avec des raies transversales brunes en
zigzags. C'est alors,

TOTANUS GLOTTIS. Leisler. *Nacht. zu* Bechst. *Naturg.
Deut. Heft.* 2. *Artic.* 20. *p.* 183 *et* 184.

Habite : les bords graveleux des fleuves, très-rarement
ceux de la mer ; peu nombreux et isolé à son double passage sur les côtes de France et de Hollande ; assez commun
sur les bords des lacs et des terrains inondés de la Nord-
Hollande ; rare en hiver en Angleterre ; en petit nombre
sur les grandes rivières d'Allemagne et sur les lacs de
la Suisse. Des individus envoyés du Bengale servent à
constater l'identité d'espèce dans des climats très-diffé-
rens.

Nourriture : petits poissons, coquillages et frai.

Propagation : niche dans les régions du cercle arctique.

GENRE SOIXANTE-SEPTIÈME.

BARGE. — *LIMOSA.* (BRISS.)

BEC très-long, plus ou moins recourbé en haut,
mou et flexible dans toute sa longueur, déprimé,
aplati vers la pointe ; les deux mandibules sillonnées dans toute leur longueur, pointe plate, dilatée,
obtuse. NARINES latérales, longitudinalement fendues dans le sillon, percées de part en part. PIEDS

longs, grêles, un grand espace nu au-dessus du genou; trois doigts devant et un derrière : le doigt du milieu réuni à l'extérieur par une membrane qui s'étend jusqu'à la première articulation; le postérieur articulé sur le tarse. AILES médiocres; la 1ʳᵉ. rémige la plus longue.

Les *Barges* sont de grands oiseaux, très-haut montés et à bec très-long; ils sont destinés à vivre dans les marais et sur les bords fangeux des fleuves; leur bec très-tendre et très-flexible ne peut servir ni à ramasser la nourriture sur la surface d'un terrain dur et graveleux, ni à l'enfoncer dans la terre compacte de prairies; seulement propre à fouiller dans les boues, dans les limons, ou dans le sable mouvant baigné par les vagues de la mer; il est muni à cette fin de muscles, qui lui donnent le sens du toucher. Ces oiseaux vivent dans les prairies marécageuses; ils se rendent très-rarement sur les bords de la mer, mais habituellement à l'embouchure des rivières ou les limons et les boues sont très-profonds; leur nourriture consiste en vers et en larves; leur passage est déterminé aux mêmes époques que celui des *Bécasseaux* et des *Chevaliers.* La double mue a lieu chez toutes les espèces connues; elle change presque totalement les couleurs du plumage; un fait remarquable, c'est que les femelles muent pus tard que les mâles : lorsque ces derniers ont revêtu le plumage de la saison, on voit encore les femelles dans la livrée complète ou en partie de la saison passée; celles-ci se distinguent toujours par leur livrée d'été moins vive et plus bigarrée, et par leurs dimensions toujours plus fortes que celles des mâles; les jeunes, très-faciles à distinguer, diffèrent peu par le plumage des vieux en hiver.

Remarque. La classification de ces oiseaux est aussi confuse que celle des *Bécasseaux* et des *Chevaliers ;* les espèces étrangères sont déterminées avec plus de préci-

sion. Dans la première édition de ce Manuel, j'ai indiqué,
d'après les données de feu le Dr. Leisler, une espèce qu'il
désigne sous le nom de *Limosa Meyeri*, mais elle n'existe
point comme telle ; les prétendues *Limosa Meyeri*, soit en
plumage d'hiver ou en *livrée parfaite d'été* (état dans
lequel mon ami Leisler n'en vit jamais), ne sont que des
individus plus grands et à dimensions du bec et des pieds
plus longues que le *Limosa rufa* de Brisson, tel qu'on le
voit ordinairement ; ce qui dépend uniquement de la localité et du sexe, ainsi que je le fais remarquer à l'article
Limosa rufa. Il en est de cet oiseau comme des individus
très-grands à bec et pieds plus longs qu'à l'ordinaire qu'on
remarque parmi ceux des espèces de *Limosa melanura*,
de *Tringa subarquata, variabilis maritima* et *minuta*. J'ai vérifié ceci sur une multitude d'individus tués
dans les différentes parties de l'Europe ; les individus des
espèces étrangères varient de la même manière.

BARGE A QUEUE NOIRE *.

LIMOSA MELANURA. (LEISLER.)

*Bec droit ; queue d'un noir uniforme, à base
d'un blanc pur ; ongle du doigt du milieu long et
dentelé ; sur les rémiges un miroir blanc.*

Toutes les parties supérieures d'un brun cendré
uniforme, seulement varié par le brun plus foncé
des baguettes ; gorge, devant du cou, poitrine et
flancs d'un gris clair ; croupion noirâtre ; ventre,

---

* Cette dénomination spécifique est préférable à celle de *Grande
Barge rousse*, puisque nous connaissons en Amérique une espèce
distincte de la barge qui a des dimensions beaucoup plus fortes
que celle ci, et dont le plumage est roux ; mais notre oiseau de
cet article se distingue de tous ses congénères, par le noir uniforme du bout de sa queue.

abdomen, partie supérieure des rémiges et base des
pennes caudales d'un blanc pur ; sur toutes les
pennes caudales un grand espace d'un noir profond ;
celles du milieu terminées de blanc ; bec orange à
sa base, et la pointe noire ; pieds d'un brun noirâtre.
Longueur , 15 pouces 2, 4 ou 6 lignes et davantage. *Les vieux, mâles et femelles , en plumage
d'hiver.*

LIMOSA MELANURA. Leisl. *Nacht. zu* Bechst. *Naturg.
Deut. Heft.* 2. *p.* 150 *et p.* 157. *n°.* 21. — SCOLOPAX LI-
MOSA. Linn. *Syst. Nat. édit.* 12. *p.* 244. n°. 13. — Id.
Gmel. *p.* 666. *sp.* 13 *.—TOTANUS LIMOSA. Bechst, *Naturg.
Deut. v.* 4. *p.* 244. — LA BARGE OU BARGE COMMUNE. Buff.
Ois. v. 7. *p.* 500. *t.* 27. — Id. *pl. enl.* 874. *figure très-
exacte.* — Gérard. *Tab. élém. v.* 2. *p.* 232. — JADREKA
SNIPE. Lath *Syn. v.* 5. *p.* 146. — SCHWAZSCHWANZIGE
SUMPFLAUFER, Leisler. *Nacht.* — PANTANA PITTIMA. *Stor.
deg. ucc. pl.* 462. *un vieux conservant quelques plumes
de sa livrée d'été.*

Les jeunes avant leur première mue.

Bande de la mandibule supérieure à l'œil, gorge,
base des pennes caudales, haut des rémiges, ventre
et abdomen d'un blanc pur ; plumes du haut de la
tête brunes, bordées de roux clair ; cou et poitrine
d'un roux cendré clair ; plumes du dos et scapulaires noirâtres , entourées par une bande rousse ;

---

* Pour bien faire , il ne faudrait citer ici comme synonymes , ni
Gmelin ni Latham , puisque ces méthodistes confondent dans
leurs espèces nominales du *Scolopax limosa , œgocephala et lapo-
nica ,* non-seulement les différentes livrées , mais aussi les deux
espèces distinctes de *Barges* d'Europe.

couvertures des ailes cendrées, bordées et terminées par un grand espace d'un blanc roussâtre ;
extrémité des pennes de la queue bordées de blanc ;
pointe du bec brune.

Totanus rufus. Bechst. *Naturg. Deut. v. 4. p.* 253.
n°. 11. — Nauman. *Vög. Deut. t.* 11. *f.* 11. *gravure très-
exacte du jeune de l'année.*

Plumage d'été ou des noces.

Bande de la mandibule supérieure à l'œil d'un
roux blanchâtre ; espace entre l'œil et le bec brun ;
plumes du sommet de la tête noires, bordées de roux
vif ; gorge et cou d'un roux vif parsemé de très-petits points bruns ; poitrine et flancs d'un rouge vif
rayé transversalement de fines bandes noires en zigzags ; haut du dos et scapulaires d'un noir profond,
toutes ces plumes terminées par une bande d'un
roux vif et bordées par de petites taches de cette
couleur, couvertures des ailes cendrées ; partie inférieure du dos et queue d'un noir profond ; milieu
du ventre, abdomen, base des pennes caudales et le
haut des rémiges d'un blanc pur ; base du bec d'un
orange vif ; pieds noirs.

Scolopax belgica. Gmel. *Syst.* 1. *p.* 663. *sp.* 39. —
Lath. *Ind. v.* 2. *p.* 716. *sp.* 9. — Scolopax ægocephala.
Gmel. *Syst.* 1. *p.* 667. *sp.* 16. — Lath. *Ind. v.* 2. *p.* 719.
sp. 16. — Totanus ægocephalus Bechst. *Naturg. Deut.
v.* 4. *p.* 234. — La grande Barge rousse. Buff. *Ois. v.* 7.
p. 505. — Id. *pl. enl.* 916. *individu prenant sa livrée
d'été.* — Gérard. *Tab. élém. v.* 2. *p.* 235. — Red-god-
wit. Lath. *Syn. v.* 5. *p.* 142. — Penn. *Brit. Zool. T.*

une figure très-exacte : mais point la description. — DUNKEL-FUSSIGER WASSERLAUFER. Meyer. *Tasschenb. Deut. v. 2. p.* 369. *un individu en mue prenant sa livrée.* — Naum. *Vög. Nachtr. t.* 37. *f.* 73. *un individu en plumage complet d'été.* — DE GRUTTO. Sepp. *Nederl. Vog.* 1. *t. p.* 53. *prenant sa livrée d'été.* — DE MAREL. Id. *v.* 4. *t. p.* 321. *un individu au commencement de la mue du printemps.*

Remarque. La plupart des individus qu'on tue au printemps sont en pleine mue : ils portent encore, parmi les plumes de la livrée des noces , un plus ou moins grand nombre de celles qui ont formé la livrée d'hiver, ce qui est cause que le roux vif du cou est souvent varié de plumes cendrées, et que sur le dos le noir taché de roux l'est également par des plumes d'un brun cendré ; il en est de même sur la poitrine et sur les flancs ; leur taille et les proportions du bec varient extraordinairement : ces différences dépendent principalement de causes locales et du genre de nourriture ; elles sont aussi propres aux sexes.

Habite : les marais , les prairies , les bords bourbeux des fossés et des mares d'eau ; très-accidentellement sur les bords de la mer ; de double passage dans les pays marécageux de l'Europe ; nulle part aussi abondant qu'en Hollande : les jeunes sont de passage en Allemagne et en Suisse. Ne niche point aussi avant dans le nord que l'espèce suivante.

Nourriture : larves, insectes , vers et frais de grenouilles.

Propagation : niche dans les prairies , parmi les hautes herbes , toujours dans le voisinage des eaux ; pond quatre œufs, d'un olivâtre foncé, marqué de grandes taches d'un brun pâle.

BARGE ROUSSE.

LIMOSA RUFA. (Briss.)

Bec recourbé en haut ; toutes les pennes de la queue rayées sur les deux barbes de 8 ou de 9 bandes noirâtres ; ongles du doigt du milieu court, sans dentelures.

Sommet de la tête, espace entre l'œil et le bec, joues et toutes les parties du cou d'un cendré clair, marquées de nombreuses stries longitudinales d'un brun foncé; les larges sourcils, la gorge, la poitrine et toutes les parties inférieures du blanc le plus pur ; partie supérieure du dos, scapulaires et les pennes les plus proches du corps d'un gris cendré ; toutes les baguettes noires sont encore bordées de brun noirâtre, ce qui produit une raie longitudinale sur chaque plume; le reste du dos, le croupion et les couvertures inférieures de la queue blanches, mais variées de quelques taches noirâtres; ailes d'un brun cendré ; toutes les couvertures sont noires le long de la baguette et lisérées de blanc pur ; les pennes de la queue rayées sur les barbes intérieures de bandes noirâtres et blanches, sont presque entièrement unicolores sur les barbes extérieures; toutes ces pennes sont lisérées et terminées de blanc pur; base du bec d'un pourpré livide, pointe noire : iris brun; pieds noirs. Longueur totale, 13 pouces 3 ou 4 lignes pour les mâles, les femelles mesurent jusqu'à 15 pouces. *Le mâle et la femelle en plu-mage d'hiver* *.

Remarque. En cet état, l'espèce n'a jamais été exactement indiquée. Les vieux mâles que j'ai tués au commencement de l'hiver diffèrent en ce que toutes les parties supé-rieures et la poitrine ont des nuances plus cendrées et plus brunes, que les flancs ont des ondes cendrées, et que les taches aux couvertures de la queue sont en plus grand nombre. Au milieu de d'hiver toutes ces parties sont plus blanches, parce que les bords bruns et cendrés des barbes ont été usés ; les femelles conservant plus long-temps leur plumage hivernal, elles sont toujours plus blanches sur les parties inférieures, et les parties supérieures sont plus claires. On connaît alors,

Limosa grisea major. Briss. *Orn. v. 5. p. 272. t. 24. f. 2*. — Common godwit. Penn. *Brit. Zool. folio. p. 120. t. B*. — Barge aboyeuse ou a queue rayée. Cuv. *Règ. anim. v. 1. p. 488*. — La description de la livrée d'hiver des *Limosa Meyeri* dans Leisler, n'est point exacte.

Les jeunes de l'année.

Tête, nuque, dos, scapulaires et les plumes des ailes qui touchent le corps d'un brun foncé, bordé par une bande irrégulière et comme découpée de couleur isabelle ; couvertures alaires entourées par une large bande blanche ; cou, poitrine et flancs d'un cendré roussâtre, marqué de petits traits bruns longitudinaux ; les larges sourcils, la gorge et le

---

* Les femelles portent encore ce plumage , quelquefois bigarré de plumes roussâtres, lorsque les mâles sont déjà revêtus de leur plumage complet d'été.

ventre d'un blanc pur; croupion et couvertures inférieures de la queue également blanches , mais
marqués de grandes taches lancéolées noirâtres ;
queue rayée de larges zigzags bruns sur un fond
d'un blanc roussâtre , et terminée de blanc ; pieds
d'un cendré noirâtre ; base du bec d'un cendré livide.

Scolopax leucophæa, Lath. *Ind. p.* 719. *sp.* 17. — Totanus leucophæus. Bechst. *Tasschenb. Deut. v.* 2. *p.* 289.
sp. 8. — Id. *Naturg. Deut. v.* 4. *p.* 237. — Totanus
glottis. Meyer, *Tasschenb. Deut. v.* 2. *p.* 372. — Common godwit. Lath. *Syn. v.* 5. *p.* 144. — Id. *Supp. v.* 1.
p. 245. — Diksussiger wasserlaufer. Meyer. *Vög. Deut.
folio. Heft.* 8. *figure assez exacte.* — Naum. *Vög. Heft.* 6.
f. 6.

Plumage d'été ou des noces des mâles.

Sommet de la tête et nuque d'un roux clair, rayé
longitudinalement de brun; sourcils, gorge , côtés
du cou et sans exception toutes les parties inférieures d'un roux rougeâtre très-vif et foncé, variés
sur les côtés de la poitrine et sur les couvertures
inférieures de la queue par des traits longitudinaux
noirs; dos, scapulaires et les longues plumes qui
s'étendent sur les rémiges d'un noir profond, toutes
marquées sur les bords des barbes par des taches
ovales d'un roux vif; couvertures des ailes cendrées et bordées de blanc pur; sur le blanc du croupion se trouvent quelques grandes taches brunes ;
rémiges noires, marbrées intérieurement de blanc ;
toutes les pennes de la queue rayées alternative-

ment de bandes brunes et blanches. *Les vieux mâles.* C'est alors ,

Limosa rufa. Briss. *Orn. v.* 5. *p.* 281. *n°.* 5. *t.* 25. *f.* 1. — Leisler. *Nacht. zu* Bechst. *Heft.* 2. *p.* 162. — Scolopax lapponica. Linn. *Syst. natur. édit.* 12. p. 246. *sp.* 15. — La Barge-rousse. Buff. *Ois. v.* 7. *p.* 504. Mais surtout *sa pl. enl.* 900. *une figure très-exacte.* — Rostbrauner wasserlaufer. Meyer. *Tasschenb. Deut. v.* 2. *p.* 37: *description exacte.*

Les femelles, ne sont jamais d'un roux aussi vif que *les mâles ,* elles ont en été le sommet de la tête, la nuque, le dos et les scapulaires d'un brun foncé , ondé de cendré et marqué sur le bord des plumes de taches jaunâtres, les parties inférieures (à l'exception du milieu du ventre qui est d'un blanc pur), sont toutes d'un jaune roussâtre clair, et cette couleur variée sur les côtés de la poitrine, sur les flancs et sur les couvertures inférieures de la queue par des traits noirs; dimensions plus fortes que celles des mâles.

Remarque. Dans cette dernière livrée, propre aux femelles en plumage d'été, on reconnaît Limosa Meyeri; Leisler, *Nachtr. zu* Bechst. *Naturg. Deut. Heft.* 2. *p.* 172, dont M. Leisler a formé sa nouvelle espèce de *Barge-Meyer,* indiquée dans le Manuel, 1re. édition , *p.* 434, d'après cet auteur, mais que j'ai trouvée depuis identique avec la *Barge rousse,* ou la femelle de cet oiseau. Je possède l'un des individus qui ont servi de type à mon ami Leisler ; c'est une femelle prenant sa livrée d'été, qui ne diffère en rien des autres femelles de cet oiseau, tuées sur nos côtes : les dimensions totales sont toujours plus fortes que dans le mâle, ou la *Barge-rousse* de ce naturaliste.

Habite : en grand nombre sur les bords de la Baltique, dans toute l'Angleterre, et dans plusieurs pays marécageux d'Allemagne ; de double passage le long des côtes de Hollande et de France, et dans quelques marais de ce pays; très-rare dans les contrées méridionales.

Nourriture : vers, larves, insectes, frais, et beaucoup de petits coquillages bivalves.

Propagation : paraît nicher dans les régions du cercle arctique ; ponte inconnue.

GENRE SOIXANTE-HUITIÈME.

BÉCASSE. — *SCOLOPAX.* (Illig.)

Bec long, droit, comprimé, grêle, mou, pointe renflée ; les deux mandibules sillonées jusqu'à la moitié de leur longueur ; pointe de la mandibule supérieure plus longue que l'inférieure, la partie renflée formant un crochet; arête élevée à sa base, saillante. Narines latérales, basales, longitudinalement fendues près des bords de la mandibule, couvertes par une membrane. Pieds médiocres, grêles, espace nu au-dessus du genou très-petit ; trois doigts devant entièrement divisés, rarement l'extérieur et celui du milieu réunis ; un doigt derrière. Ailes médiocres, la 1re. rémige un peu plus courte ou de la longueur de la 2e., qui est la plus longue.

Quelques espèces qui composent ce genre vivent dans les bois, d'autres dans les plaines marécageuses ; leur nourriture consiste en petits limaçons, en scarabées et en vers ; ils sont sédentaires dans quelques contrées ; dans la plupart des pays ils sont deux fois de passage, mais plus nombreux dans le nord que vers le midi ; ils vivent solitaires et isolés ; leur mue a lieu deux fois l'année ; mais les distributions des taches et les couleurs du plumage ne changent presque point ; les teintes sont plus brillantes en été * ; les jeunes de l'année se distinguent à peine des adultes, et les sexes ne diffèrent point à l'extérieur.

Remarque. M. Cuvier observe qu'un caractère particulier distingue ces oiseaux ; c'est d'avoir la tête comprimée, et de gros yeux placés fort en arrière, ce qui leur donne un air singulièrement stupide, qu'ils ne démentent point par les mœurs, *Règ. anim., v.* 1, *p.* 486. Le même auteur sépare, à juste titre, les espèces comprises dans le *Scol. capensis,* Gmel. ; ils doivent former un genre distinct : leur bec est très-différent.

Iᵣᵉ. *SECTION.* — BÉCASSE PROPREMENT DITE.

Le tibia emplumé jusqu'au genou.

Elles habitent les bois en plaines ou en montagnes.

BÉCASSE ORDINAIRE.

SCOLOPAX RUSTICOLA. (Linn.)

*Occiput rayé transversalement; parties inférieures rayées de zigzags **.*

Parties supérieures variées de roussâtre, de jau-

---

* J'ai dit dans la première édition que les oiseaux de ce genre ont une mue simple; mais je me suis trompé, elle est double.

** Ce dernier caractère et des dimensions beaucoup moins fortes, servent de différences essentielles entre la *Bécasse commune* d'Europe, et la *petite Bécasse* d'Amérique, *Scolopax minor* de Gmelin et de Latham.

nâtre et de cendré, et marquées de grandes taches
noires ; parties inférieures d'un roux jaunâtre avec
des zigzags bruns ; rémiges rayées de roux et de
noir sur leurs barbes extérieures ; pennes de la
queue terminées en dessus de gris, et en dessous de
blanc ; bec d'une couleur de chair cendrée ; pieds
livides. Longueur, 13 pouces.

La femelle, est un peu plus forte de taille, ses
couleurs sont plus ternes, et les couvertures alaires
ont un grand nombre de taches blanches.

Varie accidentellement : d'un blanc jaunâtre, ou
d'un roux jaunâtre avec les taches du plumage
d'une teinte pâle : souvent le plumage irrégulièrement parsemé de taches blanches ; quelquefois les
ailes et la queue d'un blanc pur ; plus rarement
tout le plumage d'un blanc parfait.

Varie suivant les climats ou les lieux qu'elle habite.
Scolopax rusticola, *parva*, est plus petite que les individus ordinaires ; toutes les couleurs du plumage
plus foncées ; un plus grand nombre de taches et
de point noirs sur les parties supérieures ; les parties
inférieures nuancées de cendré ; les pieds d'une
teinte plombée. *Stor. degl. ucc. v. 4. pl.* 430.

Scolopax rusticola. Gmel. *Syst.* 1. *p.* 660. *sp.* 6. —
Lath. *Ind. v.* 2. *p.* 713. — La Bécasse. Buff. *Ois. v.* 7.
p. 462. *t.* 55. — Id. *pl. enl.* 885. — Gérard. *Tab. élém.*
v. 2. *p.* 217. — Woodcock. Lath. *Syn. v.* 5. *p.* 129. —
Wald schnepfe. Bechst. *Naturg. Deut. v.* 4. *p.* 158. —
Meyer. *Tasschenb. Deut. v.* 2. *p.* 361. — Beccaccia.
Stor. degl. ucc. v. 4. *pl.* 447. *et les variétés* albines. pl.

448. *et* 449. — Hout snep. Sepp. *Nederl. Vog. v.* 3. *t.*
p. 287. — Frisch. *t.* 226 *et* 227. *mâle*, *et t.* 230. *variété*
albine. — Naum. *Vög. t.* 1. *f.* 1. *mâle.*

Habite : les bois, particulièrement ceux dont le terrain
est noir et humide ; de passage dans la plupart des pays de
l'Europe ; très-abondant vers le nord ; un grand nombre
niche sur les montagnes boisées du centre de l'Europe.

Nourriture : vers, limaçons et petits scarabées.

Propagation : niche à terre, dans un petit creux : pond
trois ou quatre œufs, d'un jaune sale parsemé de petites
taches d'un brun pâle.

IIe. *SECTION.* — BÉCASSINE.

Partie inférieure du tibia dénué de plumes.

Elles vivent dans les plaines marécageuses.

GRANDE ou DOUBLE BÉCASSINE.

SCOLOPAX MAJOR. (Linn.)

*La queue composée de seize pennes; baguette de
la première rémige blanchâtre.*

Le noir du sommet de la tête divisé par une bande
d'un blanc jaunâtre; sourcils de cette couleur ; parties supérieures variées de noir et de roux clair,
cette dernière couleur disposée longitudinalement;
parties inférieures d'un roux blanchâtre ; ventre et
flancs rayés de bandes noires ; bec rougeâtre, brun
à la pointe ; pieds d'un cendré verdâtre. Longueur,
10 pouces 2 ou 3 lignes.

Scolopax major. Gmel. *Syst.* 1. *p.* 661. *sp.* 36. —
Lath. *Ind. v.* 2. *p.* 714. *sp.* 4. — Great snipe. Lath.
Syn. p. 133. *n°.* 3. — Mittelschnepfe. Bechst. *Na-*
turg. Deut. v. 4. *p.* 180. — Meyer, *Tasschenb. Deut.*

v. 2. p. 362. — Frisch. *Vög. t. 228. figure exacte.* — Naum. *Vög. t. 2. f. 2.* — Beccacino maggiore. *Stor. deg. ucc. v. 4. pl. 446.* — Poelsnep. Sepp. *Nederl. Vög. v. 3. t. p. 247. la première figure, mais point celle du fond.*

Remarque. Un individu que j'ai reçu de l'Amérique septentrionale ne diffère point de ceux tués en Europe. Le Scopolax paludosa. Lath. *sp.* 3. ou la Bécassine des Savanes. Buff. *pl. enl.* 895. forme une espèce distincte, bien caractérisée et facile à reconnaître par sa grande taille et par les couleurs du plumage. Les synonymes de cette espèce étrangère se trouvent dans la première édition par méprise, dans la liste des synonymes de celle-ci.

Habite : les vastes marais et les prairies inondées du Nord ; de passage régulier dans quelques pays, dans d'autres de passage accidentel ; peu abondant en Hollande, rarement en France et dans le midi.

Nourriture : comme la précédente ; aussi beaucoup de petits coquillages.

Propagation : niche dans les marais, parmi les herbes et les joncs ; pond trois ou quatre œufs d'un verdâtre rembruni, parsemé de grandes taches d'un brun foncé.

BÉCASSINE ORDINAIRE.

SCOLOPAX GALLINAGO. (Linn.)

La queue composée de quatorze pennes ; toutes les baguettes des rémiges brunes.

Parties supérieures à peu près variées comme dans l'espèce précédente ; cou et poitrine rayées longitudinalement ; flancs rayés transversalement de blanc et de noirâtre ; milieu du ventre et abdomen d'un blanc pur, sans aucune tache ; base du bec

cendrée, le reste brun , pieds d'un verdâtre pâle.
Longueur, 10 pouces.

SCOLOPAX GALLINAGO. Gmel. *Syst.* 1. *p.* 662. *sp.* 7. —
Lath., *Ind.* *v.* 2. *p.* 715. *sp.* 6. — LA BÉCASSINE. Buff.
Ois. v. 7. *p.* 483. *t.* 26. — Id. *pl. enl.* 883. — Gérard.
Tab. élém. v. 2. *p.* 223. — SNIPE OR SNITE. Lath. *Syn.*
v. 5. *p.* 134. — HEERSCHNEPFE. Bechst. *Naturg. Deut.*
v. 4 *p.* 185. — Mcyer, *Tasschenb. Deut. v.* 2. *p.* 363.
— Frisch. *Vög. t.* 229. — Naum. *Vög. t.* 3. *f.* 3. — BEC-
CACINO REALE. *Stor. deg. ucc. v.* 4. *pl.* 445. — WATER-
SNEP. Sepp. *Nederl. Vog. t. v.* 3. *f.* 2. *p.* 233. *figure*
peu exacte, *et t. p.* 247. *la figure* 2 , *ou du fond*, *assez*
exacte.

Remarque. Un individu que j'ai reçu de l'Amérique
septentrionale , diffère seulement de ceux tués en Europe ,
par les couleurs du plumage , qui sont de quelques nuances
plus claires. Voyez Wilson , *Americ. ornit.*, *v.* 6, *p.* 18,
pl. 47. *fig.* 1.

Varie accidentellement : d'un blanc pur, d'un
blanc roussâtre : souvent tapiré de plumes blanches, ou bien quelques parties du plumage blanc;
Frisch. *Vög. t.* 230. Seulement la tête grise et les
pieds jaunâtres ; c'est alors, SCOLOPAX GALLINARIA.
Gmel. *Syst.* 1. *p.* 662. *sp.* 38. — Lath. *Ind. v.* 2.
p. 715. *sp.* 7.

Remarque. Les couleurs du plumage , après la mue de
printemps, sont toujours plus vives et plus brillantes de
reflets bronzés qu'après la mue d'automne ; le plumage est
plus cendré en hiver.

Habite : les bords des marais et des prairies humides ;
le plus souvent de double passage dans presque tous les
pays de l'Europe.

Nourriture : comme les espèces précédentes.

Propagation : niche à terre , dans un petit creux caché par les herbes ou par les joncs ; pond quatre ou cinq œufs d'un verdâtre très-clair , marqué d'un petit nombre de taches cendrées et brunes.

BÉCASSINE SOURDE.

SCOLOPAX GALLINULA. (Linn.)

La queue composée de douze pennes ; depuis le front jusqu'à la nuque une large bande longitudinale.

La bande, qui du front se prolonge jusque sur la nuque, est d'un noir taché de roux ; de larges sourcils jaunâtres suivent la direction de cette bande ; devant du cou d'un cendré blanchâtre marqué longitudinalement d'une couleur plus foncée ; plumes du dos et des scapulaires noires à reflets verts et pourprés, toutes marquées d'une bande roussâtre disposée longitudinalement ; bec bleuâtre à sa base et noir vers la pointe ; pieds d'un verdâtre livide. Longueur, 7 pouces 6 lignes. *Les vieux en été.*

Remarque. Nous ne connaissons point encore la livrée d'hiver de cette espèce.

Les jeunes de l'année, n'ont point de reflets sur les plumes du dos et des scapulaires, ou bien ces reflets sont peu éclatans.

SCOLOPAX GALLINULA. Gmel. *Syst.* I. *p.* 662. *sp.* 8. — Lath. *Ind. v.* 2. *p.* 715. *sp.* 8. — LA PETITE BÉCASSINE OU SOURDE. Buff. *Ois. v.* 7. *p.* 490. — Id. *pl. enl.* 884.

figure exacte. — Gérard. *Tab. élém. v.* 2. *p.* 226. — JACK
SNIPE. Lath. *Syn. v.* 5. *p.* 136. — MOORSCHNEPFE. Bechst.
Naturg. Deut. v. 4. *p.* 196. — Meyer. *Tasschenb. v.* 2.
p. 364. — Frisch. *t.* 231. — Naum. *Vög. t.* 4. *f.* 4. —
BECCACINO MINORE. *Stor. deg. ucc. v.* 4. *pl.* 443. — HALFS-
NEPJE, BOKJE. Sepp. *Nederl. Vog. v.* 3. *pt* 237.

Remarque. Celle de l'article précédent est également applicable ici.

Habite : souvent de compagnie avec l'espèce précédente ,
les marais et les prairies humides , mais se montre en moins
grand nombre que la première ; elle ne séjourne jamais en
Hollande pour nicher , tandis que la bécassine ordinaire
niche dans ces contrées.

Nourriture : comme les précédentes.

Propagation : niche comme la précédente ; pond quatre ou cinq œufs, oblongs , blanchâtres , parsemés de taches
roussâtres.

IIIe. *SECTION.* — BÉCASSINE CHEVALIER.

Doigt extérieur et celui du milieu réunis par une très-petite membrane.

Remarque. Le caractère de la courte membrane qui
unit le doigt extérieur distingue cette espèce des autres
bécassines , dont quelques-unes ont l'indice d'un rudiment ;
elle forme le passage du genre *scolopax* au genre *totanus.*
Le bec ne diffère en rien des autres *bécasses.*

BÉCASSINE PONCTUÉE.

SCOLOPAX GRISEA (GMEL.)

*Des bandes nombreuses, blanches et noirâtres,
sur les pennes caudales, qui sont au nombre de
douze.*

Sommet de la tête, cou, poitrine et couvertures

des ailes d'un brun cendré sans taches; une bande
de cette couleur entre le bec et l'œil; sourcils,
ventre, gorge et cuisses d'un blanc pur; flancs
blanchâtres variés d'ondes de brun clair; dos et
scapulaires d'un brun clair; toutes les plumes terminées de brun plus foncé; croupion et couvertures inférieures de la queue blancs, marqués de
larges croissans noirâtres, qui se présentent en
bandes transversales sur les couvertures supérieures
de la queue, dont toutes les pennes sont rayées de
bandes noires et blanches, très-rapprochées; bec
brun; pieds d'un jaune verdâtre. Longueur, 10
pouces 1 ou 2 lignes. *Le vieux en plumage d'hiver.*

SCOLOPAX GRISEA. Lath. *Ind. orn. v.* 2. *p.* 724. *sp.* 33.
— Gmel. *Syst.* 1. *p.* 658. — C'est encore SCOLOPAX PAY-
KULLII, dont M. Nilsson a formé une espèce nouvelle.
Voyez *Ornit. suec. v.* 2. *p.* 106. *avec une assez bonne
figure.* — BROWN. SNIPE. Penn. *Arct. Zool. v.* 2. *n°.* 369.
Lath. *Syn. v.* 5. *p.* 154. — Montag. *Orn. Dict. avec
une très-bonne figure placée dans le supplément.*

Remarque. M. Leach forme de cette espèce un nouveau
genre, sous le nom de *Macrorhamphus griseus,* Cat.
du Mus. brit., apparemment à cause de la petite membrane
qui unit le doigt extérieur à celui du milieu; car c'est l'unique différence qui distingue cet oiseau des autres bécassines
d'Europe, dont il a les mœurs et toutes les habitudes. En
isolant les êtres par le moyen de semblables caractères
minutieux et anomaux, qui ne sont en rapport avec aucune
de leurs fonctions animales, on fait naître des difficultés
dans la classification artificielle; la mémoire se trouve sur-
chargée inutilement d'une série de noms, et la méthode
finira par donner de fausses notions sur le naturel et les
rapports des animaux.

Plumage d'été ou des noces.

Se distingue par des nuances d'un brun roussâtre sur le sommet de la tête, sur la nuque, au dos et aux scapulaires, toutes ces parties étant variées irrégulièrement de noir et de jaunâtre ; joues et sourcils d'un roussâtre clair ; devant du cou et poitrine d'un brun roussâtre ; les couvertures des ailes cendrées, bordées de blanchâtre ; ventre, croupion et queue comme en hiver. C'est alors,

Scolopax noveboracensis. Lath. *Ind. orn. v. 2. p.* 723. *sp.* 32. — Gmel. *Syst.* 1. *p.* 658. — Wilson. *Americ. Orn. v.* 7. *p.* 45. *pl.* 58. *f.* 1. *figure très-exacte de la livrée d'été.* — M. Wilson a trouvé de légères différences dans le plumage de la femelle. — Red breasted snipe. Penn. *Arct. Zool. v.* 2. *n°.* 368. — Lath. *Syn. v.* 5. *p.* 153.

Remarque. On doit observer de ne point confondre cette espèce avec le *Red breasted snipe* de Montagu, qui est une *Limosa rufa* ou Barge-rousse en plumage d'été, à laquelle ce naturaliste a ajouté tous les synonymes ci-dessus.

Les jeunes de l'année, ont toutes les parties supérieures noires, excepté la nuque qui est brune ; chaque plume est entourée par un large bord d'un roux vif ; les sourcils et toutes les parties inférieures sont de couleur blanche sale tirant au roux ; le roux est plus décidé sur la poitrine ; toutes les plumes de cette partie, les flancs et les sourcils ont de très-petites taches brunes ; les pennes du milieu de la queue sont terminées de roux.

De passage accidentel : il n'existe que deux exemples d'individus tués en Europe, l'un en Angleterre et l'autre en Suède.

Habite : par troupes nombreuses les États-Unis et les provinces septentrionales d'Amérique ; ceux de ces pays ne diffèrent point de celui que j'ai vu à Londres, ni de la description du *Scolopax paykullii* de Nilsson. Je possède l'espèce dans ses livrées différentes.

Nourriture : suivant Wilson, des coquillages bivalves qu'on trouve dans les marais salins des États-Unis.

Propagation : inconnue.

GENRE SOIXANTE-NEUVIÈME.

RALE. — *RALLUS.* (Linn.)

Bec plus long que la tête, grêle, faiblement arqué ou droit, comprimé à sa base, cylindrique à la pointe ; mandibule supérieure sillonnée. Narines latérales, longitudinalement fendues dans le sillon, à moitié fermées par une membrane, percées de part en part. Pieds longs, forts, un petit espace nu au-dessus du genou ; trois doigts devant et un derrière, les doigts antérieurs divisés, le postérieur articulé sur la tarse. Ailes médiocres, arrondies, la 1ʳᵉ. rémige beaucoup plus courte que la 2ᵉ., 3ᵉ. et 4ᵉ., qui sont les plus longues.

Le corps de ces oiseaux est comprimé et très-chargé de graisse ; ils courent plus qu'ils ne volent, et échappent également à la poursuite de leurs ennemis en traversant à

la nage des espaces d'eau peu larges ; ils aiment à vivre
dans le voisinage et sur les bords des eaux douces qui
sont bien couverts d'herbes, de joncs et d'arbustes. Leur
nourriture consiste en vers, insectes sans élitres, en limaçons, en végétaux ainsi que leurs semences. Ils muent en
automne ; le plumage des jeunes est assez différent des
adultes pour qu'on puisse les distinguer facilement ; les
sexes ne diffèrent point. Si la mue est double, ce que j'i-
gnore, il est certain que les couleurs du plumage ne changent point.

Remarque. Un grand nombre de râles étrangers ont été
mal classés dans ce genre ; ils doivent prendre place dans
celui du *Gallinula* de Latham et de ce Manuel. Il existe
un passage presque sans intervalle assignable des *Râles*
aux *Poules d'eau* ; le seul moyen pour les distinguer arti-
ficiellement consiste dans la longueur comparative du bec
avec la tête ; les *Râles* l'ont plus long que cette partie et
les *Poules d'eau* de cette longueur ou plus court. On peut
distinguer nos espèces par des caractères en apparence rigoureux et faciles à saisir, mais la classification devient
impossible par les mêmes moyens dans le grand nombre
des espèces étrangères de ces deux genres si voisins.

RALE D'EAU.

RALLUS AQUATICUS. (Linn.)

Gorge blanchâtre ; côtés de la tête, cou, poitrine et ventre d'un cendré couleur de plomb ;
toutes les plumes des parties supérieures d'un roux
brun, marquées dans leur milieu de noir profond ;
flancs d'un noir profond rayé transversalement de
bandes blanches ; couvertures inférieures de la
queue blanches ; bec rouge, mais nuancé de brun
à la pointe et sur l'arête supérieure ; pieds d'une

couleur de chair brune ; iris orange. Longueur ,
9 pouces 3 lignes.

Les jeunes de l'année , ont le milieu du ventre
d'un brun roux ; l'abdomen est d'un cendré noirâtre dépourvu de bandes blanches.

RALLUS AQUATICUS. Gmel. *Syst.* 1. *p.* 712. *sp.* 2. —
Lath. *Ind. v. p.* 755. *sp.* 1. — SCOLOPAX OBSCURA. S. G.
Gmel. *Reis. v.* 3. *p.* 92. *t.* 17. — Gmel. *Syst.* 1. *p.* 663.
sp. 41. — LE RALE D'EAU. Buff. *Ois. v.* 8. *p.* 154. *t.* 13. —
Id. *pl. enl.* 749. — Gérard. *Tab. élém. v.* 2. *p.* 256. —
WATER RAIL. Lath. *Syn. v.* 5. *p.* 227. — WASSER RALLE.
Bechst. *Naturg. Deut. v.* 4. *p.* 464. — Meyer. *Tasschenb.*
v. 2. *p.* 406. — GALLINELLA PALUSTRE. *Stor. degl. ucc.*
v. 5. *pl.* 481. — Naum. *Vög. Deut. t.* 20. *f.* 41. *Le*
mâle.

Remarque. LE RALLUS VIRGININANUS de Linné , dont Latham a jugé convenable de former une simple variété du
RALLUS AQUATICUS, est une espèce distincte , bien caractérisée.

Habite : les bords des eaux douces ou des marais, où
croissent des roseaux et des arbustes ; de passage ou sédentaire suivant la localité : très-abondant en Allemagne , en
France et en Hollande.

Nourriture : insectes , limaçons et végétaux.

Propagation : place son nid, composé de quelques brins
de plantes, dans les herbes ou dans les joncs, sur quelque
petite élévation ; pond depuis six jusqu'à dix œufs jaunâtres, marqués de taches d'un rouge brun.

GENRE SOIXANTE-DIXIÈME.

POULE-D'EAU. — *GALLINULA.*
(Lath.)

Bec plus court que la tête, comprimé, conique, à sa base beaucoup plus haut que large ; arête s'a-vançant sur le front et se dilatant (dans quelques espèces) en une plaque nue ; pointe des deux mandibules comprimées, d'égale longueur ; la supérieure légèrement courbée, la fosse nasale très-grande, l'inférieure formant un angle. Narines latérales, au milieu du bec, longitudinalement fendues, à moitié fermées par la membrane qui recouvre la fosse nasale, percées de part en part. Pieds longs, nus au-dessus du genou ; trois doigts devant et un derrière ; les doigts antérieurs longs, divisés, munis d'une bordure très-étroite. Ailes médiocres, la 1re. rémige plus courte que les 2e. et 3e., qui sont les plus longues. *Dans quelques espèces étrangères*, les 1re., 2e. et 3e. rémiges sont également étagées, plus courtes que la 4e., qui est la plus longue.

Les *Poules d'eau* ont aussi le corps très-comprimé et aplati dans toute sa longueur ; elles vivent à terre, mais ont comme les *Râles* les eaux douces en domaine ; elles nagent avec assez de vitesse, plongent avec la même facilité, et courent très-vite à terre, même dans les fourrés les plus épais d'herbes et de joncs, souvent, ainsi que les *Râles*, sur les feuilles et les herbes qui croissent à la surface des eaux. Leur nourriture consiste, comme celle des *Râles*, en insectes et en végétaux ; leur mue peut-être double, mais

les couleurs ne changent point ; les jeunes diffèrent beaucoup
des adultes ; le plumage des premiers ne prend les couleurs
stables qu'à l'âge d'un an révolu. Les mâles se distinguent
des femelles, seulement par les nuances plus pures ; les
plaques frontales sont plus étendues chez les mâles. Il est
très-difficile de déterminer au juste la longueur totale de
ces oiseaux, vu qu'ils varient beaucoup d'individu à individu.

Remarque. Les oiseaux qui composent ce genre ont été
séparés par Linnée ; les uns ont obtenu une place dans son
genre *Rallus*, les autres ont été associés avec les vérita-
bles *Foulques* dans son genre *Fulica*. Latham s'est mieux
avisé en les réunissant dans son genre *Gallinula*, dénomination que je conserve à ces oiseaux. Quelques auteurs
ont ensuite séparé le *Gallinula crex*, vulgairement nommé *Roi des Cailles*, et en ont fait un genre distinct ; ses
habitudes, il est vrai, diffèrent à plusieurs égards de celles
des autres espèces du genre ; il convient de remarquer ici,
ainsi que je le fais dans les notes à l'introduction des ordres *gralles* et *pinnatipèdes*, que cet oiseau a des mœurs
disparates, mais qu'il réunit à l'extérieur tous les caractères essentiels propres aux poules d'eau de la première
section. Voyez aussi la remarque article *Râle*.

Ire. *SECTION.*

Arête de la mandibule supérieure se dirigeant
entre les plumes du front, mais sans se dilater en
une plaque nue.

POULE-D'EAU DE GENET.

GALLINULA CREX. (Lath.)

Un large sourcil cendré se prolonge jusque sur
les côtés de la tête ; toutes les plumes des parties

supérieures d'un brun noirâtre dans leur milieu, bordées latéralement de cendré, et terminées de roux ; les longues plumes qui s'étendent sur les rémiges sont entièrement bordées par une large bande d'un roux olivâtre; couvertures des ailes d'un roux de rouille ; rémiges rousses en dehors; gorge, ventre et abdomen blancs ; poitrine d'un cendré olivâtre ; flancs d'un roux rayé de blanc; mandibule supérieure brune, inférieure blanchâtre ; iris brun clair ; paupières couleur de chair ; pieds d'un brun rougeâtre. Longueur, 9 pouces 6 lignes.

Les jeunes, ont les teintes moins vives et plus claires, avec quelques taches blanches clair-semées.

GALLINULA CREX. Lath. *Ind. v.* 2. *p.* 766. — RALLUS CREX. Gmel. *Syst.* 1. *p.* 711. *sp.* 1. — CREX PRATENSIS. Bechst. *Naturg. Deut. v.* 4. *p.* 470. — Meyer, *Tasschenb. Deut. v.* 2. *p.* 408. — RALE DE GENET, OU ROI DES CAILLES. Buff. *Ois. v.* 8. *p.* 146. *t.* 12. — Id. *pl. enl.* 750. — Gérard. *Tab. élém. v.* 2. *p.* 250. — CRAKE GALLINULE. Lath. *Syn. v.* 5. *p.* 250. — WIESENKNARRER. Bechst. *Naturg. Deut. v.* 4. *p.* 470. — Meyer, *Vög. Deut. v.* 1. *t. Heft.* 10. — Frisch. *Vög. t.* 212. *f. B.* — Naum. *Vög. t.* 5. *f.* 5. — KWARTEL KÖNING. Sepp. *Nederl. Vog. v.* 3. *t. p.* 275.

Remarque. La *Fulica nœvia* ou *Gallinula nœvia*, semble se rapporter ici comme jeune, du moins la planche 73 d'Albin la représente assez exactement ; mais l'ensemble de cette misérable compilation n'est qu'un composé bisarre de *G. crex-chloropus* et *porzana* : elle doit être rayée du système.

Habite : les bois taillis et les hautes herbes, situés dans le voisinage des eaux ou dans les marais ; très-abondant pendant quelques années , peu nombreux dans d'autres ; commun en Hollande.

Nourriture : sauterelles , scarabées, vers, semences et végétaux.

Propagation : niche à terre, dans un enfoncement grossièrement garni de mousse et d'herbes ; pond sept ou neuf, et rarement douze œufs , d'un brun jaunâtre parsemé de grandes et de petites taches d'un roux de rouille vif.

POULE-D'EAU MAROUETTE.

GALLINULA PORZANA. (Lath.)

Front, sourcils et gorge d'un gris de plomb; côtés de la tête d'un cendré marqué de noir; les parties supérieures d'un brun olivâtre, mais toutes les plumes noires sur le centre et variées de petites taches et de traits déliés d'un blanc pur ; poitrine et parties inférieures d'un olivâtre nuancé de cendré et marqué de taches blanches; ces taches sont de forme arrondie sur la poitrine, mais disposées sur les flancs en bandes transversales; les pennes du milieu de la queue bordées de blanc ; couvertures inférieures de la queue d'un blanc pur; bec d'un jaune verdâtre , mais rouge à sa base; pieds d'un jaune verdâtre ; iris brun. Longueur, 7 pouces 6 lignes, et jusqu'à 8 pouces. *Le mâle adulte et vieux.*

La femelle adulte, a le cendré de la gorge et du cou moins étendu , les côtés de la tête portent des taches brunes , et la base du bec a moins de rouge. *En automne ,* les deux sexes ont le bec d'un vert olivâtre ; la pointe en est brune.

GALLINULA PORZANA. Lath. *Ind. v. 2. p.* 772. *sp.* 19. —
RALLUS PORZANA. Gmel. *Syst.* 1. *p.* 712. *sp.* 3. — LE PETIT
RALE D'EAU OU LA MAROUETTE. Buff. *Ois. v.* 8. *p.* 157. —
Id. *pl. enl.* 751. *le vieux mâle.* — Gérard. *Tab. élém.*
v. 2. *p.* 253.—SPOTTED GALLINULE. Lath. *Syn. v.* 5. *p.* 264.
— Penn. *Brit. Zool. p.* 130. *t. L.* 1. — PUNKTIERTES
ROHRHUHN. Bechst. *Naturg. Deut. v.* 4. *p.* 478. — Meyer.
Tasschenb. Deut. v. 2. *p.* 412. — Frisch. *Vög. t.* 211.
— Nauman. *t.* 31. *f.* 42. *le mâle.* — GALLINELLA AQUA-
TICA SUTRO. *Stor. degli ucc. v.* 5. *pl.* 484.

Les jeunes avant la mue; ont la gorge et le
milieu du ventre d'un cendré blanchâtre, souvent
aussi blanchâtre avec de petits traits bruns; sourcils,
face et joues pointillés de blanc et de brun; sur les
parties inférieures un plus grand nombre de taches
blanches que chez les *adultes;* les couvertures inférieures de la queue d'un roux clair; bec et pieds
d'un brun verdâtre.

La *Gallinula nævia* des auteurs n'est qu'un composé
bizarre de *Gallinula crex*, *Chloropus* et *Porzana;* la
planche d'Albin, v. 2, t. 73, est un jeune de *Gallinula
crex.* De telles compilations vicieuses doivent être rayées
du système.

Habite: les bords des rivières, des lacs et des étangs, là
où les joncs et les roseaux sont très-touffus : plus abondant
dans les contrées méridionales que dans le nord; peu commun en Allemagne et en Hollande.

Nourriture: insectes, petits limaçons, végétaux aquatiques et leurs semences.

Propagation: construit un nid composé d'herbes grossièrement entrelacées, qui flotte sur les eaux, ou qui est
posé sur les cannes rompues des joncs; pond jusqu'à douze

œufs, d'un rouge jaunâtre marqué de taches et de points bruns et cendrés.

POULE-D'EAU POUSSIN.

GALLINULA PUSILLA. (Bechst.)

Ailes aboutissant à l'extrémité de la queue; bec et pieds d'un beau vert clair; plumes du milieu du dos marquées de petits traits blancs, très-peu nombreux. La femelle différant beaucoup du mâle.

Gorge, sourcils, côtés du cou, poitrine et ventre d'un gris bleuâtre, sans aucune tache; parties supérieures d'un olivâtre cendré, mais toutes les plumes noirâtres dans le milieu; sur le haut du dos un grand espace noir varié de quelques traits blancs, très-rares; abdomen et flancs rayés de bandes peu distinctes, blanches et brunes; couvertures inférieures de la queue noires, rayées de blanc; bec d'un beau vert, rougeâtre à sa base; pieds d'un gris bleuâtre, sans aucune tache; iris rouge. Longueur, 6 pouces 9 lignes, rarement 7 pouces. *Le vieux mâle.*

La femelle adulte, a les sourcils et les côtés de la tête d'un cendré clair ; gorge blanchâtre; devant du cou, poitrine et ventre d'un cendré roussâtre; cuisses et abdomeu cendrés; couvertures inférieures de la queue terminées de blanc; parties supérieures d'un brun roussâtre; le grand espace noirâtre du haut du dos varié d'un petit nombre de taches blanches; couvertures des ailes d'un olivâtre cendré.

Les jeunes, ont les teintes plus claires; presque la totalité de la gorge est blanchâtre ; les traits blancs du haut du dos sont en très-petit nombre, et les plumes des flancs sont brunes avec des bandes blanches.

GALLINULA PUSILLA. Bechst. *Naturg. Deut. v.* 4. *p.* 484. — RALLUS PUSILLUS. Pall. *Reis. v.* 3. *p.* 700. n°. 30. — Gmel. *Syst.* 1. *p.* 719. *sp.* 30. — Lath. *Ind. v.* 2. *p.* 761. *sp.* 24. — RALLUS PARVUS. Scopoli. *Ann. übers von* Günther. *p.* 126. n°. 157. — KLEINES ROHRHUHN. Meyer. *Taschenb. Deut. v.* 2. *p.* 414. — Naum. *Vög. t.* 32. *f.* 43. *le mâle et la femelle.* — GALINELLA PALUSTRE PICCOLA. *Stor. degli ucc. v.* 5. *pl.* 482. *le jeune mâle.*

Habite : les mêmes lieux que l'espèce précédente, mais plus habituellement les marais; visite souvent les champs, où on le trouve assez habituellement; vit en grand nombre dans les contrées orientales de l'Europe; assez commun en Allemagne, rare dans les provinces du nord de la France ; plus abondant vers le midi; commun en Italie ; accidentellement en Hollande.

Nourriture : comme la précédente.

Propagation : construit son nid dans les roseaux, sur les cannes rompues des joncs et des herbes fluviatiles; pond sept ou huit œufs jaunâtres, parsemés de taches longitudinales olivâtres.

POULE-D'EAU BAILLON.

GALLINULA BAILLONII. (Vieill.)

Ailes aboutissant à la moitié de la longueur de la queue ; bec d'un vert foncé ; pieds couleur de chair ; un grand nombre de taches blanches sur le dos et sur les ailes. La femelle ne différant presque point du mâle.

Gorge, sourcils, côtés du cou, poitrine et ventre d'un gris bleuâtre, nuancé sur les côtés du corps d'olivâtre où se dessine une multitude de taches blanches ; parties supérieures d'un roux olivâtre, varié sur le sommet de la tête de stries noires ; sur le dos et sur toutes les couvertures des ailes se dessinent de nombreuses taches blanches de formes variées, et qui sont toutes entourées de noir profond ; flancs, abdomen et couvertures inférieures de la queue rayées transversalement de larges bandes d'un noir profond et d'étroites bandes d'un blanc pur ; bec d'un vert très-foncé ; iris rougeâtre ; pieds couleur de chair. Longueur, 6 pouces 7 ou 8 lignes. *Le mâle.*

La femelle, ne diffère *du mâle* que par des nuances moins vives et moins pures.

Les jeunes ressemblent aux *vieux* pour les couleurs des parties supérieures ; mais leur gorge et le milieu du ventre sont blancs, ondés de zigzags cendrés et olivâtres ; les flancs sont olivâtres nuancés de nombreuses taches d'un blanc pur ; le bec est d'un brun verdâtre.

Remarque. Cette nouvelle espèce a toujours été confondue avec la précédente ; nous devons à M. Nauman les premières observations concernant sa dissemblance. J'ai comparé les individus rapportés par moi d'Italie avec ceux tués en Allemagne, et j'ai trouvé les différences constantes dans les deux espèces ; toutes deux ont été soigneusement observées dans mes voyages. J'avais donné depuis long-temps à cette espèce le nom de *Gallinula stellaris* ; mais à la demande qui me fut faite, je l'indique ici sous le nom de M. Baillon, en priant ceux à qui j'ai envoyé cet oiseau de changer le nom de *Stellaris* contre celui de *Baillonii* : on doit cet hommage, bien faible sans doute, à un naturaliste zélé, dont le père enrichit l'ouvrage de Buffon d'observations intéressantes.

Habite : les mêmes lieux que la précédente espèce, mais presque toujours dans les lagunes marécageuses : très-répandu dans les parties orientales, mais plus commun vers le midi, aux environs de Gênes ; on le trouve aussi dans plusieurs provinces de France, et dans toute l'Italie.

Nourriture : comme la précédente.

Propagation : niche toujours le plus près des eaux, sans jamais fréquenter les champs ; pond sept ou huit œufs de la forme des olives, colorés de brun olivâtre.

IIe. SECTION.

Arête de la mandibule supérieure se dilatant sur le front en une plaque nue.

POULE-D'EAU ORDINAIRE.

GALLINULA CHLOROPUS. (Lath.)

Tête, gorge, cou et toutes les parties inférieures d'un bleu d'ardoise ; parties supérieures d'un brun olivâtre foncé; le bord extérieur de l'aile, de grandes taches longitudinales sur les flancs et les couvertures inférieures de la queue d'un blanc pur ; du noir profond est répandu sur trois ou quatre des plumes placées au centre de ces couvertures caudales; base du bec et la large plaque frontale d'un rouge vif, pointe du bec jaune ; iris rouge ; pieds d'un vert jaunâtre; au tibia un cercle nu, d'un beau rouge. Longueur, de 12 jusqu'à 14 pouces. *Le vieux mâle.*

La vieille femelle, diffère seulement en ce que les nuances du plumage sont un peu plus claires.

GALLINULA CHLOROPUS. Lath. *Ind. v. 2. p. 770. sp.* 13. — FULICA CHLOROPUS. Gmel. *Syst.* 1. *p.* 698. *sp.* 4. — LA POULE D'EAU. Buff. *Ois. v.* 8. *p.* 171. *t.* 15. — Id. *pl. enl.* 877. *le mâle.* — Gérard. *Tab. élém. v.* 2. *p.* 278. *n°.* 1. — COMMON GALLINULE. Lath. *Syn. v.* 5. *p.* 258. — Albin. *Ois. v.* 2. *t.* 72. *et v.* 3. *t.* 91. — Penn. *Brit. Zool. p.* 131. *t. L.* 1. — GRUNFUSSIGES ROHRHUHN. Bechst. *Naturg. Deut. v.* 4. *p.* 489. — Meyer. *Tasschenb. Deut. v.* 2. *p.* 410 — Id. *Vög. Deut. v.* 1. *Heft.* 13. *le vieux mâle.* — Frisch. *t.* 209. — Naum. *t.* 29. *f.* 38. *le mâle.* — WATERHOENTJE. Sepp. *Nederl. Vog. v.* 1. *t. p.* 71. — PULLO SULTANO CIMANDOBLO. *Stor. degli ucc. v.* 5. *pl.* 586.

Les jeunes, jusqu'à leur seconde mue d'automne, diffèrent beaucoup des vieux. Haut de la tête, nuque, dos et croupion d'un brun olivâtre ; pennes des ailes d'un brun foncé, terminées par des bords d'un brun clair; queue d'un brun foncé; gorge, devant du cou et une tache au-dessous de l'œil blan-

châtres ; le reste des parties inférieuees d'un gris
clair , nuancé d'olivâtre sur les flancs; pointe du bec
d'un vert olivâtre, qui se nuance en brun olivâtre
à la base ; la plaque frontale très-peu apparente ,
d'un olivâtre foncé; iris brun ; pieds olivâtres, mais
teint de jaunâtre au tibia. C'est alors,

GALLINULA FUSCA. Lath. *Ind. v.* 2. *p.* 771. *sp.* 15. —
FULICA FUSCA. Gmel. *Syst.* 1. *p.* 697. *sp.* 1. — LA POU-
LETTE D'EAU. Buff. *Ois. v.* 8. *p.* 177. — LA PETITE POULE
D'EAU. Gérard. *Tab. élém. v.* 2. *p.* 282. *n°.* 2. — THE
BROWN GALLINULE. Lath. *Syn. v.* 5. *p.* 260. — DAS BRAUNE
MEERHUHN. *Naturg. Deut. v.* 4. *p.* 501. — Meyer. *Vög.
Deut. v.* 1. *t. Heft.* 13. — Naum. *Vög. t.* 29. *f.* 39. *un
jeune de l'année.* — Frisch. *Vög. t.* 210. — PULLO SUL-
TANO FEMMINA. *Stor. degli ucc. v.* 5. *pl.* 487.

Les jeunes de l'année, ont plus de blanchâtre
autour du bec , et les parties inférieures ont des
teintes plus claires. On trouve des individus à l'é-
poque du passage d'un âge à l'autre, qui ont la plaque frontale plus ou moins grande, colorée de rouge
ou de jaunâtre. On a fait de ces variétés les espèces
suivantes.

GALLINULA MACULATA , FLAVIPES et FISTULANS. Lath. *Ind.
v.* 2. *p.* 772. *sp.* 20. 21 *et* 22. — FULICA MACULATA, FLAVI-
PES et FISTULANS. Gmel. *Syst.* 1. *p.* 701. *sp.* 17 , 18 *et* 19.
— LA SMIRRING et LA GLOUT. Buff. *Ois. v.* 8. *p.* 180 *et*
181. — SPECKLED , YELLOW LEGGED and PIPING GALLINULE.
Lath. *Syn. v.* 5. *p.* 266. n°ˢ. 19 , 20 *et* 21. Ces indications,
suivant M. Cuvier, reposent originairement sur de mauvaises figures données par Gessner , d'après des dessins qui
lui avaient été envoyés ; elles doivent conséquemment être
rayées de la liste des êtres connus.

Remarque. LE GALLINULA MAJOR, Briss., *Orn.*, *v.* 6. *p.* 9, et LA GRANDE POULE D'EAU, ou PORZANE, de Buff., *Ois.*, *v.* 8, *p.* 178, sont des citations qui ont rapport à une race distincte propre aux contrées méridionales de l'Amérique, particulièrement au Brésil. M. Lichtenstein a donné à celle-ci le nom de *Gallinula galeata*. Un individu adulte, reçu de l'Afrique méridionale, diffère seulement de ceux tués en Europe, par le bord extérieur de l'aile, et par les couvertures inférieures qui sont roussâtres dans l'individu d'Afrique. Dans les îles de la Sonde, on trouve absolument la même variété qu'en Afrique.

Habite: les joncs et les roseaux qui croissent sur les bords des rivières, des étangs, et des mares; très-abondant en France, en Italie, en Allemagne et dans tous les marais de la Hollande; émigre dans quelques contrées, sédentaire dans quelques autres.

Nourriture : insectes et vers aquatiques, semences et herbes des plantes qui croissent dans les eaux.

Propagation : le nid, grossièrement entrelacé d'herbes et de joncs amoncelés, est caché dans les roseaux; pond de cinq jusqu'à huit œufs d'un blanc cendré, parsemé de petites taches rougeâtres.

GENRE SOIXANTE-ONZIÈME.

TALÈVE. — *PORPHYRIO.* (BRISS.)

BEC fort, dur, épais, conique, presque aussi haut que long, plus court que la tête; arête de la mandibule supérieure déprimée, se dilatant jusque très-avant sur le crâne. NARINES latérales près de l'arête, percées dans la masse cornée du bec, à peu près rondes, ouvertes de part en part. PIEDS longs, forts, doigts très-longs dans quelques espèces ; les antérieurs entièrement divisés, tous garnis latéralement de petites membranes très-étroites. AILES médiocres ; la 1e. rémige plus courte que les 2e., 3e., et 4e., qui sont étagées.

Les *Talèves* vivent à peu près comme les *Poules d'eau*, leurs plus proches voisins ; comme elles, ils ont les eaux douces pour lieu habituel de demeure; mais les marais et les immenses rizières du Midi leur servent également d'asile et de retraite. Plus enclins par leurs appétits à donner la préférence aux substances céréales qu'aux herbes des plantes aquatiques, les *Talèves* fréquentent plus la terre que les *Poules d'eau :* ils se promènent avec élégance sur le liquide élément, et courent également avec vitesse et légèreté à terre, ou sur les plantes qui croissent dans les eaux. Leur corps n'est point aussi comprimé, ni aussi svelte que celui des *Poules d'eau* ; leur formidable bec, composé d'une substance très-dure et presque sans fosse nazale recouverte de membrane, leur sert d'instrument pour casser l'enveloppe des graines, et à rompre les tiges les plus dures ; leurs pieds, dont ils se servent pour saisir et pour porter leurs alimens au bec, sont pourvus de doigts très-longs, facilement rétractiles, et d'ongles qui se replient aussi avec quelque facilité, ce qui leur donne ce pouvoir de préhension. Un plumage éclatant, où le bleu de turquoise domine, est propre au plus grand nombre des espèces connues, et c'est parmi elles que notre espèce européenne, tant estimée des anciens, se distingue par sa beauté, par ses doigts d'une longueur qui semble disproportionnée, et ne se retrouve que dans les genres *Parra*, *Palamedea et Chavaria* ; enfin, par son bec énorme, fort et dur, et par sa plaque frontale très-dilatée. L'espèce européenne est-très-abondante dans le Midi, où elle n'a point été transportée d'Afrique, et acclimatée comme l'assurent ceux qui ne connaissent point la véritable espèce de nos contrées. On les voit en plusieurs villes de Sicile, dans les marchés et dans les rues, tant elles sont communes et faciles à apprivoiser.

Remarque. Il est temps de réintégrer à sa place un oiseau déjà si fameux dans l'antiquité, puisque les Grecs et les Romains en faisaient un cas tout-à-fait extraordinaire, non comme objet de luxe extravagant de leurs tables somptueuses, mais comme un hôte digne d'être placé dans les temples et dans les autres sanctuaires de leurs divinités; enceintes qui renfermaient les premières collections d'his-toire naturelle. Le porphyrion, cet oiseau bien connu des Romains, ne l'est plus parmi nous, parce que tous les auteurs méconnaissent la véritable espèce européenne, et la confondent avec celles propres aux pays étrangers.

TALÈVE PORPHYRION.

PORPHYRIO HIACINTHINUS. (Mihi.)

Arête de la mandibule supérieure presque d'une venue avec le crâne; doigt du milieu sans l'ongle, plus long que le tarse; tout le plumage bleu; la plaque frontale aboutissant derrière les yeux.

Un beau bleu de turquoise couvre les joues; la gorge, tout le devant et les côtés du cou; occiput, nuque, cuisses et abdomen d'un bleu d'indigo très-foncé et peu vif; poitrine, dos, couvertures des ailes et grandes pennes de celles-ci, ainsi que la queue d'un bleu d'indigo éclatant; couvertures du dessous de la queue d'un blanc pur; plaque frontale et coronale, ainsi que le bec d'un rouge vif; iris couleur de laque; pieds et doigts d'une couleur de chair rougeâtre. Longueur du bout du bec à l'extrémité de la queue, 18 pouces; hauteur jusqu'au sommet de la tête, à peu près 16 pouces.

Remarque. Je ne puis indiquer ici comme synonymes que les seules indications des anciens; c'est le Porphyrio alter, d'Aldrow. *v.* 3, *p.* 438, *f.* 440 ; la variété indiquée dans Latham , dans l'article du Porphyrio moderne; enfin *Fauna Arag. p.* 78 ; mais il est étonnnant que , parmi cette confusion que la transposition d'un ancien nom d'une espèce propre à l'Afrique méridionale a fait naître , aucun auteur ne se soit avisé de comparer les poules sultanes de nos ménageries, avec la planche des oiseaux d'Edwards , qui , sous le nom de *Purple water hen*, a donné , t. 87, le portrait exact du porphyrion des anciens , dont je fais mention dans cet article. La description , dans Edwards, est aussi parfaite ; c'est la seule qu'on puisse citer ici.

Habite : les bords marécageux des fleuves , et ceux des grands lacs ; très-abondant dans les rizières ; vit en grand nombre sur les bords des lacs et des champs inondés de Sicile, de la Calabre, dans les îles Ioniennes, dans tout l'Archipel et le Levant ; en plus petit nombre en Dalmatie et dans les provinces méridionales de Hongrie) plus rare en Sardaigne.

Nourriture : suivant *des rapports* , beaucoup de plantes céréales, les graines des plantes aquatiques et leurs racines ; aussi des fruits et du poisson, dont ils sont très-friands.

Propagation : niche loin des grandes eaux , mais dans les rizières inondées et dans les vastes marais couverts de hautes herbes et de joncs : elle y construit un nid avec des bûchettes ou des débris des plantes ; pond trois ou quatre œufs blancs, de forme presque ronde.

Afin d'éviter à l'avenir toute méprise, et pour qu'on ne confonde plus notre talève d'Europe avec les espèces exo-

tiques, je vais indiquer succinctement toutes celles qui me
sont bien connues, et tâcher de leur donner des caractères
faciles à saisir.

TALÈVE A MANTEAU VERT.

PORPHYRIO SMARAGINOTUS. (Mihi.)

*Arête de la mandibule supérieure subitement
fléchie, moins élevée que le crâne; plaque frontale ne dépassant point le bord postérieur de
l'œil; doigt du milieu, sans l'ongle, à peu près de
la longueur du tarse.*

Joues, gorge et haut du cou d'un vert turquin;
tête, nuque, côtés et devant du cou, poitrine,
ventre, petites couvertures des ailes et les rémiges
d'un bleu d'indigo brillant; grandes couvertures des
ailes, dos et scapulaires d'un vert très-foncé; croupion et queue d'un noir verdâtre; couvertures du
dessous de la queue blanches; bec, plaque frontale
et pieds d'un rouge vermillon.

Ici viennent se réunir, comme synonymes, le *Fulica*
ou *Gallinula porphyrio* des modernes, avec les indications de tous les auteurs, en exceptant *Edwards*, t. 87.
Peut-être, comme le jeune de cette espèce, tout le composé
de *Fulica*, ou *Gallinula melanocephala?* Cette espèce
habite l'Afrique méridionale ainsi que Madagascar, et a
été probablement transportée à l'Ile-de-France et en Amérique; on la trouve dans nos ménageries; sa longueur totale, et sa hauteur n'excèdent pas quatorze pouces six
lignes.

TALÈVE A MANTEAU NOIR.

PORPHYRIO MELANOTUS. (Mihi.)

Arête de la mandibule supérieure d'une venue avec la plaque frontale, qui dépasse beaucoup le bord postérieur de l'œil; doigt du milieu sans l'ongle, plus court que le tarse.

Dos, manteau, ailes, rémiges et queue d'un beau noir lustré; tête, joues, milieu du ventre et cuisses d'un noir moins profond; cou, poitrine et flancs d'une teinte d'indigo éclatant; bec, plaque frontale, pieds et doigts d'un rouge cramoisi; couvertures inférieures de la queue blanches. Longueur, à peu près 16 pouces. Cette nouvelle espèce se trouve à la Nouvelle-Hollande.

La quatrième espèce de talève, *Porphyrio albus*, Lath., dont je ne puis déterminer les caractères avec précision, n'ayant vu qu'un individu, dans une cage de verre, paraît avoir été indiquée avec beaucoup d'exactitude dans le Voyage du gouverneur Philipp à Botany-Bay, p. 273, avec une planche bien faite. Cet oiseau, le plus grand du genre, mesure environ vingt pouces; son plumage est tout blanc; les jeunes sont d'un cendré bleuâtre; le bec, la membrane frontale, et les pieds sont rouges; je n'ai point vu d'éperons aux ailes, il est cependant possible qu'ils existent. Ou voit aux galeries du cabinet du roi, à Paris, trois individus variétés de talève, envoyés du Bengale, de Java et de la Nouvelle-Hollande; tous les trois diffèrent plus ou moins les uns des autres; mais en les comparant aux trois espèces bien connues, il est impossible de fixer à laquelle on doit les rapporter; ils ne ressemblent point aux talèves d'Europe. Toutes les autres espèces reconnaissables

données pour des *Poules sultanes* ou des *Porphyrions,*
sont du genre des *Poules d'eau ;* on doit aussi rapporter
à ce genre les *Fulica martinica* et *Flavirostris ,* que
M. Cuvier range parmi les *Talèves ;* mais ils n'en ont ni
le bec ni la forme des narines, qui sont longitudinalement
fendues dans une grande membrane qui couvre la fosse
nasale ; tandis que les narines des vrais talèves sont rondes ,
percées dans la masse dure du bec , et que le très-petit rudiment de membrane , à peine visible à la partie postérieure
de l'orifice, ne recouvre point une fosse nasale, qui se prolonge vers la pointe du bec , comme c'est le cas des *Poules
d'eau ,* chez lesquelles la partie cornée est aussi très-différente. La *Gallinula porphyrio* de Wils. *Amer. Orn.,*
v. 9 , pl. 73 , f, 2 , est la même que *Gall. martinica ,*
Linn. et Lath.; c'est une *Poule d'eau* qui se trouve placée
sur la limite de ce genre et du genre *Porphyrio.*

ORDRE QUATORZIÈME.

PINNATIPÈDES. — *PINNATI-PEDES.*

Bᴇᴄ médiocre, droit; mandibule supérieure un peu courbée à la pointe. Pɪᴇᴅs médiocres, tarses grêles ou comprimés; trois doigts devant et un derrière; des rudimens de membranes le long des doigts; le doigt postérieur articulé entièrement sur le tarse.

Cet ordre est composé de quelques genres qui appartiennent presque autant aux oiseaux *Fissipèdes* ou *Gralles nageurs*, qu'aux oiseaux *Palmipèdes nageurs*, et rien n'est plus difficile, en effet, que de mettre sur ce point la méthode en harmonie avec la nature; car en supposant aux oiseaux nageurs des pieds à doigts palmés ou semi-palmés, les espèces qui composent les genres *Phœnicopterus, Recurvirostra, Platalea* et *Tantalus**, seraient pour lors destinés à en faire partie, et cependant ceux-ci ne nagent point; tandis que les oiseaux qui composent les genres, *Parra, Rallus,* et *Gallinula,* quoique ayant les

---

* Notamment les vrais *Tantales*, qui ressemblent au *Tantalus loculator;* les autres espèces sont du genre *Ibis,* voyez à la page 597 de ce Manuel.

doigts longs et entièrement divisés, nagent et plongent*
avec plus de facilité que ne le font une multitude d'oiseaux
à pieds courts et palmés, tels que ceux des genres *Rhyn-
cops*, *Sterna*, *Larus*, *Lestris*, *Procellaria*, *Diome-
dea*, *Fregatta*, *Sula* et *Phæton*. Conséquemment les
méthodistes qui admettent un *ordre d'oiseaux Nageurs* ou
Natatores, commettent une grande erreur en éloignant
de cet ordre les genres *Parra*, *Rallus*, *Gallinula*, *Fulica*, *Heliornis* et *Phalaropus*, surtout ce dernier genre,
composé de petits oiseaux qui ne redoutent point de vo-
guer au large, même sur les vagues de la mer.

Les oiseaux qui composent cet ordre** vivent en mono-
gamie; mais ils se réunissent en grandes bandes pour leur
voyage périodique, qu'ils exécutent aussi bien par la faculté
du vol, que par celle de la natation; ils nagent et plongent
avec une égale facilité. On n'observe aucune différence
bien marquée entre les mâles et les femelles. Leur nourriture consiste en insectes, en vers, en poissons, en frai
et en végétaux. Le corps est couvert d'un duvet abondant;
le plumage est serré et lustré, particulièrement dans le
dernier genre : ils étendent les jambes en arrière quand ils
volent; les jeunes ressemblent aux adultes, ou diffèrent
beaucoup par les couleurs du plumage.

---

* En exceptant toutefois le *Gallinula crex*, dont tous les caractères extérieurs conviennent si parfaitement avec ceux des
autres oiseaux qui composent le genre *Gallinula*, mais dont les
mœurs sont si disparates de celles de ses congénères.

** A l'exemple de Latham, j'ai réuni dans cet ordre tous les oiseaux à doigts lobés. Ce mode de classification me paraît préférable à celui de les répartir dans les deux ordres voisins où ils
figureront toujours très-mal, tant que l'on prendra la forme des
pieds comme premier moyen de classification des ordres. Le
plumage serré et lustré et le corps couvert d'un duvet abondant
donnent assez à connaître qu'ils vivent habituellement sur les
eaux et qu'ils diffèrent essentiellement des échassiers ou gralles.

GENRE SOIXANTE-DOUZIÈME.

FOULQUE. — *FULICA.* (Briss.)

Bec médiocre, fort, conique, droit, comprimé, à sa base beaucoup plus haut que large; arête s'avançant sur le front et se dilatant en une plaque nue; pointes des deux mandibules comprimées, d'égale longueur; la supérieure légèrement courbée, évasée à sa base; l'inférieure formant un angle. Narines latérales, au milieu du bec, longitudinalement fendues, à moitié fermées par la membrane qui recouvre l'évasure, percées de part en part. Pieds longs, grêles, nus au-dessus du genou; trois doigts devant et un derrière; tous les doigts très-longs, réunis à leur base, garnis latéralement de membranes en festons. Ailes médiocres, la 1re. rémige plus courte que les 2e. et 3e., qui sont les plus longues.

Les *Foulques* ont encore plus que les *Poules d'eau* les eaux en domaine; on les voit rarement à terre; elles vivent et voyagent sur l'élément liquide, nagent et plongent avec une égale facilité; elles habitent les eaux douces, les golfes et les baies, mais ne fréquentent point les hautes mers. Leur nourriture consiste en insectes et en végétaux aquatiques; leur mue paraît simple; dans le cas où elle serait double, il est prouvé que les couleurs du plumage ne changent point. Les jeunes diffèrent très-peu des adultes, et les sexes se distinguent à peine. Comme les *Rales* et les *Poules d'eau*, les espèces varient beaucoup d'individu à individu dans la dimension totale, et ceci dépend probablement de causes qui tiennent à la localité.

MANUEL

FOULQUE MACROULE;

FULICA ATRA. (Linn.)

Tête et cou d'un noir profond; parties supérieu-res d'un noir couleur d'ardoise; toutes les parties inférieures d'un cendré bleuâtre; la plaque frontale très-large, d'un blanc pur; bec d'un blanc légère-ment teint de couleur rose; iris rouge cramoisi, pieds cendrés, teints de verdâtre, mais d'un jaune ou d'un rouge verdâtre au-dessus du genou. Lon-gueur, de 15 à 16 pouces. *Les vieux.*

Les femelles, ont la plaque frontale un peu moins étendue.

Les jeunes après la mue d'automne, ont la plaque frontale plus petite, et le cendré des par-ties inférieures légèrement teint de rougeâtre.

Fulica atra. Gmel. *Syst.* 1. *p.* 702. *sp.* 2.—Lath. *Ind.* *v.* 2. *p.* 777. *sp.* 1. — Fulica aterrima Gmel. *Syst.* 1. *p.* 703. *sp.* 3. *le vieux mâle.* — Lath. *Ind. v.* 2. *p.* 778. *sp.* 2. — La Foulque ou morelle. Buff. *Ois. v.* 8. *p.* 211. *p.* 18. — Id. *pl. enl.* 197. — Gérard. *Tab. élém. v.* 2. *p.* 286. *n°.* 1. — Grande Foulque ou macroule. Buff. *Ois. v.* 8. *p.* 220. — Gérard. *Tab. élém. v.* 2. *p.* 290. *n°.* 2. *un individu plus grand qu'à l'odinaire, et le vieux mâle.*—Common and greater coot. Lath. *Syn. v.* 5. *p.* 275 *et* 277. — Penn. *Brit. Zool. p.* 132. *t. F.* — Schwarzes wasserhuhn. Bechst. *Naturg. Deut. v.* 4. *p.* 511. — Meyer, *Tasschenb. v.* 2. *p.* 423. — Frisch. *Vög. t.* 208. — Naum. *Vög. t.* 30. *f.* 40. — Stor. *degl. ucc. v.* 5. *p* . 524. *et* 525. — Meir koet. Sepp. *Nederl. Vog. v.* 1. *t.* *p.* 61.

Avant la mue, les jeunes ont la plaque frontale très-peu apparente ; celle-ci, de même que le bec et les pieds, sont d'un cendré olivâtre, toutes les parties inférieures sont d'un cendré blanchâtre. C'est alors,

Fulica æthiops. Sparm. *Mus. Carls. fasc.* 1. *pl.* 13. — Gmel. *Syst.* 1. *p.* 704. *sp.* 22.

Varie accidentellement: très-rarement d'un blanc pur, ou blanchâtre avec les couleurs faiblement prononcées. Les ailes blanches, tout le reste du plumage comme à l'ordinaire. C'est alors,

Fulica leucorix. Sparm. *Mus. Carls. fasc.* 1. *pl.* 12. — Gmel. *Syst.* 1. *p.* 703. *sp.* 21.

Habite: les marais, les lacs et les golfes ; très-abondant en Hollande et sur les lacs de l'intérieur de la France ; moins nombreux sur les rivières en Allemagne et en Suisse ; vit dans les roseaux, et se montre rarement à terre.

Nourriture : plantes et insectes aquatiques.

Propagation : niche sur les eaux, dans les roseaux et dans les joncs ; pond jusqu'à douze et quatorze, mais le plus souvent huit œufs, d'un blanc teint de brun, et marqué de petits points bruns et rougeâtres.

GENRE SOIXANTE-TREIZIÈME.

PHALAROPE. — *PHALAROPUS.*
(Briss.)

Bec long, grêle, faible, droit, déprimé à sa base, les deux mandibules sillonnées jusqu'à la pointe ; extrémité de la mandibule supérieure courbée sur l'inférieure, obtuse ; pointe de la mandibule inférieure en alène. Narines basales, latérales, ovales, proéminentes, entourées par une membrane. Pieds médiocres, grêles, tarses comprimés ; trois doigts devant et un derrière ; les doigts antérieurs réunis jusqu'à la première articulation, le reste garni de membranes en festons et dentelées sur les bords ; doigt de derrière sans membrane, articulé du côté intérieur. Ailes médiocres ; les 1re. et 2e. rémiges les plus longues.

Ces oiseaux, les vrais pygmées des nageurs, voguent sur l'élément liquide avec une vitesse et une grâce admirables : ils ne redoutent point les vagues, mais nagent avec une égale facilité, non-seulement sur les lacs, mais aussi en pleine mer ; à terre ils ne courent point très-vite ; ils préfèrent les eaux saumâtres et salées aux eaux douces ; nichent le long des bords des lacs, dans les herbes et les prairies proches des eaux ; on les voit nager en pleine mer et sur les lacs, à de très-grandes distances de terre : leur nourriture consiste en petits insectes et en vers marins, qu'ils saisissent à la surface des flots ou sur la rive. La double mue a lieu chez toutes les espèces de ce genre ; les jeunes de l'année diffèrent beaucoup des adultes ; le plumage offre

des dissemblances peu marquées dans les sexes ; le corps
est garni de duvet et le plumage serré et lustré comme
chez les oiseaux de mer.

Ire. *SECTION*.

Bec grêle, déprimé seulement à la base, grêle et
en alène jusqu'à la pointe.

PHALAROPE HYPERBORÉ*.

PHALAROPUS HYPERBOREUS. (Lath.)

Sommet de la tête, nuque, côtés de la poitrine,
espace entre l'œil et le bec, ainsi qu'un petit trait
derrière les yeux d'un cendré foncé ; parties latérales et devant du cou d'un roux vif ; gorge, milieu
de la poitrine et toutes les autres parties inférieures d'un blanc pur, à l'exception des flancs qui
portent de grandes taches cendrées ; dos, scapulaires, couvertures des ailes et les deux pennes du
milieu de la queue d'un noir profond ; les plumes
du haut du dos et les scapulaires bordées de larges
bandes rousses, et les couvertures des ailes terminées par un liséré blanc ; sur les ailes une bande
transversale blanche ; pennes latérales de la queue
cendrées, entourées par une étroite bande blanche ; bec noir ; iris brun ; pieds d'un cendré verdâtre. Longueur , 6 pouces 10 lignes. *Le vieux
mâle au printemps.*

La vieille femelle, diffère seulement, en ce qu'il

* M. Cuvier forme de cette espèce son genre *Lobipes , Règn.
anim. v. 1. p.* 495.

y a du roussâtre mêlé avec le cendré qui entoure les yeux, que le roux du devant du cou est moins étendu et mêlé de plumes cendrées, et que les taches sur les flancs sont plus grandes et plus nombreuses; les parties supérieures ont aussi plus de taches longitudinales.

PHALAROPUS HYPERBOREUS. Lath. *Ind. v. 2. p.* 775. *sp.* 1 — *Transact.* of the Linn. *society. Mem. birds of greenl.* — TRINGA HYPERBOREA. Gmel. *Syst.* 1. *p.* 675. *sp.* 9. — Retz. *Faun. Suec. p.* 183. *n°.* 152. — PHALAROPUS WILLIAMSII. Haworth. *in the Transact. of the* Linn. *Society. v. 8. p.* 264. — LE PHALAROPE CENDRÉ OU PHALARÓPE DE SIBÉRIE. Buff. *Ois. v. 8. p.* 224. — Id. *pl. enl.* 766. *figure peu exacte du mâle.* — COCK COOTFOOTED TRINGA. Edw. *Glan. t.* 143. *figure très-exacte de la femelle.* — RED PHALAROPE. Lath. *Syn. v. 5. p.* 270. *et var. A. tab. du titre; figure mal colorée.* — ROTHHALSIGER WASSERTRETER. Bechst. *Naturg. Deut. v.* 4. *p.* 373. — Meyer, *Tasschenb. v.* 2. *p.* 417. * — Id. *Vög. Deut. v.* 1. *Heft.* 15. *f.* 1. *figure exacte du mâle.*

Les jeunes avant la mue.

Sommet de la tête, l'occiput, une tache derrière les yeux et la nuque d'un brun noirâtre; dos, scapulaires et les deux pennes du milieu de la queue de cette couleur, mais toutes les plumes entourées par une large bordure d'un roux clair; rémiges et couvertures des ailes noirâtres, bordées et terminées de blanchâtre; la bande transversale

---

* M. Meyer confond dans cet article les jeunes des deux espèces distinctes.

sur l'aile peu large ; front, gorge, devant du cou, poitrine et les autres parties inférieures blanches , mais sur les côtés de la poitrine et sur les flancs nuancés de cendré clair ; une légère nuance jaunâtre sur les côtés du cou ; partie intérieure du tarse jaune ; partie extérieure et les doigts d'un vert jaunâtre. C'est alors,

PHALAROPUS FUSCUS. Lath. *Ind. v.* 2. *p.* 776. *sp.* 4. — TRINGA FUSCA. Gmel. *Syst.* 1. *p.* 675. *sp.* 33. — TRINGA LOBATA. Brunn. *Ornit Borea. p.* 51. *n°.* 171 *. — LE PHALAROPE BRUN. Briss. *Orn. v.* 6. *p.* 18. — COOTFOOTED TRINGA. Edw. *Glan. pl.* 46. *figure très-exacte.* — BROWN PHALAROPE. Lath. *Ind. v.* 5. *p.* 274. — GEMEINE WASSERTRETER. Bechst. *Tasschenb. Deut. v.* 2. *p.* 317. *t. figure passable.* — Meyer, *Vög. Deut. v.* 1. *Heft.* 15. *t. f.* 2 *et* 3. *deux jeunes de différens âges.* — Naum. *Vög. Nachtr. t.* 11. *f.* 24.

Remarque. Il paraît que le plumage d'hiver de cette espèce diffère très-peu de la livrée des jeunes oiseaux ; je n'en ai point fait mention, ne pouvant décrire l'habit d'hiver, d'après des individus adultes tués ou reçus dans cette époque de l'année. Il paraît que **M.** Sabine, auteur du Mémoire sur les oiseaux du Groenland, est aussi de cet avis.

Habite : les plages qui bordent les lacs du cercle arctique ; aussi les lacs d'eaux douces ; très-abondant au nord de l'Écosse, dans les Orcades et les Hébrides commun en Laponie ; de passage sur les côtes de la Baltique ; accidentellement en Allemagne et en Hollande ; très-rarement sur les grands lacs de la Suisse.

---

* Mais point *Tringa lobata* de Gmelin , ni *Phalaropus lobatus* de Latham qui sont des synonymes de l'espèce suivante.

Nourriture : insectes ailés , ainsi que des vers et des insectes aquatiques qui vivent à la surface des eaux.

Propagation : niche sur les rivages des lacs parmi les herbes ; pond trois œufs d'un olivâtre très-foncé, parsemé de nombreuses taches noires si rapprochées, que la couleur du fond paraît à peine.

IIe. SECTION.

Bec déprimé dans toute sa longueur, seulement comprimé à la pointe.

PHALAROPE PLATYRHINQUE*.

PHALAROPUS PLATYRHINCHUS. (Mihi.)

Bec large, déprimé, aplati à la base ; queue longue très-arrondie.

Sommet de la tête, occiput et nuque d'un cendré pur ; une large tache d'un noir cendré occupe l'orifice des oreilles, deux bandes de cette couleur prennent leur origine vers les yeux, et passent sur l'occiput où elles se forment en une seule bande qui descend tout le long de la nuque ; parties latérales de la poitrine, dos, scapulaires et croupion d'un cendré bleuâtre très-pur ** ; du noirâtre occupe le centre de toutes ces plumes, et se dirige

---

* M. Cuvier forme de cette seule espèce le genre *Phalaropus;* les deux espèces distinctes dont cet auteur fait mention sont différens états de mon *Phalarope platyrhinque*, qui ont déjà été indiqués dans la 1re édition.

** Cette couleur cendrée bleuâtre est de la même nuance que celle dont les plumes dorsales de quelques espèces des genres *Sterna* et *Larus* sont colorées le long des baguettes ; les plus longues des scapulaires terminées de blanc ; une bande transversale blanche sur l'aile ; pennes de la queue brunes, bordées de cendré ; front, côtés du cou, milieu de la poitrine et toutes les autres parties inférieures d'un blanc pur ; bec d'un roux jaunâtre à sa base, brun vers la pointe ; iris d'un jaune rougeâtre ; pieds d'un cendré verdâtre. Longueur, 8 pouces 6 ou 9 lignes. *Le mâle et la femelle en plumage d'hiver* [*].

PHALAROPUS LOBATUS. Lath. *Ind. v.* 2. *p.* 776. *sp.* 2. — TRINGA LOBATA. Gmel. *Syst.* 1. *p.* 674. *sp.* 8. — PHALAROPE A FESTONS DENTELÉS. Buff. *Ois. v.* 8. *p.* 226. — LE PHALAROPE GRIS. Cuv. *Règ. anim. v.* 1. *p.* 492. — GREY COOT-FOOTED TRINGA. Edw. *Glan. t.* 308. *figure passablement exacte.*

Les jeunes avant la mue.

Sur l'occiput une tache noirâtre de la forme d'un fer à cheval ; une bande de cette couleur passe sur les yeux ; nuque, dos scapulaires, couvertures supérieures de la queue, et les pennes de celle-ci d'un brun cendré ; les plumes du dos, des scapulaires, et les pennes du milieu de la queue portent de larges bordures jaunâtres ; croupion blanc varié de brun ; pennes secondaires des ailes et rémiges liserées de blanc ; couvertures bordées et terminées de blanc jaunâtre ; une bande transversale blanche sur l'aile ;

---

[*] Deux individus en cet état ont été tués sur les bords du lac de Genève. Depuis, j'en ai vu deux autres tués en automne sur ce lac ; c'étaient des jeunes de l'année.

front, gorge, côtés et devant du cou, poitrine et les autres parties inférieures d'un blanc pur; pieds d'un jaune verdâtre; bec d'un cendré brun. C'est alors,

Tringa lobata. Lepechin. *Nov. comm. Petrop.* 14. *p.* 501. *t.* 13. *f.* 3. — Gmel. *Syst.* 1. *p.* 674. *sp.* 8. *var.* B. — Grey phalarope. Lath. *Syn. v.* 5. *p.* 272. *un jeune individu prenant son plumage d'hiver.* — Penn. *Brit. zool. p.* 126. *t.* E. 1. *f.* 3. *figure très-exacte du jeune en mue, prenant sa livrée d'hiver.*

Plumage d'été ou des noces.

Tête, nuque, dos, scapulaires et couvertures supérieures de la queue d'un brun noirâtre; toutes les plumes de ces parties sont entourées par une large bordure d'un roux orange; une bande jaunâtre passe au-dessus des yeux; couvertures des ailes noirâtres terminées de blanc; une bande transversale blanche sur l'aile; croupion blanc taché de noir; devant du cou, poitrine, ventre, abdomen et couvertures inférieures de la queue d'un rouge de brique. *Les vieux, mâle et femelle.*

Tringa fulicaria. Brunn. *Orn. Boreal. p.* 51. *n°.* 172. — Phalaropus rufus. Bechst. *Naturg. Deut. v.* 4. *p.* 381. — Ttinga hyperborea. Gmel. *Syst.* 1. *p.* 676. *var. b.* — Le phalarope rouge. Buff. *Ois. v.* 8. *p.* 225. Phalarope roussatre. Briss. *Orn. v.* 6. *p.* 20. *n°.* 4. Le phalarope rouge. Cuv. *Règ. anim. v.* 1. *p.* 492. — Red coot-footed tringa. Edw. *Glan. t.* 142. *figure très-exacte.* — Red phalarope. Lath. *Syn. v.* 5. *p.* 271. *sous le faux nom de femelle du précédent.* Rothbauchiger wassertreter.

Meyer, *Tasschenb. Deutschl. v.* 2. *p.* 419. *sp.* 2. Il faut encore ajouter comme indications d'un individu en mue. PHALAROPUS GLACIALIS. Lath. *Ind. v.* 2. *p.* 776. *sp.* 3. — TRINGA GLACIALIS. Gmel. *Syst.* 1. *p.* 675. *sp.* 32. — PLAIN PHALAROPE. Lath. *Syn. v.* 5. *p.* 273. — PHALAROPE A COU JAUNE. Sonnini, *édit. de* Buff. *Ois. v.* 23. *p.* 298.

Les individus, *en plumage d'été*, qui n'ont point atteint l'âge de deux ou de trois ans, ont souvent encore le ventre plus ou moins varié de plumes blanches; tel est l'individu rapporté en dernier lieu par le capitaine Sabine. Voyez *Transact.* Linn.

Habite : les parties orientales du nord de l'Europe ; abondant en Sibérie, sur les bords des grands lacs et des rivières ; de passage sur les grands lacs d'Asie, et sur la mer Caspienne ; nombreux en Amérique et dans nos régions arctiques ; accidentellement de passage en Angleterre et en Allemagne ; rare en Suisse, sur le lac de Genève.

Nourriture : poursuit à la nage les insectes qui vivent à la surface des eaux ; on le voit très-rarement chercher sa nourriture sur la rive et à terre [*].

Propagation : niche dans les régions orientales de l'Europe et en Asie ; ponte inconnue.

---

[*] Dans le mémoire de M. Sabine sur les oiseaux du Groenland, il est dit que le 10 juin, par la latitude de 68 degrés, à une distance de quatre milles de terre et au milieu des montagnes de glace, on vit une compagnie de ces oiseaux nageant en pleine mer. Je ne vois pas comment on a voulu associer de telles mœurs et des formes si disparates avec les *Bécasseaux* et les *Chevaliers*.

GENRE SOIXANTE-QUATORZIÈME.

GRÊBES. — *PODICEPS.* (Lath.)

Bec médiocre, droit, dur, comprimé, en cône allongé pointu; pointe de la mandibule supérieure légèrement inclinée, inférieure formant l'angle. Narines latérales, concaves, oblongues, fermées par derrière par une membrane, ouverte par devant, percées de part en part. Pieds longs, hors l'équilibre du corps, tarses très-comprimés; trois doigts devant et un derrière, les doigts antérieurs très-déprimés, réunis à leur base, entourés par une seule membrane en feston; doigt de derrière comprimé, s'articulant intérieurement sur le tarse, festonné. Ongles larges, très-déprimés. Queue nulle. Ailes courtes, les 3 premières rémiges à peu près d'égale longueur et les plus longues.

Ces oiseaux nagent avec une égale facilité à la surface des eaux, comme entre deux eaux; dans cette dernière natation, ils se servent des ailes, et semblent voler dans l'élément liquide; ils plongent long-temps, voyagent et émigrent sur les eaux. Leur nourriture consiste en poissons, en insectes à élitres, en amphibies, en frai et en végétaux; on trouve le plus souvent des plumes dans leur estomac. La démarche de ces oiseaux est gauche et embarrassée; leur attitude à terre est droite, les jambes étant retirées dans l'abdomen, hors l'équilibre du corps. Ils fréquentent plus les rives des eaux douces que les bords de la mer. Ils muent en automne, mais les jeunes ont besoin de deux et trois années avant de prendre le plumage stable

des vieux ; cette circonstance a produit dans ce genre d'oiseaux un grand nombre d'espèces nominales, qui ne sont
en effet que des variétés d'âge de la même. La plupart des
espèces de Grèbes portent à la tête des ornemens extraordinaires qui sont propres aux deux sexes, puisqu'on n'observe aucune différence bien marquée entre les mâles et
les femelles qui sont du même âge. Le corps est garni de
duvet et le plumage très-serré, soyeux et lustré. Il est
possible que la mue de ces oiseaux soit aussi double, mais
les couleurs du plumage ne changent point chez les
adultes.

GRÈBE HUPPÉ.

PODICEPS CRISTATUS. (LATH.)

*Bec plus long que la tête, rougeâtre, à pointe
blanche ; distance du bord antérieur des narines
jusqu'à la pointe du bec, 17 ou 18 lignes*,*

Face blanche ; sommet de la tête, la huppe plate et
occipitale, ainsi que la large fraise de chaque côté
des joues d'un noir lustré ; cette couleur se nuance
en roussâtre sur les côtés de la tête ; toutes les parties inférieures d'un blanc lustré et argenté ; toutes
les parties supérieures brunes et noirâtres ; les pennes secondaires des ailes d'un blanc pur ; un peu de
roussâtre sur les côtés de la poitrine et à l'insertion
des ailes : espace nu du coin du bec à l'œil, rouge ;
bec d'un rouge sale **, brun en dessus et blanc à la

---

* Je signale à dessein cette distance, puisqu'il n'est guère possible d'indiquer dans ce genre d'oiseaux d'autres caractères con-
stans, propres aux différens âges.

** Le bec devient d'un rouge plus vif après la mort.

pointe; iris d'un rouge cramoisi; pieds noirâtres, intérieurement d'un blanc jaunâtre. Longueur, depuis la pointe du bec jusqu'au croupion, de 18 jusqu'à 19 pouces. *Les vieux après la troisième mue, mâle et femelle.*

La vieille femelle, est un peu plus petite; les plumes de la huppe et de la fraise sont un peu plus courtes, et les couleurs un peu plus ternes; pour le reste elle ne diffère en rien du *vieux mâle.*

PODICEPS CRISTATUS. Lath. *Ind. v. 2. p.* 780. *sp.* 1. — COLYMBUS CRISTATUS. Gmel. *Syst.* 1. *p.* 589. *sp.* 7. — COLYMBUS CORNUTUS. Briss. *Orn. v.* 6. *p.* 45. *n°.* 4. — LE GRÊBE CORNU. Buff. *Ois. v.* 8. *p.* 235. *t.* 19. — Id. *pl. enl.* 400. — Gérard. *Tab. élém. v.* 2. *p.* 299. *le vieux.* — CRESTED CREBE. Lath. *Syn. v.* 5. *p.* 281. — Penn. *Brit. zool. p.* 132. *t. K.* — GEHAUBTER STEISSFUSS. Bechst. *Naturg. Deut. v.* 4. *p.* 533. — Meyer, *Tasschenb. v.* 2. *p.* 426. ld. *Vög. Deutschl. v.* 1. *Heft.* 4. *t.* 2. *vieux mâle.* — Frisch. *Vög. t.* 183. Naum. *Vög. t.* 69. *f.* 106. — COLIMBO GRESTATO. *Stor. deg. ucc. v.* 5. *pl.* 521.

A l'âge de deux ans et après la mue, les deux sexes ont une huppe occipitale très-courte, bordée de plumes blanches; la face blanche ne se nuance point en roussâtre; les plumes de la fraise très-courtes; une bande noirâtre de forme irrégulière va du bec au-dessous des yeux et aboutit à l'occiput. *Les jeunes, jusqu'à l'âge de deux ans*, n'ont aucun indice de huppe ni de fraise; le front et la face sont blancs; sur ces parties ainsi que sur le haut du cou; sont des bandes d'un brun noirâtre: disposées dans tous les sens et formant des zigzags ; l'iris d'un jaune clair ; le bec d'un rougeâtre livide. *Les jeunes de l'année avant la mue* , ont la tête et le haut du cou d'un brun foncé. Dans ces différentes livrées, on reconnaît les indications suivantes.

Colymbus urinator. Gmel. *Syst.* 1. *p.* 593. *sp.* 9. — Colymbus et colymbus cristatus. Briss. *Orn. v.* 6. *p.* 34. nº. 1. *et* 2. *pl.* 3. *f.* 1. *et pl.* 4. — Le grêbe huppé et le grêbe. Buff. *Ois. v.* 8. *p.* 233 *et* 227. — Id. *pl. enl.* 944 *et* 941. — Grêbe commun. Gérard. *Tab. élém. v.* 2. *p.* 292. — Grêbe huppé. Id. *p.* 297. *à l'âge de trois ans.* — Edw. *Glan. t.* 360. *f.* 2. — Tippet grebe. Lath. *Syn. v.* 5. *p.* 283. *le jeune à l'âge d'un an.* — Meyer, *Vög. Deut. v.* 1. *Heft.* 4. *t.* 3. *le jeune à l'âge de deux ans, figure très-exacte.*

Habite : les bords de la mer, les lacs, les étangs et les rivières ; émigre en nageant le long des bords de la mer ; très-abondant en Allemagne, en Hollande, en Angleterre et en France ; moins commun dans l'intérieur, sur les lacs de la France et de la Suisse.

Nourriture : poissons , frai, insectes à élitres, vers marins, et souvent des végétaux.

Propagation : construit un nid de joncs, placé sur les cannes rompues, ou flottant et lié aux cannes des joncs ; pond trois ou quatre œufs d'un vert blanchâtre ondé ou comme sali de brun foncé.

GRÈBE JOU-GRIS.

PODICEPS RUBRICOLLIS. (Lath.)

Bec de la longur de la tête, noir, à base jaune; huppe occipitale très-courte; point de fraise; distance du bord antérieur des narines jusqu'à la pointe du bec, 11 lignes.

Front, sommet de la tête et la courte huppe occipitale d'un noir lustré; joues et gorge d'un gris de souris; tout le long de la nuque s'étend une large bande noire; devant du cou, côtés et haut de la poitrine d'un roux de rouille vif; toutes les autres parties inférieures blanches, si on en excepte les flancs et les cuisses, qui portent des taches d'un brun noirâtre; pennes secondaires des ailes blanches; base du bec d'un jaune vif, le reste noir; iris d'un brun rougeâtre; pieds extérieurement noirs, intérieurement d'un vert jaunâtre. Longueur du bout du bec au croupion, depuis 15 jusqu'à 16 pouces 6 lignes. *Les vieux, mâle et femelle.*

PODICEPS RUBRICOLLIS. Lath. *Ind. v. 2. p.* 783. *sp.* 6. — PODICEPS SUBCRISTATUS. Jacq. *Vög. p.* 37. *t.* 18. *figure très-exacte,* — Bechst. *Naturg. Deut. v.* 4. *p.* 546. — COLYMBUS RUBRICOLLIS et SUBCRISTATUS. Gmel. *Syst.* 1. *p.* 592. *sp.* 24, *et p.* 590. *sp.* 18. — LE GRÈBE A JOUES GRISES OU LE JOU-GRIS. Buff. *Ois. v.* 8. *p.* 241. — Id. *pl. enl.* 931. *figure très-exacte.* — RED NECKED GREBE. Lath. *Syn. v.* 5. *p.* 288. — Id. *supp. v.* 1. *p.* 260. *t.* 118. *figure très-exacte.*—GRAU KEHLIGER STEISSFUSS. Meyer, *Tasschenb. Deut. v.* 2. *p.* 429. — Naum. *Vög. t.* 70. *f.* 107. *le vieux mâle.*

Les jeunes à l'âge de deux ans, ont la gorge et les joues blanches; le haut du cou d'un blanc jaunâtre; sur ces parties sont des bandes brunes et noirâtres disposées en zigzags; le haut de la tête et l'occiput noirs, mais sans plumes allongées sur cette dernière partie; partie inférieure du cou et haut de la poitrine d'un roux terne et varié de brun; quelques plumes de la poitrine et du ventre terminées de cendré; base du bec d'un jaune livide; iris d'un jaune rougeâtre. C'est alors,

Colymbus parotis. Sparm. *Mus. Carls. fasc.* 1. *t.* 9. *figure exacte.* — Gmel. *Syst.* 1 *p.* 592. *sp.* 21. — Colimbo giovane del l'antidetta specie. *Stor. degl. ucc. v.* 5. *pl.* 523. *le jeune de l'année.*

Habite : les rivières, les lacs et les bords de la mer, mais en plus grand nombre sur les eaux douces; assez commun dans les provinces orientales de l'Europe ; souvent en Allemagne et en Suisse ; rare en France, et accidentellement en Hollande.

Nourriture : petits poissons, frai, amphibies, insectes à élitres et végétaux.

Propagation : niche comme l'espèce précédente ; pond trois ou quatre œufs d'un vert blanchâtre , paraissant comme sali de jaunâtre ou de brun.

GRÈBE CORNU ou ESCLAVON.

PODICEPS CORNUTUS. (Lath.)

Bec fort, plus court que la tête, comprimé dans toute sa longueur, noir à pointe rouge; aux yeux un double iris; distance du bord antérieur des narines jusqu'à la pointe du bec, 6 ou 7 lignes.

Sommet de la tête, ainsi que la très-large et ample fraise qui entoure le haut du cou d'un noir profond et lustré; les grandes touffes de plumes rousses placées au-dessus et derrière les yeux forment deux cornes ; espace entre la mandibule supérieure et l'œil, cou et poitrine d'un roux vif et brillant; parties inférieures d'un blanc pur, à l'exception des flancs qui sont nuancés de roussâtre; nuque et parties supérieures noirâtres ; pennes secondaires des ailes blanches ; base du bec et nudité qui va aux yeux de couleur rose, le reste du bec noir, à pointe rouge ; cercle autour de la prunelle jaune, second cercle d'un rouge vif; pieds extérieurement noirs , intérieurement gris. Longueur, de 12 jusqu'à 13 pouces. *Les vieux, mâle et femelle.*

Remarque. Quelques auteurs ont confondu cette espèce avec la suivante, sans doute à cause des plumes rousses de la tête ; mais il est facile, en comparant mes courtes indications , de distinguer *les vieux* de l'une et de l'autre ; celle-ci porte des cornes rousses placées au-dessus et derrière les yeux, tandis que la suivante porte des plumes rousses qui couvrent l'orifice des oreilles. *Les jeunes* des deux espèces sont plus difficiles à distinguer, vu qu'il n'y a entre eux de différences bien marquées que dans la forme du bec, et dans le double iris, que *les jeunes du Grébe à oreillon* ont d'une seule couleur.

Podiceps cornutus. Lath. *Ind. v.* 2. *p,* 782. *sp.* 5. — Colymbus cornutus minor. Briss. *Orn. v.* 6. *p.* 50. — Colymbus cornutus. Gmel. *Syst.* 1. *p.* 591. *sp.* 19. —. Le petit Grêbe cornu. Buff. *Ois. v.* 8. *p.* 237. — Le Grêbe d'Esclavonie. Id. *pl. enl.* 404. *f.* 2. *représentation pas.*

sablement exacte. — HORNED GREBE or D'OBCHICK. Edw.
Glan. t. 145. *figure peu epacte.* — Lath. *Ind. v.* 5. *p.* 287.
t. 91. *mauvaise figure.* — GEHÖRNTER STEISSFUSS. Meyer,
Tasschenb. Deut. v. 2. *p.* 431. — Id. *Vög. Deut. v.* 2.
t. Heft. 18. *figure très-exacte du vieux.* — Naum. *Vög.*
Nacht. t. 54. *f.* 101 *et* 102. *deux figures peu exactes.*

Les jeunes de l'année et jusqu'à l'âge d'un an,
n'ont aucune apparence de cornes ou de fraise; du
blanchâtre entre le bec et l'œil; tète, nuque et
toutes les parties supérieures d'un cendré noirâtre;
pennes secondaires des ailes blanches; le blanc pur
de la gorge s'étend au-dessous des yeux en ligne
horizontale, et se dirige jusque *très en arrière*
sur l'occiput; milieu du devant du cou d'un blanc
cendré; côtés de la poitrine et flancs d'un cendré
noirâtre, le reste des parties inférieures d'un blanc
pur; bec d'un cendré bleuâtre, mais sa base ainsi
que la petite nudité est de couleur de chair; partie supérieure du bec couleur de corne, pointe
jaunâtre; cercle autour de la prunelle d'un blanc
pur, second cercle d'un rouge clair; pieds extérieurement bruns, intérieurement d'un cendré
bleuâtre. C'est alors,

PODICEPS OBSCURUS. Lath. *Ind. v.* 2. *p.* 782. *sp.* 4. —
COLYMBUS MINOR. Briss. *Orn. v.* 2. *p.* 56. *n°.* 7*. — Co-

---

* On ne peut guère se faire une idée des raisons qui ont pu
déterminer M. Gérardin à placer cette indication et celle du *Co-*
lymbus obscurus de Gmelin, comme synonymes avec son *petit*
Grèbe (Voyez vol. 2, pag. 295); car cette espèce nominale de Gérardin n'est dans le fait qu'un *Castagneux* âgé de trois ans, et
parvenu à l'époque où les deux sexes prennent la livrée parfaite
qui distingue les vieux.

Lymbus obscurus. Gmel. *Syst.* 1. *p.* 592. *sp.* 25. — Podiceps caspicus. Lath. *Ind.* v. 2. *p.* 782. *sp.* 7. — Colymbus caspicus. S. G. Gmel. *Reis.* v. 4. *p.* 137. *la note.* — Gmel. *Syst.* 1. *p.* 593. *sp.* 27. — Le petit Grèbe. Buff. *Ois.* v. 8. *p.* 232. *et surtout sa pl. enl.* 942. *figure très-exacte.* — Black and withe dobchick. Edw. *Glan. t.* 96. *f.* 1. — Dusky grebe. Lath. *Syn.* v. 5. *p.* 286. — Der dunkelbraune steissfuss. Bechst. *Naturg. Deut.* v. 4. *p.* 559. — Naum. *Vög. Deutschl. t.* 71. *f.* 109. *figure assez exacte.*

Remarque. On doit encore énumérer, comme différence d'âge de cette espèce, les indications suivantes :

Colymbus nigricans. Scop. *Ann.* 1. *n°.* 101. — Colymbus cristatus minor. Briss. *Orn.* v. 6. *p.* 42. *n°.* 3. *t.* 3. *f.* 2. *description et figure exactes.* — Le petit Grèbe huppé. Buff. *Ois.* v. 8. *p.* 235. — Eared grebe. Lath. *Syn.* v. 5. *p.* 286. *var.* A. *description exacte de l'oiseau après la mue et à l'âge de deux ans.*

Habite : plus abondant dans les parties orientale et septentrionale de l'Europe que partout ailleurs ; assez commun en Angleterre et dans le nord ; rare en Allemagne ; accidentellement en Hollande, en France et en Suisse ; vit sur les eaux douces comme sur les côtes maritimes. *Le méme en Amérique.*

Nourriture : comme les espèces précédentes.

Propagation : niche dans les roseaux, ou construit un nid flotant composé d'herbes, et attaché aux cannes des joncs ; pond trois ou quatre œufs blancs, maculés de brun, et paraissant salis.

GRÊBE OREILLARD.

PODICEPS AURITUS. (Lath.)

Bec plus court que la tête, noir, base déprimée, pointe relevée en haut; distance du bord antérieur des narines jusqu'au bec, 6 ou 7 lignes.

Face, sommet de la tête, la très-courte huppe occipitale et la courte fraise d'un noir profond ; derrière les yeux et au-dessous est un pinceau de longues plumes effilées d'un jaune clair et d'un roux foncé; ces plumes, en formant l'arc viennent couvrir l'orifice des oreilles; gorge, tout le cou, côtés de la poitrine et toutes les parties supérieures d'un noir peu lustré; flancs et cuisses d'un rouge marron très-foncé et nuancé de noirâtre ; les autres parties inférieures d'un blanc pur; base du bec et nudité rougeâtres; iris et cercle nu des yeux d'un rouge vermillon; pieds extérieurement d'un cendré noirâtre, intérieurement d'un cendré verdâtre. Longueur, de 11 pouces 6 lignes jusqu'à 12 pouces. *Les vieux, mâle et femelle.*

Les jeunes de l'année, ressemblent beaucoup, quant au plumage, aux jeunes de l'espèce précédente ; ils s'en distinguent en ce que le blanc des joues est plus étendu, et descend sur les côtés du cou, mais il ne s'étend pas aussi loin sur l'occiput; que l'iris est d'une seule couleur; enfin que la base du bec est sensiblement déprimée, et que les deux mandibules se recourbent un peu en haut. En faisant attention à ces marques caractéristiques, il est impossible de se tromper sur l'espèce.

Podiceps auritus. Lath. *Ind. v.* 2. *p.* 781. *sp.* 3. — Colymbus auritus. Briss. *Orn. v.* 6. *p.* 50. *n°.* 6. — Gmel. *Syst.* 1. *p.* 590 *sp.* 8. (mais point la variété B , qui appartient à l'espèce précédente). Le petit Grèbe cornu [*]. Gérard. *Tab. élém. v.* 2. *p.* 301. *n°.* 5. — Eared dobchick. Edw. *Glan. t.* 96. *f.* 2. *figure très-exacte.* — Eared grebe. Lath. *Syn. v.* 5. *p.* 285. — Geöhrter oder Ohren steissfuss. Bechst. *Naturg. Deut. v.* 4. *p.* 552. (mais point les synonymes, qui sont mal indiqués). — Meyer , *Tasschenb. Deut. v.* 2. *p.* 435. — Naum. *Vög. t.* 70. *f.* 108. *figure très-exacte du vieux.* — Colimbo suasso turco. *Stor. degl. ucc. v.* 5. *pl.* 520. *le vieux.*

Habite : plus abondant sur les rivières et les lacs d'eaux douces que le long des côtes maritimes ; très commun dans le nord, en Allemagne , en France, en Suisse et en Italie ; rare dans les marais de la Hollande, jamais le long des côtes maritimes de ce pays.

Nourriture : comme les espèces précédentes , mais plus habituellement des insectes.

Propagation : niche dans les roseaux les plus touffus des rivières et des lacs ; pond trois ou quatre œufs , d'un vert blanchâtre paraissant sali de brun.

---

[*] Toutes ces dénominations *de petit et de grand Grèbe huppé et cornu*, n'ont servi qu'à répandre une confusion totale dans la nomenclature des différentes espèces de grèbes, dont le plus grand nombre, parvenu à l'état parfait du plumage est pourvu, dans les deux sexes, de plumes qui se relèvent en *huppe*, en *corne* et en *fraise.*

GRÈBE CASTAGNEUX.

PODICEPS MINOR. (Lath.)

Bec très-court, fort, comprimé; point de huppe ni de fraise; distance du bord antérieur des narines jusqu'à la pointe du bec, 5 lignes; tarses garnis postérieurement de longues aspérités.

Gorge, sommet de la tête et nuque d'un noir profond; côtés et devant du cou d'un marron vif; poitrine et flancs noirâtres; le reste des parties inférieures d'un cendré noirâtre; sur cette couleur paraissent quelques nuances blanches; cuisses et croupion teints de roussâtre; parties supérieures d'un noirâtre lustré d'olivâtre; rémiges d'un brun cendré; pennes secondaires blanches à leur base et intérieurement; bec noir, base de la mandibule inférieure, nudité qui se rend aux yeux et la fine pointe du bec blanchâtres; iris d'un brun rougeâtre; pieds extérieurement d'un brun verdâtre, intérieurement couleur de chair. Longueur, depuis 9 jusqu'à 10 pouces. *Les vieux âgés de trois ans, mâle et femelle.*

Podiceps hebridicus. Lath. *Ind. v.* 2. *p.* 785. *sp.* 11. — Colymbus hebridicus. Gmel. *Syst.* 1. *p.* 594. *sp.* 28. — Colymbus pyrenaicus. La Peirouse, *Neue. Schwed. abh. v.* 3. *p.* 105. — Grèbe montagnard. Sonn. *Nouv. édit. de* Buff. *Ois. v.* 23. *p.* 336. — Le Grèbe de rivière noiratre. Briss. *Orn. v.* 6. *p.* 62. *var. A.* — Le petit Grèbe. Gérard. *Tab. élém. v.* 2. *p.* 295. (mais point les synonymes, qui appartiennent au jeune grèbe cornu ou esclavon). — Blace

CHINED GREBE. Lath. *Syn. v.* 5. *p.* 292. — KLEINER STEISSFUS. Bechst. *Naturg. Deut. v.* 4. *p.* 565. — Meyer, *Tasschenb. v.* 2. *p.* 436. — Id. *Vög. Deut. v.* 2. *Heft.* 18. *t. figure très-exacte.* — Naum. *Vög. t.* 110. — COLIMBO MINOBE O JOFFETTO ROSSO. *Stor. degl. ucc. v.* 5. *pl.* 519. *figure assez exacte.*

Les jeunes après l'âge d'un an et après la mue; ont le sommet de la tête, la nuque, les parties supérieures et les côtés du cou blancs, mais ce blanc marqué de bandes et de taches d'un brun roussâtre foncé et clair, et disposées dans tous les sens; derrière les yeux de petits traits obliques et blancs; partie inférieure du devant du cou, poitrine et flancs d'un roux clair; ce roux est nuancé de noirâtre sur les cuisses; milieu du ventre d'un blanc pur.

Les jeunes de l'année, ont le sommet de la tête, la nuque et les parties supérieures d'un brun cendré, légèrement teint de roussâtre; la gorge d'un blanc pur; côtés du cou d'un roux cendré pâle; devant du cou, haut de la poitrine et flancs d'un roux blanchâtre plus ou moins foncé; ventre d'un blanc pur; mandibule inférieure et bord de la mandibule supérieure d'un cendré jaunâtre; le reste du bec brun; iris brun.

PODICEPS MINOR. Lath. *Ind. v.* 2. *p.* 784. *sp.* 9. — COLYMBUS FLUVIATILIS. Briss. *Orn. v.* 6. *p.* 59. — COLYMBUS MINOR. Gmel. *Syst.* 1. *p.* 591. *sp.* 20. — LE GRÊBE DE RIVIÈRE OU CASTAGNEUX. Buff. *Ois. v.* 8. *p.* 244. *t.* 20. — Id. *pl. enl.* 905. *le jeune de l'année.* — Gérard. *Tab. élém. v.* 2. *p.* 302. — LITTLE GREBE. Lath. *Syn. v.* 5. *p.* 289. —

Penn. *Brit. Zoöl. p.* 134. *t. F.*—Naum. *Vög. t.* 71. *f.* 111. *le jeune de l'année*, *et f.* 112. *le jeune au sortir de l'œuf.* — Frisch. *t.* 184. — COLIMBO JUFFETTO. *Stor. degl. ucc. v. 5. pl.* 517. — KLEINE DUIKER DOOD-AAS. Sepp. *Nederl. Vog. t. v. 3. p.* 231. *deux jeunes de l'année.*

Remarque. LE CASTAGNEUX DES PHILIPPINES, de Buff., *pl. enl.* 945, est de la même espèce qu'un individu que j'ai reçu de l'Afrique méridionale ; mais ces deux oiseaux forment une espèce distincte du *Castagneux* d'Europe, du nord de l'Asie et de l'Amérique septentrionale. Dans ces trois parties du monde, l'espèce est la même.

Habite : les lacs, les rivières, les étangs et les marais d'eaux douces ; se montre accidentellement sur les côtes maritimes ; très-abondant partout où les bords des eaux sont couverts de roseaux ; rare dans le nord.

Nourriture : insectes aquatiques et particulièrement ceux à élitres.

Propagation : place son nid flottant dans les roseaux, et l'attache à quelques cannes de joncs ; pond un plus grand nombre d'œufs dans les provinces méridionales que dans le nord, où la ponte n'est tout au plus que de quatre ou de cinq œufs d'un blanc verdâtre ou roussâtre, paraissant sali de brun.

ORDRE QUINZIÈME.

PALMIPÈDES. — *PALMIPEDES.*

Bᴇᴄ de forme variée. Pɪᴇᴅs courts, plus
ou moins retirés dans l'abdomen ; doigts antérieurs à moitié garnis de membranes découpées, ou entièrement réunis par des membranes ; dans quelques genres les quatre
doigts sont réunis par une seule membrane ;
le doigt postérieur articulé intérieurement
sur le tarse , ou manquant totalement dans
quelques genre.

Les oiseaux qui composent cet ordre, peuvent être désignés par le nom d'*oiseaux de mer* ; ils ne quittent point
les hautes mers et habitent toujours sur les côtes maritimes ;
il est rare qu'on les rencontre sur les eaux douces dans
l'intérieur des terres, où peu d'espèces de ces genres se
montrent dans d'autres cas que par accident , ou bien à leur
passage. Le plus grand nombre des espèces qui composent
les premiers genres de cet ordre , se reposent sur la surface
de la mer, volent le plus souvent, ne nagent point
habituellement, et ne plongent jamais ; d'autres nagent et
plongent ; le plus petit nombre vit toujours en pleine mer,
ne vient jamais à la surface de l'élément liquide que pour
respirer, et ne se montre à terre que durant le temps des
pontes. Tous se nourrissent de poissons , de frai , de coquil-

lages bivalves, et d'insectes marins* ; ils nichent dans des trous, sur les rochers, ou simplement sur la grève ; le corps est garni d'un duvet très-épais ; le plumage est abondant, serré et lustré ; la mue est double dans le plus grand nombre des genres ; dans quelques-uns la femelle mue plus tard que le mâle ; les jeunes de l'année diffèrent beaucoup des adultes, même dans quelques genres durant plusieurs années ; chez le plus grand nombre on n'observe aucune différence dans le plumage des sexes, les *Canards* et les *Harles* seuls exceptés, dont les femelles diffèrent beaucoup des mâles, mais ressemblent aux jeunes de l'année.

Remarque. Ma demeure, située avantageusement pour observer les oiseaux qui habitent les hautes mers, m'ayant mis à même de rassembler plusieurs faits nouveaux qui ont rapport à cet ordre, je publierai dans une monographie l'histoire des *oiseaux palmipèdes*.

GENRE SOIXANTE-QUINZIÈME.

HIRONDELLE-DE-MER. — *STERNA.*
(Linn.)

Bec aussi long ou plus long que la tête, presque droit, comprimé, effilé, tranchant, pointu ; mandibules d'égale longueur, la supérieure vers la pointe légèrement inclinée. Narines vers le milieu du bec, longitudinalement fendues, percées de part en part. Pieds petits, nus au-dessus du genou ; tarse très-

---

* Les oies, les cygnes et un petit nombre d'espèce de canards, se nourrissent aussi de végétaux.

court; quatre doigts, les trois antérieurs réunis par une membrane découpée, doigt de derrière libre. Ongles petits, arqués. Queue plus ou moins fourchue. Ailes très-longues, acuminées, la 1re. rémige la plus longue.

Leur vol est presque continuel; ils se reposent le plus souvent à terre, et rarement sur les eaux, où on ne les voit point nager; leur nourriture, qu'ils saisissent à la surface des eaux ou dans les airs, consiste, pour le plus grand nombre des espèces, en petits poissons vivans; les autres se nourrissent principalement d'insectes marins et aériens; c'est en se laissant tomber d'aplomb, ou en rasant la surface des eaux, qu'ils saisissent leur proie. Les jeunes ne diffèrent des adultes et des vieux qu'avant leur première ou seconde mue; passé cette époque on n'observe aucune différence dans le plumage; la mue est double chez toutes les espèces connues; une partie du plumage change de couleur, tandis que l'autre ne change point; ces disparités, opérées par la mue du printemps, ont lieu dans ce genre seulement à la tête. Dès le mois d'août les *Hirondelles-de-mer* entrent en mue; au mois d'avril elles ont déja accompli leur seconde mue : il n'existe aucune différence extérieure dans les sexes. Ils ont l'habitude de nicher en bandes très-nombreuses dans un même lieu; les nids sont souvent si rapprochés, que les couveuses se touchent; il est rare que la ponte excède le nombre de trois œufs.

HIRONDELLE-DE-MER TSCHEGRAVA.

STERNA CASPIA. (Pallas.)

*Bec gros, fort, d'un rouge vif ; hauteur du tarse,
1 pouce 8 lignes * ; queue courte, fourchue.*

Front et une partie du sommet de la tête d'un
blanc pur; occiput varié de blanc et de noir; nuque,
dos, scapulaires et toutes les couvertures des ailes
d'un cendré bleuâtre **; rémiges d'un brun cendré; côtés de la tête, devant du cou et toutes les
autres parties inférieures d'un blanc pur; bec d'un
rouge vermillon très-vif; queue d'un cendré clair;
iris d'un brun jaunâtre; pieds noirs. Longueur, de
20 à 21 pouces. *Le mâle et la femelle en hiver.*

Plumage de printemps ou des noces.

Front, sommet de la tête et les longues plumes de
l'occiput d'un noir profond. Le reste du plumage
paraît ne point changer à la seconde mue; ou bien,
dans le cas où la double mue a lieu pour toutes

---

* Je signale à dessein dans la phrase indicative cette longueur
du tarse, puisqu'elle sert à bien distinguer les différentes espèces
de ces oiseaux.

** En signalant par le nom de *cendré bleuâtre* la couleur qui domine sur le plumage des parties supérieures du plus grand nombre des espèces d'*Hirondelles-de-mer* et de *Mauves*, j'entends une
couleur produite par le mélange d'un peu d'indigo avec beaucoup
de blanc; et cette explication me paraît nécessaire, puisque ce
sont les dénominations différentes données à cette couleur qui
ont fait naître (surtout dans le genre *Mauve*) ces emplois multipliés d'une même espèce.

les parties du corps, il est de fait que les couleurs
de ces nouvelles plumes ne diffèrent point de
celles dont l'oiseau se trouve revêtu en hiver.

Remarque. Aux deux époques de la mue, on trouve des
individus dont le front et le sommet de la tête ont des plumes
d'un blanc pur et d'un noir profond mêlées. Les individus
envoyés du Sénégal et du cap de Bonne-Espérance ne diffèrent en rien de ceux d'Europe.

Les jeunes avant la mue d'automne.

Ont comme les *vieux*, toutes les parties inférieures d'un blanc pur ; les parties supérieures diffèrent, en ce qu'elles sont d'un brun cendré marqué de grandes taches et de bandes transversales
noirâtres ; les pennes de la queue sont terminées
par un grand espace noirâtre ; les rémiges sont
presque entièrement de cette couleur. Le front et
le haut de la tête sont comme chez les *vieux dans
leur plumage d'hiver;* le bec est d'un rouge terne,
et sa pointe est noirâtre.

Remarque. L'oiseau indiqué par Sparmann, *Mus. Carls.*
n. 62, *var.*, appartient à une espèce différente : cette indication de Sparmann est synonyme avec le STERNA CAYANA
de Latham, *Ind. v.* 2. *p.* 804. *sp.* 2. — L'apparition de
cette *Hirondelle-de-mer* le long des côtes maritimes de
l'Europe me paraît du nombre des faits douteux ; je ne la
vis jamais sur nos côtes, mais elle est propre à l'Amérique ;
Buffon a eu tort de désigner l'espèce par le nom de *grande
Hirondelle-de-mer de Cayenne, pl. enl.* 988 *, puis-

---

* La figure des *pl. enl.* de Buffon, est prise d'après un individu
dans sa livrée parfaite d'hiver; le front et la tête sont d'un noir
profond après la mue du printemps.

qu'elle est de cinq pouces plus petite que l'oiseau de cet article ; elle est distinguée par son bec très-long, peu gros, et d'un blanc jaunâtre.

Sterna caspia. Pall. *Nov. Com. Petr. v.* 14. *p.* 582. *n°.* 5. — Sparm. *Mus. Carls. fasc.* 3. *t.* 62. *en plumage d'été.* — Gmel. *Syst.* 1. *p.* 603. *sp.* 8. — Lath. *Ind. v.* 2. *p.* 803. *sp.* 1. — Retz. *Faun. Suec. p.* 164. *n°.* 126. — Sterna megarhynchos. Meyer, *Tasschenb. Deut. v.* 2. *p.* 457. — Hirondelle-de-mer tschegrava. Sonn. *nouv. édit. de* Buff. *Ois. v.* 24. *p.* 117. — Caspian tern. Lath. *Syn. v.* 6. *p.* 350. — Grosse oder caspische meerscwalbe. Bechst. *Natury. Deut. v.* 4. *p.* 675. — Gross-schnabliger meerschwalbe. Meyer, *Vög. Deut. v.* 2. *Heft.* 18. *t.* 6. *figure très-exacte de l'oiseau en plumage parfait d'été.* — Sterna maggiore. *Stor. degl. ucc. v.* 5. *pl.* 540. *en plumage parfait d'été.*

Habite : les bords de la Baltique, les îles de ce golfe, la mer Caspienne et l'Archipel ; plus rare sur les grands fleuves de l'Allemagne ; très-accidentellement le long des côtes de France et de Hollande ; son apparition est bien plus rare encore sur les lacs et les rivières de l'intérieur.

Nourriture : poissons vivans.

Propagation : niche sur le sable, dans un petit enfoncement, ou sur les rocs nus qui bordent la mer : pond deux ou trois œufs d'un vert grisâtre parsemé de grandes taches brunes et d'un noir profond.

HIRONDELLE-DE-MER CAUGEK.

STERNA CANTIACA. (Gmel.)

Bec long, noir, pointe jaunâtre ; pieds courts, noirs ; hauteur du tarse, 1 *pouce ; queue longue, très-fourchue ; plus courte que les ailes.*

Front et sommet de la tête d'un blanc pur, seulement varié vers l'occiput par de très-petites taches noires qui occupent le centre des plumes; les longues plumes de l'occiput d'un noir profond, mais frangées de blanc; un croissant noir en avant des yeux; nuque, haut du dos, toutes les parties inférieures et la queue d'un blanc pur, très-lustré; dos, scapulaires et couvertures des ailes d'un cendré bleuâtre très-clair; rémiges d'un cendré qui paraît velouté, toutes bordées sur les barbes intérieures par une large bande d'un blanc pur; bec d'un noir profond, mais d'un jaune d'ocre à sa pointe; iris noirâtre; pieds noirs, mais la plume en dessous d'un jaune d'ocre. Longueur, de 15 à 16 pouces. *Le mâle et la femelle en hiver.*

STERNA CANTIACA. Gmel. *Syst.* 1. *p.* 606. *sp.* 15.—STERNA STUBERICA. Bechst. *Naturg.* Deut. *v.* 4. *p.* 679. — STERNA DI BECCA COLOR NERO. *Stor. degl. ucc. v.* 5. *pl.* 545. *en plumage parfait d'hiver.*

Plumage de printemps ou des noces.

Front, sommet de la tête et les longues plumes de l'occiput d'un noir profond, sans aucune tache, devant du cou et poitrine d'un blanc rose, plus ou moins vif et lustré, suivant l'âge et l'époque de la mue; le reste du plumage ne diffère point; les couleurs en sont les mêmes que dans la livrée d'hiver.

STERNA BOYSII. Lath. *Ind. v.* 2. *p.* 806. *sp.* 10. — STERNA CANESCENS. Meyer, *Tasschenb.* Deut. *v.* 2. *p.* 458. — SANDWICH TERNE. Lath. *Syn. v.* 6. *p.* 356. — Id. *supp.*

v. 1. *p.* 266. GREATER SEA SWALLOW. Albin. *Birds.* *v.* 2. *pl.* 88. *figure exacte.*

Les indications suivantes appartiennent également à cette hirondelle-de-mer, mais l'individu sur lequel elles ont été prises conserve encore quelques plumes du jeune âge.

STERNA AFRICANA. Gmel. *Syst.* 1. *p.* 665. *sp.* 12. — Lath. *Ind.* *v.* 2. *p.* 805. *sp.* 5. — L'HIRONDELLE-DE-MER A DOS ET AILES BLEUATRES. Sonn. *Nouv.* *édit.* *de* Buff. *Ois.* *v.* 24. *p.* 121. — AFRICAN TERN. Lath. *Syn.* *v.* 6. *p.* 354.

Les jeunes de l'année avant la première mue d'automne.

Ont les couleurs blanches et noires de la tête et de l'occiput mêlées de roussâtre très-clair ; toutes les parties inférieures d'un blanc pur ; partie supérieure du dos et scapulaires d'un roux blanchâtre, rayé transversalement de bandes d'un brun noirâtre ; les plus grandes des scapulaires bordées de larges bandes brunes ; couvertures des ailes terminées de bandes demi-circulaires ; pennes secondaires et rémiges d'un cendré noirâtre, bordées et terminées de blanc ; bec d'un noir livide, seulement la fine pointe de couleur jaunâtre ; pennes de la queue cendrées à leur origine, ensuite noirâtres et terminées de blanc. C'est alors,

STERNA STRIATA. Gmel. *Syst.* 1. *p.* 609. *sp.* 24. — Lath. *Ind.* *v.* 2. *p.* 807. *sp.* 11. — HIRONDELLE-DE-MER RAYÉE. Sonn. *Nouv.* *édit.* de Buff. *Ois.* *v.* 24. *sp.* 124. — STRIATED TERN. Lath. *Syn.* *v.* 6. *p.* 358. *t* 98. *figure très-exacte.*

Remarque. Dès le mois d'août, les jeunes entrent en

mue ; alors les plumes d'un cendré bleuâtre sans aucune tache commencent à paraître parmi celles qui sont rayées et bordées de brun noirâtre ; les plumes de la queue ne deviennent blanchâtres qu'à la première mue de printemps , et elles ne sont d'un blanc parfait qu'à la seconde mue d'automne ; le bec devient d'un noir profond , et la pointe est jaunâtre.

Habite : les bords de la mer , très-rarement dans l'intérieur des terres , ou sur les eaux douces ; répandu sur une grande étendue des côtes maritimes du globe ; très-abondant dans les îles de la Nord-Hollande.

Nourriture : poissons vivans.

Propagation : niche en grandes bandes sur la grève de la mer , dans les prairies basses submergées en hiver ; souvent et suivant la localité , sur les rochers nus ; pond deux ou trois œufs blanchâtres ou blancs , marqués de grandes et de petites taches noirâtres , ou marbrés de brun et de noir.

HIRONDELLE-DE-MER DOUGALL.

STERNA DOUGALLI. (Montagu.)

Bec tout noir ; pieds oranges ; tarse, 9 lignes ; doigt du milieu avec l'ongle plus court que le tarse ; queue beaucoup plus longue que les ailes.

Remarque. La livrée complète d'hiver ne m'étant point connue , je commence par le

Plumage d'été ou des noces.

Sommet de la tête et toute la nuque d'un noir profond ; dos, scapulaires et ailes d'un cendré clair ; côtés du cou , toutes les parties inférieures et la queue d'un blanc pur ; sur la poitrine existe une légère teinte rosée; pennes latérales de la queue très-longues et subulées, dépassant les ailes de 2 pouces ou 2 pouces ½ ; première rémige à bord extérieur noir ; les autres cendrées, bordées sur les barbes intérieures d'une bande blanche ; bec noir, long, grêle ; pieds oranges, ongles petits et noirs. Longueur, 15 pouces. *Le mâle et la femelle en plumage parfait d'été.*

Les jeunes de l'année, ont déjà à cette époque les parties inférieures blanches, le bec est noir et les pieds jaunâtres.

Remarque. Il est probable qu'on a confondu cette espèce avec *Sterna Hirundo*, dont on a cru qu'elle était une variété accidentelle ; on la voit dans quelques cabinets, sous le nom de *Sterna-Cantiaca*. M. Montagu est le premier qui en fait mention dans le supplément du Dictionnaire ornithologique, sous le nom de *Roseated tern*. Je ne connaissais point cet oiseau lors de la publication de la 1ʳᵉ. édition, quoiqu'il se montre souvent sur les côtes de l'Océan, mais presque toujours en compagnie avec *Sterna Hirundo*. Je dois cette espèce aux soins obligeans de M. de Lamotte, à Abbeville.

Habite : très-commun sur toutes les côtes d'Angleterre, particulièrement sur celles d'Écosse ; se trouve aussi en Norwège, et probablement sur les bords de la mer Baltique ; visite les côtes septentrionales de l'Océan, où on observe assez souvent un ou deux couples de ces oiseaux parmi les bandes de l'espèce suivante.

Nourriture : poissons vivans.

Propagation : M. de Lamotte m'a dit avoir trouvé des couples de cette espèce nichant sur les côtes de Picardie en compagnie dans les mêmes lieux que le pierre garin.

HIRONDELLE-DE-MER PIERRE GARIN.

STERNA HIRUNDO. (Linn.)

Bec médiocre, rouge, à pointe noire ; pieds rouges ; longueur du tarse, 10 lignes; queue très-fourchue, de la longueur ou plus courte que les ailes.

Front, sommet de la tête et les longues plumes de l'occiput d'un noir profond ; partie postérieure du cou, dos et ailes d'un cendré bleuâtre ; parties inférieures d'un blanc pur, la poitrine seule exceptée, qui porte une légère nuance cendrée ; rémiges d'un cendré blanchâtre, terminées par du brun cendré ; queue blanche, mais les deux pennes latérales d'un brun noirâtre sur leurs barbes extérieures; bec d'un rouge cramoisi, souvent noirâtre vers la pointe; iris d'un brun rougeâtre, pieds rouges. Longueur, de 13 à 14 pouces. *Le mâle et la femelle, les adultes.*

Remarque. Cette espèce, assez commune sur les mers, ainsi que sur presque toutes les eaux douces, mue également deux fois; mais la couleur noire du sommet de la tête ne se perd point dans la mue d'automne ; elle est seulement plus terne en hiver, et d'un noir profond en été. Les individus tués dans l'Amérique septentrionale ne diffèrent en rien de ceux d'Europe.

Les jeunes de l'année, avant la mue d'automne, ont le front et une partie du haut de la tête d'un blanc sale, vers l'occiput marqué de taches noi-

râtres; les longues plumes de l'occiput d'un noir
brunâtre finement liseré et terminé de blanchâtre,
parties supérieures d'un cendré bleuâtre terne;
toutes ces plumes bordées et terminées de blanchâtre, et irrégulièrement tachées de brun ou de
roussâtre clair; parties inférieures d'un blanc sale
et terne; pennes de la queue cendrées, terminées
de blanchâtre; base du bec d'un orange terne;
iris d'un brun noirâtre; pieds oranges.

STERNA HIRUNDO. Gmel. *Syst.* 1. *p.* 606. *sp.* 2. — Lath.
Ind. v. 2. *p.* 807. *sp.* 15. Wilson. *Americ. Orn. v.* 7.
p. 76. *pl.* 60. *f.* 1. — L'HIRONDELLE-DE-MER PIERRE GARIN.
Buff. *Ois. v.* 8. *p.* 331. *t.* 27. — Id. *pl. enl.* 987. — Gérard. *Tab. élém. v.* 2. *p.* 322. — GREATER TERN. Lath.
Syn. v. 6. *p.* 361. — Penn. *Brit. Zool. p.* 144. *t. L.* *
— GEMEINE MEERSCWALBE. Bechst. *Natury. Deut. v.* 4.
p. 682. — ROTHFUSSIGER MEERSCHWALBE. Meyer, *Tasschenb. Deut. v.* 2. *p.* 459. Frisch. *t.* 219. — Naum. *t.* 37.
f. 52. — ZEE-ZWALUW. Sepp. *Nederl. Vog. v.* 2. *t. p.* 105.

Habite: les bords de la mer; en plus petit nombre sur
les eaux douces; répandu sur une grande étendue des côtes
maritimes du globe; abondant sur toutes les eaux peu éloignées des côtes maritimes, plus rare dans l'intérieur des
terres.

Nourriture: poissons vivans ou morts, souvent des insectes.

Propagation: niche comme les espèces précédentes;
pond deux ou trois œufs, d'un brun ou d'un cendré olivâtre, marqué d'un grand nombre de taches cendrées et noirâtres.

HIRONDELLE-DE-MER ARCTIQUE.

STERNA ARCTICA. (Mihi.)

Bec grêle, rouge, sans pointe noire ; longueur du tarse, 6 lignes ; queue très-fourchue, aussi longue ou un peu plus longue que les ailes.

Plumage d'été ou des noces.

Front, sommet de la tête et les longues plumes de l'occiput d'un noir profond ; tout le reste des parties supérieures colorées comme dans *Sterna hirundo,* mais le cendré bleuâtre généralement plus foncé; les parties inférieures, la gorge et le devant du cou du même cendré foncé que le dos ; une très-petite partie de l'abdomen, les couvertures inférieures de la queue et une bande au-dessous des yeux d'un blanc pur; queue très-fourchue, comme dans *Sterna hirundo,* mais un peu plus longue ; tarses et doigts très-courts, d'un beau rouge; bec d'un rouge de laque; iris brun. Longueur, 13 pouces 6 ou 8 lignes.

Remarque. Le plumage d'hiver et les jeunes de cette espèce, facile à confondre avec *Sterna hirundo*, ne me sont point encore connus; il est probable qu'en cet état ils diffèrent également très-peu de notre hirondelle-de-mer commune. Afin qu'à l'avenir on puisse distinguer facilement ces deux espèces très-voisines, il sera bon d'observer que les tarses de celle-ci sont toujours de quatre lignes plus courts que ceux de *Sterna hirundo ;* que le blanc à l'abdomen est moins étendu; que le devant du cou et la

gorge sont toujours du même cendré foncé que le ventre ;
la queue est constamment un peu plus longue ; le bec,
mais surtout les pieds, sont plus petits. Il paraît que cette
hirondelle-de-mer est le représentant de l'espèce commune, dans les régions du cercle arctique ; c'est là sa véritable patrie, tandis que *Sterna hirundo* habite les pays
plus tempérés de l'Europe. Les voyageurs de la dernière
expédition au pôle ont rapporté plusieurs individus de
cette espèce très-commune à la baie des Baffins et dans
le détroit de Davis. Les trois individus que j'ai reçus de
M. Sabine ne diffèrent point de ceux tués en Écosse et sur
les côtes d'Angleterre.

Habite : les régions du cercle arctique ; commune aux
Orcades, se montre sur les côtes d'Écosse et d'Angleterre ;
observée dernièrement sur la Baltique*; visite probablement aussi les côtes septentrionales de l'Océan.

Nourriture : poissons.

Propagation : m'est inconnue.

---

* M. Naumann en parle sous le nom de *Sterna macroura* dans
le récit d'une petite course sur les bords de la Baltique, article
inséré dans le journal l'Isis, année 1820. Ce naturaliste propose
dans le même article de changer la dénomination de notre *St. hirundo* en *St. fluviatilis*, apparemment dans la supposition que
St. hirundo ne vient pas à la mer ; mais si M. Naumann avait
visité les côtes de l'Océan, il aurait pu s'assurer que cette espèce y est bien plus abondante sur les bords de la mer, où elle
niche, que partout ailleurs ; mais comme nous n'avons pas besoin d'un nouveau nom pour bien distinguer *St. hirundo* de Linnée de toutes les autres espèces connues, les choses peuvent res-
ter telles. Le nom de *Macroura* ne convient point à ma *St. arctica* ;
elle a seulement une queue un peu plus longue que *St. hirundo*,
tandis que nous avons en Europe et à l'étranger des sternes à
queue très-longue, et que *St. dougallii* a une queue extraordinairement longue, dépassant les ailes souvent de plus de deux
pouces.

HIRONDELLE-DE-MER HANSEL.

STERNA ANGLICA. (Montagu.)

Bec très-court, gros, tout noir, pieds longs, noirs; hauteur du tarse, 1 pouce 3 ou 4 lignes; queue peu fourchue; les ailes s'étendent de 3 pouces au delà de son extrémité; ongle postérieur droit.

Front, sommet de la tête, cou et toute les parties inférieures d'un blanc pur ; un croissant noir se dessine en avant des yeux et une tache noire derrière ; manteau, dos, ailes, rémiges et toutes les pennes de la queue d'une seule nuance de cendré bleuâtre clair ; cette couleur est un peu plus foncée et mêlée de gris tout le long des baguettes et vers l'extrémité des rémiges; bec et pieds d'un noir profond ; tarse assez long, membranes très-découpées ; iris brun. Longueur, à peu près 13 pouces. *Les vieux en plumage parfait d'hiver.*

Les jeunes de l'année, ont sur le blanc du sommet de la tête de très-petites taches longitudinales ; du brun, du cendré et du jaunâtre clair, mêlé avec les teintes cendré bleuâtre au dos et sur les ailes ; la queue très-peu fourchue, cendrée à pointes des pennes blanches; rémiges d'un cendré brun; toutes les parties inférieures d'un blanc pur ; base du bec jaunâtre; le reste vers la pointe d'un brun noirâtre, pieds bruns.

Plumage de printemps ou des noces.

Front, sommet de la tête, occiput et toute la nuque couverts de plumes longues, d'un noir profond ; rémiges et queue d'une même teinte cendrée avec le dos, seulement la pointe des rémiges un peu plus foncée ; bec et pieds d'un noir luisant ; le reste comme en hiver. Dans cette livrée on reconnaît.

Gull billed tern ou sterna anglica. Montagu. *Orn. Dict. supp. et la table.* — Sterna aranea. Wils. *Americ. Orn. v. 8. p.* 143. *pl.* 72. *f.* 6. — Marsh tern. *Peals Muséum n°·* 3521.

Remarque. Le nom de *Sterna anglica* n'est point d'un choix heureux, car l'espèce n'a été vue et tuée qu'une ou deux fois en Angleterre, tandis qu'elle est très-commune en Hongrie et vers les confins de la Turquie ; j'ai reçu un individu tué dans les États-Unis, et deux autres du Brésil, ils ne diffèrent en rien de ceux rapportés de mes voyages ; les individus en plumage d'été, tués au Brésil par le prince de Neuwied, ne diffèrent point de ceux que j'ai rapportés de Vienne, qui ont été tués sur le lac Neusidel, en Hongrie. Le nom français donné à cette espèce est celui sous lequel on la connaît en Hongrie sur les lacs Neusidel et Platten.

Habite : les marais couverts de joncs dans le voisinage des grands lacs ; rarement le long des côtes maritimes, ou en pleine mer.

Nourriture : gros insectes, demoiselles et phalènes qu'ils saisissent au vol, de la même manière que le font toutes les espèces suivantes.

Propagation : suivant les indications de Wilson, elle nicherait sur les bords marécageux des lacs salins ; pond trois ou quatre œufs d'un vert olivâtre, taché debrun.

HIRONDELLE-DE-MER MOUSTAC.

STERNA LEUCOPAREIA. (NATTERER.)

Bec et pieds d'un rouge de laque; doigt du milieu avec l'ongle beaucoup plus long que le tarse qui mesure 10 lignes; queue très-peu fourchue; les ailes s'étendent de 1 ½ pouce au delà de son extrémité.

Front, sommet de la tête, occiput, cou et toutes les parties inférieures d'un blanc pur; une tache noire derrière les yeux; manteau, dos, ailes, rémiges et queue d'une même nuance de gris cendré; bec et pieds d'un rouge de laque foncé; iris noir. Longueur, 11 pouces. *Le mâle et la femelle en plumage parfait d'hiver.*

Les jeunes de l'année, ont le sommet de la tête roussâtre varié de brun; occiput, région derrière les yeux et orifice des oreilles d'un cendré noirâtre; dos, scapulaires et pennes secondaires des ailes brunes dans le milieu, bordées et terminées de couleur isabelle; extrémité des rémiges et des pennes de la queue d'un cendré noirâtre; les dernières ont du blanc à la pointe; bec brun, mais à sa base rougeâtre; pieds couleur de chair.

Plumage de printemps ou des noces

Un capuchon d'un noir profond couvre la tête, engage la région des yeux et se prolonge sur la nuque; du blanc pur forme au-dessous des yeux une large moustache qui vient recouvrir l'orifice des oreilles ; gorge d'un blanc cendré qui se nuance par demi-teinte en cendré pur sur la poitrine, et en cendré noirâtre sur le ventre et sur les flancs ; toutes les parties supérieures, les ailes et la queue d'une seule nuance de cendré foncé ; couvertures intérieures des ailes et couvertures du dessous de la queue d'un blanc pur ; bec et pieds d'un rouge vif.

Remarque. Cette espèce est nouvelle ; elle a été découverte par M. Natterer de Vienne, dans une des parties méridionales de la Hongrie. Je l'ai aussi trouvée dans les marais près de Capo-d'Istria et sur les côtes de Dalmatie. M. de La Motte d'Abbeville vit une seule fois quelques individus dans un marais sur les côtes de Picardie, et en tua trois.

Habite : assez commun dans les grands marais des parties orientales du midi de l'Europe ; l'apparition de ces oiseaux sur les côtes de l'Océan me paraît accidentelle.

Nourriture : insectes ailés qui habitent les marais, et vers aquatiques ; jamais de poissons.

Propagation : inconnue.

HIRONDELLE-DE-MER LEUCOPTÈRE.

STERNA LEUCOPTERA. (Mihi.)

Bec brun, pieds d'un rouge de corail, membranes des doigts très-découpées, l'interne ne formant qu'un petit rudiment ; longueur du tarse, 9 lignes ; queue très-peu fourchue ; les ailes s'étendent de 2 pouces 4 lignes au delà de son extrémité.

Tête, cou, haut du dos, poitrine, ventre, couvertures inférieures des ailes et abdomen d'un noir profond ; partie inférieure du dos et scapulaires d'un noir cendré ; petites et moyennes couvertures des ailes, croupion, pennes de la queue et ses couvertures tant supérieures qu'inférieures d'un blanc parfait ; grandes couvertures des ailes et pennes secondaires d'un cendré bleuâtre ; sur les barbes intérieures des deux premières rémiges est une large bande longitudinale, d'un blanc pur ; iris noir ; pieds d'un rouge de corail. Longueur, 9 pouces 3 ou 4 lignes. *Le mâle et la femelle adultes, en plumage parfait d'été*.

Les jeunes de l'année, ont le blanc de l'aile moins pur et nuancé de cendré ; les pennes de la queue cendrées ; la pointe du bec noirâtre ; le noir du plumage teint de cendré ; le front d'un cendré clair ; toutes les plumes des parties supérieures plus ou moins terminées de cendré blanchâtre.

Sterna nera. *Stor. deg. ucc. v. 5. pl. 544. figure très-exacte.*

Remarque. Je ne puis citer comme synonyme que cette seule figure. Il est probable que les méthodistes ont également confondu cette espèce dans les emplois multipliés qu'ils font de l'espèce suivante. M. Schinz, de Zurich, a publié récemment une figure exacte. Voyez Weisschwingige meerschwalbe. *die Vögel des Schweitz. p. 264. n°. 238. et la planche du frontispice.*

---

* On ne connaît point encore la livrée complète d'hiver de cette espèce, qui paraît habiter les côtes d'Afrique ; j'ai cependant de fortes suppositions que *Sterna plumbea* de Wils. *Améric. Orn. pl.* 60. *f.* 3 pourrait bien être notre oiseau en hiver.

Habile : les baies et les golfes des bords de la Méditerranée ; très-commun aux environs de Gibraltar ; visite aussi
les lacs, les rivières et les marais des pays au delà des Alpes;
très-commun sur les lacs de Lucarno, de Lugano, de Como,
d'Isco et de Guarda ; de passage sur celui de Genève ;
jamais en Hollande ni dans le Nord.

Nourriture : insectes et vers aquatiques, particulièrement demoiselles , phalènes et autres insectes ailés ; rarement du frai et du poisson.

Propagation : inconnue.

HIRONDELLE-DE-MER ÉPOUVANTAIL.

*STERNA NIGRA**. (Linn.)

*Bec noir, pieds d'un brun pourpré; membranes
des doigts découpées jusqu'à la moitié de leur longueur ; longueur du tarse, entre les 7 ou 8 lignes ;
queue peu fourchue, les ailes s'étendent 1 pouce
6 lignes au delà de son extrémité.*

Tête et partie postérieure du cou d'un noir profond ; front, espace entre le bec et les yeux, gorge
et tout le devant du cou jusqu'à la poitrine d'un
blanc pur ; poitrine, ventre et abdomen d'un noirâtre cendré ; toutes les parties supérieures, le crou-

----

* Quoique le plumage de cette espèce ne soit point d'un noir
aussi profond que celui de la précédente, je n'ai point voulu
changer le nom connu contre un nouveau ; je n'ai pu non plus
adopter celui de *Fissipes*, sans lequel cet oiseau est aussi indiqué
par les auteurs, vu que l'espèce précédente a les membranes in-
terdigitales bien plus découpées et plus courtes, que ne le sont
celles de *l'Épouvantail.*

pion et les pennes de la queue d'un cendré
bleuâtre, ou couleur de plomb ; couvertures inférieures de la queue d'un blanc pur ; les deux premières rémiges seulement liserées de blanc à l'extrémité des barbes intérieures ; iris brun ; bec noir;
pieds d'un brun ou d'un noir pourpré. Longueur,
9 pouces 3 ou 4 lignes. *Le mâle et la femelle : les
adultes en plumage d'hiver.*

Varie périodiquement, suivant l'époque plus ou
moins éloignée des mues ; le cou, le ventre et l'ab-
dômen encore d'un blanc pur, ou bien toutes ces
parties variées par les plumes blanches de *la livrée
d'hiver*, et par des plumes d'un noirâtre cendré,
qui sont propres à *la livrée complète d'été.*

Plumage de printemps ou des noces.

Le front, l'espace entre le bec et les yeux, la
gorge et tout le devant du cou, qui sont d'un
blanc pur en hiver, sont en été d'un noirâtre cendré comme les autres parties. C'est dans l'une et
l'autre livrée,

STERNA NIGRA. Gmel. *Syst.* 1. *p.* 608. *sp.* 3. — Lath.
Ind. v. 2. *p.* 810. *sp.* 24. — STERNA FISSIPES. Gmel.
Syst. 1. *p.* 610. *sp.* 7. — Lath. v. 2. *p.* 810. *sp.* 23. —
STERNA OBSCURA *. Gmel. *p.* 608. *sp.* 20. — Lath. *Ind.* v. 2.
p. 810. *sp.* 25. — HIRONDELLE DE MER A TÊTE NOIRE OU GA-
CHET. Buff. *Ois.* v. 8. *p.* 342. — GUIFETTE NOIRE OU ÉPOU-

---

* La queue paraît ne point être fourchue lorsque l'oiseau
est en peine mue et que les pennes n'ont point atteint toute leur
longueur.

VANTAIL. Buff. *Ois. v.* 8. *p.* 341. — Id. *pl. enl.* 333. *en plumage parfait.* Gérard. *Tab. élém. v.* 2. *p.* 329. *un individu avant sa seconde mue d'automne.* — BLACK TERN, LESSER SEA SWALLOW, AND BROWN TERN. Lath. *Syn. v.* 6. *p.* 366. *sp.* 22. *la var. A. et sp.* 23. — SCHWARZ-GRAUE MEERSCHWALBE. Meyer, *Tasschenb. Deut. v.* 2. *p.* 461. — SCHWARZE, UND SCHWARZKEHLIGER MEERSCHWALBE, Bechst. *Naturg. Deut. v.* 4. *p.* 692 *et* 697. — Frisch. *Vög. t.* 220. *en plumage parfait.* — Naum. *Vög. t.* 37. *f.* 53. *en plumage parfait, et t.* 38. *f.* 54. *un individu en mue, conservant sur les parties inférieures les plumes du jeune âge.* — STERNA CENERINA O DI TESTA NERA. *Stor. degl. ucc. v.* 5. *pl.* 542 *et* 543. — ZWARTE IKSTERN. Sepp. *Nederl. Vog. v.* 2. *t p.* 131.

Les jeunes de l'année avant la mue d'automne.

Ont le front, l'espace entre l'œil et le bec, les côtés et le devant du cou, ainsi que toutes les parties inférieures d'un blanc pur; sur les côtés de la poitrine est une grande tache d'un cendré noirâtre; un croissant en avant des yeux; haut de la tête, occiput et nuque noirs; dos et scapulaires d'un brun bordé et terminé de blanc roussâtre; ailes, croupion et queue cendrés; les couvertures terminées de blanc roussâtre; bec brun à sa base; iris brun; pieds d'un brun livide. C'est alors,

STERNA NÆVIA. Gmel. *Syst.* 1. *p.* 609. *sp.* 5. — STERNA BOYSII. *Var. A.* Lath. *Ind. v.* 2. *p.* 806. *sp.* 10. *A.* — LA GUIFETTE. Buff. *Ois. v.* 8. *p.* 339. *mais surtout sa pl. enl.* 924. *figure très-exacte.* — Gérard. *Tab. élém. v.* 2. *p.* 327. — DIE GEFLEKTE MEERSCHWALBE. Bechst. *Naturg. Deut. v.* 4. *p.* 688. — SANDWICH TERN. *var. A.* Lath. *Syn.*

v. 6. *p.* 358.—Lesser sea swallow. Alb. *Birds. v.* 2. *t.* 90.
figure exacte.

Habite : les rivières et les bords des lacs d'eaux douces,
mais particulièrement les marais ; très-accidentellement
sur les côtes maritimes ; assez abondant dans le nord,
jusques au cercle arctique ; très-nombreux en Hollande et
dans les grands marais de la Hongrie.

Nourriture : insectes ailés et vers aquatiques, absolument comme l'espèce précédente.

Propagation : niche en grandes bandes dans les marais,
parmi les roseaux clair-semés et sur les grandes feuilles du
nénuphar qui flottent sur les eaux ; pond depuis deux jusqu'à quatre œufs, d'un olivâtre clair marqué de nombreuses
taches brunes et noires, dont la réunion forme un large
cercle sur le milieu de l'œuf.

PETITE HIRONDELLE-DE-MER.

STERNA MINUTA. (Linn.)

*Bec noir à la pointe, orange sur le reste de sa
longueur; pieds oranges; longueur du tarse 7 lignes ; queue très-fourchue ; front blanc.*

Front et un trait au-dessous des yeux d'un blanc
pur ; une raie longitudinale entre l'œil et le bec ;
haut de la tête, occiput et nuque d'un noir profond ; dos et ailes d'un cendré bleuâtre pur ; toutes
les parties inférieures, le croupion et la queue
blancs ; baguettes des rémiges brunes ; bec d'un
jaunâtre orange, à pointe noire ; iris noir ; pieds
d'un rouge orange. Longueur, 8 pouces 4 lignes.
*Le mâle et la femelle, les adultes dans toutes les
saisons.*

Remarque. Cette petite espèce mue également deux fois , mais le noir du sommet de la tête et de l'occiput ne disparaît point en automne ; cette couleur est seulement plus terne en hiver, et d'un noir profond en été.

Les jeunes avant la mue d'automne, ont le front d'un blanc jaunâtre ; haut de la tête , occiput et nuque bruns, avec des raies noirâtres ; en avant et derrière les yeux une tache noire ; dos et ailes d'un brun jaunâtre , les baguettes et toutes les plumes bordées de cendré noirâtre ; pennes de la queue et pennes des ailes terminées de blanc jaunâtre. Dès la premiere mue d'automne, l'occiput se couvre de plumes noires ; les parties inférieures sont d'un cendré bleuâtre clair, comme dans l'oiseau adulte ; seulement les pennes de la queue et des ailes conservent leurs teintes plus sombres.

STERNA MINUTA. Gmel. *Syst.* 1. *p.* 608. *sp.* 4. — Lath. *Ind.* v. 2. *p.* 809. *sp.* 19. — Wils. *Americ. Orn.* v. 7. *p.* 80. *pl.* 60. *f.* 2. — STERNA METOPOLEUCOS. S. G. Gmel. *Nov. com. Petrop.* v. 15. *p.* 475. *t.* 22. — Gmel. *Syst.* 1. *p.* 608. *sp.* 23. — Lath. *Ind.* v. 2. *p.* 809. *sp.* 22. — LA PETITE HIRONDELLE-DE-MER. Buff. *Ois.* v. 8. *p.* 337. — Id. *pl. enl.* 996. *figure très-exacte.* — Gérard. *Tab. élém.* v. 2. *p.* 325. — LESSER and HOODED TERN. Lath. *Syn.* v. 6. *p.* 364 *et* 365.—DIE KLEINE MEERSCHWALBE. Bechst. *Naturg. Deut.* v. 4. *p.* 699. — Meyer, *Tasschenb. Deut.* v. 2. *p.* 463. — Naum. *Vög. t.* 38. *f.* 55. *figure très-exacte de l'oiseau adulte, et f.* 56. *du jeune avant la mue.*

Remarque. Cette espèce est absolument la même dans l'Amérique-Septentrionale. Les voyageurs au Brésil ont aussi trouvé dans ces contrées une petite hirondelle-de-mer modelée sur les formes de la nôtre ; mais elle forme une espèce distincte, bien caractérisée par son bec plus robuste, qui est entièrement d'un beau jaune clair ; les distributions des couleurs offrent aussi quelques disparités. Le prince de Neuwied indique cette espèce sous le nom de *Sterna argentea. Voyag. v.* 1. *p.* 67.

Habite : les bords de la mer, très-rarement sur les lacs et les rivières ; vit jusque fort avant dans le nord ; peu abondant en Allemagne et dans l'intérieur de la France ; très-commun sur les côtes maritimes de Hollande, d'Angleterre et de France.

Nourriture : petits insectes ailés et vers de mer, le frai qui flotte sur la mer; rarement de très-petits poissons vivans.

Propagation : niche en grandes bandes, parmi les coquillages de la grève ou sur le sable nu ; pond deux ou trois œufs d'un verdâtre clair marqué de grandes taches brunes et cendrées.

<div align="center">~~~~~~~~~~~~~~~~~~~~~</div>

GENRE SOIXANTE-SEIZIÈME.

MAUVE. — *LARUS.* (Linn.)

Bec long ou médiocre, fort, dur, comprimé, tranchant, courbé vers la pointe ; mandibule inférieure formant un angle saillant. Narines latérales, au milieu du bec, longitudinalement fendues*, étroites, percées de part en part. Pieds grêles, nus au-dessus du genou ; tarse long ; trois doigts devant, entièrement palmés, le doigt de derrière libre, court, s'articulant très-haut sur le

---

* Une grande espèce de Goéland, dont le manteau est noir, et les narines plus ou moins arrondies; le bec est plus court et très-gros ; cette espèce est propre aux mers australes. Voyez la note à l'article du Goéland à manteau noir.

tarse. Queue à pennes d'égale longueur. Ailes longues, la 1re. rémige à peu près de la longueur de la 2e.

Les *Mauves* sont des oiseaux voraces et lâches, qui fourmillent sur les bords de la mer, mais dont quelques espèces vivent aussi sur les eaux douces ; leur nourriture consiste indistinctement en poissons vivans ou morts, en frai, voieries et charognes. Ils bravent les plus fortes tempêtes, volent presque continuellement, mais se reposent souvent sur le rivage de la mer ou à la surface des eaux. Les jeunes diffèrent beaucoup des vieux ; ils ne prennent le plumage stable et parfait qu'à la deuxième ou troisième année de leur vie. Avant cette époque, les jeunes vivent en petites troupes séparées des vieux, particulièrement dans le temps que ceux-ci vaquent à la reproduction de leur espèce. Ils nichent sur des monticules de sable, dans les dunes qui bordent la mer ou sur les rochers ; les petites espèces nichent dans les prairies marécageuses : lorsque les grandes espèces s'avancent dans les terres, c'est un signe de mauvais temps. La mue est double pour toutes les espèces connues ; mais celle de printemps ne change que les seules parties du corps, principalement celles de la tête et du cou. Il n'existe de différence extérieure dans les sexes seulement que les femelles sont plus petites que les mâles. Les marques auxquelles on peut reconnaître les individus dans leur livrée parfaite, sont la couleur blanche de la queue sans taches ou bandes noires, et aucune trace de taches noires au bec.

Remarque. L'habitude de diviser ce genre d'oiseaux en *goélands* et en *mouettes* ayant prévalu, je suivrai cette division, quoiqu'il n'existe aucune différence dans les mœurs ni dans les formes extérieurs des uns et des autres : on a désigné les petites espèces par le nom de *Mouette*, et les plus grandes par celui de *Goéland ;* mais partant les

cette base , on pourrait donner au plus petit des goélands
le nom de mouette , tout aussi bien que l'inverse peut avoir
lieu. Il est surprenant que dans un genre dont les espèces
sont si abondantes partout où elles vivent , il se trouve un
aussi grand nombre d'erreurs dans les citations , et que la
majeure partie des synonymes soient mal placés. Il m'a été
d'autant plus difficile de rétablir l'ordre dans ces citations ,
que je désirais conserver les anciennes dénominations de
Linnée et de Latham , et en même temps ne pas faire une
transposition de nom de l'une à l'autre espèce , et écon-
duire par-là ceux qui se sont déjà faits à nos erreurs modernes , auxquelles je conviens avoir également participé
dans ma première édition. Il sera cependant d'absolue nécessité que je rende au véritable *Larus glaucus* de Brunnich , de Gmelin et de Latham , son ancien nom sous lequel
il est cité ; et cette transposition aura moins d'inconvé-
niens puisque nous trouvons dans le système , sous le nom
de *Larus argentatus* du même Brunnich , une description exacte de notre goéland manteau bleu commun en
plumage parfait d'hiver ; il prendra conséquemment ce
nom déjà désigné comme étant de double emploi dans les
synonymes de cette espèce.

Ire. SECTION. — GOÉLAND.

GOÊLAND BURGERMEISTER*.

LARUS GLAUCUS. (Brunn.)

Manteau d'un cendré bleuâtre ; pieds livides ; longueur du tarse, 2 pouces 10 ou 11 lignes ; rémiges terminées par un grand espace blanc ; baguettes blanches.

Tête, cou, toutes les parties inférieures, la queue et plus de deux pouces de l'extrémité des

---

* C'est ici le même goêland dont j'ai fait mention dans ma première édition, voyez page 490 ; mais, ne connaissant alors et depuis que le jeune, je ne fis que d'indiquer succinctement sous le nom de *Larus giganteus* ou le *Bourgemeister* de Buffon ; je le signalai ainsi dans ma correspondance. Depuis peu MM. Schleep et Beenicken, à Schleewig, naturalistes très-zélés, eurent occasion de tuer quelques jeunes et un individu adulte en plumage d'été, auquel M. Meyer s'empressa de donner le nouveau nom de *Larus leuceretes*, qui, ainsi que celui de *Flavipes* donné au *Larus fuscus* de Linnée, sont bien mieux choisis, mais dont la suite ne peut être qu'une plus grande confusion ; car si des noms sanctionnés par les livres et par l'habitude peuvent être rejetés si facilement, qui assurera à ceux qui donnent ce mauvais exemple que leurs nouvelles dénominations seront mieux respectées? Au reste, ce goêland n'est rien moins que nouveau ou mal indiqué, ainsi que M. Schleep l'avoue dans le mémoire mentionné ; c'est effectivement le véritable *L. glaucus* de Brunnich pour lequel on a pris depuis le goêland bleu manteau, si commun partout ; car Brunnich, et Latham dans son *Index*, disent de leur glaucus, *remigibus apice albis*, caractère qui ne convient qu'à cette grande espèce, et qui est également propre au *Larus minutus* de Pallas, et à la nouvelle espèce désignée plus loin dans ce Manuel sous le nom de *Larus melanocephalus*.

rémiges d'un blanc pur ; toutes les autres pennes des ailes terminées par ce même blanc ; les baguettes des rémiges dans toute leur longueur d'un blanc pur ; dos, manteau et ailes d'un cendré bleuâtre clair, moins foncé que chez le bleu manteau ordinaire ; bec aussi grand et aussi fort que celui de *L. Marinus*, d'un beau jaune, avec l'angle de la mandibule inférieure d'un rouge vif ; cercle nu des yeux, rouge ; iris jaune; pieds livides. Longueur, 29 pouces. *Les vieux en plumage parfait d'été.*

Larus glaucus. Brunn. *Orn. boreal. nº.* 148. — Gmel. *Syst.* 1. *p.* 600. — Lath. *Ind. v.* 2. *p.* 814. *sp.* 7. *mais presque tous les synonymes faux.* — *Transact. of the* Linn. *Society. mem. on the birds of greenl.* — Burger-meister. Martens. *Voy. au Spitzb. p.* 60. *t. L. F. D.* Buff. *Ois. v.* 8. *p.* 448. — Glaucous gull. Penn. *Arct. Zool. v.* 2. *p.* 532. — Lath. *Syn. v.* 6. *p.* 374. — Weis-schwingige meve. Bechst. *Naturg. Deut. v.* 4. 662. — Larus leuceretes. Schleep. *Wetter. Ann. bund.* 4. *p.* — Die grosse seemeve oder der burgermeister. Naum. *Vög. t.* 35. *figure très-exacte,* qui prouve que le vieux Nauman connaissait bien cet oiseau assez rare dans nos contrées. Cette planche a toujours été citée par les naturalistes et par moi-même dans les synonymes du *Larus glaucus* moderne.

Les jeunes de l'année et ceux *qui paraissent* avoir un an, se distinguent facilement des jeunes du *Goéland noir-manteau* par leur bec plus long et plus fort, par les baguettes des rémiges qui sont toujours blanchâtres, au lieu que chez les espèces suivantes, elles sont toujours noires; enfin par les nuances générales des teintes grises et brunes qui sont toujours plus claires sur les jeunes du *bourge-meister;* les rémiges et les pennes secondaires des ailes sont d'un brun livide, au lieu qu'elles sont noirâtres chez les jeunes des espèces suivantes ; quant aux distributions de ces taches et de ces nombreux zigzags bruns, elles sont absolument les mêmes que dans le *L. marinus* et *L. argentatus* des auteurs. Ces indications serviront mieux à reconnaître les jeunes que la description la plus minutieuse de teintes si confusément mélangées.

Remarque. C'est ici le plus grand de tous les goélands connus, qui n'a échappé si long-temps aux recherches des naturalistes, que parce que dans le nord, et surtout en Russie, depuis la mort du célèbre Pallas, on n'a pris aucune peine pour étendre le cercle de nos connaissances en histoire naturelle. Cet oiseau est maintenant réintégré dans son ancien droit, sous la dénomination de *L. glaucus,* dont une espèce voisine, plus petite et beaucoup plus commune partout, l'avait exclu.

Habite : les contrées les plus septentrionales, mais en plus grand nombre vers l'orient sur les grandes mers et sur les golfes ; rare sur les côtes de l'Océan, où les jeunes se montrent assez souvent, mais seulement en automne ; on le dit très-commun en Russie.

Nourriture : on dit qu'il se nourrit de charognes de cétacés et de leurs excrémens, aussi de jeunes pingouins et de poissons.

Propagation : suivant les voyageurs, il niche sur les rochers, dans quelque enfoncement ; pond des œufs verdâtres, allongés vers le bout et marqués de six ou huit aches noires.

GOÈLAND A MANTEAU NOIR*.

GLAUCUS MARINUS. (Linn.)

*Manteau d'un noir d'ardoise; pieds blancs, longueur du tarse, 2 pouces 10 ou 11 lignes; les ailes dépassent de très-peu le bout de la queue; rémiges seulement noires vers le bout, terminées de blanc. Les vieux**.*

Sommet de la tête, région des yeux, occiput et nuque blancs, mais toutes les plumes marquées sur

---

* Cette espèce et le *Goëland à pieds jaunes* de ce Manuel, quoique ayant toutes deux le dos et les ailes noires, sont cependant faciles à distinguer par le moyen des caractères indiqués. Il existe encore dans les mers australes, sur toutes les côtes de la Nouvelle-Hollande, une troisième espèce à manteau noir, de la taille de celle qui fait le sujet de cet article. Cette nouvelle espèce, dont je possède l'adulte et le jeune, diffère beaucoup en ce dernier état des jeunes de notre *Manteau noir*, non-seulement par la forme du bec, mais aussi par les couleurs du plumage; chez les adultes, on ne remarque aucune différence dans le plumage, mais bien dans la forme du bec et dans la place qu'occupent les narines. Afin de prévenir les erreurs, je signale ici cette nouvelle espèce, que je propose de nommer Larus leucomelas. (Vieill.) Bec très-fort, court, subitement renflé vers le bout; narines ovoïdes; tout le plumage d'un blanc pur; manteau et ailes noires; la queue blanche; porte vers l'extrémité une large bande d'un noir profond; rémiges toutes noires; bec jaune, pointe rougeâtre; pieds jaunes; longueur du du tarse, 3 pouces. Longueur totale, 23 pouces. *Les vieux.*

** Il est impossible de donner dans la phrase indicative tels caractères invariables, qui distinguent les vieux et les jeunes, de ceux des espèces congénères, d'autant plus que les jeunes des quatre premières espèces ont à peu près les mêmes couleurs; les longueurs comparatives du tarse et des ailes peuvent servir à distinguer les jeunes et les vieux, ces caractères étant les seuls invariables.

leur milieu d'une raie longitudinale d'un brun clair;
front, gorge, cou, toutes les parties inférieures,
dos et queue d'un blanc parfait; haut du dos, scapulaires, et toute l'aile d'un noir foncé, paroissant
nuancé de bleuâtre; rémiges vers le bout d'un noir
profond, toutes terminées par un grand espace
blanc; pennes secondaires et scapulaires terminées
de blanc; bec d'un jaune blanchâtre, angle de la
mandibule inférieure d'un rouge vif; bord nu des
yeux rouge; iris d'un jaune brillant marbré de brun;
pieds d'un blanc mat. Longueur, de 26 à 27 pouces;
les femelles ont de 24 à 25 pouces. *Les vieux en
plumage parfait d'hiver.*

Remarque. En cet état l'espèce n'a point été décrite.

Les jeunes jusqu'à l'âge de trois ans.

Ceux de l'année, ont la tête et le devant du cou
d'un blanc grisâtre couvert de nombreuses taches
brunes, qui sont plus larges sur le cou; les plumes des parties supérieures sont d'un brun noirâtre dans le milieu, toutes bordées et terminées
blanc roussâtre, et cette couleur formant des bandes transversales sur les couvertures des ailes; parties inférieures d'un gris sale, rayé de larges zigzags et de taches brunes; pennes du milieu de la
queue plus noires que blanches, les latérales noires
vers le bout, toutes bordées et terminées de blanchâtre; les rémiges noirâtres, sur la fine pointe un
peu de blanc; bec d'un noir profond; iris et cercle
nu bruns; pieds d'un brun livide. *Depuis la pre-*

mière année jusqu'à l'âge de deux ans, toutes ces couleurs ne changent point autrement, que le brun noirâtre et le fauve du milieu des plumes occupe graduellement moins d'étendue, pour faire place à du blanc pur, qui entoure alors toutes les plumes; le blanc commence à dominer sur le gris dans les parties inférieures, qui ont graduellement moins de taches brunes; la tète devient d'un blanc pur; la pointe et la base du bec prennent une teinte livide. *A deux ans, dans la mue d'automne*, le manteau se dessine; il est alors d'un noirâtre varié de taches irrégulières brunes et grises; le blanc devient pur et seulement moucheté de quelques taches clair-semées; la queue est parcourue par des marbrures noires de formes variées; le bec prend la tache rouge avec du noir au milieu, le reste est d'un jaune livide maculé de noir. *A la troisième mue d'automne*, le plumage est parfait.

Les jeunes de l'année et ceux d'un an.

Larus nævius. Gmel. *Syst.* 1. *p.* 598. *sp.* 5. junior avis. —Larus marinus. *junior.* Lath. *Ind.* v. 2. *p.* 814. *sp.* 6. *var.* Y. — Le Goêland varié ou grisard. Buff. *Ois.* v. 8. *p.* 413. *t.* 33. et surtout sa *pl. enl.* 266. *le jeune à l'âge d'un an.* — Gérard. *Tab. élém.* v. 2. *p.* 334. — Wagel gull. Lath. *Syn.* v. 6. *p.* 375. — Meyer, *Vög. Deut.* v. 2. *Heft.* 20. — Naum. *Vög. vol.* 3. *p.* 186. mais point *la tab.* 36. *f.* 51 *. qui est un jeune du goêland à pieds jaunes.

---

* Dans la première édition, j'ai énuméré cette table parmi les synonymies du grand goêland à manteau noir, mais je me suis

Les jeunes varient accidentellement : tout le plumage d'un blanc grisâtre avec les taches plus foncées et très-faiblement indiquées ; les rémiges blanchâtres. Tels sont les individus maladifs, ainsi que la plupart de ceux qu'on tient captifs.

Plumage d'été ou des noces.

Sommet de la tête, région des yeux, occiput et nuque d'un blanc parfait sans aucune tache brune; bord nu des yeux orange ; le reste du plumage comme en hiver. *Les vieux.* C'est alors,

Larus marinus. Gmel. *Syst.* 1. *p.* 598. *sp.* 6. — Lath. *Ind. v.* 2. *p.* 813. *sp.* 6. — Benicken. *Ann. der Wetter. v.* 3. *p.* 137. — Le Goëland noir manteau. Buff. *Ois. v.* 8. *p.* 405. *t.* 31. mais surtout sa *pl. enl.* 990. — Mantel meve. Bechst. *Naturg. Deut. v.* 4. *p.* 653. — Meyer, *Tassch. v.* 2. *p.* 465. — Id. *Vög. Deut. v.* 2. *Heft.* 20. — Black-backed gull. Lath. *Syn. v.* 6. *p.* 371. — Penn. *Brit. Zool. p.* 140. *t. L. figure très-exacte.* — Penn. *Arct. Zool. v.* 2. *p.* 527. *n°.* 451.

Habite : les rivages de la mer, qu'il ne quitte qu'accidentellement ; très-abondant aux Orcades et aux Hébrides ; commun à son double passage sur les côtes de Hollande, de France et d'Angleterre ; vit dans le nord; jamais ou très-accidentellement dans l'intérieur des terres ou sur les eaux douces; assez rare sur la Méditerranée.

Nourriture : poissons vivans ou morts, frai, charognes et voiries ; rarement des coquillages bivalves.

---

trompé, cette figure représente un jeune du goéland à pieds jaunes, ce que la longueur des rémiges comparativement à la queue indique.

Propagation : niche sur les rochers, dans les régions du cercle arctique ; pond trois ou quatre œufs, d'un vert olivâtre très-foncé, marqué de quelques grandes et de petites taches d'un brun noirâtre.

GOÉLAND A MANTEAU BLEU.

LARUS ARGENTATUS. (Brunn.)

Manteau d'un cendré bleuâtre ; pieds livides ; longueur du tarse, 2 pouces 5 ou 6 lignes, les ailes dépassent de très-peu le bout de la queue ; extrémités des rémiges noires, à pointes blanches ; baguettes des rémiges noirâtres. Les vieux.

Sommet de la tête, région des yeux, occiput, nuque et côtés du cou blancs, mais toutes les plumes marquées sur leur milieu d'une raie longitudinale d'un brun clair ; front, gorge, toutes les autres parties inférieures, dos et queue d'un blanc parfait ; haut du dos, scapulaires, toute l'aile et les rémiges d'un cendré bleuâtre pur ; rémiges vers le bout d'un noir profond, toutes terminées par un grand espace blanc ; pennes secondaires et scapulaires terminées de blanc ; bec d'un jaune couleur d'ocre ; angle de la mandibule inférieure d'un rouge vif ; bord nu des yeux jaune ; iris jaune clair ; pieds d'une couleur de chair livide. Longueur, de 22 à 23 pouces ; les femelles ont de 21 à 22 pouces. *Les vieux en plumage parfait d'hiver.*

Larus argentatus. Gmel. *Syst.* 1. *p.* 600. *sp.* 18. — Brunn. *Orn. Boreal. p.* 44. n°. 149. — *Transact. of the* Linn. *society. Mem. Birds of greenl,* une variété qui paraît propre aux contrées polaires. — LARUS MARINUS. *Va-rius.* Lath. *Ind. v.* 2. *p.* 8ı4. *sp.* 6. *var. a.* — SILVERY GULL. Penn. *Arct. Zool. v.* 2. *p.* 533. *c.* Lath. *Syn. v.* 6. *p.* 375.

Les jeunes jusqu'à l'âge de trois ans.

Ceux de l'année, ont la tête, le cou et toutes les parties inférieures d'un gris foncé varié par de nombreuses taches d'un brun clair ; les plumes des parties supérieures sont d'un brun clair dans le milieu, toutes bordées par une étroite bande roussâtre ; pennes de la queue plus brunes que blanchâtres, et seulement de cette dernière couleur sur leur base, toutes terminées par du jaune roussâtre ; les rémiges d'un brun noirâtre, sur la fine pointe un peu de blanc ; bec d'un brun noirâtre ; l'iris et le cercle nu, bruns ; pieds d'un brun livide. *Depuis la première année jusqu'à l'âge de deux ans,* toutes ces couleurs deviennent plus pâles et le blanc s'étend davantage. *Après la seconde mue d'automne*, on voit déjà les plumes d'un cendré bleuâtre, qui portent alors quelques taches d'un gris clair. *A la seconde mue de printemps* le manteau bleu cendré se dessine, et *à la troisième année, après la mue d'automne,* ils sont dans leur plumage parfait d'hiver.

LE GOÊLAND A MANTEAU GRIS ET BLANC. Buff. *Ois. v.* 8. *p.* 42ı. *un jeune à sa troisième année et en mue.*

Remarque. Comme il est très-difficile de distinguer les jeunes de cette espèce de ceux de la précédente, et qu'il m'est interdit, par le but auquel cet ouvrage est destiné, d'entrer dans les détails d'une description complète, j'invite les naturalistes à observer les disparités que je signale, et *à mesurer toujours la longueur du tarse.*

Les jeunes varient accidentellement, comme ceux de l'espèce précédente. *Les vieux varient aussi,* les maladifs et ceux tenus depuis leur jeunesse en captivité, ont souvent les rémiges blanches ou blanchâtres.

Plumage d'été ou des noces.

Sommet de la tête, région des yeux, occiput et cou d'un blanc parfait, sans aucune tache brune; le reste du plumage comme en hiver. *Les vieux.* C'est alors,

Larus glaucus. Benicken. *Ann. der. wetterau. v.* 3. *p.* 138. — Le goéland cendré. Briss. *Orn. v.* 6. *p.* 160. *n*e. 2. *t.* 14. — Goéland à manteau gris ou cendré. Buff. *Ois. v.* 8. *p.* 406. *t.* 32.—Id. *pl. enl.* 253. *figure exacte, mais manquant de doigt postérieur.* — Gérard. *Tab. élém. v.* 2. *p.* 333. — Herring gull. Lath. *Syn. v.* 6. *p.* 372. *n*e. 3. — Penn. *Arct. Zool. v.* 2. *p.* 527 *n*c. 452. — Weissgraue meve. Meyer, *Tasschenb. v.* 2. *p.* 471. — Gabiano reale. *Stor. degl. ucc. v.* 5. *pl.* 533. — Groote zee meeuw. Sepp. *Nederl. Vog. v.* 3. *t. p.* 195.

Habite : pendant toute l'année les côtés maritimes de Hollande et de France; très-abondant dans les îles au nord de la Hollande; se montre sur les lacs d'eaux douces, sur les rivières, même quoique accidentellement sur les lacs de Suisse, où l'on ne voit le plus souvent que les jeunes; les vieux sont également rares sur les bords de la Méditerrané

Nourriture : comme la précédente.

Propagation : niche en un petit creux sur la sommité des dunes, ou sur les rocs nus, suivant la localité ; se réunit pour les pontes en grandes bandes ; pond deux ou trois œufs obtus, d'un olivâtre foncé avec quelques taches noires et cendrées, souvent d'un verdâtre ou d'un bleuâtre clair avec des taches brunes et cendrées, semées à claire voie ; plus rarement sans aucune tache.

GOÉLAND A PIEDS JAUNES.

LARUS FUSCUS. (LINN.)

Manteau d'un noir d'ardoise; pieds jaunes; longueur du tarse, 2 pouces 1 ou 2 lignes; les ailes dépassent d'environ 2 pouces l'extrémité de la queue; les vieux. Le bec, proportion gardée, est moins gros et plus court que celui des espèces précédentes.

Sommet de la tête, région des yeux, occiput, nuque et côté du cou blancs, mais toutes les plumes marquées sur leur milieu d'une raie longitudinale d'un brun clair ; front, gorge, toutes les autres parties inférieures, dos et queue d'un blanc parfait ; haut du dos, scapulaires et toute l'aile d'un noir foncé paraissant nuancé de cendré ; les rémiges presque totalement noires ; vers le bout des deux extérieures est une tache ovale, blanche, terminée par du noir ; les autres ont du blanc à la fine pointe ; pennes secondaires et scapulaires terminées de blanc ; bec d'un jaune citron, angle de la mandibule inférieure d'un rouge vif ; bord nu des yeux rouge, iris d'un jaune très-clair ; pieds d'un beau jaune. Longueur, de 19 à 20 pouces ; les

femelles ont de 18 à 19 pouces. *Les vieux en plumage parfait d'hiver.*

Les jeunes jusqu'à l'âge de trois ans.

Ceux de l'année, gorge et devant du cou blanchâtre avec des raies longitudinales d'un brun clair;
cou et parties inférieures d'un blanchâtre presque
totalement couvert de grandes taches d'un brun
très-foncé; parties supérieures et toutes les plumes
des ailes d'un brun noirâtre dans le milieu, toutes
bordées par une étroite bande jaunâtre; pennes de
la queue à leur base d'un gris clair marbré de noir,
tout le reste des pennes d'un noirâtre très-foncé
terminé par du blanc ; les rémiges d'un noir profond sans aucune tache blanche vers le bout; bec
noir, brun à sa base; pieds d'un jaune d'ocre sale.
C'est alors :

La mouette grise. Briss. *Orn. v. 3. p. 171. n°. 6.* —
Gabbiano guairo. *Stor. deg. ucc. v. 5. pl. 535.* — Naum.
Vög. t. 36. f. 51. possède le jeune à l'âge d'un an.

Plumage d'été ou des noces.

Sommet de la tête, région des yeux, occiput et
cou d'un blanc parfait, sans aucune tache brune;
le reste du plumage comme en hiver. *Les vieux.*

Larus fuscus. Gmel. *Syst. 1. p. 599. sp. 7.* — Lath.
*Ind. v. 2. p. 815. sp. 8 *.* — Retz. *Faun. suec. p. 157.*

---

* Mais point le *Herring gull* de cet auteur, qui est un Goëland
à manteau bleu, ni le *Bourgemeister* de Buffon, qui est le vrai *Larus glaucus*, dont j'ai fait mention plus haut.

n°. 118. mais la plupart des synonymes faux. — Benicken *Ann. der Wetter. v.* 3. *p.* 139. — Larus flavipes. Meyer, *Tasschenb. v.* 2. *p.* 469. *tab. du frontispice.* — Le Goêland gris. Briss. *v.* 6. *p.* 162. *n*°. 3. mais la mesure des pieds est prise sur un goêland à manteau noir. — Herrings meve. Bechst. *Naturg. Deut. v.* 4. *p.* 658. — Gelbfussige meve. Meyer, *Vög. Deut. v.* 2. *Heft.* 18. *figure très-exacte.*—Frisch. *t.* 218.—Naum. *Vög. t.* 36. *f.* 51. *B. figure très-exacte.* — Gabiano zafferano mezza moro. *Stor. deg. ucc. v.* 5. *pl.* 532 *figure exacte.*

Habite: les bords de la mer en hiver; de passage sur les fleuves et sur les mers des parties orientales de l'Europe; habite en été les parties septentrionales, commun en Angleterre et sur la Baltique: en automne de passage sur les côtes de Hollande et de France; plus commun sur la Méditerranée que les deux espèces précédentes. On trouve aussi cette espèce dans l'Amérique septentrionale où elle est la même.

Nourriture: comme les espèces précédentes.

Propagation: niche sur les dunes, dans les sables, ou sur les rochers; pond deux ou trois œufs, d'un gris brun taché de noir.

IIe. *SECTION.*—MOUETTE.

MOUETTE BLANCHE ou SÉNATEUR.

LARUS EBURNEUS. (Linn.)

D'un blanc parfait, pieds noirs, partie nue du tibia très-petite, membranes un peu découpées. Les vieux. Longueur du tarse, 1 pouce 5 lignes.

Tout le plumage du blanc le plus pur, sans aucune tache; le bec fort, gros, d'un cendré bleuâ-

tre à sa base, jaune d'ocre sur le reste de son étendue; pieds d'un noir profond : iris brun. Longueur,
19 pouces. *Les vieux en plumage parfait d'été ou
des noces.*

LARUS EBURNEUS. Gmel. *Syst.* 1. *p.* 596. *sp.* 14. — Lath.
Ind. v. 2. *p.* 816. *sp.* 10. — LARUS NIVÆUS. Mart. *Hist. du
Spitzb. t. L. f. A.* — LA MOUETTE BLANCHE. Buff. *Ois.
v.* 8. *p.* 422. *et surtout sa pl. enl.* 994. *figure assez
exacte.* — IVORY GULL. Lath. *Syn. v.* 6. *p.* 377.

Les jeunes de l'année ont *probablement* une couleur plombée claire avec des taches plus foncées.
Un individu tué en Suisse, le 10 mars 1817, me paraît
âgé d'environ un an ; cet individu *dans le moyen
âge*, a une teinte plombée claire sur le front, à la
région des yeux et sur la tête ; le reste du plumage
est d'un blanc pur, mais varié de petites taches
cendrées au bout des plumes scapulaires, une tache
noire occupe le bout de toutes les pennes des ailes,
et une étroite bande de cette couleur l'extrémité
de la queue.

Remarque. Lors de la première édition de ce Manuel,
je ne connaissais cet oiseau que dans son plumage d'été ;
l'individu que j'ai tué au printemps sur nos côtes, était
tout blanc ; j'ai vu depuis peu un second individu tué à
Ouchy, près du lac de Genève ; c'est celui signalé dans
l'article du jeune âge. Je regrette que ma correspondance
ait induit en erreur les naturalistes allemands, et que par
elle cette espèce distincte ait été énumérée comme simple
variété albine de la suivante. *Le Mauve* de cet article se
distingue de tous ses congénères, par ses pieds noirs, ses
tarses très-courts, et par la très-petite nudité au-dessus

du genou *. Dans le dernier voyage de découvertes au pole on a trouvé cette mouette en grand nombre vers les côtes du Groenland et dans la baie des Baffins. M. Sabine vient de publier dans les Transactions Linnéennes, déjà souvent citées, une notice particulièrement intéressante sur les oiseaux qui habitent ces hautes latitudes.

Habite : les mers glaciales, le Spitzberg et le Groenland; accidentellement sur les côtes de Hollande et en Suisse.

Nourriture : suivant le capitaine Sabine, la chair de baleine morte et autres charognes.

Propagation : inconnue.

MOUETTE A PIEDS BLEUS.

LARUS CANUS. (Linn. *sed non auctorum.*)

Longueur du tarse, 2 pouces; les ailes dépassent la queue, les deux rémiges extérieures à baguettes noires ; bec petit.

Tête, occiput, nuque et côtés du cou blancs, mais parsemés de nombreuses taches d'un brun noirâtre ; gorge, toutes les parties inférieures, croupion et queue d'un blanc parfait ; dos, scapulaires et ailes d'un cendré bleuâtre pur ; rémiges vers le bout d'un noir profond, sur les deux extérieures un long espace blanc, toutes, de même que les scapulaires et les pennes secondaires, terminées de blanc ; bec

---

* M. Cuvier, *Règne animal*, n'a certainement point fait attention à cette remarque, vu qu'il dit à la page 549 que le *Larus eburneus* est une variété albine de la mouette à pieds bleus.

d'un bleu verdâtre à sa base, jaune d'ocre à la pointe ; bouche orange ; iris brun, cercle nu d'un brun rougeâtre ; pieds d'un cendré bleuâtre maculé de jaunâtre. Longueur, 16 pouces, et 16 pouces 6 lignes. *Les vieux en plumage parfait d'hiver.*

LARUS CYANORHYNCHUS. Meyer, *Tasschenb. Deut. v.* 2. *p.* 480 *. — Cuvier, *Règn. anim. v.* 1. *p.* 519. mais l'indication dans les deux premières lignes se rapporte à la livrée d'été. — Bechst. *Tasschenb. v.* 3. *p.* 582.—MOUETTE A PIEDS BLEUS OU GRANDE MOUETTE CENDRÉE. Buff. *Ois. v.* 8. *p.* 428. mais surtout sa *pl. enl.* 977. *figure très-exacte.* — Briss. *Orn. v.* 6. *p.* 182. *n°.* 10. *t.* 16. *f.* 2. — GABBIANO MEZZA MOSCA. *Stor. degl. ucc. v.* 5. *pl.* 531.

Les jeunes jusqu'à l'âge de deux ans.

Ceux de l'année, un croissant noir en avant des yeux ; toutes les parties supérieures d'un gris brun ; les plumes du dos et des ailes bordées et terminées de blanc jaunâtre ou roussâtre ; celles du haut du dos finement lisérées de cette couleur ; front et toutes les parties inférieures blanchâtres avec des taches et des teintes d'un gris clair, disposées sur la poitrine et sur les flancs ; gorge et milieu du ventre d'un blanc pur ; base de la queue blanche, le reste d'un brun noirâtre terminé de blanchâtre ; rémiges

---

* Ma correspondance est cause que Meyer a créé cette espèce nominale ; je ne connaissais point alors la livrée d'été. Cette remarque faite dans la première édition paraît ne point avoir été observée, puisque M. Cuvier reproduit le *Larus cyanorhynchus* comme espèce distincte , et sans prévenir que c'est la livrée d'hiver du *Larus canus* de Linné.

d'un brun noirâtre; pieds d'un jaunâtre ou d'un blanc livide ; bec noir, mais livide à sa base ; cercle nu des yeux brun. *Après la première mue d'automne*, il paraît sur le dos des plumes d'un cendré bleuâtre pur, mêlées avec des plumes brunes, bordées de jaunâtre ; la tête rayée de brun sur fond blanc ; toutes les parties inférieures prennent plus de blanc ; la base du bec d'un cendré bleuâtre livide avec la poitrine noirâtre. *A l'âge d'un an, après la seconde mue d'automne*, il ne reste, le plus souvent, qu'une étroite bande brunâtre vers le bout de la queue, et un peu de brun noirâtre vers le milieu du bec. Le plumage est complet à la *seconde mue du printemps*. C'est, dans l'une ou l'autre livrée,

LARUS HYBERNUS. Gmel. *Syst.* 1. *p.* 596. *sp.* 13. — LARUS PROCELLOSUS. Bechst. *Naturg. Deut. v.* 4. *p.* 647. mais seulement *le jeune*, l'oiseau décrit comme *le vieux* est une *Mouette rieuse* en plumage d'hiver. — LA MOUETTE D'HIVER. Buff. *Ois. v.* 8. *p.* 437.—Briss. *Orn. v.* 6. *p.* 189. *n°.* 12. — LA GRANDE MOUETTE. Gérard. *Tab. élém. v.* 2. *p.* 321. — WINTER MEW. Lath. *Syn. v.* 6. *p.* 384.—Penn. *Brit. Zool. p.* 142. *t. L.* 2. — Naum. *Vög. Deut. t.* 33. *f.* 48. *un individu après sa première mue d'automne.*

Plumage d'été ou des noces.

La tête, l'occiput, la nuque et les côtés du cou d'un blanc parfait, sans aucune tache brune ; le bec d'un jaune d'ocre ; le cercle nu des yeux d'un vermillon vif ; les pieds d'un jaune d'ocre clair, mais maculé de cendré bleuâtre ; le reste du plumage comme en hiver. *Les vieux.*

Remarque. Il arrive, en été comme en hiver, qu'on tue des individus dont le bout des deux premières rémiges n'est point terminé de blanc, ou cette tache très-petite.

Larus canus. Leisler. *Nachtr. zu* Bechst. *Naturg. Deut. Heft.* 1. *p.* 15. *description complète.* — Larus canus. Gmel. *Syst.* 1. *p.* 596. *sp.* 3.—Retz. *Faun. Suec. p.* 158. *n°.* 119. — Benicken, *Ann. de Wetter. v.* 3. *p.* 138. — Bechst. *Naturg. Deut. v.* 4. *p.* 645. — Common gull. Lath. *Syn. v.* 6. *p.* 378.—Sturm meve. Meyer, *Tasschenb. Deut. v.* 2. *p.* 475. — Gabbiano zafferano cenerino. *Stor. degl. ucc. v.* 5. *pl.* 330. *un vieux en pleine mue.*

Habite : les bords de la mer ; aux indices des tempêtes et des ouragans, elle se répand en troupes dans les terres ; très-commun en hiver sur toutes les côtes de Hollande et de la France, l'été dans les régions du cercle arctique.

Nourriture : poissons vivans, vers et insectes marins, et coquillages bivalves.

Propagation : niche vers les régions arctiques, dans les herbes, près de l'embouchure des fleuves et des bords de la mer ; pond trois œufs, d'une teinte ocracée-blanchâtre, marquée de taches irrégulières noires et cendrées.

MOUETTE TRIDACTYLE.

LARUS TRIDACTYLUS. (Lath.)

Longueur du tarse, 1 *pouce* 4 *lignes ; au lieu de doigt postérieur un moignon dépourvu d'ongle.*

Sommet de la tête, occiput, nuque et une partie des côtés du cou d'un cendré bleuâtre uniforme ; des raies très-fines et noires en avant des yeux ; front, région des yeux, toutes les parties inférieu-

res, croupion et queue d'un blanc parfait, dos, ailes
et rémiges d'un cendré bleuâtre pur; la rémige extérieure bordée dans sa longueur de noir, les
quatre extérieures terminées de noir, trois de celle-
ci ont à leur bout une très-petite tache blanche,
la cinquième rémige a une bande noire vers son
extrémité, elle est terminée par un espace blanc;
bec d'un jaune verdâtre; bouche et tour des yeux
d'un beau rouge; iris brun; pieds d'un brun et
d'un olivâtre foncé. Longueur, 15 pouces. *Les
vieux en plumage parfait d'hiver.*

Larus tridactylus. Meyer, *Tasschenb. Deut. v. 2.
p.* 486. — Bechst. *Naturg. Deut. v.* 4. *p.* 628. — La
Mouette cendrée. Briss. *Orn. v.* 6. *p.* 175. *n°.* 8. *t.* 16.
f. 1. *figure et description exactes.*

Les jeunes jusqu'à l'âge de deux ans.

Ceux de l'année, tête, cou et toutes les parties
inférieures blanchâtres, mais ce blanc est marqué
en avant des yeux par un croissant noir, sur la
région des oreilles un grand espace d'un cendré
bleuâtre très-foncé, vers l'occiput une tache noirâtre; une large plaque ou croissant noirâtre se dessine sur la nuque; plume du manteau et des ailes
d'un cendré bleuâtre foncé, terminé de brun noirâtre, le pli et le bord supérieurs des ailes noirs;
de grandes taches noirâtres sur les scapulaires et
sur les pennes secondaires; rémiges noires; pennes
de la queue vers le bout noires, terminées de blanchâtre; l'extérieure blanche; bec, iris et cercle nu

noirs. *Après la première mue d'automne*, le dos
prend la couleur cendré bleuâtre, mais souvent mêlée de quelques plumes tachées de brun ; les taches
noires en avant et derrière les yeux, ainsi que les
plumes noirâtres de la région des oreilles et de la
nuque deviennent d'un cendré bleuâtre foncé ; il
continue à régner des taches noires et brunes sur
les ailes ; la queue a du noir vers le bout, le bec
est d'un jaune verdâtre maculé de noirâtre ; toutes
les parties inférieures et le front d'un blanc pur.
Après la seconde mue d'automne, le plumage d'hi-
ver est parfait. C'est, dans l'une ou l'autre livrée,

LARUS TRIDACTYLUS. Gmel. *Syst.* 1. *p.* 595. *sp.* 2. —
MOUETTE CENDRÉE TACHETÉE OU KUTGEGHEF. Briss. *Orn. v.* 6.
p. 185. *n°.* 11. *t.* 17. *f.* 2. — Buff. *Ois. v.* 8. *p.* 424. —
Id. *pl. enl.* 387. *le jeune après la mue d'automne en*
habit d'hiver — TARROCK GULL. Lath. *Syn. v.* 6. *p.* 392.
et var. A. — Id. *supp. v.* 1. *p.* 268. — Penn. *Arct.*
Zool. v. 2. *p.* 533. — Penn. *Brit. Zool. p.* 142. *t. L.* 3.
le jeune de l'année, figure très-exacte. — KITTIWAKE.
Penn. *Arct. Zool. v.* 2. *p.* 529. *n°.* 456. — Naum. *Vög.*
Deut. t. 33. *f.* 47. *le jeune de l'année en mue.* — GAB-
BIANO TERRAGNALA , E GALETRA. *Stor. deg. ucc. v.* 5. *pl.* 529.
jeune en première livrée d'hiver.

Plumage d'été ou des noces.

Toute la tête et le cou d'un blanc parfait, sans
aucun indice de cendré bleuâtre sur la nuque, ni de
fines raies noirâtres en avant des yeux ; le reste du
plumage comme en hiver. *Les vieux.*

LARUS RISSA. Gmel. *Syst.* 1. *p.* 594. *sp.* — LARUS TRI-

DACTYLUS. Lath. *Ind. v.* 2. *p.* 817. *sp.* 11.—KITTIWAKE.
Lath. *Syn.* 6. *p.* 393 (mais point celui de la Zoologie
Arctique, qui est un jeune à l'âge d'un an). — Naum. *Vög.*
Nacht. t. 36. *f.* 71. *figure très-exacte.*

Habite : les lacs salés, les mers intérieures et les golfes ;
moins souvent les bords de l'Océan ; se répand en automne
sur les fleuves et sur les lacs ; en été dans les régions du
cercle arctique ; de passage en automne et en hiver dans
les pays froids.

Nourriture : poissons, frai et insectes.

Propagation : niche dans les régions du cercle arctique ,
sur les rochers qui bordent la mer ; pond trois œufs d'un
blanc olivâtre , marqué d'un grand nombre de petites
taches plus foncées et de quelques taches cendrées moins
distinctes.

MOUETTE A CAPUCHON NOIR.

LARUS MELANOCEPHALUS. (NATT.)

*Bec gros et fort ; manteau d'un cendré clair ;
toutes les pennes des ailes terminées par un grand
espace blanc ; tarse long de 2 pouces.*

Tête, cou , parties inférieures, queue, et les rémiges depuis la moitié de leur longueur jusqu'à la
pointe , d'un blanc parfait ; dos , ailes , pennes secondaires et la base des rémiges d'un cendré bleuâtre
très-clair ; bec robuste, assez court, d'un rouge vermillon ; pieds d'un orange clair ; iris et cercle nu
des yeux bruns. Longueur, 15 pouces 3 lignes. *Les
vieux en plumage parfait d'hiver.*

Les jeunes , ont tout le plumage varié de brun
foncé , du brun et du blanc à la tête, les bords

extérieurs de toutes les rémiges d'un noir profond, mais l'intérieur des barbes ainsi que leur fine pointe blanches ; la queue terminée par une bande noire.

Plumage d'été ou des noces.

Toute la tête et seulement la partie supérieure du cou, d'un noir profond , et ce noir ne se prolongeant pas plus sur le devant du cou que sur la nuque ; toutes les rémiges depuis la moitié de leur longueur jusqu'à la pointe d'un blanc pur ; devant du cou et ventre d'un très-beau rose * ; bec d'un rouge de carmin vif ; pieds d'un vermillon éclatant.

Remarque. Cette espèce est nouvelle , la découverte en est due à M. Naterer , commissaire du cabinet impérial de Vienne, naturaliste et collecteur zélé.

Habite : les côtes de l'Adriatique ; très-commun sur celles de Dalmatie , dans les marais. Je ne l'ai vue que là , et ne saurais dire si l'espèce habite aussi l'Archipel et d'autres parties méridionales ; je ne l'ai point vue sur les lacs de Hongrie ; on la voit à Trieste , pendant les gros vents si fréquens sur ces côtes ; on ne l'y trouve jamais par un temps calme.

Nourriture : de gros insectes ; *on dit aussi* du poisson et du frai.

Propagation : inconnue.

---

* Cette couleur rose disparaît dans les cabinets , peu de temps après que l'oiseau a été monté.

MOUETTE A CAPUCHON PLOMBÉ.

LARUS ATRICILLA. (Linn.)

Bec et pieds d'un rouge de laque foncé ; manteau d'un cendré bleuâtre foncé ; rémiges toutes noires, dépassant la queue de deux pouces ; longueur du tarse, 1 pouce 9 lignes.

Remarque. La livrée d'hiver et celle du jeune âge ne m'étant point connues, je commence cet article par la description du

Plumage d'été ou des noces.

Un capuchon de couleur de plomb couvre la tête et la partie supérieure du cou, mais s'étend plus sur le devant du cou que sur la nuque ; une tache blanche au-dessus et au-dessous des yeux ; partie inférieure du cou, poitrine, ventre et queue d'un blanc pur (peut-être la poitrine est-elle rose dans l'oiseau vivant), dos, ailes et pennes secondaires, de couleur de plomb ; extrémité des pennes secondaires blanches ; toutes les rémiges, qui dépassent beaucoup la queue, sont d'un noir profond, sans aucune pointe blanche ; bec et pieds d'un rouge de laque, très-foncé. Longueur, à peu près 14 pouces.

Remarque. M. Natterer, que j'ai déjà eu occasion de citer plusieurs fois, a trouvé cette espèce dans le détroit de Gibraltar et le long des côtes d'Espagne ; je ne l'ai point vue sur l'Adriatique. Le continuateur de l'ouvrage de Wilson, observateur moins exact que l'auteur, a donné cette mouette sous le nom de *Mouette rieuse* (*Larus ri-*

dibundus) en n'indiquant aucun des synonymes de l'espèce figurée par lui. Notre oiseau est indiqué sous,

Larus atricilla. Lath. *Ind. Orn. v.* 2. *p.* 813. — Gmel. *Syst.* 1. *p.* 600. — Pall. *Nov. Com. Petr. v.* 15. *p.* 478. *t.* 22. *f.* 2. *le jeune.* — Larus ridibundus. Wils. *Americ. Orn. v.* 9. *pl.* 74. *f.* 4. — Laughing. Catesb. *Car. v.* 1. *t.* 89. — Penn. *Arct. Zool. v.* 2. *n°.* 454. — Lath. *Syn. v.* 6. *p.* 383.—Mouette rieuse. Briss. *v.* 7. *p.* 192. *t.* 18. *f.* 1.

Habite : les parties méridionales ; très-commun sur les côtes de Sicile, dans plusieurs îles de la Méditerranée, sur les côtes méridionales d'Espagne, et probablement aussi dans l'Archipel ; rare ou accidentellement ailleurs. La même espèce est répandue sur les côtes de l'Amérique septentrionale, où elle ne diffère point de celle d'Europe.

Nourriture : voieries et débris de poissons ou de crustacées ; beaucoup d'insectes qui vivent dans les marais.

Propagation : suivant *les indications* de Wilson, niche dans les marais ; pond trois œufs de couleur de terre-glaise, marquée de petites taches irrégulières d'un pourpre et d'un brun clairs.

MOUETTE RIEUSE ou A CAPUCHON BRUN[*].

LARUS RIDIBUNDUS. (Leisler.)

Manteau d'un cendré clair ; un grand espace blanc sur le milieu des premières rémiges, longueur du tarse, 1 *pouce* 8 *ou* 9 *lignes.*

Tête, cou et queue d'un blanc parfait, à l'excep-

---

[*] Une nouvelle espèce de mouette du Brésil se distingue de toutes celles indiquées ici par la couleur du capuchon, je décrirai l'espèce sous le nom de Mouette a capuchon cendré (*Larus poliocephalus*) ; elle diffère aussi dans ses dimensions et par d'autres caractères.

tion d'une tache noire en avant des yeux, et d'une grande tache noirâtre sur l'orifice des oreilles; poitrine, ventre et abdomen d'un blanc très-légèrement teint de rose; dos, scapulaires et toutes les couvertures des ailes d'un cendré bleuâtre très-clair; intérieur des ailes d'un cendré noirâtre; bord extérieur de l'aile et rémiges d'un blanc pur, l'extérieure bordée longitudinalement de noir, et d'un noir profond sur la moitié des barbes intérieures ainsi qu'à la pointe; *dans les très-vieux individus* la fine pointe des rémiges est blanche; ceux qui n'ont point encore complétement terminé leur mue, ont sur la tête des bandes peu distinctes d'un cendré très-clair; iris d'un brun foncé; bec et pieds d'un rouge vermillon, très-vif. Longueur, 14 pouces. *Les vieux en plumage parfait d'hiver.*

LARUS CINERARIUS. Gmel. *Syst.* 1. *p.* 597. *sp.* 4. — LARUS PROCELLOSUS. Bechst. *Naturg. Deut. v.* 4. *p.* 647. seulement la description du vieux. — Id. *Tasschenb. v.* 2. *p.* 373. *n°.* 6. *B.* — LA PETITE MOUETTE CENDRÉE. Briss. *Orn. v.* 6. *p.* 178 *n°.* 9. *t.* 17. *f.* 1. *description très-exacte.* Buff. *Ois. v.* 8. *p.* 430. — Id. *pl. enl.* 969. *figure assez exacte.* — Gérard. *Tab. élém. v.* 2. *p.* 322. — RED LEGGED GULL. Lath. *Syn. v.* 6. *p.* 381. *n°.* 10. *description d'un vieux en mue.* — DIE ALTE LACHMEVE IM WINTER KLEIDE. Leisler. *Nachtr. zu* Bechst. *Naturg. Deut. Heft.* 1. *p.* 12. *n°.* 4. — Naum. *Vög. Nachtr. t.* 36. *f.* 70. — GABBIANO CENERINO, ET GABBIANO MORETTA. *Stor. degl. ucc. v.* 5. *pl.* 526 *et* 528. — KLEINE ZEE-MEEUW. Sepp, *Nederl. Vog. v.* 3. *p.* 281.

Les jeunes jusqu'à l'âge d'un an.

Ceux de l'année, ont la tête et l'occiput d'un brun très-clair; une grande tache blanche derrière les yeux; les parties inférieures et un collier sur la nuque blancs; ce blanc est légèrement teint de roussâtre sur le devant du cou et marqué de croissans brun sur les flancs; haut du dos, scapulaires et moyennes couvertures d'un brun foncé bordé de jaunâtre; bord supérieur de l'aile, croupion et la majeure partie des pennes caudales blancs, celles-ci terminées par une bande d'un brun noirâtre; rémiges blanches à leur origine et sur les barbes intérieures, noir extérieurement et au bout; grandes couvertures d'un cendré bleuâtre; base du bec livide, pointe noire; pieds jaunâtres. *A la première mue d'automne*, le manteau d'un cendré bleuâtre pur est mêlé de plumes brunes; l'aile prend aussi la couleur cendré bleuâtre, mais avec des plumes tachées de brun et bordées de jaunâtre; front et toutes les parties inférieures d'un blanc pur; la tête blanche maculée de cendré très-clair; une tache brune en avant des yeux, et une autre sur l'orifice des oreilles; base du bec rougeâtre, pointe brune. Ils conservent ce plumage pendant le premier hiver; *à la première mue du printemps, le plumage d'été est parfait.*

Les jeunes de l'année.

N'ont été bien indiqués que par Leisler. *Nachtr. zu* Bechst. *Naturg. Deut. Heft.* 1. *p.* 7. *n°.* 1. — Naum. *Vög. Deut. t.* 32. *f.* 45. *le jeune de l'année dans l'époque de la mue ;* aussi par Lath. sous le nom de STERNA OBSCURA. *Ind. Orn. v.* 2. *p.* 810. *sp.* 25. — BROWN TERN. *Syn. v.* 6. *p.* 368. — BROWN GULL. Id. *Syn. supp. v.* 2. *p.* 311. *sp.* 1.

Les jeunes en mue et en hiver.

LARUS ERITHROPUS. Gmel. *Syst.* 1. *p.* 597. *sp.* 15. — LA PETITE MOUETTE GRISE. Briss. *Orn. v.* 6. *p.* 173. *n°.* 7. — LARUS CANESCENS. Bechst. *Naturg. Deut. v.* 4. *p.* 649. — RED LEGGED GULL. Penn. *Arct. Zool. v.* 2. *p.* 533. *un individu prenant sa première livrée d'été.* — BROWN HEADED GULL. Lath. *Syn. v.* 6. *p.* 383. *idem.* — RED LEGGED GULL. *variety.* Lath. *Syn. v.* 6. *p.* 381. *sp.* 10 *var. A. idem.* — Naum. *Vög. Deut. t.* 33. *f.* 46. *le jeune au premier hiver.*

Plumage d'été ou des noces.

Toute la tête et le haut du cou enveloppés par un capuchon d'un brun très-foncé ; paupières entourées de plumes blanches ; bas du cou et tout le plumage des parties inférieures d'un très-beau blanc rose * ; bec et pieds d'un rouge de laque ou de carmin foncé ; le reste comme en hiver.

LARUS RIDIBUNDUS. Gmel. *Syst.* 1. *p.* 601. *sp.* 9. — Lath. *Ind. v.* 2. *p.* 811. *sp.* 2. — MOUETTE RIEUSE A PATES ROUGES. Briss. *Orn. v.* 6. *p.* 196. *sp.* 14 **. — LA MOUETTE RIEUSE. Buff.

---

* La nuance rose disparaît après que l'oiseau a été dressé.
** Mais point la *Mouette rieuse* de Brisson. *Orn. v.* 7. *p.* 192. *n°.* 13. *t.* 18. *f.* 1. synonyme avec le *Larus atricilla* de Gmelin. *Syst.* 1. *p.* 600.

Ois. v. 8. *p.* 433.— Id. *pl. enl.* 970. *représente un individu dont le front et la gorge sont encore en mue.* — Gérard. *Tab. élém. v.* 2. *p.* 325. mais la citation latine fausse. — BLACK-HEADED GULL. Lath. *Syn. v.* 6. *p.* 380. — Penn. *Brit. Zool. t. L.* 5. — SCHWARZKÖPFIGE MEVE *. Bechst. *Naturg. Deut. v.* 4. *p.* 635. — Meyer, *Tasschenb. Deut. v.* 2. *p.* 482. — Naum. *Vög. t.* 32. *f.* 44. GABBIANO MORETTA. *Stor. degl. ucc. v.* 5. *p.* 527. — BRUINKOP MEEUW. Sepp. *Nederl. Vog. v.* 2. *p.* 153. *un vieux et un jeune dans la mue de printemps.*

Remarque. Dans la première édition j'ai placé parmi les synonymes de cette espèce le *Larus atricilloïdes* de Falk, Gmel. et Lath., ainsi que la *Mouette rieuse de Sibérie* de Sonnini; ces descriptions sont de la *Mouette pygmée* dans son plumage parfait d'été. Voyez l'article cité et la remarque. Le *Larus ridibundus* de Wilson *Americ. Zool.* n'est point synonyme avec notre oiseau, c'est le *Larus atricilla* de l'article précédent. La mouette rieuse du Groenland et de tout le cercle arctique diffère un peu de

---

—Lath. *Ind. v.* 2. *p.* 813. *sp.* 4. et la figure de Catesby. *v.* 1. *t.* 89. Citations qui appartiennent toutes à une mouette des mers australes. Cette mouette ressemble beaucoup à la mouette rieuse d'Europe, mais elle s'en distingue par sa plus grande taille; le capuchon est d'un noir bleuâtre; le manteau d'un bleuâtre très-foncé; les rémiges beaucoup plus longues, toutes d'un noir uniforme à base bleuâtre; les pieds d'un noir pourpré. Je signale cette espèce étrangère voisine de la nôtre, afin qu'on ne soit plus dans le cas de les confondre. Peut-être paraît-elle accidentellement en Europe. J'ai reçu un individu d'Amérique, et un autre des terres Australes. Voyez cet oiseau à la page 779.

* Bechstein et Latham ont eu tort de signaler la livrée complète d'été de cette espèce, par *tête noire*, vu que la partie indiquée reste toujours d'un *brun terne*. J'en fais la remarque, puisque la nouvelle espèce, décrite à l'article page 777, a la tête d'un noir assez profond.

celle de nos climats ; mais ces légères nuances sont de trop peu de valeur , elles paraissent être produites par des causes purement locales.

Habite : les rivières et les lacs salés et d'eaux douces ; seulement en hiver sur les bords de la mer ; de passage en Allemagne et en France ; très-abondant en Hollande dans toutes les saisons de l'année.

Nourriture : principalement des insectes , des vers , du frai et de petits poissons.

Propagation : niche dans les herbes et dans les prairies situées dans le voisinage de la mer et de l'embouchure des rivières : pond trois œufs, d'un olivâtre foncé parsemé de grandes taches brunes et noirâtres. Les œufs varient beaucoup.

MOUETTE A MASQUE BRUN.

LARUS CAPISTRATUS. (Mihi.)

Un masque brun clair, qui aboutit à l'occiput; longueur du tarse, 1 pouce 6 lignes; les rémiges extérieures à baguettes blanches.

Le plumage d'hiver de cette nouvelle espèce étant absolument, sans aucune exception, la même que celle de la mouette rieuse, on omettra la répétition. Dans cet état il est encore très-facile de distinguer les espèces; celle de cet article, toujours plus petite, mesure en longueur totale, 13 pouces 4 lignes ; son bec est beaucoup plus petit et plus grêle, et ses tarses ainsi que ses doigts, constamment plus courts, ont une teinte d'un brun rougeâtre. *En plumage d'hiver.*

Plumage d'été ou des noces.

Front d'un gris brun sale; sommet de la tête, joues, orifice des oreilles et gorge d'un brun clair; occiput, nuque et devant du cou d'un blanc pur; le brun sur la gorge beaucoup plus foncé que sur la tête; bec grêle, d'un brun rougeâtre; pieds d'un brun rougeâtre clair.

Remarque. Cette espèce n'a point encore été indiquée; il est probable qn'elle aura été confondue avec la mouette rieuse, dont elle a les formes et le port. Son masque brun qui ne descend pas sur la nuque et ne recouvre point la partie supérieure du devant du cou, la caractérise parfaitement en plumage d'été; on peut encore la distinguer dans tous ses états, par sa plus petite taille, qui tient le milieu entre la *Mouette rieuse* et la *Mouette pygmée*; par son petit bec grêle, et par ses pieds plus petits, à tarses plus courts; enfin la partie inférieure des ailes n'est jamais d'un cendré noirâtre, mais toujours d'un cendré clair. Les rémiges ont le noir et le blanc distribués absolument comme dans la *Mouette rieuse*, caractère qui, joint à la couleur brune du masque, peut avoir contribué à confondre ces deux espèces voisines; ce qui a lieu dans quelques cabinets en Angleterre.

Habite : ne paraît point s'éloigner beaucoup des contrées arctiques des deux mondes; commun aux Orcades, en Écosse, et se montre sur les côtes d'Angleterre. Absolument le même dans la baie des Baffins et dans le détroit de Davis; ceux que j'ai vus ne diffèrent point de mes individus tués aux Orcades. Point encore observé sur nos côtes de l'Océan.

Nourriture : inconnue, mais probablement la même que celle des autres mouettes.

Propagation : les œufs *que l'on m'a donnés* pour ceux de cette mouette, sont plus petits que les œufs de la *Mouette rieuse*, d'un cendré verdâtre avec des taches plus foncées.

MOUETTE PYGMÉE.

LARUS MINUTUS. (Pallas.)

Longueur du tarse, 11 *lignes; baguettes des ré-miges brunes, toutes les pennes des ailes termi-nées de blanc pur ; les jambes étendues n'attei-gnent que vers les trois quarts de la longueur de la queue; doigt postérieur très-petit, portant un ongle peu apparent et droit.*

Front, espace entre l'œil et le bec, une grande tache derrière les yeux, gorge, toutes les autres parties inférieures et la queue d'un blanc par-fait; occiput, nuque, tache en avant des yeux et sur l'orifice des oreilles d'un noirâtre cendré ; toutes les autres parties supérieures d'un cendré bleuâtre clair; toutes les pennes des ailes de cette cou-leur terminées par un grand espace d'un blanc pur; intérieur des ailes noirâtre ; bec et iris d'un brun noirâtre; pieds d'un rouge vermillon très-vif. Lon-gueur, 10 pouces 2 lignes ; les ailes dépassent d'un pouce l'extrémité de la queue. *Le mâle et la femelle en plumage parfait d'hiver.*

Remarque. L'espèce n'a point encore été décrite en cet état de plumage.

Les jeunes de l'année.

Front, région des yeux, toutes les parties inférieures et les deux tiers de la queue blancs ; sommet de la tête et occiput d'un cendré noirâtre ; nuque et dos d'un gris brun ; petites couvertures des ailes blanchâtres, tachées de gris et de noirâtre ; les moyennes d'un gris noirâtre sont bordées de brun clair ; les plus grandes sont blanchâtres en dehors et à leur extrémité ; les quatre premières rémiges noires sur les barbes extérieures et à leur bout, mais blanches sur les barbes intérieures ; les trois suivantes cendrées en dehors, et la pointe blanche ; queue un peu fourchue, terminée par une large bande noire, qui est moins grande sur la penne la plus extérieure ; bec d'un brun noirâtre, pieds couleur de chair livide.

Die kleine Meve. Meyer, *Tasschenb. Deut. v. 2. p.* 488.

Plumage d'été ou des noces.

Toute la tête et la partie supérieure du cou enveloppés par un capuchon noir ; un croissant blanc derrière les yeux ; partie du bas du cou et toutes les parties inférieures d'un blanc aurore* ; croupion et queue d'un blanc parfait ; dos, scapulaires et toute l'aile d'un cendré bleuâtre pur et très-clair ; les rémiges cendrées, toutes ainsi que les pennes se-

---

* Cette belle couleur aurore disparaît après que l'oiseau a été monté ; ces parties sont alors d'un blanc parfait.

condaires terminées de blanc ; bec d'un rouge de laque très-foncé, iris d'un brun foncé ; pieds d'un rouge cramoisi. Longueur, 11 pouces 5 lignes. *Les vieux en plumage parfait.*

Larus minutus. Pallas. *Reis. v.* 3. *p.* 702. *n°.* 35. — Gmel. *Syst.* 1. *p.* 595. *sp.* 12. — Lath. *Ind. v.* 2. *p.* 813. *sp.* 5. — Benicken. *Ann. der Wetter. v.* 3. *p.* 141. — Larus atricilloides. Falk. *Reis. v.* 3. *p.* 355. *t.* 24. *en plumage parfait d'été.* — Gmel. *Syst.* 1. *p.* 601. *sp.* 19. Lath. *Ind. v.* 2. *p.* 813. *sp.* 3. La plus petite des Mouettes. Sonn. *nouv. édit. de* Buff. *Ois. v.* 24. *p.* 288. — Mouette rieuse de Sibérie. Id. *ibid. p.* 287. — Little gull. Lath. *v.* 6. *p.* 391. — Naum. *Vög Nachtr. t.* 36. *f.* 72. *figure très-exacte de l'adulte en plumage parfait.*

Remarque. Dans la première édition, j'ai dit que cet oiseau est du très-petit nombre de ceux que je signale d'après les descriptions d'autres naturalistes. Depuis ce temps, j'ai tué deux individus de cette espèce, et j'en ai examiné vingt autres, ce qui m'a fait découvrir une erreur de citation dans l'article de ma *Mouette rieuse*, où j'ai donné le *Larus atricilloides* de Falk comme synonyme ; tandis que cette description appartient à la *Mouette pygmée* dans son plumage parfait d'été. On voit par-là à quel point les compilations sont nuisibles à l'étude de la nature.

Habite : les fleuves, les lacs et les mers des contrées orientales de l'Europe ; accidentellement de passage en Hollande et en Allemagne ; abondant en Russie, en Livonie et en Fionie ; s'égare très-accidentellement sur les lacs de la Suisse.

Nourriture : insectes et vers.

Propagation : niche dans les régions orientales et méridionales.

GENRE SOIXANTE-DIX-SEPTIÈME.

STERCORAIRE. — *LESTRIS.*
(Illig.)

Bec médiocre, fort, dur, cylindrique, tranchant, comprimé et courbé, et crochu à la pointe ; mandibule supérieure couverte d'une cire ; inférieure formant un angle saillant. Narines vers la pointe du bec, diagonales, étroites, fermées par derrière, percées de part en part. Pieds grêles, nus au-dessus du genou ; tarses longs ; trois doigts devant, entièrement palmés ; le doigt de derrière presque nul, de niveau avec les doigts de devant. Ongles grands, très-crochus. Queue faiblement arrondie, les deux pennes du milieu toujours allongées. Ailes médiocres, la 1re. rémige la plus longue.

Les oiseaux qui composent ce genre, ont toujours été mêlés avec ceux du genre *Mauve ;* ils s'en distinguent cependant par les caractères extérieurs et par les habitudes naturelles. Les *Mauves* sont des oiseaux lâches et craintifs ; les *Stercoraires,* au contraire, sont courageux et intrépides, éternels ennemis des premiers, ils les harcèlent continuellement ; les *Stercoraires* pêchent rarement pour leur propre compte, mais ils se nourrissent le plus habituellement des alimens qu'ils obligent les mauves de dégorger ; se jetant alors avec une étonnante vélocité sur ces alimens qui semblent tomber du haut des airs, ils vivent ainsi aux dépens de leurs antagonistes, qu'ils poursuivent sans cesse ; indépendamment de cette manière de se pourvoir, ils se nourrissent encore de la chair des cétacées et de coquillages. Leur demeure est très-avant dans les régions arctiques, dont ils s'éloignent peu. Leur manière de voler a quelque chose de particulier et semble convulsif ; les arcboutans qu'ils décrivent et les sauts qu'ils font en volant les distinguent de loin. Il n'existe point de différence très-marquée chez les sexes, mais l'âge fait paraître ces oiseaux dans des livrées très-variées dont le brun bistre et le blanc forment les principales couleurs ; les jeunes de l'année sont toujours faciles à distinguer : 1°. par les deux pennes du milieu de la queue qui dépassent très-peu les latérales ; 2°. par les bords roussâtres et par quelques taches irrégulières dont les plumes des parties supérieures sont terminées ; 3°. par les raies transversales plus ou moins nombreuses des parties inférieures , et 4°. par la base des doigts et des membranes qui sont toujours plus ou moins blancs. Les individus qui paraissent revêtus de leur livrée parfaite sont ceux dont les parties inférieures sont ou totalement ou en partie d'un blanc pur.

Remarque. Les occasions peu fréquentes qui se présentent pour observer ces oiseaux des régions arctiques, ne m'ont point encore mis à même de juger si les espèces de ce genre muent une fois dans l'année, ou bien si la mue est double. Il me *paraît probable* qu'ils ne muent qu'une fois l'année, vu que les couleurs des vieux , pendant l'époque de la reproduction et durant tout l'été , varient tant d'individu à individu. Cette particularité dans ce genre est très-remarquable, et ne tient ni au sexe ni à un état de mue ; elle ne peut être en rapport qu'avec l'âge des individus. M. Boié de Kiel, voyageur et naturaliste distingué, m'a communiqué la remarque que pendant le temps des couvées il a tué une multitude de *Lestris parasiticus* , dont les parties inférieures étaient ou brunes ou blanches, et quelquefois variées de ces deux couleurs ; M. Boié a eu la bonté de m'envoyer plusieurs individus dans les différens états de plumage. *N. B.* Je préviens que le mesurage en longueur totale dont il est fait mention à chaque espèce, est prise, dans ce genre, depuis *le bec* jusqu'à l'extrémité de la *penne latérale* de la queue; la longueur des deux pennes du milieu (*ou filets*) variant trop considérablement dans les différens âges et dans les sexes pour servir de base fixe pour la mesure.

STERCORAIRE CATARACTE.

LESTRIS CATARRACTES. (Mihi.)

Taille et grandeur du bec d'un goéland; les deux filets larges jusques au bout; des aspérités peu apparentes sur la partie postérieure du tarse qui porte 2 pouces 6 ou 7 lignes en longueur**.*

Tête et région des yeux d'un brun foncé; cou, ainsi que toutes les parties inférieures d'un gris rougeâtre nuancé de brun clair; dos et scapulaires d'un roux mat, bordé latéralement de brun foncé; couvertures alaires, pennes secondaires et celles de la queue brunes; rémiges blanches jusqu'à la moitié de leur longueur, le reste d'un brun foncé; baguettes des rémiges et des pennes de la queue blanches; pieds, ongles et bec d'un noir profond, le dernier brun à sa base; iris brun. Longueur, de 20 à 21 pouces. Les filets excèdent de 3, 4 ou 5 pouces.

LARUS CATARRACTES. Gmel. *Syst.* 1. *p.* 603. *sp.* 11. —

---

* *Larus fuscus* de ce Manuel.

** Cette longueur comparative du tarse est encore ici un des caractères les plus marquans, pour servir à distinguer les jeunes et les vieux dans un genre d'oiseaux, où les espèces différentes offrent si peu de disparités dans les couleurs du plumage.

Lath. *Ind. v.* 2. *p.* 818. *sp.* 12. — CATARRACTA SKUA. Retz.
Faun. Suec. p. 161. *n.* 123. — LE GOÊLAND BRUN. Buff.
Ois. v. 8. *p.* 408. — SKUA GULL. Lath. *Syn. v.* 6. *p.* 385.
— Penn. *Brit. Zool. p.* 140. *t. L.* 6. — *figure très-
exacte.* — Penn. *Arct. zool. v.* 2. *p.* 531. *n°.* 460. —
PORT EGMONT HENN. Cook's *Voy. v.* 1. *p.* 44 *et* 272.

Habite : les régions du cercle arctique, dont elle ne s'é-
loigne guère ; très-abondant aux Hébrides et aux Orcades ;
accidentellement de passage sur les côtes de Hollande,
surtout aux approches ou après de fortes tempêtes. Beaucoup plus répandu dans l'Amérique septentrionale.

Nourriture : poissons et mollusques ; il se jette aussi
sur les charognes des cétacés, et dérobe les œufs d'autres
oiseaux de mer.

Propagation : niche en grandes bandes sur la sommité
des montagnes, dans les herbes et dans les bruyères ; pond
trois ou quatre œufs, très-pointus, d'un olivâtre parsemé
de grandes taches brunes.

STERCORAIRE POMARIN.

LESTRIS POMARINUS. (MIHI.)

Taille et grandeur du bec d'une mouette; les
deux filets larges jusqu'au bout où ils sont arrondis;
des aspérités très-marquées à la partie postérieure
du tarse, qui mesure 1 pouce 11 lignes.*

Face, sommet de la tête, occiput, dos, ailes et
queue d'un brun très-foncé sans aucune autre
nuance; plumes du cou et de la nuque longues, subulées d'un jaune d'or lustré; gorge, devant du cou,

---

* *Larus eburneus* de ce Manuel.

ventre et abdomen blancs ; sur la poitrine un large
collier formé par des taches brunes ; de semblables
taches transversales sont disposées sur les flancs et
sur les couvertures inférieures de la queue; les deux
filets conservent la même largeur jusques au bout
qui est arrondi ; bec d'un olivâtre clair, mais noir à
la pointe ; iris d'un brun jaunâtre ; pieds et membranes d'un noir profond. Longueur, de 15 ou 16
pouces , les filets excèdent de 2 ou 3 pouces. *Les
vieux des deux sexes en livrée parfaite.*

Remarque. En cet état , on ne peut citer comme synonyme que LARUS PARASITICUS. Meyer, *Tasschenb. Deutscht·
v. 2. p.* 490. — Id. *Vög. Deut. fol. v. 2. heft. 21. une
figure très-exacte* , que M. Meyer , qui ne connoissait
point alors le véritable parasite, a donnée pour cet oiseau.
Voyez aussi Manuel , 1re. édition , p. 512 , où je suis tombé
dans la même erreur en suivant l'opinion du naturaliste
cité. Plusieurs individus de cette espèce et de celle du véritable *Parasiticus*, dans ses divers états de plumage , que
je dois aux soins obligeans de M. Boié , m'ont mis à même
de corriger ces erreurs. J'ai souvent tué les jeunes des
trois espèces dans mes courses, le long des bords de l'O-
céan, mais les vieux ne s'égarant que très-rarement dans
nos parages , il aurait été difficile de livrer une description
complète de ces espèces, sans les observations et les individus recueillis par le voyageur cité.

Livrée du moyen âge.

Toutes les parties du plumage, tant des parties
supérieures que des parties *inférieures* d'un brun
très-foncé ; les plumes du cou et de la nuque également un peu longues, subulées et lustrées, mais

d'un brun jaunâtre ; les deux filets moins longs que dans les individus en livrée parfaite, mais conservant toujours la même largeur jusqu'à la pointe, qui est arrondie ; bec et pieds comme dans les individus en livrée parfaite. *Le mâle ainsi que la femelle.*

Remarque. Cette différence de livrée ne tient en aucune manière au sexe, puisque M. Boié a tué plusieurs couples de ces oiseaux pendant le temps des nichées, et que la dissection a constaté que ces différences de plumage sont purement individuelles. J'ai aussi tué un semblable individu sur nos côtes, dans le mois de janvier ; il ne diffère point de celui tué par M. Boié vers le 64e. degré, dans le mois de juillet ; ce qui paraît prouver que la mue chez ces oiseaux, n'est point double, et que la saison n'y apporte point de changement périodique.

Les jeunes de l'année.

Tête et cou d'un brun terne, seulement varié par un liséré d'un brun plus clair, qui termine les plumes ; un espace noir en avant des yeux, dos, scapulaires et couvertures alaires d'un brun foncé, chaque plume terminée par un croissant d'un roux vif ; poitrine, ventre et flancs d'un brun cendré, marqué de taches et de zigzags roux, qui sont disposés transversalement ; croupion, abdomen et couvertures tant supérieures qu'inférieures de la queue rayés de larges bandes noirâtres et rousses. Base du bec d'un bleu verdâtre, pointe noire ; pieds d'un cendré bleuâtre, base des doigts et des membranes blanches, le reste noir ; ongle postérieur blanc, les deux filets à pointe large et arrondie ne dépassent les autres pennes que d'environ un demi-pouce. C'est alors,

Le stercoraire rayé. Briss. *Orn. v.* 6. *p.* 152, *n°.* 2. *t.* 13. *f.* 2. *figure très-exacte.* — Stercoraire pomarin. *Voyez Manuel*, 1ʳᵉ. *édit. p.* 514.—Felsen meve. Meyer, *Vög. Deutschl. v.* 2. *heft.* 20. *deux figures, du jeune de l'année et d'un individu plus avancé en âge.*

Habite : les régions du cercle arctique, en Suède et en Norwège, *probablement* aussi aux Orcades et sur les côtes d'Écosse ; les vieux sont très-accidentellement de passage sur le Rhin et aux bords de l'Océan ; les jeunes s'égarent plus souvent le long des côtes , même dans l'intérieur et sur les lacs de la Suisse et de l'Allemagne.

Nourriture : poissons qu'il oblige les goëlands et les mouettes de dégorger, charognes et œufs d'oiseaux.

Propagation : construit un nid grossièrement entrelacé avec de l'herbe et des mousses , placé sur des monticules dans les marais ou sur les rochers ; pond deux ou trois œufs très-pointus , d'un olivâtre cendré marqué d'un petit nombre de taches noirâtres.

STERCORAIRE PARASITE ou LABBE.

LESTRIS PARASITICUS. (Boié.)

Taille et grandeur du bec d'une mouette; les deux filets très-longs, affilés et pointus au bout; peu d'aspérités à la partie postérieure du tarse, qui mesure 1 pouce 7 lignes.*

Front blanchâtre ; sur le sommet de la tête, se

---

* *Larus canus* de ce Manuel.

dessine une espèce de calotte d'un brun noirâtre,
qui se termine à l'occiput; gorge, région au-dessous
des yeux, tout le cou, la poitrine, le ventre et l'abdomen d'un blanc pur; sur les flancs quelques ondes
cendrées; couvertures inférieures de la queue, dos,
ailes et pennes caudales d'une seule couleur de
brun cendré très-foncé, qui se nuance en noirâtre
sur le bout des rémiges et des pennes de la queue ;
les deux longs filets terminés en pointe très-effilée ;
base du bec bleuâtre, pointe noire ; iris brun ; pieds
d'un noir profond. Longueur, 14 ou 15 pouces, les
filets excèdent de 3 jusqu'à 5 et 6 pouces. *Les vieux
des deux sexes en livrée parfaite.*

LARUS PARASITICUS. Gmel. *Syst.* 1. *p.* 601. *sp.* 10. —
Lath. *Ind. v.* 2. *p.* 819. *sp.* 15. — CATARACTA PARASITICA.
Retz. *Faun. Suec. p.* 160. *n°.* 122. — STERCORARIUS LON-
GICAUDUS. Briss. *Orn. v.* 6. *p.* 155. *n°.* 3. — LE LABBE A LONGUE
QUEUE. Buff. *Ois. v.* 8. *p.* 445. — Id. *pl. enl.* 762. — ARCTIC
BIRD. Edw. *Glan. t.* 148. *le vieux mâle.* — ARTIC GULL.
Lath. *Syn. v.* 6. *p.* 389. *t.* 99. — STERCORARIO DI CODA
LONGA. *Stor. degl. ucc. v.* 5. *pl.* 539. — DIE POLMOWE.
Lepechin. *Reis. v.* 3. *p.* 224. *t.* 11. *figure exacte.* —
STRUNTMEVE. Bechst. *Tasschenb. Deut. v.* 2. *p.* 375. *des-
cription exacte.* Id. *Naturg. Deut. v.* 4. *p.* 465. *seu-
lement le vieux.*

Livrée du moyen âge.

Toutes les parties *supérieures* d'un brun cendré,
sans aucune tache; parties *inférieures* d'une légère
nuance plus claire, également sans aucune tache ;
base intérieure des rémiges et seulement la partie
supérieure des pennes caudales d'un blanc pur, le

reste d'un brun noirâtre; les deux filets diminuant sensiblement de largeur vers le bout qui est terminé en pointe très-effilée; bec et pieds comme dans les individus en livrée parfaite. *Le mâle ainsi que la femelle.* C'est alors,

LESTRIS CREPIDATUS. *Manuel d'Orn.* 1ʳᵉ. *édit. p.* 5ı5. — LE STERCORAIRE. Bris. *Orn. v.* 6. *p.* 15o. *n°.* 1. — LE LABBE OU LE STERCORAIRE. Buff. *Ois. v.* 8. *p.* 441. *t.* 34. *mais surtout sa pl. enl.* 991. *et plus encore* Edw. *t.* 149.

Remarque. Celle ˷faite à la *livrée du moyen-âge* dans l'article précédent, est également applicable ici. M. Boié a tué un très-grand nombre de ces oiseaux, et m'a envoyé plusieurs couples avec les jeunes, tués sur les nids.

Les jeunes de l'année au sortir du nid.

Sommet de la tête d'un gris foncé; côtés et partie supérieure du cou d'un gris clair, parsemé de taches brunes, longitudinales; une tache noire en avant des yeux; partie inférieure du cou, dos, scapulaires, petites et grandes couvertures des ailes d'un brun de terre d'ombre, chaque plume étant bordée de brun jaunâtre, et souvent de roussâtre; parties inférieures irrégulièrement variées de brun foncé et de brun jaunâtre sur un fond blanchâtre; couvertures de la queue et abdomen rayés transversalement; pennes des ailes et de la queue noirâtres, blanches à leur base et sur les barbes intérieures, toutes terminées par du blanc; les deux baguettes extérieures blanches; queue seulement arrondie; base du bec d'un vert jaunâtre, noir vers la pointe; tarses d'un cendré bleuâtre; base des doigts et des membranes blanches, le reste noir, ongle postérieur souvent blanc. C'est alors,

LARUS CREPIDATUS. Gmel. *Syst.* 1. *p.* 602. *sp.* 20. — Lath. *Ind. v.* 2. *p.* 819. *sp.* 14*. — CATARRACTA CEPPHUS. Brunnich. *Orn. bor. p.* 36. *n°.* 126. — LE LABBE OU STERCORAIRE *des auteurs.* Gérard. *Tab. élém. v.* 2. *p.* 327. — LABBE A COURTE QUEUE. Cuv. *Règ. anim. v.* 1. *p.* 520. — BLACKTOED GULL. Lath. *Syn. v.* 6. *p.* 387. — Id. *supp. v.* 1. *p.* 268. — Penn. *Arct. zool. v.* 2. *p.* 531 *n°.* 460. Naum. *Vög. t.* 33. *f.* 49. *figure assez exacte, du jeune de l'année.*

Habite : les bords de la Baltique, en Norwège et en Suède; se répand habituellement dans l'intérieur des terres, sur les lacs et sur les rivières; de passage périodique ou accidentel en Allemagne, en Hollande, en France et en Suisse, où on ne voit ordinairement que des jeunes; les vieux s'égarent rarement.

Nourriture : petits poissons, qu'ils obligent les hirondelles de mer et les mouettes de dégorger; des vers et des insectes, particulièrement une espèce d'escargot, *Helix janthina.*

Propagation : niche à terre, dans la mousse, non loin du rivage de la mer; pond trois ou quatre œufs très-pointus, d'un vert olivâtre dessiné au gros bout par une *zone de taches brunes*, et pointillé sur le reste de petites taches rares.

---

* La variété décrite par Latham comme appartenant à cette espèce, est un jeune de la *Mouette rieuse* de ce Manuel.

GENRE SOIXANTE-DIX-HUITIÈME.

PÉTREL.—*PROCELLARIA.*
(LINN.)

BEC médiocre de la longueur ou plus long que la tête, fort dur, tranchant, déprimé et dilaté à sa base ; pointe comprimée, arquée, les deux mandibules cannelées, subitement fléchies à la pointe, l'inférieure comprimée creusée en gouttière ; formant un angle. NARINES proéminentes à la surface du bec, réunies et cachées en un tube, qui forme une seule ouverture où montre deux orifices distincts *. PIEDS médiocres, souvent longs, grêles, tarses comprimés ; trois doigts devant, longs, entièrement palmés ; doigt de derrière nul, remplacé par un ongle très-pointu. AILES longues, 1re. rémige la plus longue.

Ce genre, composé d'une multitude d'espèces dont bien peu sont exactement connues des naturalistes, se divise très-naturellement en trois sections. La première composée des *Pétrels proprement dits*, dont le tube nasal est un peu long et renferme les deux orifices. La seconde qui comprend les *Pétrels Puffins*, dont le bec est plus allongé et plus grêle, et qui se distinguent par deux tubes distincts

---

* Lorsque le tube des narines est tronqué par devant, comme c'est le cas chez deux ou trois espèces étrangères, on voit deux orifices distincts ; ces espèces étant placées sur les limites qui séparent les vrais *Pétrels* des *Puffins*, on est embarrassé de déterminer dans laquelle des deux sections elles sont les mieux classées.

placés à la surface du bec; et en *Pétrels hirondelles*, qui sont les plus petites espèces de ce groupe. Tout le genre est composé d'oiseaux plus ou moins demi-nocturnes, qui chassent et pourvoient à leur subsistance au crépuscule et à l'aurore, surtout pendant les nuits éclairées des régions boréales : le jour, ils se cachent habituellement parmi les fentes des rochers, dans les cavernes ou dans les tanniers abandonnés des lapins ou autres animaux fossoyeurs. Ils vivent toujours sur les mers où les cétacés abondent ; on les voit rarement chercher leur nourriture le long des côtes maritimes ; ce n'est aussi qu'accidentellement qu'ils sont poussés dans l'intérieur des terres ; lorsqu'une tempête approche, ils n'ont souvent d'autre refuge que celui des écueils ou des vergues des navires ; on les voit souvent en mer suivre le sillage des vaisseaux pour s'y mettre à l'abri du vent et surprendre leur proie ; dans leur vol, ils semblent effleurer les vagues de la mer, mais ils se posent très-rarement sur la surface de cet élément, qu'ils semblent redouter, puisqu'on ne les voit jamais nager, bien moins se submerger ; ils semblent piétonner sur la surface des eaux, mais toujours tenant les ailes droites et en l'air. Leur nourriture consiste en chair des morses et des baleines, en mollusques, insectes et vers qui flottent à la surface de la mer. Ils nichent sur les écueils dans les trous des rochers, ou à terre dans les trous abandonnés des animaux fossoyeurs, et lancent sur ceux qui les attaquent une liqueur huileuse, qu'ils ont la faculté de faire jaillir des narines. Il n'existe point de différences dans les sexes ; celles dues à l'âge n'offrent point des différences très-marquées ; les femelles sont plus petites.

Remarque. Il est douteux si ces oiseaux ont une mue double, mais il est certain que si elle a lieu, les couleurs du plumage ne changent point. Il existe beaucoup d'espèces dans les parages du pôle antarctique, mais le plus grand nombre de celles indiquées par les méthodistes et les compilateurs, sont des doubles emplois. On trouve dans

mon cabinet le plus grand nombre des espèces indiquées
dans les croquis, esquisses et dessins terminés de Forster.
Si je n'avais connu que peu d'espèces de ces oiseaux, je
me serais cru en droit d'en faire trois genres distincts;
mais il y a une série presque sans intervalle assignable et
sans limites fixes des plus grands pétrels aux plus petits
comme des *Pétrels* aux *Puffins;* il existe des espèces que
le méthodiste le plus strict serait embarrassé de classer dans
l'un des trois groupes; la forme de la queue distingue un
peu les *grands Pétrels* des *Pétrels hirondelles;* mais si
l'on se décide à former des genres pour chaque oiseau
dont les pennes de la queue sont différemment étagées,
alors je ne vois plus de limites aux nouveaux groupes.
Quelques novateurs vont même jusqu'à séparer en des
genres différens les espèces qui portent des ornemens
accessoires à la tête, tels que huppes et caroncules. Les
Prions (Pachyptila Illig.) et les *Pélécanoïdes (Hala-
droma* Illig.) forment deux genres distincts *aujourd'hui*
bien caractérisés.

Ire. *SECTION.* — PÉTREL PROPREMENT DIT.

Bec gros, très-crochu, renflé subitement vers le
bout; mandibule inférieure subitement fléchie, souvent un peu tronquée, formant en dessous un angle.
Narines réunies en un seul tube ou fourreau à la
surface du bec. Queue arrondie ou conique.

Ils sont plus diurnes que les suivans; leur nourriture se
compose de chair de cadavres de morses et de baleines,
ainsi que de mollusques et de vers.

PÉTREL FULMAR.

PROCELLARIA GLACIALIS. (Linn.)

Tête, cou, toutes les parties inférieures, croupion et queue d'un blanc pur; dos, scapulaires,

couvertures des ailes et pennes secondaires d'un cendré bleuâtre pur; rémiges d'un gris brun clair; queue fortement arrondie formant un cône; bec d'un jaune brillant, mais teint d'orange sur le tuyau nasal; iris et pieds jaunes. Longueur, 16 pouces. *Le mâle et la femelle tués en été.*

Les jeunes de l'année, ont toutes les parties du corps d'un gris clair nuancé de brun; les plumes du dos et des ailes terminées par du brun plus foncé; les rémiges et les pennes caudales sont d'une seule nuance de gris brun; en avant des yeux est une tache angulaire de couleur noire; bec et pieds d'un cendré jaunâtre.

Procellaria glacialis. Gmel. *Syst.* 1. *p.* 562. *sp.* 3. — Lath. *Ind. v.* 2. *p.* 823. *sp.* 9. — Retz. *Faun. Suec. p.* 143. *n°.* 102. — *Transact. of. the* Linn. *Society. Mem. birds of. greenl.* — Le Pétrel fulmar. Buff. *Ois. v.* 9. *p.* 325. *t.* 22. — Pétrel de l'île de Saint-Kilda. Buff. *pl. enl.* 59. — Fulmar pétrel. Lath. *Syn. v.* 6. *p.* 403. — Penn. *Brit. Zool. p.* 145. *t.* M. 2. *figure très-exacte.* — Id. *Arc. Zool. v.* 2. *p.* 534. *n°.* 461.

Habite: toujours les écueils et les glaces flottantes du pôle; ne vient à la côte que pour nicher, ou lorsqu'il y est poussé par un coup de vent; très-accidentellement sur les côtes d'Angleterre et de Hollande; excessivement nombreux sur les mers du pôle arctique, à des distances très-éloignées de terre; les écueils en sont couverts; les habitans de la baie des Baffins et de Hudson les salent; on ne les voit qu'accidentellement sur nos côtes, mais très-souvent morts sur les bords de la mer.

Nourriture: chair de cétacés morts qui flottent sur les

eaux, mollusques et autres différentes espèces de balanus
et de tubicinelles qui perforent et s'attachent à la peau des
grands cétacés.

Propagation : niche dans les trous des rochers, toujours par grandes bandes ; la ponte n'est que d'un seul
œuf, très-grand, d'un blanc pur.

IIe. *SECTION*. — PÉTREL PUFFIN.

Bᴇᴄ généralement plus long que la tête, grêle,
très-comprimé à la pointe ; l'inférieure plus ou moins
recourbée et pointue. Nᴀʀɪɴᴇs s'ouvrant en deux
tubes, rapprochés à la surface du bec.

Leur manière de vivre ne diffère presque point de celle
des pétrels hirondelles ; ils ne diffèrent des uns et des
autres que par les narines distinctes et par la longueur du
bec. Le passage d'une section à l'autre est presque sans
limites assignables, vu que nous connaissons de vrais pétrels de la première section à bec également long, et dont
la partie supérieure du tube nasal est si profondément
coupé, que les narines paraissent former deux tubes
soudés. Une séparation générique et rigoureuse est par-
conséquent impossible ; au reste, la manière de vivre des
uns et des autres n'offre aucune différence bien marquée ;
les *Pétrels puffins* sont, de même que les *Pétrels hirondelles*, oiseaux nocturnes qui chassent au crépuscule et se
cachent le jour dans les trous des rochers ou dans les
tanniers des lapins et des rats, et ne sortent de ces re-
traites souterraines qu'au crépuscule ou dans les ouragans,
si fréquens dans les parages qu'ils habitent. Les *Puffins*
servent dans le nord aux besoins des habitans qui les salent
en grand nombre pour leurs provisions d'hiver ; c'est notre
Puffin manks si commun au nord de l'Écosse et le long

des côtes, qui sert d'aliment principal aux insulaires des Orcades.

PÉTREL PUFFIN.

PROCELLARIA PUFFINUS. (Linn.)

Bec déprimé à la base, sillonné en dessus; comprimé à la pointe où il se renfle; narines à deux ouvertures cachées sous une voûte commune; bec long de 2 pouces, tarses, 1 pouce 10 lignes; queue conique.

Tête, joues, nuque et dos d'un cendré clair; toutes les plumes du dos terminées par une zone plus claire encore; scapulaires, ailes et queue d'un cendré noirâtre ou couleur d'ardoise; rémiges d'un noir profond; sur les côtes du cou et de la poitrine des ondes d'un cendré très-clair, toutes les autres parties inférieures d'un blanc pur; bec jaunâtre avec des taches brunes vers le bout qui indiquent encore le jeune âge; pieds et membranes d'un jaunâtre livide; iris brun. Longueur, 18 pouces. C'est alors,

Procellaria cinerea. Gmel. *Syst.* 1. *p.* 563. — Lath. *Ind. Orn. v.* 2. *p.* 824. *sp.* 10. — Pétrel cendré Forst. *Icon. t.* 92 — Cinerous petrel. Lath. *Syn. v.* 6. *p.* 405. — Proc. puffinus et cinerea. Kuhl. *Zool. Beit. sp.* 22 *et* 25. le vieux et le jeune de la même espèce.

Les jeunes peut-être *d'un an*, ont toutes les parties supérieures du plumage beaucoup plus foncées; ce qui est d'un cendré clair chez les vieux est de couleur d'ardoise ou cendré foncé dans les jeunes; les parties inférieures du plumage sont en plusieurs endroits ondés de cendré; le bec est d'un noir cendré un peu plus grêle que celui des vieux, sans sillon apparent, et les deux tubes des narines ne sont pas réunis sous une même voûte. On reconnaît alors,

PROCELLARIA PUFFINUS. Gmel. *Syst.* 1. *p.* 566. — Lath. *Ind. v.* 2. *p.* 824. *sp.* 11. — LE PUFFIN. Buff. *Ois. v.* 9. *p.* 321. — Id. *pl. enl.* 962. Toutes les autres indications qui font partie de la *procellaria puffinus* des auteurs, appartiennent à l'espèce suivante, et sont des descriptions embrouillées où l'on a confondu les deux et peut-être même les trois espèces distinctes.

Habite : presque toutes les mers ; assez répandu sur la Méditerranée ; se montre souvent sur les côtes méridionales d'Espagne, sur celle de Provence où plusieurs individus ont été tués, probablement aussi sur celle d'Italie ; jamais vu sur l'Adriatique. Les individus tués au Sénégal et ceux du cap de Bonne-Espérance ne diffèrent en rien de ceux tués en Provence.

Nourriture et *Propagation :* me sont inconnues.

PÉTREL MANKS.

PROCELLARIA ANGLORUM. (MIHI.)

Bec très-grêle, long de 1 *pouce* 7 *ou* 8 *lignes ; queue arrondie ; ailes dépassant un peu son extrémité ; longueur du tarse,* 1 *pouce* 9 *lignes.*

Sommet de la tête, nuque et généralement toutes les parties supérieures du corps, les ailes, la queue, les cuisses et les bords des couvertures inférieures de la queue d'un noir paraissant lustré ; toutes les parties inférieures d'un blanc pur ; le noir et le blanc des côtés du cou s'y présentent par demi-

teintes, qui produisent des espèces de croissans ;
bec d'un brun noirâtre ; pieds et doigts bruns,
membranes jaunâtres. Longueur, à peu près 13
pouces.*Mâle et femelle.*

Remarque. Il est surprenant qu'un oiseau si commun
dans le nord, que les habitans des Orcades et des côtes
du nord de l'Écosse salent par milliers pour leurs provisions d'hiver, soit si rare et si peu connu dans nos collections d'histoire naturelle, surtout que Latham et le plus
grand nombre des méthodistes aient pu confondre cet oiseau
de la taille d'une bécasse avec la *Procellaria puffinus* de
ces mêmes méthodistes et de la *pl. enl.* 962., qui est plus
grand et de la taille à peu près d'un petit canard domestique.
Voici les seuls synonymes qui se rapportent à notre *Puffin
manks.*

Puffinus anglorum. Raii. *Syn. p.* 134. *A. 4.* — Will.
p. 252. — Procellaria puffinus. Brunn. *Orn. Boréal.*
n°. 119. — Briss. *Orn. v.* 6. *p.* 131. — Schearwater petrel. Penn. *Brit. Zool. fol. p.* 146. *t. M.* — *Arct. Zool.*
v. 2. *n.* 462. mais ni Linnée, ni Latham n'ont connu cet
oiseau. — Manks puffin. Edw. *t.* 359. *figure assez exacte.*

Habite : en grand nombre aux îles de Saint-Kilda de
Man, dans toutes les Orcades et le long des côtes d'Écosse;
émigre en hiver le long des côtes d'Angleterre, où il est
commun ainsi qu'en Irlande ; se trouve aussi, suivant le
témoignage des voyageurs, sur les côtes de Norwège ; mais
point dans la Baltique, et rarement sur les côtes de Hollande et de France.

Nourriture : la même que celle des petits pétrels de la
troisième section, auxquels il ressemble pour les mœurs et
par l'habitude qu'il a de ne sortir de sa retraite que pendant
les grandes tempêtes, lorsque le soleil caché par les nuages
ne répand qu'une faible clarté, ou pendant le crépuscule
du matin et du soir.

Propagation : niche dans les trous des rochers où dans ceux des lapins ; pond seulement un œuf, presque rond, de la grosseur d'un œuf de canard, et d'un blanc pur.

PÉTREL OBSCUR.

PROCELLARIA OBSCURA. (Gmel.)

Bec très-grêle 1 pouce 1 ligne : queue arrondie; ailes aboutissant à son extrémité ; longueur du tarse, 1 pouce 6 lignes.

Sommet de la tête, nuque et généralement toutes les parties du corps, les ailes, la queue, les cuisses et les bords des couvertures inférieures de la queue, d'un noir brun paraissant velouté; toutes les parties inférieures d'un blanc pur ; le noir et le blanc des côtés du cou s'y présentent par demi-teintes qui produisent des espèces de croissans ; bec d'un brun noirâtre, tarse et doigts d'un brun rougeâtre, membranes jaunes; le doigt extérieur liséré de noir ; iris d'un brun noirâtre. Longueur, à peu près 10 pouces.

PROCELLARIA OBSCURA. Gmel. *Syst.* 1. *p.* 559. — Lath. *Ind. v.* 2. *p.* 828. *sp.* 24. — DUSKY PÉTREL. Lath. *Syn. v.* 6. *p.* 416. — Penn. *Artc. Zool. supp. p.* 73. — Kuhl. *Zool. Beit. sp.* 24.

Remarque. La seule planche que l'on puisse indiquer comme synonyme, se trouve dans l'ornithologie publiée à Florence ou *Stor. degl. ucc. v.* 5. *pl.* 538, où notre oiseau est assez bien figuré, surtout pour ce qui concerne les dimensions et la taille ; mais on doit observer qu'il y est peint avec le *croupion blanc*, probablement pour le faire ressembler un peu à la *Procellaria pelagica* dont le texte de l'ouvrage cité donne une description exacte, copiée presque mot à mot des œuvres de Buffon. Cet oiseau ressemble à tel point au précédent qu'on ne saurait indiquer d'autres différences que la taille; il est le diminutif du *Puffin manks*, les formes sont proportionnellement les mêmes ; pour bien les distinguer, il est presque nécessaire de comparer les individus de ces deux espèces voisines, très-distinctes, et qu'on doit se garder de confondre non-obstant leurs nombreux rapports. — Le premier individu tué en Europe que je vis de cette espèce, se trouve à Turin dans la collection de M. le marquis Farletti de Barol, qui le reçut des Alpes du Piémont où il a été tué. Il est naturel que ces oiseaux et tous les *Pétrels* soient rares à tuer ou à découvrir lors de leur passage, qui se fait probablement toujours au crépuscule ou de nuit.

Habite : plus particulièrement les contrées australes des deux mondes, paraît rarement sur la Méditerranée ; on ne peut indiquer avec certitude que trois exemples positifs qu'un individu a été tué dans nos parages. On m'a assuré que l'espèce se trouve aussi dans tout l'Archipel ; très-commun sur les côtes d'Afrique au cap de Bonne-Espérance et en Amérique. Jamais dans le nord.

Nourriture et *Propagation :* inconnues.

IIIe. SECTION. — PÉTREL HIRONDELLE.

Bec plus court que la tête, très-comprimé à la pointe. Narines réunies en un seul tube à la surface du bec, ou laissant voir deux orifices distincts. Queue carrée ou faiblement fourchue ; tarse très-long.

Les petits pétrels réunis dans cette section sont décidément demi-nocturnes ; ils se cachent habituellement de jour parmi les rochers et dans les trous des lapins et des rats, et chassent au crépuscule ; ils paraissent ne vivre que d'insectes ; ils suivent dans les grandes tempêtes le sillage des vaisseaux. Leurs formes sont absolument semblables à celles des plus grandes espèces. Leur vol est si rapide et leurs mouvemens si brusques et si prompts que l'œil a peine à les suivre ; on les voit dans les tempêtes, et lorsque le ciel est couvert et sombre, se réfugier à la poupe des vaisseaux ; il est rare d'en voir en plein jour lorsque le ciel est serein ; ils se cachent alors dans les antres et dans les trous.

Remarque. Ceux qui veulent voir partout des coupes rigoureusement déterminées auraient pu former des petits pétrels un genre ; on observe effectivement quelques différences dans le bec des grandes espèces réparties dans les deux autres divisions, avec celles des plus petites espèces de la troisième section ; mais ces différences sont encore nulles par le moyen des espèces intermédiaires ; les plus petits *Pétrels puffins* et les plus grands *Pétrels hirondelles* ont tant de rapports dans les formes du bec, le port et la queue, qu'il serait difficile de fixer les caractères par des mots.

PÉTREL TEMPÊTE.

PROCELLARIA PELAGICA. (Linn.)

Queue carrée, extrémité des ailes dépassant de très-peu la pointe de la queue ; longueur du tarse, 10 lignes.

Tête, dos, ailes et queue d'un noir mat ; parties inférieures d'un noir couleur de suie ; une large bande transversale d'un blanc pur sur le croupion ; scapulaires et pennes secondaires des ailes terminées de blanc ; queue et rémiges noires ; bec et pieds noirs ; iris brun. Longueur, 5 pouces 6 lignes. *Mâle et femelle.*

Les jeunes, ont les teintes moins foncées ; le bord des plumes couleur de suie, ou roussâtre ; ils ressemblent du reste aux *vieux*.

Procellaria pelagica. Gmel. *Syst.* 1. *p.* 591. *p.* 1. — Lath. *Ind. Orn. v.* 2. *p.* 826. *sp.* 19. — Retz. *Faun. Suec. p.* 143. *n*_o. 101. — Wilson, *Americ. Orn. v.* 7. *p.* 90. *pl.* 59. *f.* 6. — L'Oiseau de tempête. Buff. *Ois. v.* 9. *p.* 327. (mais point la *Tab.* 23 de ce volume, ni la *pl. enl.* 993. qui représentent toutes deux l'espèce de pétrel que je signale plus bas dans cet article.) — Le pétrel. Briss. *Orn. v.* 6. *p.* 140. *t.* 13. *f.* 1. *figure très-exacte.* — Stormy pétrel. Lath. *Syn. supp. v.* 1. *p.* 269. (mais point l'oiseau décrit dans le *Synopsis*, *v.* 6. *p.* 411.) — Edw. *Glan. t.* 90 *figure exacte.* — Penn. *Brit. Zool. p.* 146. *t. L.* 5. *figure exacte.* — Ungewilter vogel. Bork. *Deutsch. Orn.* — Kleinster sturmvogel. Meyer, *Tasschenb. Deut. v.* 2. *p.* 495. — Storm zwaluw. Sepp. *Nederl. Vog. v.* 3. *p.* 245. *t. deux figures exactes.*

Habite : plus commun dans l'Amérique septentrionale qu'en Europe ; se trouve sur les côtes d'Écosse et d'Angleterre ; assez commun aux Orcades et aux Hébrides ; plus abondant dans l'île de Saint-Kilda ; s'égare rarement sur les côtes de l'Océan, et très-accidentellement sur les lacs du centre de l'Europe.

Nourriture : petits insectes et vers qui flottent à la surface des eaux ; vers qui s'attachent à la peau des cétacés et voieries.

Propagation : niche, suivant la localité, dans les fentes et dans les trous des rochers, ou dans les trous abandonnés des lapins et des rats ; pond un œuf presque rond, de la forme de celui des chouettes, d'un blanc pur.

Remarque. Il existe dans les mers australes et dans les mers pacifiques, une seconde espèce de *petit Pétrel*, un

peu plus grande que celle d'Europe , à tarses et ailes très-
longs, et à queue un peu fourchue, mais dont les couleurs
du plumage sont absolument les mêmes ; cette espèce distincte a toujours été confondue. Buffon, en décrivant le *petit Pétrel* de nos climats, ne s'est pas aperçu qu'il donnait
dans ses planches enluminées la figure de la seconde espèce, que je vais signaler pour prévenir toutes les erreurs.
— *Plumage comme celui de notre Pétrel tempéte ;
taille un peu plus forte ; ailes dépassant de plus d'un
pouce l'extrémité de la queue ; longueur du tarse 1 p.
4 lignes.* Je donne à cette espèce étrangère le nom de *Pétrel échasse.* Les synonymes sont , Buff. *pl. enl.* 993. *et*
n. 9. *t.* 23. — STORMY PÉTREL. Lath. *Syn. v.* 6. *p.* 411.
n. 18 ; c'est la PROCELLARIA OCEANICA des dessins origi-
naux de Forster. Icon. 12. — Kuhl. *Zool. Beit. sp.* 2.

PÉTREL DE LEACH.

PROCELLARIA LEACHII. (MIHI.)

*Queue fourchue , extrémité des ailes ne dépas-
sant point celle-ci ; longueur du tarse , 11 lignes.*

Toutes les parties de la tête et du corps d'un noir
mat ; les côtés de l'abdomen et les couvertures du
dessus de la queue blanches, mais les baguettes
de ces plumes brunes ; couvertures des ailes d'un
brun noirâtre ; rémiges et queue noires ; bec et pieds
noirs ; la queue fourchue comme dans *hirundo
urbica.* Longueur, 7 pouces 3 lignes. *Mâle et femelle.*

Remarque. Cette procellaria étant nouvelle et trouvée
depuis peu dans les Orcades : je propose pour l'espèce le
nom de M. le Dʳ. Leach, directeur du cabinet de Zoologie au Muséum britannique ; je la dédie à ce savant et à

cet ami qui me permettra ce faible hommage rendu à ses mérites et à l'amitié qui nous lie. Nous ne connaissons encore que deux individus de ce pétrel dans les cabinets d'Europe, le premier tué à l'île de Saint-Kilda par Bullock, qui en vit là un petit nombre ; et le second tué sur les côtes de Picardie, qui se trouve dans le cabinet de M. Baillon à Abbeville ; le premier est dans le Musée britannique. Le Musée de Paris et M. le baron Laugier en possèdent aussi un individu.

Habite : assez commun dans l'île de Saint-Kilda ; jamais vu ailleurs, excepté l'individu probablement égaré qui a été tué en Picardie ; vit sur les lacs salés et sur les bords de la mer.

Nourriture : petits insectes qu'il saisit à la surface des eaux sans jamais se plonger, et toujours tenant les ailes déployées lorsque des pieds il touche l'eau.

Propagation : niche sur les bords des lacs et de la mer, dans les trous des rats ou dans les fentes des rochers, où ils sont en embuscade et presque toujours cachés de jour ; pond seulement un œuf, presque rond et tout blanc.

<div style="text-align:center">~~~~~~~~~~~~~~~~~</div>

GENRE SOIXANTE-DIX-NEUVIÈME.

CANARD. — *ANAS.* (Linn.)

Bec médiocre, fort, droit, plus ou moins déprimé, recouvert d'une peau mince, souvent plus haut que large à sa base, qui est garnie d'une carnosité ou totalement lisse ; toujours déprimé vers la pointe, qui est arrondie, obtuse, onguiculée ; bords des deux mandibules dentelées en lames coniques, ou de forme plate. Narines presqu'à la surface du bec, à quelque distance de la base, ovoïdes, à moitié fermées par la membrane plate, qui recouvre la fosse nasale. Pieds courts, emplumés jusqu'aux genoux, retirés vers l'abdomen ; trois doigts devant, entièrement palmés ; doigt de derrière libre, articulé plus haut sur le tarse, dépourvu de membrane, ou portant un rudiment. Ailes médiocres, la 1re. rémige de la longueur de la 2e. ou un peu plus courte.

Les oiseaux compris dans ce genre, aiment à vivre sur les eaux, où ils nagent avec grâce et facilité ; leur nourriture consiste en poissons, insectes, coquillages, végétaux et graines ; les uns font usage de leur long cou pour saisir, ayant la tête plongée, les alimens qui leur sont nécessaires ; d'autres plongent tout le corps et restent assez long-temps sous l'eau ; la plupart se submergent lorsqu'ils sont vivement poursuivis. Plusieurs espèces vivent sur les eaux douces ; d'autres (et ce sont particulièrement celles pourvues d'un rudiment de membrane au doigt postérieur) habitent les eaux salées et les bords de la mer ; le plus grand nombre émigre le long des côtes maritimes. La démarche est vacillante et embarrassée ; ceux à doigt postérieur lobé marchent plus mal, les jambes sont plus retirées dans l'abdomen ; on les voit peu à terre, et toutes leurs habitudes semblent les rapprocher du dernier genre des *Pinnatipèdes* et des derniers de l'ordre *Palmipèdes*. Ces oiseaux fournissent un bon aliment ; ils se laissent élever facilement en domesticité ; sous ces rapports ils sont à l'homme de la même utilité que plusieurs espèces d'oiseaux qui composent les ordres *Pigeon* et *Gallinacé*. La mue, chez le plus grand nombre des espèces connues, a lieu deux fois l'année, en juin et en novembre ; chez les seuls mâles la couleur du plumage change ; ils se revêtent en juin d'une partie des couleurs propres aux femelles, et se présentent alors dans un plumage bigarré ; au mois de novembre, on les voit se revêtir du plumage des noces, qu'ils conservent jusqu'à l'époque de la couvaison ; les femelles muent plus tard que les mâles, et peut-être ne le font-elles qu'une fois ; les jeunes mâles de l'année, avant leur première mue, ressemblent presque à s'y méprendre aux vieilles femelles.

Remarque. Quelques méthodistes ont voulu former du genre *Anas* de Linnée deux autres genres, notamment celui du *Cygnus* et *Anser ;* mais les caractères distinctifs qu'ils donnent, sont fondés sur des bases aussi difficiles à saisir que peu stables ; le savant Bechstein, l'un de ceux qui ont introduit les trois genres, vient de se raviser sur ce point, puisque, dans son troisième volume de *l'Ornithologisches Tasschenbuch für Deutschland* , il est d'avis que le genre *Anas* de Linnée ne peut être subdivisé qu'en trois sections principales, et non en trois genres distincts. Dans le système d'Illiger, on voit ce grand genre divisé en deux ; les *Oies* seules forment un genre, et les *Cygnes* et les *Canards* sont réunis ; M. Cuvier vient aussi de former trois sous-genres et de nombreuses divisions, mais ce savant convient que les limites de ces trois sous-genres ne sont pas trop précis ; la division des petits groupes d'après la forme du bec, est parfaitement bien vue pour autant qu'elle est destinée à former une série naturelle dans l'arrangement des espèces d'un même genre. Il en est du genre *Anas* comme de celui du *Falco* et du *Fringilla*, dont les grandes familles ne peuvent être séparées en genres, mais que nous divisons en sections pour en faciliter la classification méthodique. A partir de cette base, je divise le présent genre en *Oies*, *Cygnes* et *Canards proprement dits ;* ces derniers sont subdivisés en deux sections, caractérisées par l'absence ou par l'existence d'un rudiment de membrane au doigt postérieur.

J'ai cru ne devoir indiquer dans ce Manuel que les seules espèces d'oies et de Canards qui se reproduisent en Europe dans l'état de sauvages, sans faire mention de ces espèces étrangères et des races domestiques que l'homme est parvenu à rendre tributaires à ses besoins ou à ses caprices.

Ire. SECTION. — OIE.

Bec plus court que la tête, un peu conique; les dentelures des bords, coniques; cou de moyenne longueur.

Ils vivent dans les prairies et dans les marais, nagent peu et ne plongent point; dans le vol les compagnies forment un angle. Il n'existe aucune différence extérieure dans les sexes.

OIE HYPERBORÉE ou DE NEIGE.

ANAS HYPERBOREA. (Gmel.)

Front très-élevé ; partie latérale du bec coupée de chaque côté par des sillons longitudinaux et des dentelures.

Front jaunâtre; tête, cou et corps d'un blanc pur; rémiges blanches jusqu'à la moitié de leur longueur, le reste noir; mandibule supérieure du bec d'un beau rouge, inférieure blanchâtre, onglets des deux mandibules bleus; iris d'un gris brun; cercle nu des yeux d'un beau rouge; pieds d'un rouge très-foncé. Longueur, 2 pieds 5 ou 6 pouces.

ANSER HYPERBOREUS. Pall. *Spic. v.* 6. *p.* 26. — ANAS HYPERBOREA. Gmel. *Syst.* 1. *p.* 504. *sp.* 54. — Lath. *Ind.*

v. 2. p. 14. — Wils. *Americ. Ornit. v.* 8. *pl.* 68. *f.* 5. *vieux mâle*; *et pl.* 69. *f.* 5. *le jeune.* — L'OIE DE NEIGE. Briss. *Orn. v.* 6. *p.* 288. *n°.* 10. — L'OIE HYPERBORÉE. Sonn. *nouv. édit. de* Buff. *Ois. v.* 25. *p.* 217. — SNOW GOOSE. Lath. *Syn. v.* 6. *p.* 445. — Penn. *Arct. Zool. v.* 2. *p.* 549. — SCHNEEGANS. Meyer, *Tasschenb. Deut. v.* 2. *p.* 551. — Naum. *Vög. Nachtr. t.* 23. *f.* 46. *figure très-exacte du vieux.*

Remarque. J'ai vu deux jeunes de cette espèce, tués en Europe, qui ressemblent exactement à la figure du jeune oiseau publiée par Wilson.

Les jeunes de l'année, jusqu'à l'âge de quatre ans, diffèrent extraordinairement des vieux; d'abord tout le plumage d'un gris brun et bleuâtre; ensuite tête et une partie du cou blancs; puis le ventre blanc et les ailes chamarrées. Les deux individus jeunes, tués en Europe, ont toute la tête et la partie supérieure du cou d'un blanc pur; partie inférieure du cou, poitrine et dos d'un brun cendré violet; toutes les plumes terminées de brun clair; toutes les couvertures des ailes d'un cendré pur; ventre et abdomen blanchâtres, tapirés de plumes brunes; angle du bec et bords de la mandibule noirs; pieds bruns. C'est alors,

ANAS CÆRULESCENS. Gmel. *Syst.* 1. *p.* 513. — Lath. *Ind. Orn. v.* 2. *p.* 836. *sp* 13. — ANSER SYLVESTRIS FRETI HUDSONIS. Briss. *v.* 6. *p.* 275. — L'OIE DES ESQUIMAUX. Buff. *Ois. v.* 9. *p.* 80. — BLUE WINGED GOOSE. Penn. *Arct. Zool. v.* 2. *n°.* 474. — Edw. *t.* 152. *figure exacte.* — Lath. *Syn. v.* 6. *p.* 469.

Habite : les régions du cercle arctique; de passage régulier dans les contrées orientales de l'Europe; accidentellement en Prusse et en Autriche; jamais en Hollande.

Nourriture : joncs, racines des herbes et insectes.

Propagation : niche en Sibérie et dans les régions polaires de l'Amérique.

OIE CENDRÉE ou PREMIÈRE *.

ANAS ANSER FERUS. (Lath.)

*Les ailes pliées n'atteignent point à l'extrémité de la queue; bec fort et gros; d'une seule couleur**.*

Plumage d'un cendré clair; haut du dos, scapulaires, moyennes et grandes couvertures des ailes d'un cendré brun liséré de blanchâtre; petites couvertures, tout le bord extérieur des ailes et la base des rémiges d'un cendré blanchâtre; croupion cendré, abdomen et dessous de la queue d'un blanc pur; tout le bec et la membrane des yeux d'un jaune orange; onglet du bec blanchâtre; iris d'un brun foncé; pieds couleur de chair jaunâtre. Longueur, 2 pieds et 8 ou 10 pouces.

La femelle, est toujours moins grande; le cou

---

* Cette espèce distincte d'oie sauvage est la souche ou le type de toutes races d'oie que nous élevons en domesticité; elle est très-différente de la suivante, que je désigne sous le nom d'*Oie vulgaire ou sauvage.* J'ai cru nécessaire de placer ici une courte indication des différences essentielles entre les deux espèces voisines.

** M. Cuvier, *Règ. anim. v. 1. p.* 530., n'a sans doute point fait attention à cette phrase, vu qu'il donne précisément les caractères du bec de l'espèce suivante à celle-ci.

est plus mince et d'un cendré plus clair. *De très-vieux individus des deux sexes,* ont sur le ventre et sur la poitrine quelques plumes d'un brun noirâtre, qui sont irrégulièrement semées.

ANAS ANSER. *Ferus* Gmel. *Syst.* 1. *p.* 510. *sp.* 9. — Lath. *Ind. v.* 2. *p.* 841. *sp.* 26. — GREY-LEG-GOOSE. Lath. *Syn. v.* 6. *p.* 459. *n°.* 21. *description exacte.* — Penn. *Arct. Zool. v.* 2. *p.* 546. *n°.* 473. — Alb. *Birds. v.* 1. *t.* 90. *assez bonne figure.* — WILDE GEMEINE GANS. Bechst. *Naturg. deut. v.* 4. *p.* 842. — GRAU GANS. Meyer, *Tasschenb. Deut. v.* 2. *p.* 562. — Naum. *Vög. t.* 41. *f.* 60. *figure très-exacte.* — OCA PAGLIETANE. *Stor. degli ucc. v.* 5. *pl.* 559.

Habite : les mers, les plages et les marais des contrées orientales ; avance rarement vers le nord au delà du 53e. degré ; abondant en Allemagne et vers le centre de l'Europe ; en très-petit nombre à son passage en Hollande et en France. Les races domestiques, toutes originaires de cette espèce, se multiplient dans tous les pays.

Nourriture : végétaux aquatiques et toutes sortes de graines.

Propagation : niche dans les bruyères, dans les marais, sur des tertres de joncs coupés et d'herbes sèches ; pond cinq, six ou huit œufs, très-rarement douze ou quatorze, d'un verdâtre sale.

OIE VULGAIRE ou SAUVAGE.

ANAS SEGETUM. (Gmel.)

Les ailes pliées dépassent l'extrémité de la queue; bec long et déprimé, coloré de noir et d'orange.

Tête et haut du cou d'un cendré brun; le bas du cou et les parties inférieures d'un cendré clair; haut du dos, scapulaires et toutes les couvertures des ailes d'un cendré brun liséré de blanchâtre, croupion d'un brun noirâtre; abdomen et dessous de la queue d'un blanc pur, bec noir à sa base et sur l'onglet, d'un jaune orange dans le milieu; membrane des yeux d'un gris noirâtre; iris d'un brun foncé; pieds d'un rouge orange. Longueur, 2 pieds 6 pouces.

Les jeunes, ont la tête et le cou d'un roux jaunâtre sale; tout le plumage d'un cendré plus clair; le plus souvent trois petites taches blanches à la racine du bec.

ANAS SEGETUM. Gmel. *Syst.* 1 *p.* 512. *sp.* 68. — Lath. *Ind. v.* 2. *p.* 843. *sp.* 28. — ANSER SYLVESTRIS Briss. *Orn. v.* 6. *p.* 265. *n₀.* 2. — L'OIE SAUVAGE. Buff. *Ois. v.* 9. *p.* 30. *t.* 2. — Id. *pl. enl.* 985. — Gérard. *Tab. élém. v.* 2. *p.* 343. — L'OIE DES MOISSONS. Sonn. *Nouv. édit. de* Buff. *Ois. v.* 25. *p.* 234. — BEAN GOOSE. Lath. *Syn. v.* 6. *p.* 464. — Penn. *Arct. Zool. v.* 2. *p.* 546. *n°.* 472. — SAAT GANS. Bechst. *Naturg. Deut. v.* 4. *p.* 883. — Meyer, *Tasschenb. v.* 2. *p.* 554. — Frisch. *Vög. t.* 155. — Naum. *Vög. t.* 42. *f.* 61. *figure très-exacte.* — OCA SALVATICA. *Stor. degli ucc. v.* 5. *pl.* 561.

Habite : les contrées arctiques ; émigre périodiquement par nos climats ; très-abondant à son double passage en Angleterre, en Allemagne, en France, mais surtout en Hollande ; rare dans les provinces du centre de l'Europe ; jamais ou accidentellement dans le midi.

Nourriture : végétaux aquatiques et terrestres ; semences et graines.

Propagation : niche dans les marais et dans les bruyères ; pond dix ou douze œufs blancs.

Remarque. L'espèce précédente se reproduit dans les climats tempérés, tels qu'en Allemagne, en Russie, en Danemarck et en Angleterre ; celle-ci niche dans les régions du cercle arctique.

OIE RIEUSE A FRONT BLANC.

ANAS ALBIFRONS. (Linn.)

Un grand espace d'un blanc pur sur le front ; gorgerette blanche ; autour de ce blanc une bande de plumes d'un brun noirâtre ; tête et cou d'un brun cendré ; plumes du dos, des scapulaires, des couvertures alaires et des flancs d'un brun terne , toutes terminées par une bande d'un brun roussâtre ; rémiges noires ; pennes secondaires terminées de blanc ; poitrine et ventre blanchâtres , mais variés d'un grand nombre de plumes noires , ou bien celles-ci clair-semées * ; bec, tour des yeux et pieds

---

* D'après l'inspection du plumage de cette oie, je soupçonne que l'espèce mue deux fois dans l'année , et qu'en été tout le ventre et la poitrine sont d'un noir profond , tandis que ces parties seront d'un blanc pur au milieu de l'hiver. Je dis seulement

d'un jaune orange; onglet du bec blanchâtre; iris brun. Longueur, 26 ou 27 pouces.

La femelle est moins grande; l'espace blanc du front est moins étendu et toutes les couleurs sont plus claires.

ANAS ALBIFRONS. Gmel. *Syst.* 1. *p.* 509. *sp.* 64. — Lath. *Ind. v.* 2. *p.* 842. *sp.* 27. — ANAS CASARCA. S. G. Gmel. *Reis. v.* 2. *p.* 177. *t.* 13 *. — L'OIE SAUVAGE DU NORD. Briss. *Orn. v.* 6. *p.* 269. — L'OIE RIEUSE. Buff. *Ois. v.* 9. *p.* 51. — LAUGHING GOOSE. Edw. *Glan. t.* 153. *figure très-exacte.* — WHITE FRONTED GOOSE. Lath. *Syn. v.* 6. *p.* 463. — BLASSEN GANS. Bechst. *Naturg. Deut. v.* 4. *p.* 898. — Meyer, *Taschenb. v.* 2. *p.* 555. — Naum. *Vög. t.* 43. *f.* 62. *figure très-exacte.* — OCA LOMBARDELLA. *Stor. deg. ucc. v.* 5. *pl.* 560. — KOLGANS. Sepp. *Nederl. Vog. v.* 3. *t. p.* 207.

Habite : les marais et les bruyères, dans les régions du cercle arctique; très-commun en Hollande à son passage d'automne; plus rare en Allemagne et dans l'intérieur de la France.

Nourriture : comme l'espèce précédente.

---

que le cas me *paraît tel*, car c'est par les naturalistes du nord, qui peuvent observer cette oie dans le temps de la ponte, que la chose devra être décidée.

* En parlant de *Anas casarca*, Lath. et Gmel., qui est mon *Canard kasarka*, M. Vieillot dit : *Temminck cite le* KASARKA *dans la synonymie de l'*OIE RIEUSE. *Un tel rapprochement n'est pas admissible.* Il paraît que le scrupuleux critique ignore que le voyage de S. G. Gmelin n'est pas le même ouvrage ni du même auteur que la 13e édit. de Linnée par Gmelin. Si je disais que le désir de critiquer a fait commettre plusieurs erreurs à M. Vieillot, je ne serais peut-être pas bien éloigné de la vérité.

Propagation : niche très-avant dans les régions du cercle arctique.

OIE BERNACHE.

ANAS LEUCOPSIS. (Mihi.) [*]

Front, côtés de la tête et gorge d'un blanc pur ; un petit trait entre l'œil et le bec ; occiput, nuque, cou, haut de la poitrine, queue et rémiges d'un noir profond ; plumes du dos, des scapulaires et des ailes d'un gris cendré depuis leur origine ; une large bande noire vers le bout et toutes terminées de gris blanchâtre ; toutes les parties inférieures d'un blanc pur, à l'exception des plumes des flancs qui ont une légère teinte cendrée ; bec et pieds noirs ; iris d'un brun noirâtre. Longueur, 2 pieds 6 ou 12 lignes. *Les vieux.*

Les jeunes de l'année, ont entre l'œil et le bec une large bande noirâtre, formée par de petites taches ; quelques points noirâtres sur le front ; les plumes du dos et des ailes terminées par une bande d'un roux clair, sur les plumes des flancs beaucoup plus de teintes cendrées et celles-ci plus foncées ; pieds d'un brun noirâtre. *Les femelles* sont plus petites que les *mâles.*

---

[*] Je me suis vu dans la nécessité de faire usage pour cette espèce, du nouveau nom proposé par Bechstein, qui décrit cette oie sous la dénomination de *Anser leucopsis*. Il m'a fallu proscrire le nom de *Anas crythropus*, donné par Linnée et par Latham, vu que cette espèce n'a point les pieds *rouges*, mais qu'ils sont toujours *noirs* ou *noirâtres*,

Anser leucopsis. Bechst. *Naturg. Deut. v. 4. p.* 921.
—Anas erythropus. Linn. *Syst. édit.* 12ᵉ. *p.* 197. *sp.* 11.
— Gmel. *Syst.* 1. *p.* 512. *sp.* 11. — Retz. *Faun. Suec.*
p. 116. *n°.* 72. — Lath. *Ind. v.* 2. *p.* 843. *sp.* 31. — La
bernache. Briss. *Orn. v.* 6. *p.* 300. *un jeune.* — La petite bernache. Briss. *Orn. p.* 302. *n°.* 15. *une très-vieille*
femelle. — Buff. *Ois. v.* 9. *p.* 93. *t.* 3. — Id. *pl. enl.*
855. *vieux mâle.* — Bernicla or claris. Lath. *Syn. v.* 6.
p. 466. — Penn. *Arct. Zool. v.* 2. *p.* 552. *n°.* 479. —
Weisswangige gans. Meyer. *Tasschenb. v.* 2. *p.* 557. —
Frisch. *Vög. t.* 189. — Naum. *Vög. Nachtr. t.* 39. *f.* 77.
— Brand gans. Sepp. *Nederl. Vog. v.* 2. *p.* 197.

Habite : les contrées du cercle arctique ; de passage en
automne et en hiver dans les pays tempérés ; assez abondant alors en Hollande ; moins souvent en Allemagne et
en France.

Nourriture : comme les espèces précédentes.

Propagation : niche très-avant vers le pôle, dans les
régions arctiques des deux mondes.

OIE CRAVANT.

ANAS BERNICLA. (Linn.)

Tête, cou et haut de la poitrine d'un noir terne ;
sur la partie latérale du cou un espace formé de
plumes noirâtres, mais qui sont terminées de blanc ;
dos, scapulaires et couvertures des ailes d'un gris
très-foncé, terminé par une bande d'un brun clair,
très-peu distincte ; milieu du ventre d'un cendré
brun ; plumes des flancs d'un cendré très-foncé,
toutes terminées par une large bande blanchâtre ;
abdomen et couvertures de la queue d'un blanc pur ;
rémiges, pennes secondaires et caudales d'un noir

profond; bec et pieds noirs, ces derniers très-faiblement nuancés de brun; iris d'un brun noirâtre. Longueur, 22 ou 23 pouces. *Les vieux.*

La femelle diffère seulement par sa plus petite taille.

Les jeunes de l'année, n'ont point l'espace blanc sur la partie latérale du cou; cette partie, ainsi que la tête et le haut de la poitrine, sont alors d'un noir cendré, très-faiblement distingué de la couleur qui domine sur le dos; toutes les plumes du dos et de la poitrine sont terminées par une bande d'un brun roussâtre, et du roussâtre termine également les plumes des flancs : les pieds sont d'un noir rougeâtre.

ANAS BERNICLA. Gmel. *Syst.* 1. *p.* 513. *sp.* 13. — Lath. *Ind. v.* 2. *p.* 844. *sp.* 32. — Wilson. *Americ. ornit. v.* 8. *p.* 131. *pl.* 92. *f.* 1. — LE CRAVANT. Buff. *Ois. v.* 9. *p.* 87. — Id. *Pl. enl.* 342. *figure peu exacte.* — Gérard. *Tab. élem. v.* 2. *p.* 376. — BRENT OR BRAND GOOSE. Lath. *Syn. v.* 6. *p.* 467. — Penn. *Brit. Zool. p.* 151. *t. Q.* — Id. *Arct. Zool. v.* 2. *p.* 551. *n°.* 478. — RINGEL GANS. Bechst. *Naturg. Deut. v.* 4. *p.* 911. — Meyer, *Tasschenb. v.* 2. *p.* 558. — Frisch. *Vög. t.* 156. *figure exacte du vieux.* — Naum. *Vög. Nachtr. t.* 39. *f.* 78. *le jeune après sa première mue.* — ROTGANS. Sepp. *Nederl. Vog. v.* 2. *t. p.* 189. *figure exacte du vieux* — ANATRA COLOMBACCIO. *Stor. deg. ucc. v.* 5. *pl.* 582.

Habite : les marais et les bruyères, dans les régions arctiques; très-abondant en hiver et au printemps à son passage en Hollande ; moins commun en France ; très-rare dans l'intérieur des terres ; accidentellement en Allemagne. L'espèce est absolument la même dans l'Amérique septentrionale.

Nourriture : comme les espèces précédentes.

Propagation : niche très-avant vers le pôle , dans les régions du cercle arctique ; œufs blancs.

Anatomie. Chez le mâle , les anneaux qui composent le tube de la trachée , deviennent subitement plus larges ; ceci a lieu à quelque distance de la glotte ; ils reprennent ensuite leur diamètre ordinaire , pour se dilater en un second renflement, qui a lieu vers les os de la fourchette ; à cet endroit les anneaux deviennent subitement très-étroits , et donnent naissance à un tube cartilagineux très-étroit , d'où pendent les bronches ; celles-ci ont la forme d'entonnoirs et sont composées d'anneaux entiers et très-solides.

OIE A COU ROUX.

ANAS RUFFICOLLIS. (Linn.)

Entre l'œil et le bec un espace blanc; du blanc derrière les yeux et sur les côtés du cou ; un ceinturon de cette couleur entoure toute la partie inférieure de la poitrine et remonte sur le dos ; sommet de la tête , gorge, ventre, queue et toutes les parties supérieures d'un noir profond ; abdomen, couvertures inférieures de la queue et croupion d'un blanc pur; devant du cou et poitrine d'un beau roux rougeâtre : une bande noire s'étend tout le long de la partie postérieure du cou; grandes couvertures des ailes terminées de blanc; bec brun, mais l'onglet noir; iris d'un brun jaunâtre; pieds noirs. Longueur, 20 à 21 pouces.

Anser rufficollis. Pallas. *Spic. v.* 6. *p.* 21. *t.* 4. —

Lepechin. *Reise. v. 2. p.* 184. *t.* 5. — Anas rufficollis.
Gmel. *Syst.* 1. *p.* 511. *sp.* 67. — Lath. *Ind. v.* 2. *p.* 841.
sp. 23. — Anas torquata. S. G. Gmel. *Reis. v.* 2. *p.* 181.
t. 14. — Gmel. *Syst.* 1. *p.* 514. *sp.* 70. — L'Oie a cou
roux. Sonn. *nouv. édit. de* Buff. *Ois. v.* 25. *p.* 224.
— Red breasted goose. Lath. *Syn. v.* 6. *p.* 455. —
Die rothhals gans. Bechst. *Naturg. Deut. v.* 4. *p.* 916.
— Meyer, *Tasschenb. v.* 2. *p.* 561. — Frisch. *Vög.*
t. 157.

Habite : les contrées arctiques de l'Asie ; vit jusque
sur les bords de la mer glaciale ; de passage périodique en
Russie ; très-accidentellement en Allemagne, bien plus
rare encore en Angleterre, jamais en Hollande.

Nourriture : probablement comme les espèces précédentes.

Propagation : niche dans les contrées du nord de la
Russie , sur les bords de la mer glaciale et à l'embouchure
des fleuves Ob et Lena.

Remarque. Quelques naturalistes , notamment Gérardin , Bechstein et Meyer, décrivent à la suite des espèces
européennes , quelques autres *Oies* tuées dans nos contrées; mais ces oiseaux d'Égypte , de la Chine et du Bengale, ne sont que des individus échappés des ménageries ,
où on est parvenu à faire propager plusieurs espèces de ces
oiseaux.

IIe. SECTION.—CYGNE.

Les narines percées vers le milieu du bec ; le cou très-long.

Ils ont les eaux en domaine , et y étalent par des mouvemens gracieux et élégans l'empire qu'à juste titre on leur a reconnu , comme étant les plus beaux ornemens des plaines liquides.

Remarque. Ceux qui voudront essayer de former un genre pour les *Cygnes*, ne réussiront jamais à leur donner des caractères rigoureux , distincts des *Oies*, mais surtout des *Canards* , auxquels ils ressemblent par toutes les formes extérieures ; ceux qui ne consultent que l'anatomie, et particulièrement l'ostéologie dans les cygnes et dans les canards, pourront former, si bon leur semble , presque autant de genres qu'il y a d'espèces ; les espèces de la Nouvelle-Hollande leur fourniront huit genres qui ne seront toujours que des *Canards* , pourvus des principaux caractères propres à ce grand genre. D'après les vues nouvelles de certains naturalistes, il n'est plus possible que le *Cygne sauvage* et le *Chgne domestique* puissent être du même genre ; *le mâle* et *la femelle* d'une même espèce formeront , suivant leur système, deux genres distincts.

CYGNE A BEC JAUNE ou SAUVAGE.

ANAS CYGNUS. (Linn.)

Tout le plumage d'un blanc parfait, si on en excepte la tête et la nuque, qui sont très-légèrement nuancées de jaunâtre ; bec noir, couvert à sa base par une cire jaune, qui entoure également la région des yeux; iris brun; pieds noirs. Longueur, 4 pieds 5 ou 9 pouces.

La femelle ne diffère que par une plus petite taille.

Les jeunes, ont tout le plumage d'un gris clair; le devant du bec d'un noir mat, la cire et la peau nue des yeux de couleur de chair livide; les pieds d'un gris rougeâtre ; à la seconde mue, il paraît déjà des plumes blanchâtres.

ANAS CYGNUS. Gmel. *Syst.* 1. *p.* 5o1. *sp.* 1. — Lath. *Ind.* *v.* 2. *p.* 833. *sp.* 1. — LE CYGNE SAUVAGE. Buff. *Ois. v.* 9. *p.* 3. — Gérard. *Tab. élém. v.* 2. *p.* 337. — WHISTLING OR WILD SWAN. Lath. *Syn. v.* 6. *p.* 433. — Id. *supp. v.* 1. *p.* 272. — Penn. *Brit. Zool. p.* 149. *t.* Q. — Edw. *Glan.* *t.* 15o. — DER SINGSCHWAN. Bechst. *Naturg. Deut. v.* 4. *p.* 33o. — Meyer, *Tasschenb. v.* 2. *p.* 498. — Naum. *Nachtr. t.* 13. *f.* 27. — CYGNO SALVATICO. Stor. *degl. ucc.* *v.* 5. *pl.* 554.

Habite : les régions du cercle arctique ; de passage en hiver le long des côtes maritimes de la Hollande et de la France ; de passage en plus petit nombre dans l'intérieur des terres ; se montre aussi en Allemagne.

Nourriture : plantes aquatiques et insectes.

Propagation : niche à terre, dans les herbes proche des eaux ; pond cinq ou sept œufs, d'un vert olivâtre, paraissant enduit d'une couche blanchâtre.

Anatomie. Le sternum est vaste et creux, le tube de la trachée artère s'y introduit et forme deux circonvolutions. Cette conformation est propre au mâle et à la femelle.

CYGNE TUBERCULÉ ou DOMESTIQUE.

ANAS OLOR. (Linn.)

Tout le plumage, sans exception, d'un blanc parfait; une protubérance sur le front; bec rouge, à l'exception des bords des mandibules, de l'onglet, des narines, de la protubérance et du tour des yeux, qui sont d'un noir profond; iris brun; pieds d'un noir légèrement nuancé de rougeâtre. Longueur, 4 pieds 6 pouces et quelquefois davantage.

La femelle est plus petite, la protubérance est moins grande et le cou plus mince.

Les jeunes de l'année, sont d'un brun cendré ; le bec et les pieds ont une teinte plombée. *A la seconde année*, le bec devient jaunâtre et le corps se couvre de plumes blanches et de plumes grises mêlées. *A la troisième année*, tout le plumage est d'un blanc pur.

Anas olor. Gmel. *Syst.* 1. *p.* 5o1. *sp.* 47. — Lath. *Ind. v.* 2. *p.* 834. *sp.* 2. — Le Cygne. Buff. *Ois. v.* 9. *p.* 3. *t.* 1. — Id. *pl. enl.* 913. — Gérard. *Tab. élém. v.* 2. *p.* 333. — Tame swan or mute swan. Lath. *Syn. v.* 6. *p.* 436. — Penn. *Brit. Zool. p.* 149. *t.* Q. — Edw. *Glan. t.* 15o. *la tête.* — Höcker schwan. Bechst. *Naturg. Deut. v.* 4. *p.* 815. — Meyer, *Tasschenb. v.* 2. *p.* 5o1. — Naum. *Vög. t.* 39. *f.* 57. *le vieux mâle, et la figure* 6, *le jeune de l'année.* — Cigno reale. Stor. *deg. ucc. v.* 5. *pl.* 553.

Habite en état de sauvage : les grandes mers de l'intérieur, surtout vers les contrées orientales de l'Europe :

vit en domesticité dans la plupart des pays, très-abondant en Hollande.

Nourriture : comme l'espèce précédente.

Propagation : niche dans les roseaux ; sur les bords des eaux ; pond six ou huit œufs, d'un verdâtre clair, qui paraît enduit d'une couche blanchâtre, ou bien sans une pareille couche calcaire.

Remarque. Il n'existe rien de particulier dans la forme de la trachée, qui se rend en ligne droite dans les poumons.

IIIe. SECTION. — CANARD PROPREMENT DIT.

Bec très-déprimé, large vers la pointe ; les dentelures longues et aplaties ; doigt de derrière libre, sans membrane, ou avec un rudiment libre.

Ils se plaisent sur les eaux, où ils nagent et plongent avec une égale adresse ; ceux de la première subdivision qui n'ont point de membrane lâche au pouce, se submergent rarement dans d'autres cas que lorsqu'ils sont poursuivis ; ceux de la seconde, qui ont au pouce un large rudiment lâche, plongent habituellement et long-temps ; ces derniers vivent sur les grandes mers ; la charpente osseuse et toutes les formes intérieures des uns et des autres sont en rapport avec ces fonctions ; ce sont à mon avis, les seules subdivisions admissibles dans les vrais canards. *Dans le temps de la mue,* les vieux mâles ressemblent, au premier coup d'œil, plus ou moins aux vieilles femelles ; ces dernières muent plus tard que les vieux mâles ; le seul mâle de l'espèce de *Canard de miclon* (*Anas glacialis*), dans le jeune âge, ressemble plus ou moins à la femelle.

Remarque. Mes descriptions font connaître les différentes espèces dans leur livrée parfaite, et telles qu'on les voit en hiver. J'ai indiqué la double mue d'*Anas glacia-lis* à l'article qui fait mention de cet oiseau.

A. — LE DOIGT DE DERRIÈRE SANS MEMBRANE.

Leur nourriture se compose indistinctement de végétaux , de graines ou d'insectes et de poissons.

CANARD KASARKA.

ANAS RUTILA. (PALLAS.)

Toute la tête et la moitié supérieure du cou d'un gris de souris ; au-dessous de cette couleur un collier très-étroit d'un brun noirâtre ; toutes les parties du corps d'un roux rougeâtre ; croupion et queue d'un noir verdâtre ; rémiges noires ; moyennes couvertures alaires formant un miroir d'un blanc pur, les plus grandes forment un miroir d'un vert foncé ; pieds longs et d'un brun noirâtre ; bec noir ; iris d'un brun jaunâtre. Longueur , 20 pouces. *Le mâle.*

La femelle, n'a point le collier noir ; une partie de la tête blanche ou blanchâtre ; front d'un brun roux ; cou souvent varié de blanc et de brun cendré ; le roux du plumage plus clair et plus lavé ; le reste comme dans le mâle.

ANAS RUTILA. Pallas. *Nov. comm. Petrop. v.* 14. *p.* 579. *t.* 22. *f.* 1. — S. G. Gmel. *Reis. v.* 2. *p.* 182. *t.* 15. — ANAS CASARKA. Gmel. *Syst.* 1. *p.* 511. *sp.* 46. — Lath. *Ind. v.* 2. *p.* 841. *sp.* 24. — L'OIE KASARKA. Sonn. *Nouv. édit. de* Buff. *Ois. v.* 25. *p.* 229. — RUDDY GOOSE. Lath. *Syn. v.* 6. *p.* 456. — Id. *supp. v.* 1. *p.* 275. —

Grey headed duck. Forst. *Ind. Zool. p.* 104. *pl.* 41. *femelle et pl.* 42. *le vieux mâle.* — Anatra forastiero. *Stor. deg. ucc. v.* 5. *pl.* 571. *le mâle.* Naum. *Vög. Nachtr. t.* 23. *f.* 47. *un jeune.*

Remarque. Voyez à l'article *Oie rieuse* de ce Manuel la note concernant une critique de M. Vieillot, qui a rapport au *Canard kasarka.*

Habite : les contrées orientales de l'Europe ; répandu jusqu'en Perse et dans l'Inde ; de passage accidentel en Autriche, en Hongrie et en Allemagne ; jamais le long des côtes de l'Océan. On le trouve aussi en Afrique, où l'espèce est la même.

Nourriture : plantes aquatiques et leurs semences, insectes et frai.

Propagation : niche dans les trous des rochers qui bordent les grands fleuves de Russie, dans des arbres creux, ou dans des trous abandonnés par d'autres animaux le long des rives ; pond huit ou neuf œufs blancs.

Anatomie. inconnue.

CANARD TADORNE.

ANAS TADORNA. (Linn.)

Tête et cou d'un vert très-sombre ; partie intérieure du cou, couvertures des ailes, dos, flancs, croupion et base de la queue d'un blanc pur ; scapulaires, une large bande sur le milieu du ventre, abdomen, rémiges et l'extrémité des pennes caudales d'un noir profond ; un large ceinturon roux entoure la poitrine et remonte sur le haut du dos ; miroir de l'aile d'un vert pourpré ; couvertures inférieures de la queue rousses ; le bec et la protubérance charnue du front , d'un rouge de sang ; pieds couleur de chair ; iris brun. Longueur , 22 pouces. *Le mâle.*

La femelle, est plus petite; elle n'a pas la protubérance charnue du front, qui est remplacée par une petite tache blanchâtre; toutes les couleurs sont plus ternes; le ceinturon est moins large, et la bande noire qui s'étend sur le milieu du ventre est très-étroite, souvent marquée de grandes taches blanches.

ANAS TADORNA. Gmel. *Syst.* 1. *p.* 5o6. *sp.* 4. — Lath. *Ind. v.* 2. *p.* 854. *sp.* 56. — ANAS CORNUTA. S. G. Gmel. *Reis. v.* 2. *p.* 185. *t.* 19. — LE TADORNE. Buff. *Ois. v.* 9. *p.* 2o5. *t.* 14. — Id. *pl. enl.* 53. *le mâle.* — Gérard. *Tab. élém. v.* 2. *p.* 384. — SCHIELDRANE. Lath. *Syn. v.* 6. *p.* 5o4. — Id. *supp. v.* 1. *p.* 275. — Penn. *Brit. Zool. p.* 154. *t. Q.* — BRANDENTE. Bechst. *Naturg. Deut. v.* 4. *p.* 976. — Meyer , *Tasschenb. v.* 2. *p.* 534. — Frisch. *Vög. t.* 166. *le mâle.* — Naum. *Vög. Nachtr. t.* 55. *f.* 1o3 *et* 1o4. *les vieux , mâle et femelle.* — BERG-EEND. Sepp, *Nedert. Vog. v.* 2. *p,* 191. *mâle et femelle.* — VOLPOCA TADORNA. *Stor. degli. ucc. v.* 5. *pl.* 576. *le mâle.*

Les jeunes de l'année , ont le front, la face le devant et la partie inférieure du cou, le dos et les parties inférieures blancs; tête, joues et nuque d'un brun pointillé de blanchâtre ; poitrine d'un roussâtre très-clair; scapulaires d'un cendré noirâtre bordé de cendré clair ; petites couvertures des ailes blanches bordées de cendré ; la queue terminée de brun cendré ; bec d'un brun rougeâtre; pieds d'un cendré livide. C'est alors ,

Naum. *Vög. Nachtr. t.* 55. *f.* 105.

Habite : le nord et les contrées occidentales de l'Europe, le long des bords de la mer; très-abondant en Hollande et sur les côtes de France; accidentellement de passage en Allemagne et sur les rivières de l'intérieur.

Nourriture : coquillages bivalves, petits poissons, frai, insectes et plantes marines.

Propagation : niche dans les dunes de sable, le plus souvent dans les trous abandonnés des lapins; souvent aussi dans les fentes et dans les trous des rochers; pond dix ou douze œufs d'un blanc pur.

Anatomie. Chez le mâle, le larynx inférieur se dilate en deux cavités, formées en totalité par une substance cartilagineuse dont la surface est inégale; le renflement droit est toujours du double plus grand que celui de gauche.

CANARD SAUVAGE.

ANAS BOSCHAS. (Linn.)

Tête et cou d'un vert très-foncé; un collier blanc au bas du cou; parties supérieures rayées de zigzags très-fins, d'un brun cendré et de gris blanchâtre; poitrine d'un marron foncé; le reste des parties inférieures d'un gris blanc rayé de zigzags très-fins et d'un brun cendré; miroir de l'aile d'un vert violet, bordé en dessus comme en dessous par une bande blanche; les quatre pennes du milieu de la queue recourbées en demi-cercle; bec d'un jaune verdâtre; iris d'un brun rougeâtre; pieds oranges. Longueur, 1 pied 9 ou 10 pouces. *Le mâle.*

La femelle, est plus petite; tout son plumage

est varié de brun sur un fond grisâtre ; gorge blanche; une bande blanchâtre tachée de brun passe au-
dessus des yeux, et une autre, mais noirâtre, traverse les yeux; le miroir sur l'aile est semblable à
celui du mâle, mais cette tache est plus nuancée de
violet; les quatre pennes du milieu de la queue
sont droites; bec d'un gris verdâtre ; iris brun.

Les jeunes mâles avant la première mue, ressemblent aux femelles.

Varie accidentellement ; les couleurs principales faiblement ébauchées sur un fond d'un cendré
roussâtre ; quelquefois le bec et les pieds bruns ou
noirâtres. Dans l'état *sauvage*, les variétés tapirées
de blanc, blanchâtres ou blanches, sont très-rares.

Remarque. Cette espèce est le type de la plupart des
différentes races de canards que nous nourrissons en domesticité. On la trouve aussi dans l'Amérique septentrionale ; les individus ne diffèrent point de ceux d'Europe.

Anas boschas. Gmel. *Syst.* 1. *p.* 538. *sp.* 40. — Lath.
Ind. v. 2. *p.* 830. *sp.* 49. — Wils. *Amer. Orn. v.* 8.
p. 112. *pl.* 90. *f.* 7. *le mâle.* — Le canard sauvage. Buff.
Ois. v. 9. *p.* 115. *t.* 7 *et* 8. — Id. *pl. enl.* 776 *et* 777. —
Gérard. *Tab. élém. v.* 2. *p.* 358. — Wild duck. Lath. *Syn.*
v. 6. *p.* 489. — Gemeine-ente. Bechst. *Naturg. Deut.*
v. 4. *p.* 1046. — Meyer, *Tasschenb. v.* 2. *p.* 538. —
Naum. *t.* 44. *f.* 63 *et* 64. — Frisch. *t.* 158 *et* 159. —
Anatra salvatica reale. *Stor. degli. ucc. v.* 5. *pl.* 570. *le*
mâle.

Habite : les pays du nord ; de passage dans presque
toutes les contrées de l'Europe, où il se trouve des rivières, des lacs ou des marais ; très-nombreux en Hollande.

Nourriture : poissons, frai, limaçons, insectes d'eau, plantes aquatiques , leurs semences et toutes sortes de graines.

Propagation : niche dans les roseaux, dans les herbes , dans les champs, dans les taillis et même, suivant la localité, sur les arbres qui bordent les lacs ou les rivières.

Anatomie. Chez le mâle, le larynx inférieur se dilate en avant, puis forme du côté gauche une protubérance osseuse, de la grosseur d'une cerise ; les anneaux du tube de la trachée sont d'égal diamètre.

CANARD CHIPEAU ou RIDENNE.

ANAS STREPERA. (Linn.)

Tête et cou marqués de points bruns sur un fond gris ; partie inférieure du cou, dos et poitrine marqués de croissans noirs ; scapulaires et flancs rayés de zigzags noirâtres et blancs ; moyennes couvertures des ailes d'un roux marron ; grandes couvertures , croupion et couvertures du dessous de la queue d'un noir profond ; miroir de l'aile d'un blanc pur; bec noir ; iris d'un brun clair ; tarses et doigts oranges , membranes noirâtres. Longueur, 18 ou 19 pouces. *Le mâle.*

La femelle, a les plumes du dos d'un brun noirâtre , bordé de roux clair ; la poitrine d'un brun rougeâtre marqué de taches noires ; elle n'a point de raies en zigzags sur les flancs ; le croupion et les couvertures inférieures de la queue sont grisâtres.

Anas strepera. Gmel. *Syst.* 1. *p.* 520. *sp.* 20. — Lath.

Ind. v. 2. p. 859. *sp.* 69. — Wils. *Americ. Orn. v.* 8.
p. 120. *pl.* 91. *f.* 1. — LE CHIPEAU OU RIDENNE. Buff. *Ois.
v.* 9. *p.* 187. *t. la femelle.* — Id. *pl. enl.* 958. *le
mâle.* — GADWALL OR GREY. Lath. *Syn. v. p.* 515.
— SCHWATTERENTE. Bech. *Naturg. Deut. v.* 4. *p.* 1096.
— Meyer, *Tasschenb. v.* 2. *p.* 533. — Naum. *Vög. Deut.
t.* 45. *f.* 65 *la femelle. t.* 56. A. *le mâle.* — KRAK EEND.
Sepp. *Nederl. Vog. v.* 4. *t. p.* 315. *mâle et femelle.* —
ANATRA CANAPIGLIA. *Stor. degl. ucc. v.* 5. *pl.* 574 *et* 575.

Habite : les marais et les vastes jonchaies du nord de
l'Europe ; très-abondant en Hollande , où il vit dans les
mêmes lieux que le canard sauvage ordinaire ; commun en
hiver sur les côtes maritimes de France ; plus rare dans
l'intérieur. L'espèce est la même dans toute l'Amérique
septentrionale.

Nourriture : poissons, coquillages , insectes et plantes
aquatiques.

Propagation : niche dans les prairies et dans les joncs ;
pond huit ou neuf œufs d'un cendré verdâtre.

Anatomie. Chez le mâle , le larynx inférieur se dilate
un peu en avant , puis forme du côté gauche une protubérance osseuse , de la même forme que dans le canard sauvage ordinaire , mais moins grande ; les anneaux du tube
de la trachée sont plus étroits que chez le canard ordinaire ,
mais vers le bas de la trachée ils deviennent plus larges ,
pour reprendre un diamètre très-étroit à peu de distance
du larynx inférieur.

CANARD A LONGUE QUEUE ou PILET.

ANAS ACUTA. (LINN.)

Sommet de la tête varié de brun et de noirâtre;
joues , gorge et haut du cou d'un brun à nuances

violettes et pourprées ; sur la nuque une bande
noire, bordée de deux bandes blanches ; devant
du cou et dessous du corps d'un blanc pur; dos et
flancs rayés de zigzags noirs et cendrés; sur les scapulaires de longues taches noires ; miroir de l'aile
d'un vert pourpré, bordé en dessus par une bande
rousse et en dessous par une bande blanche ; les
deux pennes du milieu de la queue allongées, d'un
noir verdâtre ; bec d'un bleu noirâtre ; iris brun
clair ; pieds d'un cendré rougeâtre ou noirâtre.
Longueur, de 23 à 24 pouces. *Le mâle.*

La femelle, qui est plus petite, a la tête et le
cou d'un roussâtre clair, parsemé de petits points
noirs ; toutes les parties supérieures d'un brun noirâtre marqué de croissans irréguliers et d'un jaune
roussâtre ; parties inférieures d'un jaune roussâtre
maculé de brun clair ; miroir d'un brun roussâtre
ou jaunâtre, bordé en dessus par une bande jaunâtre, et en dessous par une bande blanchâtre ;
queue conique ; mais les deux pennes du milieu
point allongées ; bec noirâtre; pieds d'un noir rougeâtre.

Les jeunes mâles, ont la tête d'un brun roux
taché de noir ; le ventre est jaunâtre et le miroir
d'un vert olivâtre sans reflets.

Anas acuta. Gmel. *Syst.* 1. *p.* 528. *sp*. 28. — Lath.
Ind. v. 2. *p.* 864 *sp.* 81. — Wils. *Americ. Orn. v.* 8.
pl. 68. *f.* 3. *le mâle.* — Canard a longue queue. Buff. *Ois.*
v. 9. *p.* 199. *t.* 13. — Id. *pl. enl.* 954. *le mâle.* — Gérard, *Tab. élem. v.* 2. *p.* 382. — Spiessente. Becht. *Na-*

turg. Deut. v. 4. p. 1116. — Meyer, *Tasschenb. v. 2. p. 536.* — Frisch. *Vög. v.* 160. *vieux mâle, et t.* 168. *femelle.* — Naum. *Vög. t.* 51. *f.* 74 *et* 75. *mâle et femelle.* — ANATBA DI CODA LONGUA. *Stor. deg. ucc. v. 5. pl.* 581. *le mâle.*

Habite : le nord de l'Europe et de l'Amérique ; très-nombreux à son double passage en Hollande et en France, également abondant en Allemagne ; en hiver dans le midi.

Nourriture : comme la précédente.

Propagation : niche comme la précédente ; pond huit ou neufs œufs d'un bleu verdâtre.

Anatomie. La longue trachée du mâle est formée d'anneaux d'un égal diamètre ; le larynx inférieur se dilate du côté gauche en une petite protubérance osseuse.

CANARD SIFFLEUR.

ANAS PENELOPE. (LINN.)

Front d'un blanc jaunâtre ; tête et cou d'un roux marron ; face pointillée de noir ; gorge noire ; poitrine de couleur lie de vin ; dos et flancs rayés de zigzags noirs et blancs ; couvertures des ailes et parties inférieures blanches ; miroir de l'aile composé de trois bandes, dont celle du milieu est verte et les latérales d'un noir profond ; scapulaires noires lisérées de blanc ; couvertures du dessous de la queue noires ; bec bleu, mais noir à la pointe ; iris brun ; pieds cendrés. Longueur, 18 pouces. *Le mâle.*

La femelle, qui est plus petite, a la tête et le cou d'un roux parsemé de taches noires ; plumes du dos d'un brun noirâtre, bordées de roux; couvertures des ailes brunes, bordées de blanchâtre; miroir d'un cendré blanchâtre; poitrine et flancs roux; mais toutes les plumes terminées de roux cendré; bec et pieds d'un cendré noirâtre.

Les jeunes mâles, ressemblent aux *femelles*. Chez de *très vieux mâles*, le blanc jaunâtre du front ne s'étend point sur le sommet de la tête, ce qui a lieu chez *les mâles d'un an;* ce n'est aussi que chez *les vieux mâles*, que les couvertures alaires sont d'un blanc pur.

ANAS PENELOPE. Gmel. *Syst.* 1. *p.* 527. *sp.* 27. — Lath. *Ind. v.* 2. *p.* 860. *sp.* 71. — LE CANARD SIFFLEUR. Buff. *Ois. v.* 9. *p.* 169. *t.* 10 *et* 11. — Id. *pl. enl.* 825. *le mâle.* — Gérard. *Tab. élém. v.* 2. *p.* 389. — WIGEON, WHEVER OR WHIM. Lath. *Syn. v.* 6. *p.* 518. — PFEIFENTE. Bechst. *Naturg. Deut. v.* 4. *p.* 1109. — Meyer, *Taschenb. v.* 2. *p.* 541. — Frisch. *Vög. t.* 164. *vieux mâle, et t.* 169. *jeune mâle.* — Naum. *t.* 72 *et* 73. *mâle et femelle.* — ANATRA MARIGIANA. *Stor. deg. ucc. v.* 5. *pl.* 585 *et* 586. *deux mâles.* — SMIENT, FLUIT-EEND. Sepp. *Nederl. Vog. v.* 3. *t. p.* 111. *mâle et femelle.* — HALVE EENDVOGEL. Id. *v.* 4. *t. p.* 349. *jeune de l'année, probablement le mâle.*

Habite : le nord; niche cependant quoique en petit nombre, en Hollande; très-abondant à son double passage dans ce pays, en France et en Allemagne.

Nourriture : à peu près comme les espèces précédentes.

Propagation : niche en grand nombre dans les contrées orientales du nord de l'Europe; pond huit ou neuf œufs d'un cendré verdâtre sale.

PARTIE II°.   54

Anatomie. La trachée du mâle est un peu plus large vers la glotte, que dans le reste de sa longueur; le larynx inférieur se dilate en avant et de côté en une protubérance osseuse, plus large que haute.

CANARD SOUCHET.

ANAS CLYPEATA. (Linn.)

Tête et cou d'un verdâtre foncé, à reflets; poitrine d'un blanc pur; ventre et flancs d'un roux marron; dos d'un brun noirâtre; couvertures des ailes d'un bleu clair; scapulaires d'un blanc marqué de points et de taches noirâtres; miroir de l'aile d'un vert foncé; le bec large, formé en spatule, est noir, mais jaunâtre en dessous; pieds d'un orange jaunâtre; iris jaune. Longueur, 18 pouces. *Le mâle.*

La femelle, a la tête d'un roux très-clair, marqué de petits traits noirs; plumes des parties supérieures d'un brun noirâtre bordé de roux blanchâtre; parties inférieures d'un roux blanchâtre, marqué de grandes taches brunes; petites couvertures des ailes d'un bleu sale; miroir de l'aile d'un vert noirâtre; bec d'un brun noirâtre, mais brun sur les bords et en dessous; iris d'un jaune clair.

Les jeunes mâles en automne, et les vieux en mue, ont des plumes propres à la livrée du *mâle en hiver,* et d'autres propres à *la femelle* ou au *jeune mâle avant la mue;* ces plumes sont indistinctement mêlées.

Anas clypeata. Gmel. *Syst.* 1. *p.* 518. *sp.* 19. — Lath.

Ind. v. 2. *p.* 856. *sp.* 60. — Wils. *Americ. Orn. v.* 8.
p. 65. *pl.* 67. *f.* 7. *le mâle.* — ANAS RUBENS. Gmel.
Syst. 1. *p.* 519. *sp.* 81. *variété du jeune mâle.* — Lath.
Ind. v. 2. *p.* 857. *sp.* 62. *idem.* — CANARD SOUCHET OU
LE ROUGE. Buff. *Ois. v.* 9. *p.* 191. — Id. *pl. enl.* 971. *et*
972. *mâle et femelle.* — Gérard. *Tab. élém. v.* 2. *p.* 369.
— SHOVLER. Lath. *Syn. v.* 6. *p.* 509. — Penn. *Brit.*
Zool. p. 155. *t.* Q. 4. — RED BREASTED SHOVLER. Lath.
Syn. v. 6. *p.* 512. *variété.* — LOFFELENTE. Bechst. *Na-*
turg. Deut. v. 4. *p.* 1101. — Meyer, *Tasschenb. v.* 2.
p. 543. — Frisch. *t.* 161. *et* 163. *mâle et femelle, et t.* 162.
variété accidentelle du mâle. — Naum. *Vög. t.* 49.
f. 70. *et* 71. ANATRA MESTOLONE. *Stor. deg. ucc. v.* 5.
pl. 572. *le mâle.*

Habite : les marais, les lacs et les rivières; très-abondant en Hollande ; de passage en France, en Angleterre
et en Allemagne. L'espèce habite aussi l'Amérique septentrionale.

Nourriture : poissons et insectes, rarement des plantes
et des graines.

Propagation : niche sur les bords des lacs couverts de
jones ou de taillis; pond douze et jusqu'à quatorze œufs
d'un jaune verdâtre très-clair.

Anatomie. La trachée du mâle d'un diamètre égal,
s'élargit très-faiblement vers le larynx inférieur; il se
forme du côté gauche une légère protubérance osseuse,
qui se dilate un peu en-dessous; les bronches sont très-
longues.

CANARD SARCELLE D'ÉTÉ.

ANAS QUERQUEDULA. (Linn.)

Sur les côtés de la tête une bande blanche ; le petit miroir d'un vert cendré.

Sommet de la tête noirâtre ; une bande blanche passe sur les yeux et se dirige sur la nuque ; gorge d'un noir profond, tête et cou d'un brun rougeâtre parsemé de petits points blancs ; bas du cou et poitrine écaillés de bandes noires ; sur le milieu des scapulaires une bande blanche ; couvertures des ailes d'un cendré bleuâtre ; miroir d'un vert cendré, bordé de deux bandes blanches ; ventre blanc ou d'un blanc jaunâtre ; sur les flancs des zigzags noirs ; bec noirâtre ; iris d'un brun clair ; pieds cendrés. Longueur, 15 pouces. *Le vieux mâle.* C'est alors,

Anas circia. Gmel. *Syst.* 1. *p.* 533. *sp.* 34. — La sarcelle d'été. Buff. *Ois. v.* 9. *p.* 268. mais surtout sa *pl. enl.* 946. *figure très-exacte.* — Summer teal. Lath. *Syn. v.* 6. *p.* 552. — Penn. *Brit. Zool. p.* 158. *t.* Q. 9. — Sarcelle d'été. Gérard. *Tab. élém. v.* 2. *p.* 406. — Sirzente. Bechst. *Naturg. Deut. p.* 4. *p.* 1150.

La femelle, qui est plus petite, a une bande blanche marquée de taches brunes derrière et dessous les yeux ; gorge blanche ; plumage supérieur d'un brun noirâtre bordé de brun clair ; parties inférieures blanchâtres ; miroir de l'aile d'un verdâtre terne ; iris brun.

Les jeunes mâles avant la mue, ressemblent aux *femelles ;* on en voit souvent au commencement de l'hiver qui ont encore la gorge blanche ; beaucoup de plumes brunes mêlées avec celles qui sont propres aux *vieux mâles en plumage parfait ;* la bande blanche est alors tâchée de brun , le brun rougeâtre de la tête est moins foncé , le ventre n'est point nuancé de jaunâtre, mais souvent varié de tâches brunes.

ANAS QUERQUEDULA. Gmel. *Syst.* 1. *p.* 531. *sp.* 32. — ANAS CRECCA. *varietas.* Lath. *Ind. v.* 2. *p.* 873. *var. a.* — LA SARCELLE COMMUNE ET LA SARCELLE D'ÉTÉ. Buff. *Ois. v.* 9. *p.* 260 *et* 268 *. — Gérard. *Tab. élém.* , *v.* 2. *p.* 402. — GARGANEY. Lath. *Syn. v.* 6. *p.* 550. — KNA-KENTE. Bechst. *Naturg. Deut. v.* 4. *p.* 1135. — Meyer, *Tasschenb. v.* 2. *p.* 345. — Frisch. *Vög. t.* 176. *le mâle.* — Naum. *Vög. t.* 47. *f.* 66 *et* 67. *figures très-exactes du mâle et de la femelle.* — ANATRA CERCEDULA. *Stor. deg. ucc. v.* 5. *pl.* 595. *très-mauvaise figure de la femelle.* — ZOMER TALING. Sepp. *Nederl. Vog. v.* 2. *t. p.* 181. *mâle et femelle ; figures assez exactes.*

Habite : les lacs , les rivères et les marais , partout où leurs bords sont couverts de roseaux ; plus répandu vers le midi que l'espèce suivante ; très-abondant en Hollande ; de passage en hiver , en Allemagne et dans quelques contrées du midi.

Nourriture : petits limaçons , insectes , vers , plantes

---

* Les auteurs qui n'ont point observé la nature , font de cette *Sarcelle d'été* une espèce distincte; d'autres , à l'exemple de Latham : la réunissent avec l'espèce suivante. Des observations faites sur la nature , et constatées par l'anatomie , détruisent cette supposition du vulgaire.

aquatiques et leurs semences ; rarement de petits poissons.

Porpagation : niche dans les climats tempérés ; construit son nid dans les herbes et dans les prairies marécageuses ; pond jusqu'à douze œufs d'un fauve verdâtre.

Anatomie. La longue et forte trachée du mâle, assez large au larynx supérieur, devient subitement très-étroite, puis prenant un diamètre graduellement plus large jusque vers le larynx inférieur, elle y est composée d'anneaux du double plus larges que ceux du milieu du tube ; le larynx inférieur forme une grande protubérance osseuse, qui se dilate en-dessous.

CANARD SARCELLE D'HIVER.

ANAS CRECCA. (Linn.)

Sur les côtés de la tête une large bande d'un vert à reflets, le grand miroir, moitié d'un vert foncé et d'un noir profond *.

Sommet de la tête, joue et cou d'un roux marron; gorge noire; une large bande verte s'étend depuis les yeux jusque sur la nuque; partie inférieure du cou, dos, scapulaires et flancs rayés alternativement de zigzags blancs et noirs ; poitrine d'un blanc roussâtre varié de taches rondes ; ventre blanc, ou d'un blanc jaunâtre ; couvertures des ailes brunes; miroir vert et noir, bordé de deux bandes blanches; bec noirâtre ; pieds cendrés ; iris brun. Longueur, 14 pouces. *Le mâle.*

---

* La différence de couleur entre le miroir de l'aile de la *Sarcelle d'été* et de la *Sarcelle d'hiver*, sert à distinguer au premier coup d'œil les *femelles* et les *jeunes* de ces deux espèces voisines.

La femelle, qui est plus petite, a une bande d'un blanc roussâtre marquée de taches brunes, derrière et dessous les yeux ; gorge blanche ; plumage supérieur d'un brun noirâtre bordé d'une large bande de brun clair ; parties inférieures blanchâtres ; bec marbré de brun, et d'un brun jaunâtre en dessous comme sur les bords.

Les jeunes mâles avant la mue, ressemblent aux *femelles ;* on en voit souvent au commencement de l'hiver qui ont encore la gorge blanche, ou bien cette partie marquée de points noirs ; le roux et le vert de la tête peu distincts, parsemés de points blancs et roussâtres ; beaucoup de plumes brunes mêlées avec celles qui sont propres aux *vieux mâles en plumage parfait ;* la bande supérieure qui borde le miroir de l'aile est alors souvent nuancée de roussâtre ; il y a enfin de petites taches noires sur les plumes blanches du ventre.

ANAS CRECCA. Gmel. *Syst.* 1. *p.* 532. *sp.* 33. — Lath. *Ind. v.* 2. *p.* 872. *sp.* 100. — Wilson. *Americ. Orn. v.* 8. *p.* 101. *pl.* 70. *f.* 4. *le mâle.* — LA PETITE SARCELLE. Buff. *Ois. v.* 9. *p.* 265. *t.* 17 *et* 18. — Id. *pl. enl.* 947. *le mâle.* — Gérard. *Tab. élém. v.* 2. *p.* 404. — COMMUN-TEAL. Lath. *Syn. v.* 6. *p.* 551. — Penn. *Brit. Zool. t.* Q. *p.* 158. — KRIEKENTE. Bechst. *Naturg. Deut. v.* 4. *p.* 1143. — Meyer, *Tasschenb. Deut. v.* 2. *p.* 547. — Frisch. *Vög. t.* 174 *et* 175. *mâle et femelle.* — Naum. *Vög. t.* 48. *f.* 68. *et* 69. *figures très-exactes du mâle et de la femelle.* — ANATRA QUERQCEDULA MINORE. *Stor. degl. ucc. v.* 5. *pl.* 598. *le vieux mâle, et pl.* 596 *et* 597. *figures inexactes du jeune mâle.* — WINTER TALING. Sepp. *Nederl. Vog. v.* 2. *t. p.* 147. *mâle et femelle.*

Habite : plus vers le nord que l'espèce précédente ; très-abondant à son double passage en Angleterre, en Hollande, en Allemagne et en France. On la trouve aussi dans l'Amérique septentrionale.

Nourriture : comme la précédente.

Propagation : pond jusqu'à douze œufs d'un blanc roussâtre, indistinctement maculés de taches brunes.

Anatomie. La courte et étroite trachée du mâle, est dans presque toute sa longueur d'un égal diamètre ; le petit larynx inférieur forme du côté gauche une protubérance osseuse, qui est globuleuse en-dessus et de la grosseur d'un pois.

B. — Au doigt de derrière une membrane lache.

Leur principale nourriture consiste en coquillages bivalves et en poissons.

CANARD EIDER.

ANAS MOLLISSIMA. (Linn.)

La base du bec se prolonge latéralement sur le front en deux lammelles aplaties ; bec et pieds d'un cendré verdatre.

De chaque côté et au-dessus des yeux une très-large bande d'un noir violet dont les extrémités se réunissent sur le front ; joues, la bande du sommet de la tête et l'occiput d'un blanc verdâtre ; partie inférieure du cou, dos, scapulaires et petites couvertures des ailes d'un blanc pur ; poitrine d'un blanc rougeâtre ou couleur de chair ; ventre, abdomen et croupion d'un noir profond ; bec d'un vert mat; iris brun ; pieds d'un cendré verdâtre mat. Longueur, 23 ou 24 pouces. *Le vieux mâle à l'âge de quatre ans.*

La vieille femelle, a tout le plumage d'un roux rayé transversalement de noir ; couvertures des ailes noires dans le milieu, bordées de roux foncé ; sur l'aile deux bandes blanches*, ventre et abdomen d'un brun, ou d'un cendré foncé avec des bandes noires. Longueur, de 21 à 22 pouces.

Anas mollissima. Gmel. *Syst.* 1. *p.* 514. *sp.* 15. — Lath. *Ind. v.* 2. *p.* 845. *sp.* 35. — Wils. *Americ. Orn. v.* 8. *p.* 122. *pl.* 91. *f.* 2 *et* 3. *mâle et femelle.*— Oie a duvet ou eider. Buff. *Ois. v.* 9. *p.* 103. *t.* 6. — Id. *pl. enl.* 209 *et* 208. *mâle et femelle.* — Great black and white duck. Edw. *t.* 98. *mâle et femelle.* — Eider or cuthbert duck. Lath. *Syn. v.* 6. *p.* 470. *et supp. v.* 1. *p.* 274. — Penn. *Brit. Zool. p.* 152. *t.* Q. *figures exactes du mâle et de la femelle.* — Die eidfrgans. Bechst. *Naturg. Deut. v.* 4. *p.* 926. — Eiterente. Meyer, *Tasschenb. v.* 2. *p.* 507. — Naum. *Vög. t.* 54. *f.* 79 *et* 80. *figures très-exactes du mâle et de la femelle.* — Oca settentrionale. *Stor. degli ucc. v.* 5. *pl.* 562. *le mâle.*

Les jeunes mâles.

Ceux de l'année, ont le sommet de la tête, les joues et les parties supérieures du cou garnis de plumes très-douces et duvetées, d'un brun cendré, taché de brun foncé ; depuis la racine du bec et au-

---

* M. Meyer dit que ces bandes blanches n'existent point sur tous les individus femelles.

dessus des yeux se montre une très-large bande blanchâtre, marquée de points noirs; partie inférieure
du cou et poitrine rayés transversalement de bandes
blanches et noires, mêlées de roux cendré; plumes
des parties supérieures noirâtres, bordées de brun;
parties inférieures d'un brun noirâtre, toutes les
plumes lisérées de blanchâtre ou de brun clair;
queue d'un brun cendré; pieds et bec d'un vert
noirâtre; souvent les pieds d'un brun rougeâtre.
A l'âge de deux ans, toutes ces couleurs se dé-
veloppent; de grands espaces blancs se montrent
sur le cou, sur la poitrine, sur le haut du dos et
sur les ailes; le noir devient profond et sans taches
sur la plus grande partie du dos; les parties inférieures sont variées de taches et de raies rousses;
blanchâtres et noires. C'est alors, Anas mollissima. Sparman, *Mus. Carls fasc.* 1. *t.* 6. *A l'âge
de trois ans*, le plumage se dessine plus régulièrement; le blanc devient pur; les bandes du côté de
la tête se dessinent; l'occiput et les joues se colorent
de verdâtre clair; le dos et quelques plumes scapulaires sont encore noires, et on voit souvent quelques plumes brunes et rayées, mêlées avec les
plumes blanches du cou. Il paraît, suivant le témoignage de plusieurs voyageurs, que l'eider doit
avoir atteint sa quatrième année avant d'être revêtu
de son plumage parfait.

Habite : les mers glaciales du pôle; très-abondant en
Islande, en Laponie, au Groenland et au Spitzberg; assez
abondant aux Hébrides et aux Orcades; plus rare en Suède et

en Danemarck; de passage en Allemagne; on ne voit sur les côtes de l'Océan que les jeunes individus; les vieux ne s'y montrent jamais.

Nourriture : poissons, coquillages, plantes marines et insectes.

Propagation : niche sur des terres baignées par la mer, sur des caps et des promontoires; construit son nid de fucus et le recouvre de son duvet; pond cinq ou six œufs d'un cendré légèrement olivâtre.

Anatomie. La trachée du mâle, d'égal diamètre dans toute sa longueur, est formée d'anneaux durs, entiers, cylindriques, liés par des membranes; le larynx inférieur se dilate en avant, et forme du côté gauche une protubé—rance osseuse, demi-sphérique et peu élevée; le socle trian-gulaire du fond de la glotte est très-proéminent.

CANARD A TETE GRISE.

ANAS SPECTABILIS. (Linn.)

La base du bec se prolonge latéralement sur le front en deux appendices qui s'élèvent en crêtes ; bec et pieds d'un beau vermillon.

Une très-étroite bande d'un noir velouté suit tout le contour de la mandibule supérieure, et se divise vers la partie supérieure du bec en remon-tant entre les deux crêtes charnues; une semblable double bande forme sur la gorge un angle en fer de lance; sommet de la tête, occiput et nuque d'un beau gris bleuâtre; joues d'un vert de mer lustré; cou, partie supérieure du dos, couvertures des ailes et deux grands espaces de chaque côté du croupion, d'un blanc pur; poitrine d'un blanc roussàtre; scapulaires, partie inférieure du dos, ailes, queue et toutes les parties du dessous du corps d'un noir profond; bec, crêtes charnues et pieds d'un beau rouge vermillon. Longueur, de 22 à 24 pouces. *Le vieux mâle à l'âge de quatre ans.*

Remarque. Le mémoire de M. Sabine sur les oiseaux du Groenland, nous apprend que cet oiseau met quatre années à se revêtir de son plumage parfait.

La femelle, que je n'ai jamais vue, ressemble, dit-on, beaucoup à *la femelle de l'eider;* je préfère en omettre la description ne pouvant la donner d'après nature; il en est de même des jeunes.

Anas spectabilis *mas.* Sparm. *Mus. Carls. fasc.* 2. *t.* 36. — Gmel. *Syst.* 1. *p.* 507. *sp.* 5. — Lath. *Ind. v.* 2. *p.* 845. *sp.* 36. — Le Canard a tête grise. Buff. *Ois. v.* 9. *p.* 253. — Grey headed duck. Edw. *Glan. t.* 154. — King duck. Lath. *Syn. v.* 6. *p.* 473. — *Transact. of the* Linn. *society. v. p.* 27. — Die brand-ente. Naum. *Vög. Deut. p.* 215. *t.* 40. *f.* 58 et 59. *La f.* 59. *est une variété albine du jeune mâle.*

Habite : les mers glaciales; commun aux Orcades et dans d'autres îles du nord de l'Écosse; mains nombreux le long des côtes de la Baltique et en Danemarck; très-abondant au Groenland et au Spitzberg.

Nourriture et *Propagation :* on n'en connaît que les œufs qui sont très-oblongs, d'un cendré olivâtre.

Anatomie. Le mémoire de M. Sabine cité, nous apprend que la trachée du mâle *d'Anas spectabilis* ne diffère point de celle *d'Anas mollissima.* Je n'ai point examiné l'organe du premier.

CANARD MARCHAND.

ANAS PERSPICILLATA. (Linn.)

Deux renflemens ou protubérances osseuses à la partie latérale du bec ; point de miroir aux ailes.

Tout le corps, les ailes et la queue d'un noir profond; sur la nuque un grand espace angulaire d'un blanc pur, et sur le front une large bande de cette couleur; bec élevé à la base et fortement renflé sur les côtés, d'un jaune rougeâtre, marqué d'une grande tache noire sur chaque côté; en avant de ce noir est un espace d'un gris blanchâtre; pieds et doigts rouges; membranes noires; iris blanc. Longueur, 28 ou 21 pouces, *Les vieux mâles.*

La vieille femelle et les jeunes, sont d'un noir cendré brun partout où le mâle est d'un noir profond; tête et cou plus clairs; bande frontale et grand espace angulaire sur la nuque indiqués par du cendré brun très-clair; les renflemens à la partie latérale du bec peu marqués; tout le bec coloré de cendré jaunâtre; pieds et doigts bruns; membranes noires.

Anas perspicillata. Gmel. *Syst.* 1. *p.* 524. — Lath. *Ind. v.* 2. *p.* 847. *sp.* 42. — Wils. *Americ. Orn. v.* 8. *pl.* 67. *f. le mâle.* — Macreuse a large bec ou marchand. Buff. *Ois. v.* 9. *p.* 244. — Id. *pl. enl.* 995. — Black duck. *Arct. Zool. v.* 2. *n°.* 483. — Edw. *t.* 155. — Lath. *Syn. v.* 6. *p.* 479.

Habite : rare et accidentellement dans les Orcades et dans les plus hautes latitudes vers le pôle ; extraordinairement rare dans les pays froids et tempérés baignés par l'Océan ; très-commun et nombreux en Amérique à la baie d'Hudson et des Baffins.

Nourriture : suivant Wilson, petits coquillages bivalves et autres productions marines qui vivent au fond et après lesquelles il plonge continuellement.

Propagation : on n'en connaît que les œufs ; qui sont blancs.

Anatomie. Suivant Wilson , il existe une dilatation très-grande et dure au-dessous de la glotte, et une autre plus large à trois quarts de pouce de cet orifice, de forme convexe d'un côté et aplatie de l'autre ; la forme du larynx inférieur n'est point indiquée.

CANARD DOUBLE MACREUSE.

ANAS FUSCA. (Linn.)

Bec sans renflemens latéraux ; un miroir blanc sur les ailes ; tarses et doigts rouges.

Tout le plumage d'un noir profond et velouté ; au-dessous des yeux un croissant blanc ; un petit miroir blanc sur les ailes ; la base peu élevée du bec ; les narines et le bord extérieur des mandibules noirs, onglet du bec d'un rouge jaunâtre , le reste d'un jaune orange ; iris, tarses et doigts rouges, membranes noires. Longueur, de 20 à 21 pouces. *Le vieux mâle.*

La femelle , a tout le plumage supérieur d'un brun noirâtre ou couleur de suie ; parties inférieures d'un gris blanchâtre rayé et taché de brun noirâtre ;

entre les yeux et le bec et sur le méat auditif une tache blanche; bec d'un cendré noirâtre; iris brun; tarses et doigts d'un rouge sale.

Les jeunes mâles ressemblent pendant la première année aux *vieilles femelles*, mais ils s'en distinguent par le rouge rose du tarse et des doigts, ainsi que par les taches blanches devant et derrière les yeux, qui sont plus petites.

Anas fusca. Gmel. *Syst.* 1. *sp.* 507. *p.* 6. — Lath. *Ind.* v. 2. *p.* 848. *sp.* 44. — Wils. *Americ. Orn.* v. 8. *p.* 137. *pl.* 92. *f.* 3. *mâle.* — La double macreuse. Buff. *Ois.* v. 9. *p.* 242. — Id. *pl. enl.* 758. *le vieux mâle.* — Gérard. *Tab. élém.* v. 2. *p.* 400. *n°.* 25. — La Macreuse. Gérard. Id. *p.* 398. *n°.* 24. une description exacte de notre *double Macreuse* en plumage parfait. — Velvet duck. Lath. *Syn.* v. 6. *p.* 482. — Id. *Supp.* v. 1. *p.* 274. — Penn. *Brit. Zool. p.* 152. *t. Q. le mâle.* — Sammetente. Bechst. *Naturg. Deut.* v. 4. *p.* 954. — Meyer, *Tasschenb.* v. 2. *p.* 516. — Rustfarbige ente. Bechst. *p.* 962. *le jeune.* — Frisch. *t.* 165. *le vieux mâle.* — Naum. *Vög. Nachtr. t.* 15 *la femelle*; *et t.* 16. *le mâle.* — Bruine zee-eed. Sepp. *Nederl. Vog.* v. 4. *t. p.* 331. *la femelle, figure peu exacte.*

Habite : les mers arctiques des deux mondes; trèsabondant aux Hébrides, aux Orcades, en Norwège et en Suède, de passage périodique sur les côtes d'Angleterre, de France et de Hollande; assez commun sur les lacs et dans les marais de l'intérieur.

Nourriture : particulièrement des coquillages bivalves, qui gisent au fond de la mer, après lesquels il plonge continuellement.

Propagation : niche dans les régions du cercle arctique

sous des touffes d'herbes et d'arbustes ; pond huit ou dix œufs blancs.

Anatomie. La trachée du mâle a au-dessous de la glotte une boîte osseuse, de forme longitudinale et sillonnée dans le milieu ; à peu près vers le milieu du tube est une autre boîte osseuse, aplatie sur la partie qui touche les vertèbres du cou, et de forme demi-sphéroïde en dessus ; le larynx inférieur se dilate aussi un peu à droite et à gauche, et forme deux petites protubérances aplaties, *les vieux mâles.* Chez les *jeunes mâles de l'année*, toute la consistance de la trachée est de nature membraneuse et cartilagineuse ; les boîtes, qui ont alors une forme irrégulière, sont composées d'anneaux en partie cartilagineux et en partie membraneux ; ceux-ci s'ossifient à mesure que l'oiseau avance en âge.

CANARD MACREUSE.

ANAS NIGRA. (Linn.)

Point de miroir sur les ailes ; tarses et doigts d'un cendré brun ; une protubérance sur le front ; onglet très-déprimé et arrondi ; queue très-conique.

Tout le plumage, sans exception, d'un noir profond et velouté ; sur la base du bec une protubérance sphérique ; tout le bec noir, à l'exception des narines qui sont de couleur orange, et d'une bande jaune, longitudinale sur le globe du bec ; iris brun ; cercle nu de l'œil jaune ; tarses et doigts d'un cendré brun ; membranes noires. Longueur, 18 pouces. *Le vieux mâle.*

La femelle, a le sommet de la tête, l'occiput et la nuque d'un brun presque noirâtre ; joues et gorge

d'un cendré clair, taché de brun; dos, ailes et ventre d'un brun foncé ; toutes ces plumes terminées
par un bord d'un brun blanchâtre ; plumes de la
poitrine d'un brun cendré, toutes terminées par du
brun blanchâtre : la base du bec élevée, mais point
surmontée par une protubérance globuleuse comme
chez le mâle ; narines et une tache vers la pointe
du bec jaunâtres ; le reste noirâtre ; cercle nu de
l'œil brun. Longueur, de 16 à 17 pouces.

ANAS NIGRA. Gmel. *Syst.* 1. *p.* 5o8. *sp.* 7. — Lath. *Ind.*
v. 2. *p.* 848. *sp.* 43. — Wils. *Americ. Orn. v.* 8.
p. 135. *pl.* 92. *f.* 2. — LA MACREUSE *. Buff. *Ois. v.* 9.
p. 234. *t.* 16. — Id. *pl. enl.* 978. *figure peu exacte.*
— SCOTER BLACK DIVER. Lath. *Syn. v.* 6. *p.* 480. — Penn.
Brit. Zool. p. 153. *t. Q.* 6. *figure très-exacte du mâle.*
— DIE TRAUER-ENTE. Bechst. *Naturg. Deut. v.* 4. *p.* 963.
— Meyer , *Tasschenb. v.* 2. *p.* 5o3. — Naum, *Vög.*
Nachtr. t. 14. *f.* 28 *et* 29. *figures très-exactes du mâle*
et de la femelle. — ZWARTE ZEE-EEND. Sepp. *Nederl. Vog.*
v. 4. *t. p.* 335. *le mâle.*

Les jeunes mâles dans la première année , ne
différent presque point des femelles adultes, les
couleurs sont seulement plus claires. Espace entre
l'œil et le bec , sommet de la tête , occiput, nuque
et poitrine d'un brun foncé ; espace au-dessous des
yeux, côtés et devant du cou d'un blanc pur ; tout
le reste du plumage d'un brun de suie ; base du
bec élevée; les deux mandibules d'un brun livide,

---

* Mais point la *Macreuse* de Gérardin n°. 24 ; l'oiseau indiqué
sous ce nom est une *double Macreuse.*

excepté les narines qui sont couleur de chair ; iris d'un cendré brun ; pieds d'un vert jaunâtre sale, membranes noirâtres. *Les jeunes femelles* ont toujours les teintes plus claires. C'est alors,

ANAS CINERASCENS. Bechst. *Naturg. Deut. v. 4. p.* 1025. — ANAS CINEREA. S. G. Gmel. *Reis. v.* 2. *p.* 184. *t.* 18. — ASCHGRAUE ENTE. Meyer, *Vög. Deut. v.* 1. *t. Heft.* 10. — Id. *Tasschenb. v.* 2. *p.* 505. — WEISSBACKENTE. Naum. *Vög. p.* 374. *t.* 60. *f.* 91 *et* 92.—CANARD GRISETTE. Temm. *Manuel d'Orn.* 1ʳᵉ *édit. p.* 555.

Remarque. Dans la première édition, j'ai classé le jeune de l'année du canard macreuse comme eepèce distincte ; depuis j'ai reconnu mon erreur ; l'anatomie m'a servi de guide dans cette recherche.

Habite : les régions du cercle arctique ; très-abondant à son double passage sur les côtes d'Angleterre, de Hollande et de France ; ses essaims nombreux, avec lesquels se mêlent les canards double macreuse, milouin et milouinan, couvrent en automne tout le rivage de la mer qui baigne les côtes de Hollande ; également nombreux sur les eaux de l'intérieur.

Nourriture : coquillages bivalves, insectes, vers et plantes marines.

Propagation : niche dans les régions du cercle arctique.

Anatomie. La trachée du mâle, dont le tube est d'un diamètre très-étroit au-dessous de la glotte, se dilate graduellement jusque vers le milieu de sa longueur, où les anneaux sont du double plus larges ; vers le larynx inférieur ils ont de nouveau un diamètre très-étroit. Le larynx inférieur se dilate en deux sacs cartilagineux, qui sont réunis dans le milieu par une membrane transparente. Les anneaux des bronches se dilatent aussi et présentent un

renflement considérable ; ce dernier caractère existe aussi dans les bronches des femelles

CANARD COURONNÉ.

ANAS LEUCOCEPHALA. (Lath.)

Bec très-large , bleu , ailes très-courtes , queue très-longue , conique , à pennes formées en gouttières.

Sommet de la tête d'un noir profond ; front, joues, gorge et occiput d'un blanc pur ; parties inférieures du cou et nuque noires ; poitrine , parties supérieures du corps et flancs d'un beau roux foncé, coupé par de fines lignes en zigzags, d'un brun noirâtre; croupion d'un roux pourpré; queue noire ; parties inférieures d'un blanc roussâtre , coupé transversalement de fines raies en zigzags ; base du bec très-élevée, mais évasée dans le milieu ; tout le bec d'un bleu vif ; iris d'un jaune d'or ; pieds d'un brun cendré. Longueur , de 15 à 16 pouces. *Le vieux mâle.*

La vieille femelle, a toutes les couleurs rousses nuancées de brun cendré; les lignes en zigzags sont moins distinctes ; le sommet de la tête, l'occiput et la nuque d'un brun foncé; une bande de cette couleur va de l'angle du bec jusqu'aux orifices des oreilles ; gorge, joues et devant du cou d'un blanc jaunâtre ; croupion d'un brun roux rayé en zigzags de lignes brunes ; la queue plus courte que celle du mâle; bec et pieds roussâtres; iris d'un jaune clair. Longueur , 14 pouces.

Les jeunes mâles de l'année, ressemblent à la *femelle*, mais toutes les couleurs de la tête sont plus distinctes.

Anas leucocephala. Gmel. *Syst.* 1. *p.* 516. *sp.* 72. — Lath. *Ind.* v. 2. *p.* 858. *sp.* 64. — Anas mersa. Pallas , *Reis.* v. 2. *p.* 713. *t. H.* — Gmel. *Syst.* 1. *p.* 520. *sp.* 84. — White-headed duck. Lath. *Syn.* v. 6. *p.* 478. — Ural duck. Id. *v.* 6. *p.* 514. — Weisskopfige ente. Bechst. *Tasschenb. Deut. v.* 2. *p.* 444. *n°.* 29. *avec une petite figure très-exacte du mâle.* — Meyer, *Tasschenb. v.* 2. *p.* 506.—Naum. *Vög. Nachtr. t.* 40. *f.* 79. *et* 80. *figures très exactes du mâle et de la femelle.* — Anatra d'iverno. *Stor. deg. ucc. v.* 5. *pl.* 577. *figure exacte du mâle.*

Habite : les lacs salés des contrées orientales de l'Europe ; très-abondant en Russie, en Livonie et en Fionie ; de passage en Hongrie et en Autriche, jamais en Hollande.

Nourriture : coquillages et poissons.

Propagation : niche sur les mers et sur les lacs de la Russie ; construit en jonc un nid qui flotte sur les eaux ; pond huit œufs d'un blanc verdâtre.

Anatomie. inconnue.

CANARD DE MICLON.

ANAS GLACIALIS. (Linn.)

Bec très-court , noir , avec une bande transversale ; une grande tache foncée sur les côtés du cou.

Sommet de la tête, nuque, devant et partie inférieures du cou, les longues scapulaires, ventre, abdomen et pennes latérales de la queue d'un blanc pur ; joues et gorgerette cendrées ; un grand espace

d'unbrun marron sur les côtés du cou ; poitrine,
dos, croupion, ailes et les deux très-longues plumes
du milieu de la queue, d'un brun couleur de suie;
flancs cendrés ; le noir du bec coupé transversalement par une bande rouge ; tarses et doigts jaunes,
membranes noirâtres; iris orange. Longueur, y compris les filets qui dépassent la queue , de 20 à 21
pouces. *Le très-vieux mâle en plumage parfait
d'hiver.* C'est alors ,

ANAS GLACIALIS. Gmel. *Syst.* 1. *p.* 529. *sp.* 30. — Lath.
Ind. v. 2. *p.* 864. *sp.* 82. — Wils. *Americ. Orn. v.* 8.
pl. 70. *f.* 1 *et* 2. *mâle et femelle en hiver.* — CANARD A
LONGUE QUEUE OU CANARD DE MICLON. Buff. *Ois. v.* 9. *p.* 202.
mais surtout sa *pl. enl.* 1008. — LONG TAILED DUCK. Lath.
Syn. v. 6. *p.* 528. — Penn. *Brit. Zool. p.* 156. *t.* Q.
7. *figure exacte.* — Edw. *Glan. t.* 280. *figure très-
exacte.* — EISENTE WINTER ENTE. Bechst. *Naturg. Deut.
v.* 4. *p.* 1124. — Meyer, *Tasschenb. v.* 2. *p.* 511. —
Naum. *Vög. t.* 52. *f.* 76. *les pieds sont mal colorés.*

La vieille femelle diffère beaucoup du *vieux
mâle ;* sa queue est courte, à pennes bordées de
blanc, les deux du milieu ne sont point allongées :
front, gorgerette et sourcils d'un cendré blanchâtre ; nuque, devant et partie inférieure du cou,
ainsi que le ventre et l'abdomen, d'un blanc pur;
sommet de la tête et le grand espace des côtés du
cou d'un cendré noirâtre ; poitrine variée de cendré et de brun ; plumes du dos, des scapulaires et
couvertures alaires noires dans le milieu , bordées
et terminées de roux cendré ; le reste des parties
supérieures d'un brun de suie ; le bleuâtre du bec

coupé par une bande jaunâtre ; iris d'un brun clair; pieds couleur de plomb. Longueur, 16 pouces.

Les jeunes de l'année ne diffèrent pas beaucoup *de la vieille femelle ;* le blanchâtre de la face est varié de nombreuses taches brunes ou cendrées ; gorge, devant du cou et nuque d'un brun cendré; partie inférieure du cou, une grande tache derrière les yeux, ventre et abdomen blancs ; poitrine et cuisses variées de taches brunes et cendrées.

Anas glacialis. *Var. y.* Lath. *Ind. v.* 5. *p.* 865. *femina.* — Long tailed duck. Penn. *Arct. Zool. v.* 2. *App. p.* 76. — Querquedula ferroensis. Briss. *Orn. v.* 6. *p.* 466. *t.* 40. *f.* 2. — La Sarcelle de ferroé. Buff. *Ois. v.* 9. *p.* 278. — Id. *pl. enl.* 999. *le jeune de l'année.* — Anas leucocephala. Voyez la petite figure dans Bechst. *Tasschenb. en face de la p.* 446. *un jeune de l'année.* — Naum. *Vög. t.* 52. *f.* 76. *B.*

Plumage d'été ou des noces.

Le mâle à l'âge d'un et de deux ans, n'a point encore le sommet de la tête et la nuque d'un blanc pur ; ces parties, la gorge et souvent le devant du cou sont d'un brun noirâtre, mais varié de taches blanches et cendrées ; les plumes scapulaires blanches ou d'un blanc cendré dans *le vieux mâle,* sont alors d'un brun jaunâtre ou blanchâtre, variées de grandes taches plus foncées ; les pennes du milieu de la queue excèdent déjà les autres d'un pouce, ou davantage. C'est alors,

Anas hyemalis. Gmel. *Syst.* 1. *p.* 529. *sp.* 29. — Falck.

Reis. v. 3. *p.* 347. *t.* 22. — ANAS LONGICAUDA ISLANDICA.
Briss. *Orn. v.* 7. *p.* 379. *n°.* 17. — LONG TAILED DUCK.
Lath. *Syn. v.* 6. *p.* 529. — Edw. *Glan. t.* 156. *figure exacte.* Ajoutez encore ANAS BRACHYRHYNCHOS. Beseke. *Vög. kurl. p.* 50. *t.* 6. *et* MERGUS FURCIFER. Gmel. *Syst.* 1. *p.* 548. *sp.* 7.

Habite : les mers arctiques des deux mondes ; de passage accidentel sur les grands lacs d'Allemagne, et le long de la Baltique ; souvent, mais jamais en troupe, sur les côtes maritimes de Hollande.

Nourriture : coquillages bivalves.

Propagation : niche sur les bords de la mer glaciale, au Spitzberg, en Islande et à la baie de Hudson ; pond cinq œufs d'un blanc taché de bleuâtre.

Anatomie. La trachée du mâle, dont le tube est d'un égal diamètre, prend à un pouce de distance du larynx inférieur une forme très-aplatie ; le côté gauche de cette portion comprimée du tube, est formé de cinq demi-anneaux osseux, très-larges et soudés les uns aux autres ; le côté droit, au contraire, est ouvert et coupé longitudinalement ; il s'y forme une espèce de clavier, composé de quatre fines arêtes osseuses, dans les intervalles desquels sont cinq membranes tympaniformes. Le larynx inférieur se dilate des deux côtés et en dessous en plusieurs protubérances osseuses, dont celle de devant est fermée intérieurement par une cloison cartilagineuse, et recouverte par une fine membrane.

CANARD SIFFLEUR HUPPÉ.

ANAS RUFINA. (PALLAS.)

*Sur la tête de longues plumes soyeuses, qui for-
ment une large huppe ; bec long, déprimé vers la
pointe.*

Tête, joues, gorge et partie supérieure du cou
d'un brun rougeâtre ou bai ; partie inférieure du
cou, poitrine, ventre et abdomen d'un noir profond ;
dos, ailes et queue d'un brun clair ; flancs, poignet
de l'aile, une grande tache sur les côtés du dos,
miroir des ailes et base des rémiges blancs ; bec,
tarses et doigts d'un beau rouge ; onglet du bec
blanc ; membranes des pieds noirs ; iris d'un rouge vif. Longueur, de 20 à 21 pouces. *Le mâle.*

La femelle, a le sommet de la tête, l'occiput et
la nuque d'un brun foncé ; la huppe moins touffue ;
joues, gorge et côtés du cou d'un brun cendré ;
poitrine et flancs d'un brun jaunâtre ; ventre et
abdomen gris ; dos, ailes et queue d'un brun légèrement nuancé de couleur d'ocre, point de tache
blanche sur les côtés du dos ; miroir de l'aile moitié d'un blanc grisâtre et moitié d'un brun clair ;
base des rémiges d'un blanc nuancé de brun ; bec,
tarse et doigts d'un brun rougeâtre.

ANAS RUFINA. Pallas. *Reis. v.* 2. *p.* 713. — Gmel.
Syst. 1. *p.* 541. *p.* 118. — Lath. *Ind. v.* 2. *p.* 870.
sp. 94. — LE CANARD SIFFLEUR HUPPÉ. Buff. *Ois. v.* 9.
p. 182. — Id. *pl. enl.* 928. *le mâle.* — RED-CRESTED DUCK.

Lath. *Syn. v.* 6. *p.* 544. — Kolben ente. Bechst. *Naturg.*
Deut. v. 4. *p.* 1021. — Id. *Tasschenb. v.* 2. *p.* 452.
n°. 34. *avec une petite figure du mâle.* — Meyer, *Tas-*
schenb. v. 2. *p.* 518. — Id. *Vög. Deut. v.* 1. *t. Heft* 9.
mâle et femelle, figures très-exactes. — Naum. *Vög.*
Nachtr t. 32. *f.* 63 *et* 64. *mâle et femelle* — Fischione
col ciuffo. *Stor. degl. ucc. v.* 5. *pl.* 587. *figure exacte*
du mâle.

Habite : les contrées orientales du nord de l'Europe ;
de passage périodique sur la mer Caspienne, en Hongrie,
en Autriche et en Turquie ; de passage moins régulier sur
les grands lacs de la Suisse ; jamais sur les côtes de l'Océan.

Nourriture : coquillages et végétaux aquatiques.

Propagation : inconnue.

Anatomie. La trachée du mâle, qui est large immédiatement au-dessous du larynx supérieur, devient subitement très-étroite, puis prenant vers le milieu de sa longueur un diamètre très-large, elle se termine en anneaux
très-étroits ; le larynx inférieur est formé de deux dilatations ;
celle de gauche, qui est la plus grande et la plus élevée,
est formée de ramifications osseuses, recouvertes par une
fine membrane.

CANARD MILOUINAN.

ANAS MARILA. (Linn.)

Bec large, un petit miroir sur les ailes.

Toute la tête et la partie supérieure du cou d'un
noir à reflets verdâtres ; partie inférieure du cou,
poitrine et croupion d'un noir profond ; haut du
dos et scapulaires d'un blanchâtre rayé à grande
distance par des zigzags noirs très-fins ; couvertures alaires marbrées de blanc et de noir ; bande

blanche sur l'aile; ventre et flancs d'un blanc pur;
abdomen rayé de zigzags bruns; bec d'un bleu
clair, mais les narines blanchâtres, l'onglet ainsi
que les bords des mandibules noirs; iris d'un jaune
brillant, tarse et doigts cendrés à membranes noirâtres. Longueur, de 17 à 18 pouces. *Le vieux
mâle.*

ANAS MARILA. Gmel. *Syst.* 1. *p.* 509. *sp.* 8. — Lath.
Ind. v. 2. *p.* 853. *sp.* 54. *masc. et femina.* — Wils.
Americ. Orn. v. 8. *pl.* 69. *f.* 3. — LE MILOUINAN. Buff.
Ois v. 9. *p.* 221. mais surtout sa *pl. enl.* 1002. *le vieux.*
— Gérard. *Tab. élém. v.* 2. *p.* 380. — SCAUP DUCK. Lath.
Syn. v. 6. *p.* 500. — Penn. *Brit. Zool. p.* 153. *t. Q.* —
KAGOLKA. Lepechin, *Reis. v.* 3. *p.* 223. *t.* 10. — Frisch.
Vög. t. 170. *une très-mauvaise figure.* — Naum. *Vög.*
t. 59. *f.* 90. *figure exacte.* — BERG-ENTE. Bechst. *Naturg.*
Deut. v. 4. *p.* 1016. — Meyer, *Tasschenb. v.* 2. *p.* 524.
mâle et femelle. — TOPPER OF VELT-DUIKER. Sepp. *Nederl.*
Vog. v. 3. *t. p.* 269.

La vieille femelle, qui est un peu moins grande,
porte une large bande blanche alentour de la
base du bec; le reste de la tête et le cou d'un
brun noirâtre; partie inférieure du cou, poitrine et
croupion d'un brun foncé; dos et scapulaires rayés
de zigzags blancs et noirs, qui sont très-rapprochés; flancs tachés de brun et rayés de zigzags de
cette couleur; iris d'un jaune terne. C'est alors,

ANAS FRAENATA. Sparm. *Mus. Carls. fasc.* 2. *t.* 38. —
— Naum. *Vög. t.* 59. *f.* 90. *B. petit format.*

Les jeunes mâles, ressemblent plus ou moins à
la *vieille femelle;* la base du bec entourée par

quelques plumes blanches; le noir de la tête et du cou sans reflets et mêlé de quelques plumes d'un brun noirâtre ; le blanc du dos varié de taches brunes, et les zigzags qui le parcourent plus rapprochés que chez *les vieux mâles ;* ventre d'un blanc terne, maculé de gris, mais taché de brun noirâtre sur les flancs. *Chez les jeunes femelles* , les lignes en zigzags du dos sont peu distinctes, et elles se perdent dans la couleur brune qui en forme le fond.

Habite : les contrées arctiques des deux mondes, très-nombreux à son passage de printemps sur les côtes maritimes d'Angleterre et surtout de Hollande ; en automne il couvre de ses volées nombreuses toutes les mers de l'intérieur de la Hollande ; de passage moins régulier en Allemagne, en France et jusqu'en Suisse.

Nourriture : poissons, coquillages insectes et plantes marines.

Propagation : niche dans les contrées polaires.

Anatomie. La large trachée du mâle est composée, pour les trois quarts de sa longueur, de demi-anneaux qui alternent, et qui ne se réunissent point à sa partie supérieure, où le tube est d'une substance membraneuse ; à un pouce du larynx inférieur le tube se resserre et est déprimé ; les anneaux de cette portion sont entiers et liés par des membranes ; le larynx inférieur se dilate de côté et en dessous en des cavités osseuses ; du côté gauche il forme des ramifications osseuses, élevées et aplaties contre le tube ; ces ramifications sont garnies par une membrane transparente. Chez les *jeunes mâles,* tout le tube est cartilagineux et membraneux ; les cavités osseuses sont indiquées par des anneaux divisés par des membranes.

CANARD-MILOUIN.

ANAS FERINA. (Linn.)

Bec long, une bande transversale sur la mandibule supérieure ; le miroir de la couleur de l'aile.

Tête et cou d'un roux rougeâtre et brillant; partie supérieure du dos, poitrine et croupion d'un noir mat; dos, scapulaires, couvertures des ailes, flancs, cuisses et abdomen d'un cendré blanchâtre, rayé de nombreux zigzags très-rapprochés et d'un cendré bleuâtre; ventre blanchâtre varié de zigzags cendrés presque imperceptibles ; rémiges et queue d'un cendré foncé; bec noir à sa base et à la pointe, la large bande transversale d'un bleu foncé; iris orange; tarses et doigts bleuâtres, membranes noires. Longueur, de 16 à 17 pouces. *Les très-vieux mâles.*

La vieille femelle, qui est plus petite, a le sommet de la tête, les côtés et l'arrière-cou, le haut du dos et la poitrine d'un brun roussâtre, mais les plumes de cette dernière partie bordées et nuancées de blanc roussâtre ; espace entre le bec et l'œil, tour des yeux, gorge et devant du cou d'un blanc maculé de roussâtre ; de grandes taches brunes sur les flancs : ailes cendrées marquées de points blancs; les zigzags du dos moins distincts que dans le mâle ; milieu du ventre blanchâtre; la bande transversale du bec très-étroite et d'un bleuâtre terne.

Les jeunes mâles de l'année ressemblent à *la femelle ;* ceux *d'un et de deux ans,* ont le roux de la tête et du cou moins vif ; le noir de la poitrine n'est point profond, mais le plus habituellement d'un brun noirâtre, même souvent nuancé de brun clair ; quelquefois des taches sur le dos et sur les flancs.

ANAS FERINA. Gmel. *Syst.* 1. *p.* 530. *sp.* 31. — Lath. *Ind. v.* 2. 862. *sp.* 77. — Wils. *Americ. Orn. v.* 8. *p.* 110. *pl.* 90. *f.* 6. *mâle.* — ANAS RUFA. Gmel. *Syst.* 1. *p.* 515. *sp.* 71. — Lath. *Ind. v.* 2. *p.* 863. *sp.* 78. *masc.* — LE CANARD MILOUIN. Buff. *Ois. v.* 9. *p.* 216. — Id. *pl. enl.* 803. *le mâle.* — Gérard. *Tab. élém. v.* 2. *p.* 378. — POCHARD or RED-HEADED WIGEON. Lath. *Syn. v.* 6. *p.* 523. — Penn. *Brit. Zool. p.* 156. *t.* Q. 5. *mâle et femelle.* — DIE TAFEL-ENTE. Bechst. *Naturg. Deut. v.* 4. *p.* 1028. — Meyer, *Tasschenb. v.* 2. *p.* 527. — Naum. *Vög. t.* 58. *f.* 87. *le très-vieux mâle. f.* 88. *le mâle à l'âge d'un an, et t.* 57. *f.* 57. *le jeune de l'anné.* — ANATRA PENELOPE. *Stor. degl. ucc. v.* 5. *pl.* 583. *le vieux mâle, et t.* 584. *le mâle à l'âge d'un an.*

Habite : le nord ; assez abondant en Russie, en Dane- nemark et même dans le nord de l'Allemagne ; deux fois de passage sur les côtes d'Angleterre, de Hollande et de France ; commun en automne sur les mers, les lacs et les rivières d'Allemagne, de Hollande et de France.

Nourriture : comme l'espèce précédente.

Propagation : niche dans les roseaux ; pond jusqu'à douze et treize œufs d'un blanc verdâtre.

Anatomie. La large trachée du mâle est composée dans presque toute sa longueur d'anneaux entiers et cylin- driques ; le tube se resserre subitement à l'endroit où se forme le larynx inférieur ; celui-ci se dilate seulement en

dessous en une cavité osseuse ; les ramifications qui s'élèvent du côté gauche ont absolument les mêmes formes
que chez l'espèce précédente ; mais le côté intérieur qui
est accolé contre le tube , est presque entièrement osseux et seulement garni de trois petites membranes trans-
parentes.

CANARD GARROT.

ANAS CLANGULA. (Linn.)

*Bec très-court, base plus large que la pointe ;
narines percées vers la pointe ; tarses et doigts
jaunâtres ; beaucoup de blanc sur les ailes.*

Un grand espace blanc à la racine du bec ; le
reste de la tête et la partie supérieure du cou d'un
vert pourpré, très-foncé ; partie inférieure du cou,
poitrine, ventre , abdomen, flancs, grandes couvertures des ailes et une partie des scapulaires d'un
blanc pur ; dos, croupion et une partie des scapulaires d'un noir profond ; cuisses et queue d'un noir
cendré ; bec noir ; tarses et doigts d'un jaune orange ,
membranes noires ; iris d'un jaune brillant. Longueur, de 17 à 18 pouces. *Le vieux mâle.*

La femelle, a toute la tête et la partie supérieure
du cou d'un brun très-foncé ; partie inférieure du
cou, ventre et abdomen d'un blanc pur ; poitrine
et flancs d'un cendré foncé bordé de blanchâtre ;
plumes du dos et scapulaires noirâtres dans le milieu, bordées et terminées de cendré très-foncé ,
couvertures des ailes en partie blanches et noires ;
pointe du bec jaunâtre ; tarses et doigts d'un

jaune clair; iris jaunâtre. Longueur, de 15 à 16 pouces.

Les jeunes mâles de l'année ressemblent aux *vieilles femelles*, le bec est d'un cendré noirâtre ; l'iris d'un jaune verdâtre ; les doigts d'un brun jaunâtre. *A l'âge d'un an*, l'espace blanc du côté du bec commence à paraître, et les plumes de la tête deviennent noires sans reflets.

ANAS CLANGULA. Gmel. *Syst.* 1. *p.* 523. *sp.* 23. — Lath. *Ind. v.* 2. *p.* 867. *sp.* 87. — Wilss. *Americ. Orn. v.* 8. *p.* 62. *pl.* 67. *f.* 6. *mas.* — LE GARROT. Buff. *Ois. v.* 9. *p.* 222. — Id. *pl. enl.* 802. *figure très-exacte du mâle.* — Gérard. *Tab. élém. v.* 2. *p.* 387. — GOLDEN EY DUCK. Lath. *Syn. v.* 6. *p.* 535. — Pen. *Brit. Zool. p.* 154. *t. Q. mâle et femelle.* — Penn. *Arct. Zool. v.* 2. *p.* 573. *F. description exacte du jeune de l'année* — DIE SCHELLE ENTE. Bechst. *Naturg. Deut. v.* 4. *p.* 985. — Meyer, *Tasschenb. v.* 2. *p.* 521. — Frisch. *Vög. t.* 181 *et* 182. *mâle et femelle.* — Naum. *Vög. t* 55. *f.* 81 *et* 82. *figures très-exactes du mâle et de la femelle.* — Borkh. *Deut. Orn. Heft.* 12. *t.* 3 *et* 4. — SPATEL-ENTE. Bechst. *Naturg. Deut. v.* 4. *p.* 1004. *le jeune ou la femelle.* — ANATRA CANONE DOMENICANO. *Stor. degl. ucc. v.* 5. *pl.* 593. *le vieux mâle.* — BEL-DUIKER OF KWAKER. Sepp. *Nederl. Vog. v.* 4. *t. p.* 337. *figure exacte du vieux mâle.* — BRUINKOP ZEE-DUIKER. Id. *v.* 4. *p.* 311. *une vieille femelle et un jeune mâle de l'année.*

Remarque. Il est incontestable que les descriptions latines de L'ANAS CLAUCION de Linné, voyez Gmel. *Syst.* 1. *p.* 525. *sp.* 26, et celles de Latham, *Ind. v.* 2. *p.* 868. *sp.* 88, indiquent très-exactement le plumage de la *vieille femelle* ou du *jeune mâle* du CANARD GARROT ; mais il est évident, que toutes les indications françaises et quelques indications anglaises, placées comme synonymes avec cette espèce nominale de L'ANAS GLAUCION, doivent être énumérées dans la nomenclature de L'ANAS FULIGULA, et que ce sont des descriptions de double emploi, faites sur *des femelles* ou sur *des jeunes mâles* du CANARD MORILLON.

Habite : les contrées arctiques des deux mondes ; quelques couples se propagent également dans les pays tempérés ; de passage périodique le long des côtes de l'Océan ; en automne sur les mers de l'intérieur ; se répand jusque sur les grands lacs de la Suisse.

Nourriture : comme les espèces précédentes.

Propagation : niche sur les mers et sur les lacs dont les bords ne sont point garnis de beaucoup de roseaux ; quelquefois, et suivant la localité, sur les arbres ; pond jusqu'à quatorze œufs d'un blanc pur.

Anatomie. La trachée du mâle, depuis la glotte d'un diamètre très-resserré, se dilate subitement vers les deux tiers de sa longueur en un assemblage de grands anneaux, couchés les uns sur les autres, et capables de s'étendre au point de former un vaste sac, dont le mécanisme répond à celui du soufflet à cylindre ; le tube reprend ensuite un diamètre moins large ; puis, formant avec le larynx inférieur un tuyau qui s'élargit par le bas, il donne naissance à une dilatation osseuse qui, de la partie inférieure du larynx, remonte en ligne diagonale du côté gauche, d'où sort la plus longue et la plus grande des deux bronches ; celle-ci est formée en entonnoir ; deux membranes tympaniformes garnissent le larynx inférieur.

CANARD MORILLON.

ANAS FULIGULA. (Linn.)

Pointe du bec plus large que la base; narines percées vers la base; tarses et doigts bleuâtres, un petit miroir blanc sur les ailes.

Sur la tête une huppe à plumes effilées et longues; cette huppe, tête, cou et poitrine d'un noir à reflets violets et verdâtres; dos, ailes et croupion d'un brun noirâtre à reflets bronzés; ces parties sont parsemées de points bruns; ventre, flancs et la bande transversale sur l'aile d'un blanc pur; abdomen d'un brun noirâtre; bec d'un bleu clair, à onglet noir; iris d'un jaune brillant; tarses et doigts bleuâtres, membranes noires. Longueur, de 15 à 16 pouces. *Le très-vieux mâle.*

La vieille femelle, porte aussi une huppe, mais les plumes en sont moins longues; cette huppe, tête, cou, poitrine et haut du dos d'un noir mat, nuancé de brun foncé, dos et ailes d'un brun noirâtre mat, parsemé de petits points bruns; sur la poitrine et sur les flancs de grandes taches d'un brun roussâtre; ventre blanchâtre, nuancé de brun roussâtre; le miroir de l'aile plus petit que dans *le mâle*; bec et pieds plus foncés; iris d'un jaune clair. Longueur, 14 à 15 pouces.

Anas fuligula. Gmel. *Syst.* 1. *p.* 543. *sp.* 45. — Lath. *Ind. v.* 2. *p.* 869. *sp.* 90. — Wils. *Americ. Orn. v.* 8. *p.* 60. *pl.* 67. *f.* 5. *mas.* — Anas glaucion minus. Briss.

Orn. v. 6. *p.* 411. *t.* 37. *f.* 1. *le vieux mâle.* — Le morillon et le petit morillon*. Buff. *Ois.* v. 9. *p.* 227 *et* 231.
t. 15. — Id. *pl. enl.* 1001. *figure très-exacte du vieux
mâle.* — Gérard. *Tab. élém.* v. 2. *p.* 393 *et* 396. —
The tuffed duck. Lath. *Syn.* v. 6. *p.* 540. — Penn. *Brit.
Zool. p.* 153. *t.* Q. 6. *le mâle en mue.* — Rheier-ente.
Bechst. *Naturg. Deut.* v. 4. *p.* 997. — Meyer, *Tasschenb.*
v. 2. *p.* 519. — Frisch. *Vög. t.* 171. *la vieille femelle.* —
Naum. *Vög. t.* 56. *f.* 83 *et* 84. *figures très-exactes des
vieux.* — Anatra col ciuffo. *Stor. degl. ucc.* v. 5.
pl. 591 *et* 592. — Roepertje of kamduiker. Sepp. *Nederl.
Vog.* v. 3. *t. p.* 277. *mâle et femelle.*

Les jeunes de l'année des deux sexes, n'ont
avant la mue, aucun indice de huppe ; une grande
tache blanchâtre sur les côtés du bec ; du blanc sur
le front et quelquefois derrière les yeux ; tête, cou
et poitrine d'un brun mat, varié sur la poitrine de
brun roussâtre ; plumes du dos et des ailes d'un
brun noirâtre, bordé de brun plus clair ; flancs d'un
brun roussâtre ; la bande sur l'aile petite et blanchâtre ; abdomen varié de cendré et de brun ; iris
d'un jaune sale. Les *jeunes mâles* ont le ventre
d'un blanc plus pur que les *jeunes femelles.* C'est
alors,

Le Canard brun. Buff. *Ois.* v. 9. *p.* 253, mais surtout
sa *pl. enl.* 1007. cette figure a toujours été placée dans les
synonymes du *Canard histrion ou à collier.* — Naum.
Vög. t. 57. *f.* 85. *figure très-exacte.* — Lapmarck. duck.
Penn. *Arct. Zool.* v. 2. *p.* 576. M.

---

* Les observations anatomiques m'ont servi de preuves pour
garantir l'identité de ces deux espèces nominales.

Les jeunes après la mue et à l'age d'un an, perdent le blanc à la racine du bec, ou bien cette couleur n'est que faiblement indiquée ; la huppe est apparente et le plumage devient plus foncé. Ce sont alors,

ANAS SCANDIACA. Gmel. *Syst.* 1. *p.* 520. *sp.* 85. — Lath. *Ind. v.* 2. *p.* 859. *sp.* 68. — LAPMARCK DUCK. Lath. *Syn. v.* 6. *p.* 515. — LE MORILLON. Briss. *Orn. v.* 6. *p.* 406. *t.* 36. *f. le mâle à l'âge d'un an*, *et f.* 2. *jeune femelle.* — THE BROWN DUCK. Penn. *Brit. Zool. t.* Q. *supplémentaire; la figure du fond est un jeune mâle.* — ANATRA CANONE DOMENICANO. Femina. *Stor. deg. ucc. v.* 5. *pl.* 594.

Habite : les régions arctiques des deux mondes ; au printemps, de passage sur les côtes maritimes ; en automne sur les lacs et les mers de l'intérieur ; très-commun en Allemagne, en Hollande, en France , en Suisse et en Italie.

Nourriture : comme les espèces précédentes.

Propagation : niche dans les régions du cercle arctique; un petit nombre se propage dans les climats tempérés ; ponte inconnue.

Anatomie. La trachée du mâle a le tube peu large et d'un diamètre égal sur toute sa longueur ; le larynx inférieur forme en avant et du côté droit deux faibles dilatations osseuses , séparées par une rainure ; du côté gauche, il s'élève des ramifications osseuses, garnies de membranes ; cette partie du larynx a les mêmes formes que dans les canards *Milouinan* et *Milouin*.

CANARD A IRIS BLANC ou NYROCA.

ANAS LEUCOPHTHALMOS. (Bechst.)

Bec long; iris blanc, miroir de l'aile blanc, terminé de noir; une tache blanche sous le bec.

Tête, cou, poitrine et flancs d'un roux rougeâtre, très-vif; alentour du cou un petit collier d'un brun foncé; sous la mandibule inférieure une tache angulaire d'un blanc pur, dos et ailes d'un brun noirâtre à reflets pourprés; ces parties sont parsemées de petits points roux; miroir de l'aile blanc, terminé par du noir; ventre et couvertures du dessous de la queue d'un blanc pur; bec d'un bleu noirâtre, onglet noir; iris blanc; tarses et doigts d'un cendré bleuâtre, membranes noires. Longueur, 15 pouces. *Le vieux mâle.*

La femelle, a la tête, le cou, la poitrine et les flancs bruns, mais toutes les plumes terminées de roussâtre clair; elle n'a point de collier autour du cou; les plumes des parties supérieures sont noirâtres et terminées de brun clair; le reste est comme chez le *mâle.* Longueur, 14 pouces.

Les jeunes de l'année, ont le sommet de la tête d'un brun noirâtre; toutes les plumes des parties supérieures bordées et terminées de brun roussâtre; le blanc du ventre nuancé de brun clair.

Anas leucophthalmos. Bechst. *Naturg. Deut. v.* 4. *p.* 1009. — Anas nyroca. Gueld. *Nov. Com. Petr. v.* 14.

p. 403. — Gmel. *Syst.* 1. *p.* 542. *sp.* 119. — Lath. *Ind.*
v. 2. *p.* 869. *sp.* 91. — ANAS AFRICANA. Gmel. *Syst.* 1.
p. 522. *sp.* 88. — Lath. *Ind. v.* 2. *p.* 875. *sp.* 104. —
Transact. of the Linn. *society. v.* 11. *p.* 178. — LA SAR-
CELLE D'ÉGYPTE. Buff. *Ois. v.* 9. *p.* 273. mais surtout sa
pl. enl. 1000. *figure exacte du mâle.* — LE NYROCA. Sonn.
Nouv. édit. de Buff. *Ois. v.* 26. *p.* 153. — AFRICAN TEAL
AND NYROCA DUCK. Lath. *Syn. v.* 6. *p.* 555. *et* 541. *variety*
from the tufted duck. — DIE WEISSAUGIGE-ENTE. Meyer,
Tasschenb. Deut. v. 2. *p.* 526. — Id. *Vög. Deut. v.* 2.
Heft. 23. *figures très-exactes du mâle et de la femelle.*
— Naum. *Vög. t.* 59. *f.* 89. *figure très-exacte du mâle.*
— ANATRA MARINA. *Stor. deg. ucc. v.* 5. *pl.* 590. *le mâle,*
et pl. 589. *la femelle.* — BRUINE DUIKER EEND. Sepp.
Nederl. Vog. v. 4. *t. p.* 323. *le jeune mâle âgé d'un an.*

Habite : les grands lacs et les rivières des contrées
orientales de l'Europe ; de passage régulier en Allemagne ;
accidentellement ou peu nombreux en Hollande, en France
et en Angleterre.

Nourriture : insectes, petites grenouilles, plantes
aquatiques, leurs semences et graines ; rarement de petits
poissons.

Propagation : niche dans les joncs qui bordent les
grandes rivières et les marais ; pond neuf ou dix œufs, d'un
blanc légèrement verdâtre.

Anatomie. La trachée du mâle est d'un diamètre très-
étroit, surtout immédiatement en dessous de la glotte et
vers le larynx inférieur ; dans le milieu elle est du double
plus large ; le larynx inférieur forme du côté droit une protubérance osseuse, et du côté gauche un dôme composé de
ramifications osseuses et garnies de membranes du côté
extérieur, tandis que le côté accolé contre le tube est entièrement osseux.

CANARD A COLLIER ou HISTRION.

ANAS HISTRIONICA. (Linn.)

Bec court, comprimé, onglet très-crochu; na-
rines à la base supérieure du bec, très-rapprochées.

Tête et cou d'un violet noirâtre ; un grand espace entre le bec et l'œil, une tache derrière les
yeux, la bande longitudinale sur les côtés du cou,
le collier qui entoure cette partie, un large demi-
croissant sur les côtés de la poitrine et une partie
des scapulaires, le tout d'un blanc pur ; partie inférieure du cou et poitrine d'un bleu cendré ; flancs
d'un roux rougeâtre ; ventre brun ; dos, ailes et croupion d'un noir à reflets violets et bleus ; miroir de
l'aile d'un violet très-foncé ; bec noir ; iris brun ;
pieds et membranes d'un bleu noirâtre. Longueur,
17 pouces. *Le vieux mâle.*

La femelle diffère beaucoup ; tout son plumage
supérieur est d'un brun foncé nuancé de cendré ;
vers le front et un peu en avant des yeux une petite tache blanche ; vers la racine du bec et sur la
région des oreilles, un grand espace de même couleur ; gorge blanchâtre ; poitrine et ventre d'un
blanchâtre nuancé et taché de brun ; flancs d'un
brun rougeâtre. Longueur, 16 pouces.

Les jeunes de l'année sont variés de brun et de
blanchâtre ; mais ils se distinguent par les taches
blanches qui se dessinent sur les côtés de la tête.

Les mâles ne prennent le collier blanc qu'à l'âge de deux ans.

Le mâle.

ANAS HISTRIONICA. Gmel. *Syst.* 1. *p.* 534. *sp.* 35. — Lath. *Ind. v.* 2. *p.* 849. *sp.* 45. — Wilson. *Americ. Orn. v.* 8. *p.* 139. *pl.* 92. *f.* 4. *mas.* — LE CANARD A COLLIER DE TERRE-NEUVE. Buff. *Ois. v.* 9. *p.* 250. mais surtout sa *pl. enl.* 798. *figure très-exacte.* — CANARD ARLEQUIN. Cuv. *Règ. anim. v.* 1. *p.* 533. — HARLEQUIN DUCK. Lath. *Syn. v.* 6. *p.* 485. — Edw. *Glan. t.* 99. — DIE KRAGEN-ENTE. Bechst. *Naturg. Deut. v.* 4. *p.* 1037. — Meyer. *Tasschenb. v.* 2. *p.* 530. — Naum. *Vög. t.* 52. *f.* 77. *figure très-exacte du mâle.* — ANATRA COL COLLARE. Stor. *degl. ucc. v.* 5. *pl.* 580.

La femelle.

ANAS MINUTA. Gmel. *Syst.* 1. *p.* 534. *sp.* 36. — LA SARCELLE BRUNE ET BLANCHE *. Buff. *Ois. v.* 9. *p.* 287. — Id. *pl. enl.* 799. — LITTLE BROWN and WHITE DUCK. Edw. *Glan. t.* 157. *figure très-exacte.* — Lath. *Syn. v.* 6. *p.* 485.

Habite : les contrées arctiques des deux mondes ; abondant dans les contrées orientales de l'Europe ; de passage accidentel en Allemagne ; jamais le long des côtes de l'Océan.

Nourriture : coquillages, frai et insectes.

Propagation : niche sur les bords des eaux, dans les taillis et dans les herbes ; pond dix ou douze œufs d'un blanc pur.

Anatomie : inconnue.

---

* Mais point le *Canard brun* de Buff. *Ois. v.* 9. *p.* 252. et sa *pl. enl.* 1007 ; ceux-ci appartiennent comme synonymes au *jeune de l'année* du *Canard morillon.*

GENRE QUATRE-VINGTIÈME.

HARLE. — *MERGUS.* (Linn.)

Bᴇᴄ médiocre ou long, droit, grêle, en cône allongé et presque cylindrique, base large ; pointe de la mandibule supérieure très-courbée, onguiculée, crochue ; bords des deux mandibules dentelés en scie, ces dentelures dirigées en arrière. Nᴀʀɪɴᴇꜱ latérales, vers le milieu du bec, élliptiques, longitudinales, percées de part en part. Pɪᴇᴅꜱ courts, retirés dans l'abdomen; trois doigts devant entièrement palmés; doigt de derrière libre, articulé sur le tarse, portant un rudiment. Aɪʟᴇꜱ médiocres, la 1ʳᵉ. rémige de la longueur de la 2ᵉ. ou un peu plus courte.

Les *Harles* ressemblent beaucoup aux *Canards*. Ils vivent sur les eaux, où ils nagent ayant le plus souvent tout le corps submergé, et seulement la tête hors de l'eau ; ils plongent facilement et souvent, nagent avec une extrême agilité entre deux eaux, et se servent des ailes pour s'aider dans cette natation ; ils volent long-temps et très-vite ; leur démarche est très-vacillante et embarrassée ; leurs pieds, ainsi que ceux des canards à doigt postérieur lobe, étant plus retirés dans l'abdomen que ceux des canards à doigt postérieur lisse. Leur nourriture consiste principalement en poissons et en amphibies ; ils font une grande destruction des premiers. On ne les voit qu'en hiver dans les climats tempérés ; leur demeure habituelle est dans les pays froids, où ils se reproduisent : beaucoup plus farouches que les différentes espèces du genre canard, on ne parvient point à les élever en domesticité. Leur mue a lieu une fois l'année, mais les vieux mâles muent comme ceux des canards, au printemps, tandis que les vieilles femelles et les jeunes muent en automne; les jeunes mâles avant leur première ou seconde mue ne diffèrent presque point des femelles.

GRAND HARLE.

MERGUS MERGANSER. (Linn.)

Le miroir des ailes blanc, sans bandes transversales. Le vieux mâle porte une grosse huppe, courte et touffue.

Tête et partie supérieure du cou d'un noir verdâtre à reflets; partie inférieure du cou, poitrine, ventre, abdomen, couvertures des ailes et les scapulaires les plus éloignées du corps d'un blanc pur, mais nuancé d'un rose jaunâtre * sur les parties inférieures; haut du dos et les scapulaires les plus proches du corps d'un noir profond; poignet de l'aile noirâtre; grandes couvertures lisérées de noir; dos et queue cendrés; bec d'un rouge foncé, mais noir en dessus et sur l'onglet; iris d'un brun rougeâtre, quelquefois rouge; pieds d'un rouge vermillon. Longueur, de 26 à 28 pouces. *Le très-vieux mâle.*

La femelle diffère beaucoup; sa huppe est longue et effilée; tête et partie supérieure du cou d'un

---

* Cette belle couleur disparaît peu de temps après que l'oiseau a été monté; la plupart des individus déposés dans les cabinets ont ces parties colorées d'un blanc jaunâtre ou d'un blanc pur.

brun roussâtre ; gorge d'un blanc pur ; partie inférieure du cou, poitrine, flancs et cuisses d'un cendré blanchâtre ; ventre et abdomen d'un blanc jaunâtre ; toutes les parties supérieures d'un cendré foncé ; miroir de l'aile blanc, sans bande transversale ; bec d'un rouge terne ; iris brun ; pieds d'un rouge jaunâtre, les membranes d'un rouge cendré. Longueur, 24 ou 25 pouces.

Les jeunes mâles de l'année, ne diffèrent presque point des *femelles* ; à l'âge d'un an *les jeunes mâles* se distinguent par des taches noirâtres, disposées sur le blanc de la gorge ; le roux du cou est alors terminé par une couleur plus foncée ; des plumes noirâtres se montrent sur le sommet de la tête, et des plumes blanches paraissent sur les couvertures des ailes.

Remarque. Les *femelles* et les *jeunes mâles* de cette espèce et de la suivante, sont très-difficiles à distinguer, mais on ne pourra plus s'y méprendre en ayant toujours égard à la taille, et surtout à la nature du miroir des ailes, qui est d'une seule couleur chez *les jeunes* et chez *les femelles* de cette espèce ; tandis qu'il est rayé transversalement de cendré chez *les femelles*, et de noirâtre chez *les jeunes mâles* de l'espèce suivante.

Le vieux mâle.

Mergus merganser. Gmel. *Syst.* 1. *p.* 544. *sp.* 2. — Lath. *Ind.* v. 2. *p.* 828. *sp.* 1. — Wils. *Americ. Orn.* v. 8. *p.* 68. *pl.* 68. *f.* 1. — Le Harle. Buff. *Ois.* v. .8 *p.* 267. *sp.* 23. — Id. *pl. enl.* 951. *figure très-exacte.* — Harle proprement dit. Gérard. *Tab. élém.* v. 2. *p.* 410.

— Goosander, or merganser. Lath. *Syn. v. 6. p.* 4ı8. —
Penn. *Brit. Zool. p.* 147. *t. N.** — Gansen-sager oder
taucher-gans. Bechst. *Naturg. Deut. v.* 4. *p.* 781. —
Meyer, *Tasschenb. v.* 2. *p.* 565. — Frisch. *Vög. t.* 190.
—Naum. *Vög. t.* 61. *f.* 93. *figure très-exacte.* — Mergo
oca marina è mergo dominicano. *Stor. degli ucc. v.* 5.
pl. 5o8 *et* 5ı2. — Dubbelde zaagbek. Sepp. *Nederl. Vog.
v.* 4. *t. p.* 325. *figure très-exacte.*

La femelle et les jeunes.

Mergus castor. Gmel. *Syst.* ı. *p.* 545. *sp.* 2. *var.* —
Lath. *Ind. v.* 2. *p.* 829. *sp.* 2. — Mergus rubricapillus.
Gmel. *Syst.* ı. *p.* 545. *var.* — Le Harle femelle. Buff.
Ois. v. 8 *p.* 236. — Id. *pl. cnl.* 953. *figure très-exacte.*
— Dun-diver, sparling fowl. Lath. *Syn. v.* 6. *p.* 420 *et*
421. *A.* — Id. *supp. v.* ı. *p.* 270. — Frisch. *Vög. t.* 191.
— Naum *Vög. t.* 61. *f.* 93. *B.* — Mergo-oca. *Stor. deg.
ucc. v.* 5. *pl.* 51o. *figure exacte.*

Habite : les régions arctiques des deux mondes; de
passage régulier en hiver dans les pays tempérés; assez
abondant alors sur les côtes de Hollande et de France;
plus abondant dans les très-fortes gelées sur les lacs de
l'intérieur; commun en Allemagne et jusque dans le midi.

Nourriture : poissons et amphibies.

Propagation : niche entre des pierres roulées sur le
rivage des eaux, dans les buissons ou dans des arbres
creux; pond douze ou quatorze œufs, presque également
pointus aux deux bouts, blanchâtres.

Anatomie. La très-longue trachée du male est composée immédiatement au-dessous de la glotte, d'anneaux cylindriques; deux pouces plus bas le tube s'élargit subitement en une dilatation large et déprimée, composée d'anneaux qui alternent; ensuite la trachée se resserre et la
forme des anneaux est cylindrique; puis ils s'élargissent et

forment une seconde dilatation, mais moins grande que la première; le tube à peu de distance du larynx inférieur, redevient très-étroit et cylindrique. Le très-grand larynx inférieur, d'une consistance osseuse très-solide, se dilate en avant, du côté gauche et à sa partie postérieure; du côté droit il se forme une grande élévation formée par trois arêtes osseuses, réunies par le haut, et qui produisent trois surfaces planes tendues de membranes tympaniformes; cette portion du larynx est séparée intérieurement de la portion osseuse de gauche, par une cloison membraneuse, ouverte et lâche en-dessous. Les deux bronches sont très-distantes, celle de droite entre dans la capacité garnie de membranes, justement à l'endroit qui correspond à la membrane vibrante, qui forme la cloison intérieure.

HARLE HUPPÉ.

MERGUS SERRATOR. (Linn.)

Miroir des ailes blanc, coupé par deux bandes transversales chez le mâle, *et par une bande chez* la femelle. *Le* vieux mâle *porte une huppe longue et effilée.*

Tête, huppe et partie supérieure du cou d'un noir verdâtre à reflets, un collier blanc entoure le cou; poitrine d'un brun roussâtre marqué de taches noires; à l'insertion des ailes sont cinq ou six grandes taches blanches, bordées de noir; miroir de l'aile blanc, mais coupé par deux bandes transversales noires; haut du dos et scapulaires d'un noir profond; ventre blanc; cuisses et croupion rayés de zigzags cendrés; bec et iris rouges; pieds oranges. Longueur, de 21 à 22 pouces. *Le vieux mâle.*

La vieille femelle, a la tête, la huppe et le cou d'un brun roussâtre ; gorge blanche ; devant du cou et poitrine variés de cendré et de blanc ; parties supérieures et flancs d'un cendré foncé ; miroir de l'aile blanc, mais coupé par une bande cendrée ; parties inférieures blanches ; bec et pieds d'un orange terne ; iris brun. Longueur, de 19 à 20 pouces.

Les jeunes mâles de l'année, ont le bec d'un rouge clair et l'iris jaunâtre ; la tête d'un brun foncé ; la gorge d'un blanc cendré.

A l'âge d'un an, les jeunes mâles ont les parties supérieures variées de noirâtre ; le cou et la tête ont encore des teintes roussâtres.

Les vieux, mâles et femelles.

Mergus serrator. Gmel. *Syst.* 1. *p.* 546. *sp.* 3. — Lath. *Ind. v.* 2. *p.* 829. *sp.* 4. — Wils. *Americ. Orn. v.* 8. *pl.* 69. *f.* 2. *mas.* — Mergus serrator leucomelas. Gmel. *Syst.* 1. *p.* 546. *var.* D. — Briss. *Orn. v.* 6. *p.* 250. *sp.* 4. — Le Harle huppé. Buff. *Ois. v.* 8. *p.* 273. — Id. *pl. enl.* 207. — Gérard. *Tab. élém. v.* 2. *p.* 413. — Harle a manteau noir. Buff. *Ois. v.* 8. *p.* 277. — Red-breasted merganser. Lath. *Syn. v.* 6. *p.* 423. — Edw. *Glan. t.* 95. *figure très-exacte du mâle.* — Langschnabliger sager. Bechst. *Naturg. Deut. v.* 4. *p.* 795. — Meyer, *Tasschenb. v.* 2. *p.* 568. — Naum. *Vög. t.* 61. *f.* 94. *le vieux mâle, et t.* 62. *f.* 96. *figure très-exacte de la vieille femelle.* — Mergo oca di lungo becco. *Stor. degli ucc. pl.* 509. *le vieux mâle.*

Les jeunes mâles.

MERGUS SERRATUS. Gmel. *Syst.* 1. *p.* 546. *sp.* 3. *var. A.*
— MERGUS NIGER. Id. *var. Y.* — LE HARLE NOIR. Briss.
Orn. v. 6. *p.* 251. *sp.* 5. — Lath. *Syn. v.* 6. *p.* 426.
var. B. — Naum. *Vög. t.* 62. *f.* 95. *figure très-exacte
du jeune mâle.*

Habite : les mêmes lieux que l'espèce précédente ; très-
abondant en hiver sur les côtes de Hollande et quelquefois dans les marais de l'intérieur.

Nourriture : comme la précédente.

Propagation : niche sur les bords des eaux ; pond depuis huit jusqu'à treize œufs, d'un cendré blanchâtre.

Anatomie. La trachée du mâle, de longueur moyenne,
est conformée à sa partie supérieure, de la même manière
que dans l'espèce précédente, mais la seconde dilatation
du tube n'éxiste point ; à un pouce et demi de distance du
larynx inférieur, le tube est très-déprimé, formé de dix-
neuf ou de vingt anneaux, qui sont très-larges à la partie
postérieure du tube, mais qui par devant forment une espèce de clavier, composé d'étroites arêtes osseuses, dans
les intervalles desquelles sont vingt ou vingt-deux membranes tympaniformes. Le grand larynx inférieur se dilate
en avant et en dessous, et forme deux protubérances osseuses à sa partie postérieure, dont celle de droite est la
plus grande ; toutes les deux sont garnies latéralement par
une membrane tympaniforme. Dans cette espèce, c'est
dans la protubérance gauche qu'il existe une cloison membraneuse, de la même forme que celle que l'on observe
chez l'espèce précédente, mais qui se trouve dans la
grande élévation que forme la portion droite du larynx
inférieur.

HARLE PIETTE.

MERGUS ALBELLUS. (Linn.)

Une grande tache d'un noir verdâtre de chaque côté du bec, une semblable, mais longitudinale, sur l'occiput ; la huppe touffue, le cou, les scapulaires, les petites couvertures des ailes et toutes les parties inférieures d'un blanc très-pur ; le haut du dos, les deux croissans qui se dirigent sur les côtés de la poitrine et les bords des scapulaires d'un noir profond ; queue cendrée ; flancs et cuisses variés de zigzags cendrés ; bec, tarses et doigts d'un cendré bleuâtre ; membranes des doigts noires ; iris brun. Longueur, de 15 ½ à 16 pouces. *Le vieux mâle.*

La femelle, a le sommet de la tête, les joues et l'occiput d'un brun roussâtre ; gorge, partie supérieure du cou, ventre et abdomen blancs ; partie inférieure du cou, poitrine, flancs et croupion d'un cendré clair ; parties supérieures et la queue d'un cendré très-foncé ; ailes variées de blanc, de cendré et de noir. Longueur, 15 pouces.

Les jeunes, dans la première année, ressemblent à *la femelle. Les mâles à l'âge d'un an* se distinguent par de petites plumes noirâtres qui forment la grande tache à la partie latérale du bec ; par quelques plumes blanchâtres et blanches dont la tête et l'occiput sont parsemés ; par la partie du haut du dos qui est variée de plumes noires et cen-

drées, et par les indices des deux croissans noirs
sur les côtés de la poitrine. *Les jeunes des deux
sexes* ont les grandes couvertures des ailes terminées par un grand espace blanc, tandis que *les
vieux* n'ont du blanc qu'à la pointe.

Le vieux mâle.

Mergus albellus. Gmel. *Syst.* 1. *p.* 547. *sp.* 5. — Lath.
Ind. v. 2. *p.* 831. *sp.* 6. — Wils. *Americ. Orn. v.* 8.
p. 126. *pl.* 91. *f.* 4. — Le petit Harle huppé ou la Piette.
Buff. *Ois. v.* 8. *p.* 275. — Id. *pl. enl.* 449. *figure très-
exacte.* — Gérard. *Tab. élém. v.* 2. *p.* 415. — Smew
or white nun. Lath. *Syn. v.* 6. *p.* 428. — Id. *supp. v* 1.
p. 271. — Penn. *Brit. Zool. t. N.* 1. — Weisser sager.
Bechst. *Naturg. Deut. v.* 4. *p.* 804. — Meyer, *Tasschenb.
v.* 2. *p.* 571. — Frisch. *Vög. t.* 172. — Naum. *Vög. t.* 63.
f. 97. — Mergo oca minore. *Stor. degl. ucc. v.* 5. *t.* 513.
— Witte-non duiker. Sepp. *Nederl. Vog. v.* 4. *t. p.* 363.
figure exacte.

La femelle et les jeunes de l'année.

Mergus minutus. Linn. *Syst.* 1. *édit. in-*12. *p.* 209. *sp.* 6.
— Mergus minutus. Linn. *Faun. Suec. p.* 138. — Lath.
Ind. v. 2. *p.* 832. *sp.* 7. — Mergus asiaticus. S. G. Gmel.
Reis. v. 2. *p.* 188. *t.* 20. — Mergus stellatus. Brunn.
Orn. Borcal. n°. 98. — Briss. *Orn. v.* 6. *p.* 252. —
Mergus pannonicus. Scopoli. *Ann.* 1. n_0. 62. — La
Piette femelle. Buff. *Ois. pl. enl.* 450. *figure exacte.*
— Le Harle étoilé. Buff. *Ois. v.* 8. *p.* 278. *le jeune mâle.*
— Minute merganser. Lath. *Syn. v.* 6. *p.* 429. — Red
headed smew. Penn. *Brit. Zool. p.* 148. *t. N.* 2. *le jeune
mâle en mue.* — Naum. *Vög. Deut. t.* 63. *f.* 98. *la fe-
melle.* — Mergo oca minore. *Stor. degl. ucc. v.* 5.
pl. 514. *la femelle.* — Mergo oca cenerino. Id. *pl.* 511. *le*

jeune mâle d'un an. — DE KLEINE ZAAGBEK. Sepp. *Nederl. Vog. v. 4. t. p. 295. deux jeunes de l'année.*

Habite : les contrées du cercle arctique des deux mondes ; de passage en automne, mais surtout en hiver, en Angleterre, en Allemagne, en Hollande, en France et jusqu'en Italie ; assez abondant en Hollande sur les lacs et dans les marais, particulièrement dans les hivers peu rigoureux.

Nourriture : poissons.

Propagation : niche sur les bords des lacs et des rivières ; pond depuis huit jusqu'à douze œufs blanchâtres.

Anatomie. La trachée du mâle, qui est très-étroite immédiatement en-dessous de la glotte, prend graduellement jusque vers le larynx inférieur, un diamètre beaucoup plus large ; le tube est composé de demi-anneaux qui alternent. Le larynx inférieur se dilate par devant en une protubérance osseuse ; du côté gauche il se forme une dilatation osseuse, surmontée par une fine arête de même nature, et formant la moitié d'un cercle ; cette partie est fermée des deux côtés par une membrane transparente.

GENRE QUATRE-VINGT ET UNIÈME.

PÉLICAN. — *PELECANUS.*
(LINN.)

Bec long, droit, large, très-déprimé ; mandibule supérieure aplatie, terminée par un onglet ou croc très-fort, comprimé et très-crochu : mandibule inférieure formée par deux branches osseuses, déprimées, flexibles, réunies à la pointe ; de ces deux branches pend une peau nue, en forme de sac. Face et GORGE nues. NARINES basales, en fentes longitudinales. PIEDS forts, courts; trois doigts devant; le doigt de derrière s'articule intérieurement, mais sur le même plan des autres, tous réunis par une seule membrane. ONGLES, celui du doigt du milieu sans dentelures. AILES médiocres; la 1re. rémige plus courte que la 2e., qui est la plus longue ; grandes couvertures et pennes secondaires les plus proches du corps aussi longues que les rémiges.

Les *Pélicans* sont de très-gros oiseaux qui vivent indistinctement sur les fleuves, sur les lacs et le long des côtes maritimes; leur nourriture consiste en poissons, dont ils font une ample provision dans le vaste sac qui pend à la mandibule inférieure, et d'où la nourriture passe successivement dans l'œsophage à mesure que la digestion se fait. Ces oiseaux sont excellens nageurs, quoique tous les doigts se trouvent engagés dans une même membrane, ils sont doués d'un moyen de préhension très-extraordinaire dans des oiseaux à pieds palmés, en ce qu'ils perchent souvent sur les arbres, faculté qui est également propre à certaines espèces de *Canards*, aux oiseaux qui composent le genre *Cormoran*, et au genre *Anhinga* tout composé d'oiseaux étrangers ; la faculté de se percher sur les arbres est, *suivant des rapports*, également propre aux *Frégates* et aux *Paille en queue. On dit* que le pélican de nos climats n'est point sujet à une double mue, mais il est certain que les jeunes diffèrent beaucoup des vieux, et qu'il leur faut plusieurs années pour se revêtir du beau plumage stable des adultes; il est également certain qu'il n'existe presque aucune différence extérieure dans les sexes.

PÉLICAN BLANC.

PELECANUS ONOCROTALUS. (Linn.)

Toutes les parties du plumage d'un beau blanc, légèrement nuancé de rose clair, si on en excepte les rémiges qui sont noires; partie supérieure du bec bleuâtre, dans le milieu jaunâtre, et les bords rougeâtres; onglet du bec, rouge; la face nue est d'un blanc rose; la grande poche gutturale d'un jaune clair; iris d'un brun rougeâtre très-vif; pieds d'une couleur de chair livide. A l'occiput un bouquet de plumes longues et effilées; la queue composée de 20 plumes. Longueur, depuis 5 jusqu'à 6 pieds, et quelquefois davantage. *Les très-vieux individus.*

Les jeunes de l'année et ceux d'un an, sont partout le corps d'un cendré blanchâtre; ventre blanchâtre; ailes et dos d'un cendré très-foncé; toutes les plumes bordées de cendré plus clair; rémiges d'un cendré noirâtre; bec et parties nues d'une couleur livide; iris brun. C'est au cou et sur le ventre que se montrent les premières plumes blanches.

Les vieux.

Pelecanus onocrotalus. Gmel. *Syst.* 1. *p.* 569. *sp.* 1. — Lath. *Ind. v.* 2. *p.* 882. — Le Pélican. Buff. *Ois. v.* 8. *p.* 282. *t.* 25. — Id. *pl. enl.* 87. — Gérard. *Tab. élém. v.* 2. *p.* 306. — Great white pelican. Lath. *Syn. v.* 6. *p.* 575. — Edw. *Glan. t.* 92. — Grosser pelekan.

Bechst. *Naturg. Deut. v.* 4. *p.* 738. — Meyer , *Tasschenb. v.* 2. *p.* 574. Id. *Vög. Deut. v.* 1. *Heft.* 17. — Frisch. *Vög. t.* 186. — Onocrotalo o pellicano. *Stor. degl. ucc. v.* 5. *pl.* 499 *et* 500. — Selon l'opinion de M. Cuv. *Règ. anim. v.* 1. *p.* 524 , il faut encore ajouter ici Pelecanus roseus. Gmel. *p.* 570. — Lath. *p.* 883. *sp.* 2. mais point la *pl. enl.* 965. qui représente le *jeune de notre Pélican.*

Les jeunes.

Pelecanus philippensis. Gmel. *Syst.* 1. *p.* 571. *sp.* 12. — Lath. *Ind. v.* 2. *p.* 883. *sp.* 5. — Briss. *Orn. v.* 6. *p.* 527. *t.* 46. Le Pélican des philippines. Buff. *Ois. pl. enl.* 965. figure très-exacte , à l'exception de la couleur des pieds. — Le Pélican brun. Gérard. *Tab. élém. v.* 2. *p.* 311. — Philippine pélican. Lath. *Syn. v.* 6. *p.* 583. — Naum. *Vog. Nachtr. t.* 63. *f.* 119. — Il faut encore , selon l'opinion de M. Cuv. *Règ. anim. v.* 1. *p.* 524. ajouter au jeune le composé du Pelecanus fuscus *. Gmel. et Lath. , ainsi que Pelecanus manilensis , Gmel. et Lath.

Habite : les contrées orientales de l'Europe ; commun sur les rivières et sur les lacs de la Hongrie et de la Russie ; assez abondant sur le Danube ; rare et accidentellement vers les côtes de l'Océan.

Nourriture : poissons.

Propagation : niche à terre dans un enfoncement, proche des eaux ; pond deux ou trois et rarement quatre œufs, d'égale grosseur vers les deux bouts et d'un blanc pur.

Anatomie. La trachée artère, dans les deux sexes , est

---

* Mais certainement point *le Pélican brun* de Buffon , *pl. enl.* 957. Cet oiseau est une espèce particulière très-distincte , propre aux climats d'Amérique.

presque entièrement membraneuse , les anneaux cylindriques sont formés d'arêtes fixes cartilagineuses ; vers la glotte elle s'élargit en entonnoir ; le socle du fond de la glotte est très-apparent. Les bronches se dilatent beaucoup dans le milieu , et forment des espèces de poches.

Remarque. On m'a envoyé un pélican adulte, tué en Ègypte ; j'en ai reçu un autre du cap de Bonne-Espérance ; ces deux individus ne diffèrent point de ceux qu'on trouve en Enrope ; leurs dimensions sont seulement beaucoup plus fortes.

GENRE QUATRE-VINGT-DEUXIÈME.

CORMORAN. — *CARBO.* (Meyer.)

Bec médiocre ou long, droit, comprimé, arête arrondie; mandibule supérieure très-courbée vers la pointe, crochue; mandibule inférieure comprimée; base engagée dans une petite membrane qui s'étend sur la gorge. Face et gorge nues. Narines basales, linéaires, occultes. Pieds forts, courts, très-retirés dans l'abdomen; trois doigts devant, le doigt de derrière s'articule intérieurement; tous réunis par une seule membrane. Ongles, celui du doigt du milieu dentelé en scie. Ailes médiocres; la 1re. rémige un peu plus courte que la 2e., qui est la plus longue.

Les *Cormorans* se distinguent facilement des *Pélicans* et des *Fous* avec lesquels ils ont toujours été confondus dans un même genre. Ces oiseaux sont d'excellens plongeurs , qui poursuivent avec une vitesse étonnante et comme à tire d'aile, entre deux eaux, une proie très-agile ;

quoique peu habiles à la course, ils marchent mieux que les harles, mais dans une position encore plus droite ou verticale ; leur longue queue pourvue de pennes fortes, à baguettes élastiques, leur sert de soutien dans la marche ; ils s'en servent comme d'un troisième point d'appui. Leur nourriture consiste en poissons d'eaux douces , et particulièrement en anguilles ; ils nagent le plus souvent ayant seulement la tête hors de l'eau ; leur vol est accéléré et soutenu. Ils ont l'habitude , plus encore que les pélicans , de percher sur les arbres ; leurs nids , qu'ils placent suivant la localité, à terre, dans les creux des rochers ou sur les arbres , est composé de joncs , d'herbes ou de fucus très-grossièrement entrelacés. La mue est en partie double chez toutes les espèces connues ; celle de printemps fait paraître au cou et aux cuisses quelques plumes blanches , longues et déliées ; celles-ci , ainsi que les plumes qui forment des huppes, tombent les premières avant la mue d'automne ; les jeunes de l'année diffèrent beaucoup des adultes ; mais il n'existe aucune différence dans les sexes , ce que j'ai vérifié sur toutes les espèces de nos contrées ; la livrée des jeunes a toujours été prise pour celle des femelles. Toutes les espèces européennes ont approchant un même plumage.

GRAND CORMORAN.

CARBO CORMORANUS. (Meyer.)

Longueur du bec, 2 *pouces* 3 *lignes plus long que la tête ; la queue composée de* 14 *pennes* *.

Sous la gorge un large collier blanc ou blanchâtre, dont les extrémités vont jusques en dessous

---

* *N. B.* La longueur comparative du bec dans ce genre , est toujours prise depuis la partie emplumée du front jusqu'à la pointe.

des yeux ; sommet de la tête , cou , poitrine , toutes les parties inférieures et le croupion d'un noir verdâtre et à reflets ; sur le cou de petits traits blanchâtres , qui sont presque imperceptibles ; plumes du haut du dos et des ailes d'un brun cendré ou couleur de bronze dans le milieu , bordées par une large bande d'un noir verdâtre et à reflets ; rémiges et pennes de la queue noires ; bec d'un cendré noirâtre ; région nue des yeux d'un jaune verdâtre ; la petite poche gutturale jaunâtre ; iris vert ; pieds noirs. Longueur, de 27 à 29 pouces. *Les vieux des deux sexes, en plumage d'hiver.*

Remarque. Les individus dans cet état ont le plus souvent été décrits comme les femelles de l'espèce.

Les jeunes de l'année , ont le sommet de la tête , la nuque et le dos d'un brun foncé , avec de légers reflets verts ; le large collier d'un gris blanchâtre ; devant du cou et toutes les parties inférieures d'un gris brun , varié de blanchâtre , particulièrement sur la poitrine et sur le milieu du ventre , où ces taches sont en grand nombre ; plumes du haut du dos, scapulaires et couvertures des ailes d'un gris cendré dans le milieu , bordées par une bande d'un brun foncé ; bec d'un brun clair ; iris brun. Ce n'est qu'à l'*âge d'un an que les jeunes* prennent la livrée parfaite d'hiver.

Plumage d'été ou des noces.

Sur l'occiput et sur une partie de la nuque sont de longues plumes , qui forment une huppe d'un vert foncé à reflets ; le large collier de la gorge est d'un blanc pur ; sur le sommet de la tête, sur une grande partie du cou et aux cuisses paraissent des plumes d'un blanc pur, très-longue s, effilées et soyeuses *; le reste du plumage comme en hiver. Ces plumes sont plus ou moins longues suivant l'âge des individus.

PELECANUS CARBO. Gmel. *Syst.* 1. *p.* 573. *sp.* 3. — Lath. *Ind. v.* 2. *p.* 886. *sp.* 14. — LE CORMORAN. Buff. *Ois. v.* 8. *p.* 310. *t.* 26. — Id. *pl. enl.* 927. *en plumage parfait des noces.* — Gérard. *Tab. élém. v.* 2. *p.* 313. — THE CORMORANT. Lath. *Syn. v.* 6. *p.* 593. — Penn. *Brit. Zool. p.* 159. *t. L.* 1. *le jeune à l'âge d'un an.* — DER SCHWARZE PELIKAN. Bechst. *Naturg. Deut. v.* 4. *p.* 750. — KORMORAN SCHARBE. Meyer, *Tasschenb. v.* 2. *p.* 576. — Frisch. *Vög. t.* 187. *et* 188. *jeune de l'année.* — Naum. *Vög. Nachtr. t.* 64. *f.* 120. *une mauvaise figure d'un individu au printemps, et f.* 121. *le jeune de l'année.* DE AALSCHOLVER of SCHOLLEVAAR. Sepp. *Nederl. Vog. v.* 1. *t. p.* 89. *un individu prenant le plumage des noces.* MARANGONE O CORVO AQUATICO. *Stor. deg. ucc. v.* 5. *pl.* 501 *et* 502. *mauvaises figures.* — Id. *pl.* 513 *et* 514 *des jeunes de l'année.*

---

* Ces plumes à barbes décomposées, ainsi que les longues plumes occipitales, paraissent au printemps dans les interstices des autres plumes du corps, que la seconde mue ne fait point tomber ; les deux sexes en sont ornés, et ces plumes accessoires tombent les premières, même avant l'époque de la mue d'automne, ce qui fait qu'on ne trouve des Cormorans dans cette livrée, que vers le temps des amours et celui de l'incubation. — M. Cuvier paraît ne point avoir fait attention à cette note, vu qu'il indique la huppe et le blanc du cou comme caractérisant les mâles. *Règ. animal. v.* 1. *p.* 524.

Habite : les contrées septentrionales des deux mondes, très-abondant en Hollande, dans toutes les saisons de l'année ; assez commun en Angleterre et en France ; rare en Allemagne et dans le midi.

Nourriture : toutes sortes de poissons, mais particulièrement des anguilles.

Propagation : niche, suivant la localité, dans les fentes des rochers, sur les arbres ou dans les joncs ; pond trois ou quatre œufs, également gros des deux bouts, d'un blanc verdâtre et recouverts par une couche calcaire dont la surface est rude et blanchâtre.

Anatomie. La trachée dans les deux sexes, est cartilagineuse ; le tube vers la glotte se dilate en forme d'entonnoir. Le larynx inférieur est formé par un seul anneau d'où pendent les bronches, qui sont très-longues, mais d'un diamètre égal.

CORMORAN NIGAUD.

CARBO GRACULUS. (Meyer.)

Longueur du bec, 1 *pouce* 10 *lignes plus long que la tête ; queue très-longue, très-étagée, conique, composée de* 12 *pennes.*

Tête, gorge, cou, dos et toutes les parties inférieures d'un noir verdâtre mat ; sur le cou de petits traits blanchâtres, qui sont presque imperceptibles et rares ; plumes du haut du dos et des ailes d'un cendré foncé dans le milieu, bordées par une large bande d'un noir profond ; région nue des yeux et la petite poche gutturale d'un jaune rougeâtre ; bec d'un cendré rougeâtre, mais noir en dessus : iris d'un brun rougeâtre ; pieds noirs. Longueur, de 23 à 24 pouces. *Les vieux des deux sexes en plumage d'hiver.*

Pelecanus graculus. Gmel. *Syst.* 1. *p.* 574. *sp.* 4. — Lath. *Ind. v.* 2. *p.* 887. *sp.* 15. — Le petit Cormoran ou nigaud. Buff. *Ois. v.* 8. *p.* 319. — Cuv. *Règ. anim. v.* 1. *p.* 525*. Shag or crane. Lath. *Syn. v.* 6. *p.* 598.—Penn. *Arct. Zool. v.* 2. *p.* 581. *n°.* 508. — Krahen pelikan. Bechst. *Naturg. Deut. v.* 4. *p.* 762. — Meyer, *Tasschenb. v.* 2. *p.* 578.

Les jeunes de l'année, ont un peu de cendré clair sur la gorge ; tête, cou et parties inférieures d'un brun foncé ; mais les plumes de la poitrine et du devant du cou bordées de brun cendré, plumes du haut du dos et des ailes d'un cendré brun, toutes bordées par une large bande d'un brun foncé ; croupion, abdomen, pennes des ailes et de la queue d'un brun noirâtre ; iris brun. C'est alors,

Le petit Fou brun de Cayenne. Buff. *Ois. v.* 8. *p.* 374. mais surtout sa *pl. enl.* 974. *figure très-exacte du jeune de l'année.*

Plumage d'été ou des noces.

Sur l'occiput sont de longues plumes qui forment une huppe d'un vert foncé à reflets ; gorge noire ; sur le sommet de la tête, sur une grande partie du cou et aux cuisses paraissent de très-petites plumes

---

* Mais point, ainsi que M. Cuvier le présume : *Pelecanus cristatus,* Olaf. *Voy. en Isl. pl.* 44, et Lath. *sp.* 16, espèce distincte que je décris sous le nom de *Cormoran largup.*

très-courtes, d'un blanc pur; parties supérieures du plumage d'un verdâtre lustré et à reflets, toutes les plumes du dos et des ailes bordées par un liséré très-étroit d'un noir velouté; le reste du plumage comme en hiver *.

Remarque. J'ai reçu des individus d'Afrique et des individus tués dans l'Amérique septentrionale, qui ne diffèrent en rien de ceux que j'ai tués en Hollande ; ceux tués au Brésil, dont j'ai vu un grand nombre d'individus, ne diffèrent en rien de ceux pris sur nos côtes. Plusieurs citations que Sonnini réunit dans l'article qui traite de cette espèce, et qu'il considère comme identiques, appartiennent à des espèces étrangères distinctes, très-différentes de celle-ci. Le Pelecanus africanus de Latham, *Ind.* *v.* 2. *p.* 890. *sp.* 24. dont Sparman a donné une bonne figure, *Mus. Carls. fasc.* 3. *t.* 61, est une espèce distincte beaucoup plus petite que le graculus qui se trouve aussi au Cap de Bonne-espérance.

Habite : les contrées septentrionales et méridionales des deux mondes; de passage dans les contrées orientales de l'Europe ; moins nombreux à son passage dans les contrées qui sont baignées par l'Océan ; très-abondant dans les régions du cercle arctique et antarctique.

Nourriture : poissons.

Propagation : niche dans les fentes des rochers et sur les arbres ; pond deux ou trois œufs blanchâtres, très-allongés, presque également gros aux deux bouts, couverts d'une couche calcaire à surface inégale.

---

* La note de l'article précédent est également applicable ici, seulement avec cette différence, que les plumes blanches qui poussent au printemps sont peu visibles et paraissent comme de petits points blancs semés sur l'occiput, sur le cou et sur les cuisses.

CORMORAN LARGUP.

CARBO CRISTATUS. (Mihi.)

Bec très-effilé, grêle, long de 2 pouces 4 lignes, plus long que la tête ; queue très-courte composée de 12 pennes.

Tout le plumage du plus beau vert foncé, resplendissant et lustré ; haut du dos, scapulaires et couvertures des ailes et pennes de celles-ci d'une belle couleur de bronze ; chaque plume est comme encadrée par une étroite bande d'un beau noir paraissant velouté ; l'extrémité des ailes ne dépasse point l'origine de la queue, qui est courte, arrondie et d'un noir mat ; base du bec et la très-petite poche gutturale d'un beau jaune ; bec brun, pieds noirs ; iris vert. Longueur, 2 pieds 1 ou 2 pouces. *Les vieux en plumage d'hiver.*

Les jeunes de l'année, se distinguent de tous ceux des autres espèces par le bec long et grêle, par leur queue courte, et par les larges bords lustrés qui entourent toutes les plumes du manteau. Les couleurs des parties supérieures sont d'un brun légèrement nuancé de verdâtre ; celle des parties inférieures d'un brun cendré plus ou moins blanchâtre.

Plumage d'été ou des noces.

Diffère en ce que, dès le commencement du printemps, il s'élève sur le milieu du crâne, entre la distance des yeux, une belle touffe de plumes larges et épanouies, hautes d'environ un pouce et demi, capables d'érection, et qui présentent en cet état un toupet ou large panache ; à l'occiput se trouvent aussi dix ou douze plumes un peu longues et subulées. Il ne paraît jamais de plumes blanches au cou ni aux cuisses comme chez le grand cormoran. C'est en cet état qu'on reconnaît,

Pelecanus cristatus. Lath. *Ind. Orn. v.* 2. *p.* 888. *sp.* 16. — Fabric. *Fauna. Groenl. n°.* 58. — Olaffen, *voyage en Islande. v.* 2, *et Atlas. tab.* 44. *figure très-exacte.* — Gmel. *Syst. p.* 575. — Crested shag. *Arct. Zool. p.* 583. *A.*

Habite : tout le nord de l'Europe ; très-commun en Islande, aux Orcades, en Norwège et en Suède, dans le voisinage des grands lacs. M. Boié a tué plusieurs individus sous le 60°. degré, lors de son dernier voyage.

Nourriture : poissons.

Propagation : niche dans les fentes des rochers ; pond deux œufs longs, presque également gros aux deux bouts, de couleur blanchâtre, à surface rude et calcaire.

CORMORAN PIGMÉE.

CARBO PYGMÆUS. (Mihi.)

Longueur du bec, 1 pouce 2 lignes, plus court que la tête ; queue longue, très-étagée, composée de 12 pennes ; plumes, scapulaires et couvertures des ailes longues ; pieds cendrés.

Tout le plumage des parties supérieures du corps d'un noir cendré, chaque plume étant bordée d'une étroite bande noire qui semble passée au vernis, tête, cou et parties inférieures d'un noir verdâtre ;

au-dessus des yeux de très-petits points blancs disposés en sourcil ; bec , tour des yeux et petite nudité gutturale d'un noir profond ; pieds d'un cendré noirâtre. Longueur, à peu près 21 pouces. *Les vieux en plumage d'hiver.*

Pelecanus pygmæus. Pallas , *Reise, v.* 2. *p.* 712. *t.* G. — Gmel, *Syst.* 1. *p.* 574. *sp.* 19. — Lath. *Ind. v.* 2, *p.* 890. *sp.* 25. — Le Cormoran pygmée. Sonn. *Nouv. édit. de* Buff. *Ois. v.* 24. *p.*77 . — *Voy. en Russ.* , *édit franc.* , *v.* 2. *App. p.* 52. *n°.* 9, *et pl.* 1. — Dwarf shag. Lath. *Syn. v.* 6. *p.* 607.

Remarque. Cette espèce qui porte très-improprement le nom de *Pygmæus* , n'est point la plus petite du genre ; elle est seulement un peu moins grande que le *Pelecanus graculus*, dont elle diffère beaucoup par son bec très-court et par ses plumes dorsales longues , plus ou moins subulées ; ce dernier caractère est aussi propre au *Pelecanus africanus*, mais ce dernier a le bec proportionnellement plus long.

Les jeunes de l'année, ont le sommet de la tête et toute la nuque d'un brun noirâtre ; gorge blanche ; devant du cou d'un brun clair varié de blanchâtre ; milieu du ventre et abdomen d'un blanc jaunâtre ; flancs et cuisses brunes ; plumes du haut du dos et des ailes d'un brun cendré , toutes terminées par une très-grande tache d'un noir brillant et lustré ; rémiges et pennes de la queue d'un brun noirâtre, toutes terminées de brun clair ; pieds bruns ; tour des yeux et la nudité gutturale jaunâtres. C'est alors,

Pelecanus pygmeus. *Var. A.* Lath. *Ind. loco citato.* — *Iter Posega. p.* 25.

Plumage d'été ou des noces.

Tout le plumage d'un noir lustré, verdâtre; la bande d'un noir brillant, qui entoure les plumes du dos et des ailes, semble passée au vernis; de très-fines tiges blanches paraissent au cou, à la tête et aux cuisses; ces fines baguettes n'ont de barbes qu'à leur bout, ce qui forme sur toutes les parties indiquées de très-petits points blanchâtres *; les plumes occipitales ne sont point allongées en huppes comme chez le *Carbo cormoranus* et *graculus;* le reste du plumage comme en hiver.

Remarque. Lors de la première édition de ce Manuel, je ne connaissais point encore les différens états de cette espèce, très-rare dans nos contrées ; le nombre des individus que j'ai vus en Hongrie et dans quelques cabinets en Autriche, m'ont mis à même de la mieux connaître et de la décrire d'une manière plus exacte.

Habite : les contrées orientales ; très-commun en Hongrie sur les bords du Danube ; rarement en Autriche et très-accidentellement plus avant en Allemagne ; vit en grand nombre dans la Russie asiatique et probablement aussi en Turquie.

Nourriture et *Propagation :* inconnues.

---

* Ces plumes très-déliées à baguettes seulement barbues à la pointe, n'existent que dans le court espace de la reproduction; elle tombent avant l'époque de la mue d'automne.

GENRE QUATRE-VINGT-TROISIÈME.

FOU. — *SULA.* (Briss.)

Bec fort, long, en cône allongé, très-gros à sa base, comprimé vers la pointe qui est faiblement courbée, fendu jusque derrière les yeux ; bords des deux mandibules dentelés. Face et gorge nues. Narines basales, linéaires, occultes. Pieds courts, forts, très-retirés dans l'abdomen ; trois doigts devant, le doigt de derrière s'articule intérieurement ; tous réunis par une seule membrane. Ongles, celui du doigt du milieu dentelé en scie. Ailes longues ; la 1ʳᵒ. rémige la plus longue, ou d'égale longueur avec la 2ᵉ. Queue en forme de cône composée de 12 pennes.

Les *Fous*, un genre d'oiseaux confondu par les méthodistes dans le vaste cadre qu'ils assignent au genre *Pelecanus*, se distinguent par des caractères faciles à saisir, non seulement des vrais *Pélicans*, mais aussi des *Cormorans* *. Les *Fous* nagent très-rarement ; ils ne se submergent ni ne plongent jamais ; habitans des rochers qui bordent la mer, ils volent continuellement au-dessus des vagues qui les baignent ; à terre, ils ont une attitude presque verticale, et se servent alors de même que les *Cor-*

---

* L'oiseau désigné sous le nom de *Frégate*, qui vit entre les tropiques, forme aussi un genre distinct ; il a toujours été rangé par les méthodistes dans le genre *Pelecanus*, mais n'y est point à sa place. On ne peut deviner les motifs qui ont pu déterminer les naturalistes allemands à comprendre la *Frégate* parmi les oiseaux d'Europe.

morans, de leur longue queue à baguettes fortes et élastiques comme d'un troisième point d'appui, les jambes étant également très retirées dans l'abdomen. Leur nourriture consiste en poissons qui nagent à la surface des eaux ; ils se laissent tomber sur ceux-ci du haut des airs où ils planent ; leur vol est facile et long-temps soutenu. Ils nichent sur les espaces planes des rochers ou sur des montagnes couvertes d'herbes, toujours réunis en grandes troupes ; la ponte est ordinairement de deux ou de trois œufs. C'est peut-être improprement qu'on leur a donné le nom de fous, à cause de la prétendue stupidité avec laquelle ils se laissent attaquer par les hommes et les oiseaux. L'espèce d'Europe, seule assez bien connue parmi le petit nombre qui compose ce genre, varie singulièrement dans les différens périodes de l'âge, au point que les jeunes ont des couleurs et une bigarrure de taches qui les feraient prendre très-facilement pour des espèces distinctes ; les sexes diffèrent seulement par la grandeur.

La Remarque que j'ai faite pour le genre *Stercoraire*, voyez à la page 790, est également applicable ici.

FOU BLANC ou DE BASSAN.

SULA ALBA. (Meyer.)

Sommet de la tête et occiput d'un jaune d'ocre clair ; le reste du plumage d'un blanc de lait, à l'exception des rémiges et de l'aile bâtarde qui sont noires ; bec d'un bleu cendré à sa base, mais blanc à la pointe ; membrane nue qui entoure les yeux d'un bleuâtre clair ; la membrane qui forme le prolongement de l'ouverture du bec et celle qui s'étend sur le milieu de la gorge d'un bleu noirâtre ; iris jaune ; partie supérieure des doigts et devant du tarse rayés longitudinalement d'un vert clair ; membranes noirâtres; ongles bancs ; queue en cône allongé ; les deux rémiges extérieures ont le bout des barbes tronqué. Longueur, 2 pieds 7 , 8 , et jusqu'à 10 pouces. *Les vieux des deux sexes à l'âge de trois ans.*

La femelle est moins grande que *le mâle.*

Les jeunes jusqu'à l'âge de trois ans.

Quelques jours après leur sortie de l'œuf, ils sont couverts d'un duvet blanc et lustré. *Pendant la première année*, tout le plumage des parties supérieures est d'un brun noirâtre, sans aucune tache; les parties inférieures sont d'un brun varié de cendré; bec, parties nues et iris bruns; la queue seulement arrondie. *A leur seconde mue ou à l'âge d'un an*, la tête, le cou et la poitrine sont d'un brun cendré, couvert de petites taches blanches en forme de fer de lance et très-rapprochées; les plumes du dos, du croupion et des ailes, colorées du même brun cendré, portent de grandes taches blanches, aussi en forme de fer de lance, mais plus distantes les unes des autres; parties inférieures blanchâtres, variées de brun cendré ; queue et rémiges brunes, la première conique et à baguettes blanches : bec d'un cendré brun, mais blanchâtre vers la pointe ; parties nues d'un brun bleuâtre ; iris jaunâtre; devant du tarse et partie supérieure des doigts d'un brun verdâtre; les rayures sur le tarse et sur les doigts d'un gris blanc ; membranes d'un brun cendré ; ongles blanchâtres. *A l'âge de deux ans et pendant l'époque de la mue*, on trouve des individus qui ont déjà plusieurs parties couvertes de plumes blanches, tandis que les autres parties le sont de plumes brunes, tachées de blanc.

Les vieux des deux sexes.

PELECANUS BASSANUS. Gmel. *Syst.* 1. *p.* 577. *sp.* 5. — Lath. *Ind. v.* 2. *p.* 891. *sp.* 26. — LE FOU DE BASSAN. Buff. *Ois. v.* 8. *p.* 376. — Id. *pl. enl.* 278. *figure exacte.* — Gérard. *Tab. élém. v.* 2. *p.* 317. — THE GANNET. Lath. *Syn. v.* 6. *p.* 608. — Penn. *Brit. Zool. p.* 160. *t.* L. — DER BASSANISCHE PELIKAN. Bechst. *Naturg. Deut. v.* 4. *p.* 765. — Borkh. *Deut. Orn. Heft.* 2. *t.* 2. — WEISSER TOLPEL. Meyer, *Tasschenb. v.* 2. *p.* 582 *. — Naum. *Vög. Nacht. t.* 56. *f.* 106. *le vieux mâle.* — JAN VAN GENT. Sepp. *Nederl. Vog. v.* 5. *t. p.* 401.

Les jeunes à l'âge d'un et de deux ans.

SULA MAJOR. Briss. *Orn. v.* 6. *p.* 497. — PELECANUS MACULATUS. Gmel. *Syst.* 1. *p.* 579. *sp.* 32. — LE GRAND FOU. Buff. *Ois. v.* 8. *p.* 372. — LE FOU TACHETÉ Buff. *v.* 8. *p.* 375. — Id. *pl. enl.* 986. *figure exacte pour les couleurs du plumage**.* — GREAT and SPOTTED BOBY. Lath. *Syn. v.* 6. *p.* 610. *et* 614. — Catsby. *Car. v.* 1. *t.* 86. *la tête.*

Habite : les contrées arctiques des deux mondes ; très-

---

* M. Meyer commet une erreur très-grave en disant que la queue du *Fou blanc* est fourchue ; aucune espèce de ce genre n'a la queue fourchue, mais toutes l'ont plus ou moins conique. *Cette erreur vient d'être redressée dans un article inséré dans les Annales de la société de Vétéravie.*

** Comme l'individu sur lequel cette figure a été faite se trouvait en mue, les rémiges n'ont point leur longueur ordinaire.

abondant aux Hébrides , en Écosse et en Norwège ; de passage en Angleterre et sur les côtes de Hollande , où il se montre isolément : et seulement dans les hivers les plus rigoureux.

Nourriture : poissons de mer, et particulièrement harengs et sardelles.

Propagation : niche en grandes bandes sur les rochers et sur les falaises baignées par la mer ; les nids sont si rapprochés, que les couveuses se touchent ; pond deux œufs, également pointus des deux bouts , à surface rude et d'un blanc pur.

Anatomie. La trachée, dans les deux sexes, est formée comme celle du *Cormoran*, mais le larynx inférieur est garni de côté par une fine membrane tympaniforme. La peau n'est point adhérente aux muscles, mais capable de beaucoup d'extension ; elle ne tient au corps que par un tissu composé de quelques fibres placés à distances inégales.

GENRE QUATRE-VINGT-QUATRIÈME.

PLONGEON. — COLYMBUS.
(LATH.)

BEC médiocre, fort, droit, très-pointu, comprimé. NARINES basales, latérales, concaves, oblongues, à moitié fermées par une membrane, percées de part en part. PIEDS retirés dans l'abdomen, hors l'équilibre du corps, médiocres ; tarses comprimés ; trois doigts devant, très-longs, entièrement palmés ; le doigt de derrière court, articulé sur le tarse, portant une petite membrane lâche. ONGLES plats. AILES courtes, la 1re. rémige la plus longue. QUEUE très-courte, arrondie.

Quoique le plus grand nombre des oiseaux à pieds palmés plongent, même jusqu'au fond de l'eau, plusieurs ne le font que lorsqu'ils sont poursuivis ; mais les *Plongeons* et les espèces qui composent les genres suivans, ont pour ainsi dire, reçu le fluide élément pour demeure habituelle. Ils vivent continuellement sur les eaux, où ils sont le plus souvent cachés à nos regards, parce qu'ils ne sortent la tête hors de l'eau que pour respirer un instant, et se submergent incontinent après ; la démarche de ces oiseaux est si embarrassée, qu'ils ne peuvent maintenir leur corps dans une direction presque verticale, qu'à l'aide des ailes dont ils font usage comme soutiens et comme des espèces de rames pour leur rendre la marche plus facile : ces soutiens venant à leur manquer, ils perdent totalement l'équilibre, et se laissent tomber à plat ventre, position dans laquelle on les surprend souvent lorsqu'ils sont à terre, où ils se rendent rarement dans tout autre temps que celui des pontes ; ils nichent dans les îlots, sur les caps et sur des promontoires ; la ponte est de deux œufs. Leur nourriture consiste en poissons, dont ils font une grande destruction, en frai, insectes aquatiques, et souvent aussi en productions du règne végétal. Ils émigrent sur les eaux ; ils volent très-bien, mais rarement. Les jeunes diffèrent beaucoup des adultes ; c'est à l'âge de deux ou trois ans que les couleurs du plumage sont stables ; la mue n'a lieu qu'une fois l'année, mais les jeunes sont trois années avant de prendre le plumage stable des vieux ; il n'existe point de différences extérieures dans les sexes.

PLONGEON IMBRIM*.

COLYMBUS GLACIALIS. (Linn.)

*La mandibule supérieure presque droite ; l'inférieure recourbée en haut, large dans le milieu, sillonnée en dessous ; longueur du bec, 4 pouces 1 à 4 lignes **, suivant l'âge.*

Tête, gorge et cou d'un noir verdâtre à reflets verts et bleuâtres ; en dessous de la gorge une petite bande transversale, qui est rayée de blanc et de noir ; sur la partie postérieure du cou un large collier, rayé longitudinalement de noir et de blanc ; dos, ailes, flancs et croupion d'un noir profond ; sur toutes les plumes du dos et sur toutes celles des scapulaires sont, vers l'extrémité de chaque plume, deux taches carrées d'un blanc pur ; couvertures des ailes, flancs et croupion parsemés de petites taches blanches ; poitrine et parties inférieures d'un

---

* M. Cuvier, *Règn. anim. v. 1. p.* 508, réunit sous le nom de *grand Plongeon* les vieux et les jeunes des deux espèces distinctes, décrites dans ce Manuel sous les noms d'*Imbrim* et de *Lumme*. C'est probablement l'opinion de M. Meyer qui est cause de cette erreur ; car dans le *Tasschenb. Deut. v. 2. p.* 449, nous voyons les deux espèces réunies, tandis que dans les Annales du Wetter. v. 3. p. 180., la méprise a été corrigée ; particularités dont j'ai déjà fait mention dans la première édition, comme on peut le voir dans les synonymes et dans la note.

** Pour distinguer *les jeunes* de cette espèce de ceux de la suivante, on ne peut être trop attentif aux caractères que je signale, vu que dans cet âge le plumage ne présente aucune disparité marquante.

blanc parfait; bec noir, mais cendré vers la pointe;
iris brun; pieds extérieurement d'un brun noirâtre,
intérieurement ainsi que les membranes blanchâtres.
Longueur, de 27 jusqu'à 29 pouces et davantage.
Les vieux.

COLYMBUS GLACIALIS. Gmel. *Syst.* 1. *p.* 588. *sp.* 5. —
Lath. *Ind. v.* 2. *p.* 799. *sp.* 1. Wilson. *Americ. Orn.*
v. 9. *pl.* 74. *f.* 3. — COLYMBUS TORQUATUS. Brunn. *Orn.*
Boreal. p. 41. *n°.* 134. — L'IMBRIM OU GRAND PLONGEON.
Buff. *Ois. v.* 8. *p.* 258. *t.* 22. — Id. *p. enl.* 952. *figure*
très-exacte. — NORTHERN DIVER. — Lath. *Syn. v.* 6. *p.* 337.
— Penn. *Arct. Zool. v.* 2. *p.* 518. *n°.* 459. — Penn.
Brit. Zool. p. 139. *t. K.* 2. *figure exacte.* — SCHWAR-
ZHALSIGER SEETAUCHER. Meyer, *in die Ann. der Wetterau.*
v. 3. *p.* 180. *n°.* 1*. — Naum. *Vög. t.* 66. *f.* 103. *un*
vieux, figure très-exacte. — EIS TAUCHER. Bechst. *Na-*
turg. Deut. v. 4. *p.* 595. — MERGO MAGGIORE. Stor. *degl.*
ucc. v. 5. *pl.* 507.

Les jeunes de l'année.

Diffèrent considérablement *des vieux;* tête, occiput et toute la partie postérieure du cou d'un brun
cendré; de petits points cendrés et blancs sur les
joues; gorge, devant du cou et les autres parties
inférieures d'un blanc pur; plumes du dos, des
ailes, du croupion et des flancs d'un brun très-foncé
dans le milieu, bordées et terminées par du cendré
bleuâtre; mandibule supérieure du bec d'un gris
cendré, inférieure blanchâtre; iris brun; pieds,

---

* Dans son *Tasschenbuch, v.* 2. *p.* 449, M. Meyer confond deux
espèces distinctes de *Plongeons.*

extérieurement d'un brun foncé, intérieurement
ainsi que les membranes blanchâtres. C'est alors,

COLYMBUS IMMER. Gmel. *Syst.* 1. *p.* 588. *sp.* 6. — Lath.
Ind. v. 2. *p.* 800. *sp.* 2. — LE GRAND PLONGEON. Buff.
Ois. v. 8. *p.* 251, mais point sa *pl. enl.* 914, qui représente un jeune de l'espèce suivante. — IMBER DIVER. Lath.
Syn. v. 6. *p.* 340. — MERGO MAGGIORE O SMERGO. *Stor.
deg. ucc. v.* 5. *pl.* 505. *figure exacte.* — IMBER TAUCHER.
Bechst. *Naturg. Deut. v.* 4. *p.* 621. Probablement un
jeune de la présente espèce, à cause de sa grande dimension.

Remarque. Sous le nom de COLYMBUS IMMER, se trouvent confondus les jeunes de cette espèce avec ceux de
la suivante.

A l'âge d'un an, les individus des deux sexes prennent vers le milieu du cou une bande transversale d'un
brun noirâtre, d'environ un pouce en longueur, et qui
forme une espèce de collier; les plumes du dos ont une
teinte noirâtre, et les petites taches blanches commencent
à paraître. C'est alors, LE GRAND PLONGEON. Briss. *Orn.
v.* 6. *p.* 105. *pl.* 10. f. 1. *figure très-exacte. A l'âge de
deux ans*, le collier se dessine davantage; cette partie,
la tête et le cou sont variés de plumes brunes et d'un noir
verdâtre; les nombreuses taches du dos et des ailes do-
minent, et la bande sous la gorge ainsi que le collier de la
nuque, se dessinent par des traits longitudinaux, bruns et
blancs. *A l'âge de trois ans*, le plumage est parfait.

Habite : les mers arctiques des deux mondes; très-
abondant aux Hébrides, en Norwège, en Suède et en
Russie; de pasage accidentel le long des côtes de l'Océan;
les jeunes sont en hiver très-rares sur les lacs de l'intérieur, en Allemagne, en France et en Suisse; on n'y voit
jamais les vieux.

Nourriture : poissons, particulièrement le hareng , dont il poursuit les bandes qui émigrent ; aussi frai, insectes et végétaux marins.

Propagation : niche dans de petites îles , sur le bord des eaux douces ; pond deux œufs d'un blanc isabelle marqué de très-grandes et de petites taches d'un cendré pourpré.

PLONGEON LUMME ou A GORGE NOIRE

COLYMBUS ARCTICUS. (Linn.)

Mandibule supérieure très-légèrement courbée; le milieu de la mandibule inférieure d'égale largeur avec la base , sans rainure en dessous; longueur du bec, 3 pouces 3 ou 6 lignes.

Tête et nuque d'un cendré brun, plus foncé sur le front, gorge et devant du cou d'un noir violet à reflets ; en dessous de la gorge une étroite bande, rayée longitudinalement de blanc et de noir ; depuis l'orifice des oreilles et sur les côtés du cou s'étend une large bande , rayée longitudinalement de noir et de blanc ; partie inférieure du cou rayée de noir ; poitrine et les autres parties inférieures d'un blanc parfait ; dos, croupion et flancs d'un noir profond , sans taches ; sur les côtés de la partie supérieure du dos est un espace longitudinal dont les plumes sont terminées de blanc ; scapulaires rayées transversalement de 12 ou de 13 bandes d'un blanc pur ; couvertures alaires noires, parsemées de petites taches blanches; bec noirâtre ; iris brun ; pieds extérieurement bruns, intérieurement

ainsi que les membranes blanchâtres. Longueur,
de 24 à 26 pouces. *Les vieux.*

Colymbus arcticus. Gmel. *Syst.* 1. *p.* 587. *sp.* 4. —
Lath. *Ind. v.* 2. *p.* 800. *sp.* 4. — Le Lumme ou petit plongeon de la mer du nord. Buff. *Ois. v.* 8. *p.* 261. — Black
throated diver. Lath. *Syn. v.* 6. *p.* 343. — Penn. *Arct.*
Zool. v. 2. *p.* 520. *n*o. 444. — Edw. *Glan. t.* 146. *figure*
très-exacte. — Der polar taucher. Bechst. *Naturg. Deut.*
v. 4. *p.* 600. — Jacquin , *Beytrage. p.* 22. *t.* 7. *figure*
très-exacte. Schwarzkehliger seetaucher. Meyer, *in*
die Ann. der Wetterau , v. 3. *p.* 181. *n*o. 2. — Naum.
Vög. Nachtr. t. 30. *f.* 60. *figure très-exacte du vieux*
mâle. — Meyer, *Vog. Liv-und Esthel. p.* 225. *sp.* 1.

Les jeunes.

Ceux de l'année , ressemblent, pour les couleurs du plumage , presque à s'y méprendre aux
jeunes du *Plongeon imbrim;* il est facile de les
distinguer à l'aide de mes courtes indications et
par la taille, qui n'excède jamais 23 ou 24 pouces
pour les jeunes *Lummes*, tandis que celle des jeunes
Imbrims porte souvent en longueur totale jusqu'à 28 ou 29 pouces. Les jeunes *Lummes* ont
aussi le plus souvent une bande noirâtre qui s'é-
tend en longueur sur les côtés du cou et qui manque totalement chez les jeunes *Imbrims.*

Buffon donne une bonne figure du jeune *Plongeon*
lumme; *pl. enl.* 914 ; mais la description appartient à un
jeune de l'année du *Plongeon imbrim.* La *t.* 68 *f.* 105. des
oiseaux de Nauman, représente aussi très-exactement un
jeune de l'année du plongeon lumme. On trouve encore
le jeune de cette espèce dans Colymbus ignotus de Bechst.

Naturg. Deut. p. 782. *sp.* 4. *de la* 1re. *édition*, et sous le nom de Colymbus leucopus. *dans la* 2e. *édit. p.* 625. *sp.* 6.

Les jeunes à l'âge d'un an, ont la tête et la nuque d'un cendré clair ; gorge et devant du cou blancs, mais à la gorge et quelquefois sur le devant du cou, paraissent quelques plumes d'un noir violet mêlées avec les plumes blanches ; la bande longitudinale et rayée des côtés du cou commence à se former ; les raies de la partie inférieure du cou paraissent également, et quelques plumes noires, sans taches, paraissent sur le dos, sur le croupion et sur les flancs. *Voyez* Naum. *Vög. Nachtr. t.* 31. *fig.* 61. *A l'âge de deux ans*, le cendré de la tête et de la nuque devient plus foncé et prend une teinte noirâtre, mais seulement sur le front; le noir violet de la gorge et du devant du cou paraît, mais toujours varié par quelques plumes blanches ; les bandes longitudinales se dessinent ; les plumes des côtés de la partie supérieure du dos, les scapulaires et les couvertures alaires prennent les bandes et les taches blanches ; la mandibule supérieure du bec devient noirâtre, mais sa base, ainsi qu'une partie de la mandibule inférieure sont encore de couleur cendrée. *Voyez* les oiseaux de Frisch, *t.* 185. *A. figure exacte. —A l'âge de trois ans*, le plumage est parfait ; cependant il arrive encore à cet âge, que quelques individus ont le noir violet du cou parsemé de quelques plumes blanches.

Remarque. Le Colymbus ignotus ou leucopus de Bechstein, sont des descriptions de double usage, qui ont rapport à de jeunes individus de ce plongeon; on doit les rayer de la liste nominale des oiseaux.

Habite : les mers arctiques des deux mondes; très-abondant dans tous les pays du nord; commun en automne et en hiver à son passage en Angleterre, en Allemagne et en Hollande; plus rare sur les lacs de l'intérieur en France; assez commun sur les grands lacs de la Suisse.

Nourriture : poissons, grenouilles, insectes et plantes aquatiques.

Propagation : niche dans les roseaux et dans les herbes, sur les bords des lacs et dans les marais entrecoupés de beaucoup d'eau; pond deux œufs, bruns, marqués de taches noires isolées.

PLONGEON CAT-MARIN ou A GORGE ROUGE.

COLYMBUS SEPTENTRIONALIS. (Linn.)

Bec droit, légèrement courbé en haut, bords des deux mandibules très-courbés en dedans; longueur du bec, 2 pouces 10 lignes, ou 3 pouces.

Côtés de la tête, gorge et côtés du cou d'un cendré velouté, ou couleur de souris; sommet de la tête marqué de taches noires; occiput, partie postérieure et inférieure du cou marqués de raies longitudinales, noires et blanches; sur le devant du cou une longue bande d'un roux marron, très-vif; poitrine et parties inférieures d'un blanc parfait, flancs, dos et toutes les autres parties supérieures d'un brun noirâtre, sans taches *sur de très-vieux individus*, mais avec de très-petites taches blanchâtres et peu distinctes *sur les individus de trois ou de quatre ans* ; bec noir; iris d'un brun orange; pieds extérieurement d'un noir verdâtre, intérieurement ainsi que les membranes d'un blanc livide. Longueur, de 21 à 24 pouces. *Les vieux, mâle et femelle.*

COLYMBUS SEPTENTRIONALIS. Gmel. *Syst.* 1. *p.* 586. *sp.* 3. — Lath. *Ind. v.* 2. *p.* 801. *sp.* 4. — *Transact. of the Linn. society, mem. birds of greenl.* — COLYMBUS LUMME. Brunn. *Orn. Boreal. p.* 39. *n°.* 132. — LE PLONGEON A GORGE ROUGE. Buff. *Ois. v.* 8. *p.* 264. — Id. *pl. enl.* 308. *figure très-exacte.* — RED-THROATED DIVER. Lath. *Syn. v.* 6. *p.* 344. — Penn. *Arct. Zool. v.* 2. *p.* 520. *n°.* 443. — Edw. *Glan. t.* 97. *figure très-exacte.* — ROTHKEHLIGER TAUCHER. Bechst. *Naturg. Deut. v.* 4. *p.* 609. — Meyer, *Tasschenb. v.* 2. *p.* 453. — Naum. *Vög. Deut. t.* 67. *f.* 104. *figure très-exacte.*

Les jeunes de l'année.

Au sortir du nid, sont d'un brun noirâtre assez uniforme sur les parties supérieures, et blanchâtres sur les parties inférieures. *A leur première mue*, l'espace entre l'œil et le bec, toutes les parties latérales du cou, la gorge et les autres parties inférieures sont d'un blanc parfait; sommet de la tête et nuque d'un cendré noirâtre, finement lisérés de blanc; dos, scapulaires et croupion d'un brun noirâtre, mais parsemé d'un grand nombre de petites taches blanches, disposées sur les bords des barbes ; couvertures des ailes bordées, vers le bout, par du blanc; bec d'un cendré blanchâtre, mais foncé en dessus; iris brun; pieds extérieurement bruns, intérieurement ainsi qu'une partie des membranes d'un cendré blanchâtre. C'est alors,

COLYMBUS STELLATUS. Gmel. *Syst.* 1. *p.* 587. *sp.* 17. — Lath. *Ind.* v. 2. *p.* 801. *sp.* 5. — LE PLONGEON CAT-MARIN. Buff. *Ois.* v. 8. *p.* 256. — LE PETIT PLONGEON. Buff. v. 8. *p.* 254. *t.* 21. — Id. *pl. enl.* 992. *figure assez exacte.* — — Gérard. *Tab. élém.* v. 2. *p.* 421. *n°.* 2. — SPECKLED DIVER. Lath. *Syn.* v. 6. *p.* 541. — Penn. *Brit. Zool.* *p.* 139. *t.* K. *figure exacte.* — Id. *Arct. Zool.* v. 2. *p.* 519. *n°.* 441. — GESPRENKELTE TAUCHER. Bechst. *Naturg. Deut.* v. 4. *p.* 613. — Naum. *Vög. Nacht. t.* 31. *f.* 62.

Les jeunes à l'âge d'un an, ont déjà la gorge et les côtés du cou colorés du même cendré que chez *les vieux;* la nuque est aussi rayée de même, mais il arrive souvent, qu'à cet âge, tout le devant du cou se trouve couvert de plumes blanches, parmi lesquelles on remarque quelques plumes d'un roux marron; les taches blanches des parties supérieures deviennent moins distinctes, plus petites et souvent de couleur jaunâtre. *Après la seconde mue*, tout le devant du cou est d'un roux marron, mais souvent parsemé de quelques plumes blanches. Les taches blanches ou blanchâtres des parties supérieures disparaissent à mesure que les individus avancent en âge. C'est, dans l'un ou dans l'autre cas,

COLYMBUS STRIATUS. Gmel. *Syst.* 1. *p.* 586. *sp.* 16. — Lath. *Ind.* v. 2. *p.* 802. *sp.* 7. — STREIPED DEIVER. Penn. *Arct. Zool.* v. 2. *p.* 519. *n°.* 442. — Lath. *Syn.* v. 6. *p.* 345. — COLYMBUS BOREALIS. Brunn. *Orn. Boreal. p.* 39. *n°.* 131 Lath. *Ind.* v. 2. *p.* 801. *sp.* 6.

Habite : les mers arctiques des deux mondes ; très-abondant en automne, mais surtout en hiver sur les côtes d'Angleterre, de Hollande et de France ; les jeunes sont très-communs sur les mers de l'intérieur de la Hollande, en Allemagne, même jusqu'en Suisse et en Italie.

Nourriture : petits merlans, chevrettes et autres poissons, ainsi que leur frai ; grenouilles, insectes et végétaux aquatiquess

Propagation : niche comme l'espèce précédente ; pond deux œufs, également gros par les deux bouts, ou très-oblongs, d'un brun olivâtre marqué de taches brunes peu nombreuses.

GENRE QUATRE-VINGT-CINQUIÈME.

GUILLEMOT. — *URIA.* (Briss.)

BEC médiocre ou court, fort, droit, pointu, comprimé; mandibule supérieure vers la pointe légèrement courbée; inférieure formant un angle plus ou moins ouvert. NARINES basales, latérales, concaves, longitudinalement fendues, à moitié fermées par une large membrane couverte de plumes, percées de part en part. PIEDS courts, retirés dans l'abdomen, hors l'équilibre du corps, tarses grêles; seulement trois doigts devant, entièrement palmés. ONGLES courbés. AILES courtes, la 1re. rémige la plus longue.

Habitans des vastes mers qui baignent les arides bords des contrées polaires, les *Guillemots* et les autres genres d'oiseaux qui semblent former le dernier chaînon de la classe des volatiles , sont pour ainsi dire, relégués dans ces climats couverts de frimats éternels; contraints par les glaces de quitter en hiver les contrées arctiques , ils émigrent dans cette saison le long des côtes maritimes, et visitent les pays froids de l'Europe. Leur apparition à terre , excepté dans le temps des pontes, est le plus souvent due à des causes accidentelles , tels que les rafales , le roulis des vagues et les brisans qui les forcent d'abandonner leur élément favori; plusieurs s'égarent par les mêmes causes dans les rivières et dans les lacs, où on les voit souvent en hiver; leurs moyens de marche sont les mêmes que ceux dont il a été fait mention dans le genre *Plongeon.* Les *Guillemots* plongent facilement et long-temps, ainsi que le font la plupart des oiseaux plongeurs ; ils se servent de leurs ailes pour nager entre deux eaux , et pour atteindre une proie aussi agile que les poissons et les insectes marins , qui leur servent de nourriture ; leur vol est de très-courte durée et toujours en effleurant la surface des eaux. Toutes les espèces qui composent ces genres nichent par grandes bandes, dans les trous des rochers; ils pondent tous un seul œuf, qui d'ordinaire est très-grand par rapport à la taille de l'oiseau , pour atteindre à leurs nids, qu'ils placent le long des rochers escarpés, à une très-haute élévation, ils sautillent et voltigent d'une pointe à l'autre ; en tout autre temps , on ne les voit jamais à terre, que lorsqu'ils y sont poussés par des causes accidentelles. La mue est double pour toutes les espèces connues ; le plumage complet d'hiver, pour les deux sexes, est précisément celui que les auteurs signalent pour celui de la femelle et des jeunes ; ces derniers diffèrent très-peu des adultes en plumage d'hiver, on ne peut même les distinguer qu'au bec, moins formé dans la première année ; il n'existe aucune différence extérieure dans les sexes. Je crois nécessaire de diviser ce genre en deux sections, la première, composée des guillemots dont le bec est plus long que la tête, et la seconde formée de ceux qui l'ont plus court que la tête ; cette dernière ne compte qu'une espèce.

Ire: SECTION.

Le bec plus long que la tête.

GUILLEMOT A CAPUCHON.

URIA TROILE. (LATH.)

Bec très-comprimé dans toute sa longueur; plus long que la tête; ailes unicolores, moins les pennes secondaires terminées de blanc; pieds obscurs.

Sommet de la tête, espace entre l'œil et le bec, une bande longitudinale derrière les yeux et toutes les parties supérieures d'un noir velouté, légèrement cendré; toutes les parties inférieures et l'extrémité des pennes secondaires des ailes d'un blanc pur; le blanc se trouve aussi entre la bande derrière les yeux et le noir de la nuque ; il s'avance vers l'occiput, où il forme de chaque côté un angle ouvert ; le cendré noirâtre de la partie latérale du cou semble former vers la poitrine un espèce de collier, faiblement indiqué par du cendré clair ; bec d'un noir cendré ; intérieur de la bouche d'un jaune livide; iris brun; pieds et doigts d'un brun jaunâtre; partie postérieure du tarse et membranes noires. Longueur du bec aux ongles, 15 ou 16 pouces. *Les vieux des deux sexes en plumage complet d'hiver.*

La femelle est seulement un peu plus petite que le mâle.

Uria suarbag et ringuia. Brunn. *Orn. Boréal. p.* 27. *n°.* 110 *et* 111. — Colymbus minor. Gmel. *Syst.* 1. *p.* 585. *sp.* 14. — Lesser guillemot. Penn. *Arct. Zool. supp. p.* 69. — Lath. *Syn. v.* 6. *p.* 332. — Der dumme lumme. Bechst. *Naturg. Deut. v.* 4. *p.* 574. — Troillumme. Meyer, *Tasschenb. Deut. v.* 2. *p.* 445.

Les jeunes de l'année.

Se distinguent principalement des *vieux en plumage d'hiver*, par le bec qui est plus court, cendré et jaunâtre à sa base; le noir des parties supérieures est nuancé par du brun cendré; la raie ou bande longitudinale n'est point distincte, celle-ci se confond en taches cendrées avec le blanc des côtés de l'occiput; le brun cendré domine plus sur la partie inférieure du cou, et le blanc des parties inférieures n'est pas si pur; les tarses et les doigts sont d'un jaunâtre livide et les membranes brunes. C'est alors,

Colymbus macula nigra pone oculos. Sander. *Naturf.* 13. *p.* 192. — Gmel. *Syst.* 1. *p.* 584. *var. B.* — Naum. *Vög. t.* 64. *f.* 99. — Meyer. *Vog. Deut v.* 1. *Heft.* 13. *t.* 22. *figure très-exacte.*

Plumage d'été ou des noces.

Tête, région des yeux, gorge et toute la partie supérieure du cou d'un brun paraissant velouté; intérieur de la bouche d'un jaune vif; le reste comme en hiver. C'est alors,

Uria lomvia. Brunn. *Orn. Boreal. p.* 27. *n°.* 108. — Lath. *Ind. Orn. v.* 2. *p.* 796 *sp.* 1. — Colymbus troile. Gmel. *Syst.* 1. *p.* 585. *ps.* 2. — Le Guillemot. Buff. *Ois.*

v. 9. p. 35o. — Id. *pl. enl.* 9o3 *figure exacte* — Foo-
LISCH GUILLEMOT. Lath. *Syn. v.* 6. *p.* 32g. — Id. *supp.*
v. 1. *p.* 2g5. — Penn. *Arct. Zool. v.* 2. *p.* 5i6. *n°.* 436.
— Penn. *Brit. Zool. p.* i38. *t. H. figure exacte.* —
Edw. *Glan. t.* 35g. *f.* 1. — Meyer, *Vög. Deut. v.* 1.
Heft. i3. *t.* 1. *figure exacte.* — Frisch. *Vög. t.* i85. *fi-*
gure très-peu exacte. — URIA MAGGIORE. *Stor. degl. ucc.*
v. 3. *pl.* 54g.

Des variétés accidentelles, n'ont point de blanc aux
pennes secondaires. J'ai tué un vieux guillemot au printemps, qui avait tout le dos et les pennes caudales tapirés
de taches d'un cendré jaunâtre.

Habite : les mers arctiques des deux mondes ; émigre
l'hiver en grandes bandes le long des côtes de Norwége et
d'Angleterre ; très - commun alors le long des bords de la
Baltique et des côtes maritimes de Hollande et de France ;
plus rarement sur nos mers et nos grands lacs de l'intérieur.

Nourriture : poissons, particulièrement des sardelles ;
beaucoup d'insectes marins et de petits coquillages bivalves ; très-rarement des crustacés.

Propagation : niche par grandes bandes ; ne fait aucun
apprêt pour le nid, mais dépose les œufs dans les trous des
rochers qui bordent la mer dans les parages arctiques ;
pond un œuf très-grand, oblong et pointu d'un fond verdâtre ou bleuâtre, toujours marqué de grandes taches et
de raies irrégulières d'un noir profond.

GUILLEMOT A GROS BEC.

URIA BRUNNICHII. (Sabine.) — *URIA FRANCSII.* (Leach.)

Bec dilaté et large à sa base, aussi long que la tête; ailes unicolores, mais les pennes secondaires terminées de blanc; pieds verdâtres.

Gorge et devant du cou d'un noir légèrement brunâtre, paraissant velouté; tête et toutes les parties supérieures d'un noir profond; parties inférieures d'un blanc pur ; ce blanc se prolonge sur le devant du cou en forme de fer de lance; le bec large à sa base d'un bleu clair, le reste d'un bleu noirâtre ; tarses et doigts verts, membranes d'un noir verdâtre; iris brun. Longueur, à peu pres 18 pouces. *Les vieux en plumage parfait d'été ou des noces.*

Remarque. Nous ne connaissons point encore la livrée d'hiver ni le jeune de cette espèce confondue jusqu'ici avec le guillemot ordinaire ou à capuchon ; le seul Brunnich les distingue et paraît les avoir reconnues pour deux espèces, en indiquant le guillemot à capuchon sous le nom de *Uria lomvia. n°.* 108., et celui à gros bec sous le nom de *Uria troile. n°.* 109., nom consacré par Linné et par tous les autres naturalistes à notre guillemot si commun partout sur nos côtes maritimes. L'oiseau de cet article ayant été rapporté en dernier lieu par l'expédition au pôle, sous la conduite du capitaine Ross, il s'agissait par conséquent de lui donner un nouveau nom , vu que celui de *Troile* ne pouvait être employé. MM. Sabine et Leach s'emparèrent de cette tâche ; le premier lui donna le nom de M. Brunnich, auteur de la Zoologie boréale , et le second celui de M. Francs , dont les travaux scienti-

fiques me sont inconnus, mais qui fut de l'expédition men—
tionnée. La description de l'oiscau de cet article a conséquemment été publiée à Londres, presque à la même époque, sous des noms différens, que je place tous les deux
à la tête de cet article, ne voulant point m'ériger en arbitre
dans le différent entre deux amis.

Uria brünnichii. *Transact. of the* Linn. *society, mem.
on the birds of Greenland.*

Habite : les mers glaciales du pôle arctique, elle a été
peu observée en Europe comme espèce distincte, ayant
presque toujours été confondue avec *Uria troile.* Très-
commun dans le détroit de Davis, au Groënland, au Spitzberg et dans la baie de Baffin.

Nourriture et *Propagation :* inconnues.

GUILLEMOT A MIROIR BLANC*.

URIA GRYLLE. (Lath.)

*Un grand espace blanc sur le milieu des ailes;
pieds rouges.*

Sommet de la tête, nuque, toutes les autres parties supérieures, à l'exception du milieu des ailes,
d'un noir assez profond ; moyennes et grandes couvertures des ailes formant un grand espace ou miroir blanc; joues et toutes les parties inférieures depuis le bec jusqu'à la queue d'un blanc parfait; iris
brun ; bec noir; intérieur de la bouche et pieds
d'un rougeâtre clair. Longueur du bec aux ongles,

---

* M. Cuvier, *Règn. anim. v.* 1, *p.* 510, forme de ce guillemot le
sous-genre *Cephus.* Je suppose qu'il y a erreur dans cet article ;
les synonymes de *Uria grille* et de *Uria Alle* sont placés avec la
description du premier et avec les caractères du second.

1 2 pouces. *Le mâle et la femelle en plumage complet d'hiver.*

Uria minor striata. Briss. *Orn. v. 6. p. 78. n°. 4.* — Uria baltica et grylloides. Brunn. *Orn. Boreal. p. 28. n°. 114, 115 et 116. individus en différens états de mue, passant de la livrée d'hiver à celle d'été.* — Spotted greenland dove. Edw. *Glan. t. 5o. figure très-exacte d'un individu en mue.* — Spotted guillemot. *Brit. Zool. v. 2. pl. 83. f. 2.* — Lath. *Syn. v. 6. p. 333 et 334. variétés ou états différens de mue d'automne ou de printemps.*

Les jeunes de l'année.

Ont la gorge, la poitrine et toutes les parties inférieures d'un blanc pur; sommet de la tête, nuque, partie inférieure du cou et côtés de la poitrine d'un noirâtre maculé de gris et de blanc; dos et croupion d'un noir mat; quelques plumes des scapulaires et du croupion terminées de cendré blanchâtre; les ailes noires, excepté le miroir, qui est blanc, mais marqué de taches cendrées ou noirâtres; intérieur de la bouche et pieds d'un rougeâtre livide; iris d'un brun noirâtre. C'est alors,

Frisch. *Vög. Deut. t. 185. B. figure très-exacte.* — Aussi Naum. *Vög. tab. 64. fig. 100. A. figure exacte.*

Plumage d'été ou des noces.

Toutes les parties du plumage, le milieu de l'aile seul excepté, d'un noir assez profond; moyennes et grandes couvertures des ailes formant un très-grand espace ou miroir d'un blanc pur; bec noir; l'intérieur du bec et les pieds d'un rouge vif. *Le mâle.*

La femelle en plumage complet d'été est un peu plus petite; le noir de son plumage est moins profond, le blanc du miroir moins étendu et moins pur. A l'époque des deux mues périodiques, on voit chez les deux sexes des plumes blanches en plus ou en moins grand nombre sur les parties inférieures.

URIA GRYLLE. Lath. *Ind. v. 2. p.* 797. *sp.* 2. — COLYMBUS GRYLLE. Gmel. *Syst.* 1. — COLUMBA GROENLANDICA. Briss. *Orn. v.* 9. *p.* 76. *n°.* 3. — LE PETIT GUILLEMOT NOIR. Buff. *Ois. v.* 9. *p.* 354. *description exacte.* Mais point sa *pl. enl.* 917 [*]. — BLACK GUILLEMOT. Lath. *Syn. v.* 6. *p.* 332. — Benn. *Brit. Zool. p.* 138. *t. H.* 4. *un individu conservant quelques plumes du jeune âge.* — Penn. *Arct. Zool. p.* 516. *n°.* 437. — Edw. *Glan. t.* 50. *la petite figure du fond.* — DER SCHWARZE LUMME. Bechst. *Naturg. Deut. v.* 4. *p.* 586. — Meyer, *Tasschenb. v.* 2. *p.* 446. — Id. *Vög. Deutschl. v.* 1. *Heft.* 13. *t.* 3. *et* 4. — Naum. *Vög. t.* 64. *n°.* 6, *f.* 100. *le très-vieux mâle.*

Remarque. Les indications de la prétendue espèce du

---

* Cette planche 917 de Buffon, sous le nom de *petit Guillemot femelle*, est une figure très-exacte de la livrée d'hiver de mon *Guillemot nain* de l'article suivant. Une erreur grave, faite par tous les méthodistes, est celle d'avoir placé ce petit oiseau dans le genre *Pingouin*, sous le nom de *Alcatalle*, tandis qu'il porte les caractères des oiseaux du genre *Uria* de Latham. Les méthodistes ont encore fait un double usage de la description du *petit Guillemot* de Buffon, *v.* 9. *p.* 354, en l'employant comme synonyme avec l'oiseau de cet article et avec celui de mon *Guillemot nain.* Nonobstant cette remarque faite dans la première édition, on voit la même erreur reproduite par M. Cuvier, qui cite la *pl.* 917 de Buffon comme synonyme avec le guillemot de cet article.

CEPHUS LACTEOLUS , de Pallas *Spicil. v. 5. p.* 33 , dont Latham a fait son URIA LACTEOLA. *Ind. v. 2. p.* 798. *sp.* 3. — COLYMBUS LACTEOLUS. Gmel. *Syst.* 1. *p.* 583. *sp.* 13, ont rapport à un individu varié accidentellement de blanc, et se trouvant en plumage d'hiver ; cet individu albinos a été *ramassé par Pallas sur les côtes maritimes de Hollande.*

Habite : les mêmes contrées que l'espèce précédente ; de passage en hiver, le long des bords de l'Océan ; se montre plus rarement à terre que l'espèce précédente, et seulement par quelque accident ; très-rare sur les mers et sur les lacs de l'intérieur.

Nourriture : petits poissons, écrevisses et crabes marins.

Propagation : niche comme la précédente ; pond un œuf oblong d'un cendré clair ou à fond tout blanc marqué de grandes et de petites taches noires et cendrées, qui sont très-rapprochées vers l'un des bouts.

IIe SECTION.

Le bec plus court que la tête.

GUILLEMOT NAIN.

URIA ALLE. (MIHI.)

Bec très-court, de moitié moins long que la tête, très-peu arqué.

Sommet de la tête, région des yeux, nuque, côtés de la poitrine et toutes les parties supérieures

---

* Ce petit *Guillemot*, que Brisson énumère très-exactement dans son genre *Uria*, a été rangé depuis, par les autres méthodistes, dans leur genre *Alca ;* mais ces derniers ont eu tort ; l'oiseau dont il est ici question appartient indubitablement dans le genre *Uria*,

d'un noir profond, excepté les pennes secondaires
des ailes qui sont terminées de blanc, et trois ou
quatre bandes longitudinales, d'un blanc pur sur
les grandes couvertures les plus proches du corps;
du blanc pur règne sur la gorge, sur le devant et
les côtés du cou et sur toutes les parties inférieures;
ce blanc, varié par quelques petits traits noirâtres,
occupe aussi les côtés de la tête, et se dirige sur
l'occiput en une bande très-étroite et peu apparente:
tarses et doigts d'un brun jaunâtre; membranes
d'un brun verdâtre; bec noir; iris d'un brun noirâtre. Longueur, 8 pouces 6 lignes, ou 9 pouces au
plus. *Le mâle et la femelle en plumage d'hiver.*

ALCA ALLE. Brunn. *Orn. boreal. p.* 26. *n°.* 106. — LE

---

dont il porte tous les caractères. Depuis peu, M. Vieillot en a formé son genre *Mergulus.* Il est vrai que si on veut avoir égard à
toutes les légères nuances dans les formes du bec, cet oiseau pourrait alors être considéré comme formant un genre distinct; mais il
faudrait aussi en faire un pour le *Guillemot de Brunnich*, et dans
ce cas il ne serait pas difficile de prouver que dans le plus grand
nombre des genres adoptés de nos jours, on pourrait transformer
presque toutes les espèce en genres, et encombrer le système de
quelques centaines de noms de plus. Pour moi, le *Guillemot nain*
sera un être placé sur la limite de deux genres bien distincts
dont il forme le passage, mais en conservant dans ses formes
et dans ses mœurs le plus d'analogie avec les *Guillemots;* ce petit
habitant des glaces du pôle forme en effet le passage au genre
bien caractérisé par les formes du bec et par les mœurs que je
désigne sous le nom de PHALERIS, dont la première espèce est *Alca
cristatella*, Lath. *sp.* 6.; *Alca pygmea* en est le jeune, la seconde
espèce, du double plus grande, est *Alca psittacula*, Lath. *sp.* 8,
dont *Alca tetracula. sp.* 7. est le jeune; voyez les becs assez bien
rendus de ces oiseaux, dans Latham, *Tab.* 95.

PETIT GUILLEMOT FEMELLE. Buff. *Ois.* seulement sa *pl. enl.* 917 *. — LITTLE AUK. Lath. *Syn. v.* 5. *p.* 527. — Penn. *Arct. Zool. v.* 2. *p.* 312. *n°.* 429. — Penn. *Brit. Zool. p.* 137. *t. H.* 4. *f.* 1. *figure très-exacte.* — DER KLEINE ALK. Bechst. *Naturg. Deut. v.* 4. *p.* 732. — Meyer, *Tasschenb. v.* 2. *p.* 443. — Naum. *Vög. Deut. t.* 65. *f.* 102. *figure très-exacte.* — URIA MINORE. Stor. *degl. ucc. v.* 5. *pl.* 550. *figure très-peu exacte.*

Les jeunes de l'année se distinguent des vieux en plumage complet d'hiver, seulement par la forme moins allongée du bec, et par la légère nuance cendrée qui se trouve sur les joues.

Plumage d'été ou des noces.

La tête, les joues, la gorge et toute la partie supérieure du cou est d'un noir profond; le reste du plumage ne diffère point de celui d'hiver. C'est alors,

URIA MINOR. Briss. *Orn. v.* 6. *p.* 73. *n°.* 2. — ALCA ALLE. Gmel. *Syst.* 1. *p.* 554. *sp.* 5. — Lath. *Ind. Orn. v.* 2. *p.* 795. *sp.* 10. — SMALL BLACK AN WHITE DEIVER. Edw. *Glan. t.* 91. *la figure du fond représente un individu en plumage d'été; celle de devant est un oiseau en plumage parfait d'hiver.*

Varie suivant les âges; plus ou moins de taches noires sur la gorge et sur la partie supérieure du cou ; sans raies blanches longitudinales sur les grandes couvertures des ailes, ou bien ces raies

---

* La description, voyez Buffon, *Ois. v.* 9. *p.* 354., appartient au *Guillemot à miroir blanc;* voyez la note à l'article précédent.

très-peu apparentes; très-rarement tout le plumage blanc. C'est alors, ALCA CANDIDA. Brunn. *Orn. boreal. p.* 26. *n°.* 107.

Habite : jusque sous les glaces du pôle ; plus abondant en Amérique qu'en Europe ; de passage accidentel dans les ouragans et les hivers rigoureux sur les côtes de Hollande et de France ; assez abondant sur celles d'Angleterre ; très-accidentellement sur les mers de l'intérieur.

Nourriture : insectes marins, très-petits crabes, écrevisses et autres crustacées.

Propagation : niche dans les trous et dans les fentes des rochers les plus escarpés, sans aucun apprêt pour le nid ; pond un œuf d'un vert bleuâtre clair, le plus souvent sans aucune tache ; quelquefois parsemé de petites taches noirâtres.

GENRE QUATRE-VINGT-SIXIÈME.

MACAREUX. — MARMON.
(ILLIG.)

BEC plus court que la tête, plus haut que long, très-comprimé ; les deux mandibules arquées, transversalement sillonnées, échancrées vers la pointe ; arête de la supérieure tranchant, élevé au-dessus du niveau du crâne. NARINES latérales, marginales, linéaires, nues, presque entièrement fermées par une grande membrane nue. PIEDS courts, retirés dans l'abdomen ; seulement trois doigts devant, entièrement palmés. ONGLES très-crochus. AILES courtes, la 1ʳᵉ. rémige de la longueur de la 2ᵉ. ou un peu plus longue.

Les *Macareux* sont des oiseaux du cercle arctique, dont les mœurs et les habitudes ont beaucoup de rapports avec ceux des espèces comprises dans les genres *Guillemot* et *Pingouin ;* ces genres forment avec ceux composés d'oiseaux étrangers à l'Europe et désignés sous le nom de *Manchot* et de *Gorfou*, les derniers chaînons par laquelle la nature se prépare à terminer la grande famille des oiseaux. Les oiseaux de ce genre volent moins que les guillemots ; cependant ils ne sont point privés de cette faculté, et effleurent assez rapidement la surface des mers ; on ne les voit presque jamais à terre et très-accidentellement sur les eaux douces des parties tempérées de l'Europe. Les *Macareux* ont toujours été confondus avec les *Pingouins*, mais ils doivent former un genre distinct.

Remarque. Quoique l'espèce propre à l'Europe qui compose ce genre ne soit point du nombre des oiseaux rares, qu'au contraire elle est assez commune en hiver sur les côtes d'Angleterre, de Hollande et même de France, je n'ai point encore pu obtenir des données certaines sur les différens états de cet oiseau, sur plus de cent individus que j'ai vus et dont quelques-uns ont été tués à leur passage d'hiver, aucun ne m'a paru différer essentiellement ; j'ai fait la même remarque sur deux autres espèces propres aux contrées glaciales d'Amérique et d'Asie ; la légère différence qui existe dans le jeune âge m'est seule bien connue. Je suppose que la mue doit être double, mais ne puis l'assurer ; s'il en est ainsi, il n'est pas moins certain que les couleurs du plumage ne changent point d'une manière très-marquée. Il est inconcevable que les *Macareux* aient toujours été confondus avec les *Pingouins* dans le genre *Alca ;* car, non-seulement les caractères extérieurs de ces oiseaux sont différens, mais les squelettes offrent des disparités marquées, particulièrement dans les formes de la tête. On doit observer de ne pas confondre notre *Marmon fratercula* avec une espèce propre aux côtes septentrionales d'Amérique, dont le plumage est absolument semblable, mais qui a le bec beaucoup plus haut, elle a surtout la mandibule inférieure très-arquée ; cette espèce nouvelle est indiquée par le docteur Leach, sous le nom de *Mormon glacialis*.

MACAREUX MOINE.

MORMON FRATERCULA. (Mihi.)

Sommet de la tête, toutes les parties supérieures et un large collier qui entoure le cou, d'un noir profond et lustré ; rémiges d'un brun noirâtre ; joues, une large bande au-dessus des yeux et la gorge d'un gris très-clair ; poitrine, ventre et les autres parties inférieures d'un blanc pur ; base du bec d'un cendré bleuâtre, jaunâtre dans le milieu, et d'un rouge vif à la pointe ; mandibule supérieure marquée de trois sillons, l'inférieure marquée de deux sillons ; iris blanchâtre ; bord nu des yeux rouge ; pieds d'un rouge orange. Longueur, depuis la pointe du bec aux ongles, 12 pouces 6 lignes. *Les vieux des deux sexes, en plumage d'hiver et d'été.*

Les jeunes de l'année, ont le bec beaucoup plus petit, lisse sur les côtés, dépourvu de sillons, d'un brun jaunâtre ; l'espace entre l'œil et le bec d'un cendré noirâtre ; les joues et la gorge d'un cendré plus foncé que chez *les vieux* ; le large collier du cou nuancé, par devant, de cendré noirâtre; les pieds d'un rouge terne. C'est alors ALCA DELEATA. Brunn. *Orn. boreal. p.* 25, *n.* 104.

ALCA ARCTICA. Gmel. *Syst.* 1. *p.* 549. *sp.* 4. — Lath. *Ind. v.* 2. *p.* 792. *sp.* 3. — Brunn. *Orn. Boreal. p.* 23. *n°.* 103. — ALCA LABRADORA. Gmel. *Syst.* 1. *p.* 550. *sp.* 6. — Lath. *Ind. v.* 2. *p.* 593. *sp.* 4. — LE MACAREUX. Buff. *Ois. v.* 9. *p.* 358. *t.* 26. — Id. *pl. enl.* 275. — PUFFIN AUK and LABRADOR AUK. Lath. *Syn. v.* 5. *p.* 314 *et* 318. — Penn. *Brit. Zool. p.* 135. *t. H. figure très-exacte du vieux.* — Edw. *Glan. t.* 358. *f.* 1. *figure très-exacte du vieux mâle.* — Arct. *Zool. v.* 2. *p.* 511. *n°.* 427 *et* 428. — DER ARKTISCHE ALK. Bechst. *Naturg. Deut. v.* 4. *p.* 723. — GRAUKEHLIGER ALK. Meyer, *Tasschenb. v.* 2. *p.* 442. — Frisch. *Vög. t.* 192. *figure très-peu exacte.* — Naum. *Vög. t.* 65. *f.* 101. *figure très-exacte du jeune.* — PAPEGAAY DUIKER. Sepp. *Nederl. Vog. v.* 4. *t. p.* 359.

Habite : les régions polaires des deux mondes; en hiver et au printemps de passage périodique sur les côtes de Norwège, d'Angleterre, de Hollande et de France; vit toujours en mer et ne se montre à terre qu'accidentellement.

Nourriture : très-petits poissons, insectes et végétaux marins.

Propagation : niche dans les régions du cercle arctique, rarement dans les pays plus tempérés; construit des trous en terre, ou niche dans les creux et dans les fentes des rochers ; pond deux œufs, et, suivant quelques voyageurs, un seul œuf blanchâtre avec des taches cendrées, peu distinctes.

GENRE QUATRE-VINGT-SEPTIÈME.

PINGOUIN. — *ALCA.* (Linn.)

Bec droit, large, comprimé, très-courbé vers la pointe; les deux mandibules à moitié couvertes de plumes, sillonnées vers la pointe; la supérieure crochue, l'inférieure formant un angle saillant. Narines latérales, marginales, linéaires, vers le milieu du bec, presque entièrement fermées par une membrane couverte de plumes. Pieds courts, retirés dans l'abdomen; seulement trois doigts devant, entièrement palmés. Ongles peu courbés. Ailes courtes, la 1re. rémige de la longueur de la 2e. ou un peu plus longue.

Les *Pingouins* ont les mêmes habitudes que toutes les autres nombreuses peuplades qui fourmillent sur la vaste étendue des mers comprises dans les régions du cercle arctique; ils quittent rarement les côtes, on ne les voit sur le rivage que pendant le temps des pontes; dans tout autre temps de l'année, leur apparition à terre ou sur les mers de l'intérieur, est due à des causes accidentelles. Il n'existe point de différence marquée dans les sexes. Les recherches que j'ai renouvelées très-récemment, m'ont fait découvrir que les espèces de ce genre muent deux fois dans l'année; le plumage d'hiver des deux sexes est précisément celui qu'on a signalé jusqu'ici pour celui de la femelle; les jeunes se distinguent facilement par un bec beaucoup plus petit, sans aucune trace de sillon. Ils nichent et vivent à peu près comme les *Guillemots*, pondent comme ceux-ci un seul œuf très-gros, et habitent les mêmes lieux. Quel-

ques espèces, parmi lesquelles on doit énumérer celle
qui est la plus répandue en Europe, volent très-rapide-
ment *, mais le plus souvent en effleurant la surface des
eaux ; une seule espèce, propre aux mers glaciales, a les
ailes totalement dépourvues de pennes, absolument semblables à celles des *Manchots* et des *Gorfous*, et c'est la
seule espèce qui ne vole point **.

PINGOUIN MACROPTÈRE.

ALCA TORDA. (Linn.)

*Ailes aboutissant au croupion; queue en forme
de cône long ; taille de la sarcelle.*

Sommet de la tête, nuque, côtés du cou et toutes
les autres parties supérieures d'un noir profond ;
une bande longitudinale d'un blanc entrecoupé de
taches brunes, va du milieu du bec jusqu'aux yeux ;
rémiges d'un brun noirâtre ; pennes secondaires
terminées par un liseré blanc ; gorge, devant du
cou, poitrine et toutes les parties inférieures d'un
blanc pur ; du blanc maculé de cendré occupe les
côtés de l'occiput, et une étroite bande noire se dessine derrière les yeux ; bec noir marqué de trois ou
de quatre sillons, dont celui du milieu forme une
bande transversale d'un blanc pur ; intérieur du
bec d'un jaune livide ; iris d'un brun vif : pieds

---

* C'est une méprise lorsque M. Cuvier dit *que les ailes de ces
oiseaux sont décidément trop petites pour les soutenir, et qu'ils ne volent
point du tout.* Voyez *Règne animal*, *v.* 1 , *p.* 511.

** *Alca impennis.* Linn. Lath.

d'un cendré noirâtre. Longueur, de 14 pouces 3 ou 6 lignes. *Les vieux en plumage d'hiver.*

Alca balthica. Brusen. *Orn. Boreal. p.* 25. *sp.* 101. — Buff. *Ois. seulement sa pl. enl.* 1004. *sous le faux nom de femelle.*

Les jeunes de l'année.

Ressemblent beaucoup, par les couleurs du plumage, aux vieux en hiver, mais ils s'en distinguent facilement par la forme moins large du bec, qui n'est point sillonnée de blanc; sommet de la tête et nuque d'un noir cendré; toutes les parties inférieures d'un blanc pur; ce blanc nuancé de cendré domine également sur les côtés du cou et vers l'occiput, où cette couleur s'avance et forme un angle; le bec est petit, très-peu élevé, dépourvu de sillon et presque point crochu vers le bout; iris noirâtre. C'est alors,

Alca pica. Gmel. *Syst.* 1. *p.* 551. *sp.* 2. — Alca minor. Briss. *Orn. v.* 6. *p.* 92. *t.* 8. *f.* 2. *figure très-exacte du jeune mâle.* — Alca unisulcata. Brusen. *Orn. Boreal. p.* 25. *n°.* 102. — Le petit Pingouin. Buff. *Ois. v.* 9. *p.* 396. — Blackbilled auk. Lath. *Syn. v.* 6. *p.* 320. — Penn. *Arct. Zool. v.* 2. *p.* 510. *n°.* 426. — Penn. *Brit. Zool. p.* 137. *t.* H. 1. *figure très-exacte du jeune après la première mue.* — De jonge papegaay-duiker. Sepp. *Nederl. Vog. v.* 5. *t. p.* 406. *jeune de l'année.*

Plumage d'été ou des noces.

La bande étroite qui va du bec aux yeux d'un blanc très-pur; joues, gorge et partie supérieure du devant du cou d'un noir profond, paraissant nuancé d'une légère teinte rougeâtre ; intérieur du bec d'un jaune vif ; le reste comme en hiver. C'est alors,

ALCA TORDA. Gmel. *Syst.* 1. *p.* 551. *sp.* 1. — Lath. *Ind. Orn. v.* 2. *p.* 793. *sp.* 5. — Brusen. *Orn. Boreal. p.* 25. *sp.* 100. — LE PINGOUIN. Buff. *Ois. v.* 9. *p.* 390. *t.* 27. — Id. *pl. enl.* 1003. *figure exacte d'un mâle ou d'une femelle.* — RAZORBILL AUK Lath. *Syn. v.* 6. *p.* 319. — Id. *supp. v.* 1. *p.* 264. — Penn. *Arct. Zool. v.* 2. *p.* 509. *n°.* 425. — Edw. *Glan. t.* 358. *f.* 2. *figure exacte.* — TORD ALK. Bechst. *Naturg. Deut. v.* 4. *p.* 711. — Meyer, *Tasschenb. v.* 2. *p.* 349. *une figure exacte de la tête.*

Habite : les mers arctiques des deux mondes ; de passage en hiver sur les côtes d'Angleterre, de Norwège, de Hollande et de France ; accidentellement en Hollande sur les mers de l'intérieur.

Nourriture : poissons, particulièrement de jeunes harengs ; aussi des insectes et des crustacés marins.

Propagation : niche par grandes bandes dans les trous et dans les fentes des rochers qui bordent la mer ; pond un seul œuf, très-grand, oblong, d'un blanc pur ou jaunâtre, marbré de taches noires et brunes irrégulières, et souvent marqué de très-petites taches cendrées.

PINGOUIN BRACHIPTÈRE.

ALCA IMPENNIS. (Linn.)

Ailes dépourvues de pennes propres au vol; queue courte; taille de l'oie.

Remarque. Comme on ne connaît point encore le plumage d'hiver ni les jeunes de cette espèce très-rare, je ne puis décrire que le

Plumage d'été ou des noces.

En avant des yeux, de chaque côté de la base du bec, une grande tache blanche; tête, nuque, dos, ailes et queue d'un noir profond; gorge, partie supérieure et côtés du cou d'un noir nuancé de brun sombre; flancs d'un cendré foncé, toutes les autres parties inférieures du blanc le plus pur; cette couleur blanche est terminée en pointe sur le devant du cou; une étroite bande blanche à l'extrémité des courtes plumes qui remplacent les pennes secondaires; bec noir, large; sur la base de la mandibule supérieure un sillon très-profond; à la pointe six autres dont le fond est blanc; huit ou dix sillons à fond blanc sur la pointe de la mandibule inférieure; pieds et iris noirs. Longueur, 2 pieds 1 ou 2 pouces.

ALCA IMPENNIS. Lath. *Ind. Orn. v.* 2. *p.* 791. — Gmel. *Syst.* 1. *p.* 550. — Brusen. *Orn. Boreal. n*°. 105. LE GRAND PINGOUIN. Buff. *Ois. v.* 9. *p.* 393. *t.* 29. — Id. *pl. enl.* 367. — Edw. *t.* 147. — GREAT AUK. Lath. *Syn. v.* 5. *p.* 311. — Penn. *Arct. Zool. v.* 2. *n*°. 424.

Habite : les plus hautes latitudes du globe, toujours dans les régions couvertes de glaces ; vit et se trouve habituellement sur les glaces flottantes du pôle arctique dont il ne s'éloigne qu'accidentellement ; ne vient jamais à terre que pour nicher ; on ne le trouve qu'en pleine mer ; visite quoique rarement les côtes des îles Orcades et Saint-Kilda : commun au Groënland.

Nourriture : suivant le *rapport des voyageurs*, de gros poissons, particulièrement *cyclopterus lumpus* et autres ; aussi des plantes marines.

Propagation : niche sur les rochers escarpés, toujours dans le voisinage des glaces flottantes ; place son nid dans les cavernes, dans les fentes des rochers, ou se creuse des taniers profonds ; pond un seul œuf de la grosseur de celui du cigne, d'un blanc isabelle, marqué de raies et de taches nombreuses, noires, qui présentent les formes singulières des caractères chinois.

FIN DE LA SECONDE ET DERNIÈRE PARTIE.

ADDITION.

On peut ajouter aux articles du pluvier doré (*Charadrius pluvialis*), du héron cendré (*Ardea cinerea*), du héron pourpré (*Ardea purpurea*) et de la poule d'eau (*Gallinula chloropus*), que ces espèces sont absolument les mêmes dans les îles de la Sonde qu'en Europe : les individus envoyés récemment de Java par M. le professeur Reinwardt ne diffèrent point de ceux de nos contrées.

TABLE ALPHABÉTIQUE

DES ESPÈCES

CONTENUES DANS CET OUVRAGE.

FIN.